# Experimentalphysik für Dummies – Schummelseite

## Dynamik

- Arbeit: $W = F \cdot s$
- Leistung: $P = \frac{W}{t} = \frac{E}{t}$

## Vergleich Translationsbewegungen ⇔ Rotationsbewegungen

| Translation | | Rotation | | |
|---|---|---|---|---|
| Größe | Formel | Größe | Formel | Beziehung |
| Weg | $\mathbf{s}$ | Winkel | $\theta$ | $\mathbf{s} = r\theta$ |
| Geschwindigkeit | $v = \frac{dx}{dt}$ | Winkelgeschwindigkeit | $\boldsymbol{\omega} = \frac{d\theta}{dt}$ | $\mathbf{v} = r \times \boldsymbol{\omega}$ |
| Beschleunigung | $a = \frac{dv}{dt}$ | Winkelbeschleunigung | $\boldsymbol{\alpha} = \frac{d\boldsymbol{\omega}}{dt}$ | $\mathbf{a} = \mathbf{r} \times \boldsymbol{\alpha}$ |
| Masse | m | Trägheitsmoment | $I = \int r^2 dm$ | |
| Impuls | $p = mv$ | Drehimpuls | $L = I\omega$ | |
| Kraft | $F = ma$ | Drehmoment | $M = I\alpha$ | |
| Arbeit | $W = \mathbf{F} \cdot \mathbf{s}$ | Dreharbeit | $W_{rot} = M\theta$ | |
| Leistung | $P = \frac{W}{t} = Fv$ | Drehleistung | $P_{rot} = \frac{W_{rot}}{t} = \tau\omega$ | |
| Kinetische Energie | $E_{kin} = \frac{1}{2}mv^2$ | Rotationsenergie | $E_{rot} = \frac{1}{2}I\omega^2$ | |

## Schwingungen und Wellen

**Gleichungen**

- Schwingung: $z(t) = A\cos(\omega t)$
- Wellen: $z(t,x) = A \cdot \sin(\omega t - kx)$

**Größen**

- Auslenkung: Der momentane Abstand des Körpers von der Gleichgewichtslage.
- Amplitude: Die maximale Auslenkung einer Schwingung.
- Die Kreisfrequenz $\omega$ ist wie folgt definiert: $\omega = 2\pi f = 2\pi\frac{1}{T}$
- Die Wellenlänge $\lambda$ beschreibt die Strecke, nach der ein Wellenzyklus vollendet ist.
- Zwischen Wellenzahl und Wellenlänge besteht die Beziehung $k = \frac{2\pi}{\lambda}$

# Experimentalphysik für Dummies – Schummelseite

## Optik

- ✔ Brechungsgesetz: $\frac{\sin\beta}{\sin\alpha} = \frac{n_1}{n_2}$
- ✔ Totalreflexion: $\alpha_{\text{Total}} = \sin^{-1}\frac{n_2}{n_1}$
- ✔ Spiegelgleichung: $\frac{1}{g} + \frac{1}{b} = \frac{2}{r} = \frac{1}{f}$
- ✔ Linsengleichung: $\frac{1}{g} + \frac{1}{b} = \frac{1}{f}$

## Gleich- und Wechselströme

### Widerstände:

- ✔ Ohmscher Widerstand: $R_o = R$
- ✔ Kapazitiver Widerstand: $R_c = \frac{1}{\omega C}$
- ✔ Induktiver Widerstand: $R_i = \omega L$

### Leistungen:

- ✔ Scheinleistung: $P_S = U_{\text{eff}} I_{\text{eff}}$
- ✔ Wirkleistung: $P_W = U_{\text{eff}} I_{\text{eff}} \cdot \cos\varphi$
- ✔ Blindleistung: $P_B = P_S - P_W$

## Magnetismus

- ✔ Magnetische Feldgrößen: $\mathrm{B} = \mu_r \mu_0 \mathrm{H}$
- ✔ Lorentzkraft: $\mathrm{F}_L = q\mathrm{v} \times \mathrm{B}$
- ✔ Hallspannung: $U_H = \frac{1}{en_e} \cdot \frac{I \cdot B}{d}$
- ✔ Induktionsgesetz: $U_{\text{ind}} = \frac{\Delta(A \cdot B)}{\Delta t} = \frac{\Delta\Phi}{\Delta t}$
- ✔ Selbstinduktion: $U_{\text{ind}} = L \cdot \frac{\Delta I}{\Delta t}$

## Thermodynamische Größen

- ✔ linearer Ausdehnungskoeffizient $\alpha$: $\frac{\Delta L}{L} = \alpha\,\Delta T$.
- ✔ Volumenausdehnungskoeffizient $\beta$: $\frac{\Delta V}{V_A} = \beta\,\Delta T$
- ✔ Spezifische Wärmekapazität $c$: $\Delta Q = mc\,\Delta T$
- ✔ Wärmeleitfähigkeit k: $\frac{Q}{t} = k \cdot \frac{A}{L}\Delta T$
- ✔ Isobare Prozesse: Der Druck ist konstant.
- ✔ Isochore Prozesse: Das Volumen ist konstant.
- ✔ Isotherme Prozesse: Die Temperatur ist konstant.
- ✔ Adiabatische Prozesse: Die Wärmemenge ist konstant.

# Experimentalphysik für Naturwissenschaftler und Mediziner für Dummies

*Wilhelm Kulisch*

# *Experimentalphysik für Naturwissenschaftler und Mediziner für Dummies*

*Fachkorrektur Bernhard Gerl*

WILEY-VCH

WILEY-VCH Verlag GmbH & Co. KGaA

**Bibliografische Information der Deutschen Nationalbibliothek**
Die Deutsche Nationalbibliothek verzeichnet diese Publikation in der Deutschen Nationalbibliografie; detaillierte bibliografische Daten sind im Internet über http://dnb.d-nb.de abrufbar.

1. Auflage 2012



Printed in Germany

Gedruckt auf säurefreiem Papier

Coverfoto: iStock/dra_schwartz
Korrektur: Bernhard Gerl
Satz: Beltz Bad Langensalza GmbH, Bad Langensalza
Druck und Bindung: CPI, Ebner & Spiegel, Ulm

ISBN: 978-3-527-70826-0

# Über die Autoren

**Dr. Wilhelm Kulisch** ist Privatdozent am Fachbereich für Mathematik und Naturwissenschaften der Universität Kassel. Er studierte Physik an den Universitäten Münster und Kassel und arbeitete dort an den Instituten für Angewandte Physik beziehungsweise Technische Physik. Seine Forschungsthemen umfassen die Halbleiterphysik, die Materialwissenschaften sowie die Nanostrukturwissenschaften. Nach mehrjährigem Auslandsaufenthalt ist er kürzlich an die Universität Kassel zurückgekehrt. Dr. Kulisch besitzt große Lehrerfahrung in den Bereichen Technische Physik und Physik für Nebenfachstudenten.

**Dr. Regine Freudenstein** studierte Physik an den Universitäten Göttingen, Hannover und Kassel. Ihre Forschungsschwerpunkte liegen im Bereich der Materialwissenschaften. Dr. Freudenstein besitzt ebenfalls große Erfahrung in der Lehre, vor allem in Form von Übungen, Praktika und Seminaren.

# Cartoons im Überblick

von Rich Tennant

Seite 25

Seite 63

Seite 119

»War das nicht Fifi?«

Seite 169

Ich glaube, Sie meinen einen »magnetischen Sturm«, meine Liebe.

Seite 233

Seite 321

Seite 357


**Fax:** 001-978-546-7747

**Internet:** www.the5thwave.com

**E-Mail:** richtennant@the5thwave.com

# Inhaltsverzeichnis

# Teil VII
# Top-Ten Teil 357

# Einleitung

## Über dieses Buch

Die Physik besitzt bei vielen Studenten und Schülern einen sehr schlechten Ruf. »Zu kompliziert, zu abgehoben und zu weltfremd« lauten die Urteile. Zu »weltfremd« ist das falscheste Urteil überhaupt. Ziel der Physik ist es gerade, die uns umgebende Welt zu beschreiben. Die Physik bezieht sich also gerade auf die Welt, wie wir sie erleben. Die Physik versucht sogar, die uns umgebende Welt zu vereinfachen und die Beschreibung auf das Notwendigste zu reduzieren.

Dabei lässt sich die Physik grob in die *theoretische Physik* und die *Experimentalphysik* unterteilen. Die Experimentalphysik versucht, die uns umgebende Welt möglichst genau zu beschreiben. Ziel der theoretischen Physik ist es, diese Beobachtungen zu ordnen und zu erklären, soweit dies möglich ist. Beide Zweige der Physik machen dabei ausgiebig von der *Mathematik* Gebrauch, aus dem einfachen Grund, weil sich auf diese Weise die Ergebnisse besonders klar ordnen und darstellen lassen.

Thema dieses Buches ist die *klassische* Experimentalphysik. Das Wort »klassisch« bedeutet hier, dass sich das Buch im Wesentlichen auf den Stand der Physik am Ende des 19. Jahrhunderts beschränkt, obwohl natürlich auch eine ganze Reihe neuerer Ergebnisse dargestellt werden. Sie mögen vielleicht sagen: »Das klingt aber sehr veraltet«, aber das stimmt nicht. Die klassische Physik ist in der Lage, die meisten Aspekte der uns umgebenden Welt sehr präzise zu beschreiben. Sie versagt nur bei sehr kleinen Dimensionen (dann braucht man die Quantenmechanik) und sehr hohen Geschwindigkeiten (dann braucht man die Relativitätstheorie). Quantenmechanik und Relativitätstheorie sind Entwicklungen des 20. Jahrhunderts; beide werden in diesem Buch nicht berücksichtigt. Für das alltägliche Leben und auch für die meisten technischen Aspekte ist die klassische Physik durchaus ausreichend.

Sowohl in der Quantenmechanik als auch in der Relativitätstheorie ist die Mathematik ziemlich happig.

Experimentalphysik bedeutet Darstellung der Physik anhand von Experimenten. Insofern steht die Beschreibung von Experimenten und deren anschließende Interpretation im Mittelpunkt dieses Buches.

## Konventionen in diesem Buch

In diesem Buch gibt es nur wenige Konventionen über die Schreibweise von Größen im laufenden Text:

- ✔ **Vektoren** sind **fett** gedruckt. Wenn Sie irgendwo ein **F** entdecken, wissen Sie sofort: **F** ist ein Vektor.
- ✔ Wenn der Betrag einer vektoriellen Größe gemeint ist, wird er in sogenannten Betragsstrichen angegen: $|\mathbf{a}|$.

- *Physikalische Größen* sind *kursiv* gesetzt. Wenn Sie also irgendwo ein $m$ sehen, wissen Sie, dass die physikalische Größe Masse gemeint ist. Wenn irgendwo ein alleinstehendes m auftaucht, das nicht kursiv gesetzt ist, handelt es sich um die Einheit Meter.
- Wenn nicht die physikalische Größe selbst, sondern ihre Einheit gemeint ist, werden eckige Klammern verwendet. So gilt für die Einheit der Geschwindigkeit:

  $$[v] = \frac{\mathrm{m}}{\mathrm{s}}$$

- Darüber hinaus werden *Begriffe*, die zum ersten Mal auftauchen und definiert werden, ebenfalls *kursiv* dargestellt.

## Was Sie nicht lesen müssen

Jeder Autor eines Buches ist natürlich daran interessiert, dass seine Leser das Buch von vorne nach hinten in einem Rutsch verschlingen. Aber ich bin Realist. Vielleicht bereiten Sie sich gerade auf eine Prüfung vor und möchten sich nur auf ein bestimmtes Teilgebiet konzentrieren (viel Erfolg bei der Prüfung!). Dieses Buch ist so aufgebaut, dass zumindest die einzelnen Teile unabhängig voneinander gelesen werden können. Es gibt zwar immer wieder Querverweise auf frühere oder spätere Kapitel, aber mit Hilfe dieser Querverweise und des Index ist es möglich, einzelne Teile dieses Buches unabhängig von den anderen zu erarbeiten.

In jedem Kapitel finden Sie Kästen, in denen Spezialthemen behandelt werden. Wenn Sie sich eilig auf eine Prüfung vorbereiten wollen, können Sie diese Kästen überlesen. Wenn Sie aber an der Physik und ihren Verbindungen zu den anderen Naturwissenschaften interessiert sind, sollten Sie gerade diese Kästen lesen, denn Sie enthalten Anwendungen des jeweiligen Kapitels in der Chemie, der Biologie, der Astronomie, der Medizin und weiteren Naturwissenschaften.

## Törichte Annahmen über den Leser

Beim Schreiben dieses Buches bin ich davon ausgegangen, dass Sie, die Leserin oder der Leser, zum einen wirklich an der Physik und den anderen Naturwissenschaften interessiert sind und zum anderen Physik im Nebenfach studieren. Weiterhin bin ich davon ausgegangen, dass Sie in der Mathematik zumindest Grundkenntnisse besitzen. Sie sollten ein wenig Algebra können, obwohl in diesem Buch die meisten Umrechnungen Schritt für Schritt erfolgen. Ebenso setze ich grundlegende Geometrie- und Trigonometriekenntnisse voraus. Sobald es in diesen beiden Bereichen allerdings komplizierter wird (an ganz wenigen Stellen), werden die entsprechenden Regeln noch einmal erläutert. Darüber hinaus werden in diesem Buch zwei weitere Teilgebiete der Mathematik benutzt:

- Vektorrechnung
- Einfache Differential- und Integralrechnung

Aber alle für dieses Buch notwendigen Grundlagen in diesen Bereichen werden in Kapitel 2 noch einmal zusammengefasst.

Von physikalischer Seite her gibt es eigentlich keine Voraussetzungen, außer Ihrem regen Interesse.

## Wie dieses Buch aufgebaut ist

Dieses Buch besteht aus sieben Teilen, die zu großen Teilen unabhängig voneinander sind. Im ersten Teil werden die Grundlagen gelegt und die Voraussetzungen dargestellt, die zum Verständnis dieses Buches erforderlich sind. Der letzte Teil (Teil VII) ist, wie in allen … *für Dummies*-Büchern, der Top-Ten-Teil. Die übrigen fünf Teile behandeln die grundlegenden Themen der klassischen Physik: Mechanik, Schwingungen und Wellen, Optik, Elektrizität und Magnetismus und schließlich die Wärmelehre oder Thermodynamik

### Teil I: Die Grundlagen werden gelegt

Teil I führt Sie in dieses Buch über die Experimentalphysik ein. In Kapitel 1 werden noch einmal die Wesenszüge der Physik erläutert und dann die Physik in Bezug zur Mathematik und den anderen Naturwissenschaften gesetzt. Zudem wird der Aufbau dieses Buches noch einmal im Detail vorgestellt. In Kapitel zwei werden Ihre mathematischen Kenntnisse insbesondere in der Vektorrechnung und der Differential- und Integralrechnung aufgefrischt. Kapitel 3 beschäftigt sich zunächst mit Beobachtung, Experiment und Messung. In diesem Zusammenhang wird auch das internationale Einheitensystem zur Darstellung physikalischer Größen vorgestellt; dabei wird auch beschrieben, wie man sehr große oder sehr kleine Zahlen entweder mit Hilfe von Vorsilben oder mittels Zehnerpotenzen einfach und übersichtlich darstellen kann.

### Teil II: Kraftvoll in Bewegung: Die Mechanik

Teil II ist der *Mechanik* gewidmet, die die Bewegung von Körpern unter dem Einfluss äußerer Kräfte beschreibt. Sie ist in zwei Teilgebiete unterteilt, die *Kinematik* und die *Dynamik*. Die Kinematik beschreibt die Bewegung von Körpern, ohne nach deren Ursache zu fragen. Sie zeigt, dass es zwei grundsätzliche Bewegungsarten gibt, die geradlinige Bewegung und die Kreisbewegung. Die Dynamik stellt dann die Frage nach den Ursachen von Bewegung und Bewegungsänderungen. Zugleich stellt sie dar, wie man mit Begriffen wie Arbeit, Energie, Leistung und Wirkung Bewegungen und Bewegungsänderungen sehr präzise beschreiben kann.

### Teil III: Sie kommen niemals zur Ruhe: Schwingungen und Wellen

Im Teil III werden Schwingungen und Wellen behandelt. *Schwingungen* sind Bewegungen, die sich periodisch wiederholen, *Wellen* sind Schwingungen, die sich räumlich ausbreiten. Schwingungen werden in Kapitel 6 behandelt, Wellen in Kapitel 7. In beiden Kapiteln werden jeweils Beispiele vorgestellt, die zur Beschreibung dieser Beispiele notwenigen physikalisch-mathematischen Grundlagen (Schwingungsgleichung, Wellengleichung) eingeführt und schließlich jeweils einige wichtige Anwendungen vorgestellt.

## Teil IV: Den Durchblick haben: Die Optik

Teil IV beschäftigt sich mit der Optik. In Kapitel 8 wird zunächst gezeigt, dass *Licht* eine elektromagnetische Welle ist. Die beiden folgenden Kapitel beschäftigen sich mit der Abbildung durch optische Instrumente und den dafür notwendigen physikalischen Grundlagen. In Kapitel 9 wird die *Reflexion* behandelt, die das Grundprinzip der Abbildung durch Spiegel darstellt, insbesondere durch Hohlspiegel. Kapitel 10 beschäftigt sich dann ausschließlich mit der Brechung von Licht und der auf der Brechung beruhenden Abbildung mit Hilfe von Linsen.

## Teil V: Zwei Seiten einer Medaille: Elektrizität und Magnetismus

In diesem Teil wird dargestellt, das *Elektrizität* und *Magnetismus* eng zusammenhängen. Der Teil besteht aus zwei eher physikalisch-grundlegenden Kapiteln (Kapitel 11 und 13) und zwei eher technisch orientierten Kapiteln (12 und 14). Kapitel 11 handelt von der *Elektrostatik,* also ruhenden elektrischen Ladungen. Kapitel 13 beschäftigt sich mit bewegten elektrischen Ladungen und all den Effekten, die diese hervorrufen können (die sogenannte *Elektrodynamik*). In den beiden verbleibenden Kapiteln werden Gleich- und Wechselstromkreise behandelt.

## Teil VI Manche mögen's heiß: Die Thermodynamik

Thema von Teil VI ist die *Thermodynamik* oder *Wärmelehre*. In Kapitel 15 werden zunächst die Begriffe Temperatur und Wärme definiert. Danach wird dargestellt, wie man den Transport und die Speicherung von Wärme beschreiben kann. Kapitel 16 ist den vier Hauptsätzen der Thermodynamik gewidmet. Ähnlich wie die drei Newton'schen Gesetze die Dynamik zusammenfassen, fassen diese Hauptsätze die Thermodynamik zusammen und beschreiben insbesondere die Beziehung zwischen Arbeit und Wärme.

## Teil VII: Der Top-Ten-Teil

Im Top-Ten-Teil werden zehn Physiker vorgestellt, die die Entwicklung der Experimentalphysik entscheidend geprägt haben. Außerdem werden zehn Experimente vorgestellt, die für diese Entwicklung besonders wichtig waren.

# Symbole, die in diesem Buch verwendet werden

Alle wichtigen Definitionen und Gesetze sind mit dem *Erinnerungssymbol* gekennzeichnet. Wenn Sie ein oder zwei Tage vor einer Prüfung noch einmal die wichtigsten Tatsachen rekapitulieren wollen, sollten Sie sich an diese Abschnitte halten.

Hinter dem *Tippsymbol* verbergen sich Abschnitte, die entweder besonders wichtige Hinweise enthalten oder aber alternative Lösungswege aufzeigen. Mit anderen Worten: Diese Tipps sind äußerst nützlich, aber zur Not könnte man die Physik auch ohne diese Tipps verstehen. Sie sollten diese Abschnitte aber dennoch lesen, denn sie sind äußerst hilfreich.

Wenn Sie das *Vorsicht!-Technik-Symbol* sehen, so folgen Informationen, die auf Anwendungen des gerade behandelten Themas hinweisen oder aber das Thema vertiefen. Wenn Sie es sehr eilig haben, können Sie diese Abschnitte beim ersten Lesen auslassen (Sie sollten sie aber nachholen, wenn Sie dann Zeit haben).

Das *Warnungssymbol* taucht nur einige Male in diesem Buch auf. Es weist vor allem auf mögliche Fehler hin, die an den entsprechenden Stellen häufig gemacht werden, aber unbedingt vermieden werden müssen.

Am Ende jedes Kapitels finden Sie etwa zehn Aufgaben zu den in dem Kapitel behandelten Themen. Sie sind mit dem Aufgabensymbol gekennzeichnet. Die Lösungen dieser Aufgaben finden Sie im Internet unter http://www.wiley-vch.de/publish/dt/books/ISBN978-3-527-70826-0.

## Wie es weitergeht

An dieser Stelle ist eigentlich alles gesagt, und es kann losgehen. Blättern Sie um und legen Sie los.

# Teil I
# Die Grundlagen werden gelegt

## In diesem Teil ...

In diesem ersten Teil dieses Buches über die Experimentalphysik werden die Grundlagen gelegt. Der Teil besteht aus drei Kapiteln. In Kapitel 1 werden die Physik und insbesondere die Experimentalphysik vorgestellt. Zudem wird die enge Verwandtschaft mit den anderen Naturwissenschaften wie etwa der Biologie und der Chemie aufgezeigt. Zum Abschluss des Kapitels wird noch einmal ein detaillierter Überblick über den Aufbau des Buches gegeben. Das zweite Kapitel ist der Mathematik gewidmet, es frischt Ihre Kenntnisse in der Vektorrechnung, der Differentialrechnung und der Integralrechnung auf. Kapitel 3 stellt dann ein zentrales Thema der Experimentalphysik vor: Das Messen beziehungsweise die Messung. Im Zusammenhang damit wird auch das internationale Einheitensystem (SI-System) vorgestellt und gezeigt, wie man extrem große und extrem kleine Zahlen durch geeignete Vorsilben oder durch Angabe von Zehnerpotenzen einfach darstellen kann.

# Eine Wissenschaft zur Beschreibung der Welt: Die Physik

1

### In diesem Kapitel ...

- Warum Physik?
- Physik beruht auf Beobachtung und Experiment
- Die Bedingungen vorgeben: Das Experiment
- System und Ordnung durch die Mathematik
- Physik und die übrigen Naturwissenschaften
- Übersicht über den Aufbau des Buches

Das Thema dieses Buches ist die Experimentalphysik. Aus diesem Grund wird die Physik anhand von Experimenten beschrieben. Sie sitzen zwar nicht in meiner Vorlesung und sehen sich die entsprechenden Versuche an. Dennoch geht dieses Buch von Experimenten aus, versucht sie zu beschreiben, zu erklären und daraus Schlussfolgerungen zu ziehen, genauso, als wenn Sie eine Vorlesung über Experimentalphysik hören würden.

## Was ist eigentlich Physik?

Die *Physik* (der Name bedeutet sowohl im griechischen als auch im lateinischen »Naturlehre«) ist die Wissenschaft von der uns umgebenden Welt. Dies klingt ziemlich hochtrabend, trifft aber genau zu. Wenn die Physik manchmal kompliziert ist, so liegt dies einfach daran, das die Welt um uns herum ziemlich kompliziert sein kann. Sie werden in diesem Buch erfahren, dass die Physik daran interessiert ist, die Beschreibung so einfach wie möglich zu halten.

Zur Beschreibung der Welt benutzt die Physik zwei Ansätze: Sie beobachtet zum einen die Welt und führt Experimente durch. Zum anderen versucht sie, die Ergebnisse dieser Beobachtungen und Experimente theoretisch zu erklären, sie zu systematisieren und zusammenzufassen. Dies führt zu einer Zweiteilung der Physik in die *Experimentalphysik* und die *theoretische Physik*. Keines der beiden Gebiete kann ohne das andere auskommen. Ohne die Experimentalphysik hätte die theoretische Physik absolut nichts, mit dem sie arbeiten könnte. Auf der anderen Seite ordnet die theoretische Physik die Ergebnisse der Experimentalphysik; bei diesem Ordnungsprozess treten oft neue Aspekte auf, die die Experimentalphysik zu neuen Experimenten und Entwicklungen anregen. James C. Maxwell hat im 19. Jahrhundert die ihm bekannten Ergebnisse zu elektrischen und magnetischen Feldern zusammengefasst und dabei die Existenz von elektromagnetischen Wellen vorhergesagt. Aufgrund dieser Vorhersage gelang es Heinrich Hertz, derartige elektromagnetische Wellen zu erzeugen.

Experimentalphysik und theoretische Physik bedingen sich also gegenseitig. Dies ist allerdings ein Buch über die Experimentalphysik. Die Physik wird anhand von Beobachtungen und Experimenten dargestellt. Die theoretische Physik spielt nur dann eine Rolle, wenn es nicht mehr anders geht und wenn eine ordnende Hand eingreifen muss.

## Die Welt erkunden: Die Experimentalphysik

Der Mensch hat die Welt erkundet und darauf aufbauend physikalische Gesetze aufgestellt, indem er *Beobachtungen* machte und *Experimente* durchführte. Beobachtung und Experiment sind keineswegs das Gleiche:

- ✔ Bei der Beobachtung greift der Mensch nicht ein; er notiert nur, was unter bestimmten Bedingungen passiert.
- ✔ Bei einem Experiment definiert der Forscher, was er beobachten möchte, und gibt die Bedingungen vor, unter denen bestimmte Ereignisse ablaufen.

Der Unterschied zwischen Beobachtung und Experiment ist beträchtlich. Dies betrifft vor allem zwei Punkte:

- ✔ Man kann nur das beobachten, was in der Natur passiert. In einem Experiment kann man auch Situationen erzeugen, die in der Natur nicht vorkommen.
- ✔ Bei einem Experiment kann man die Bedingungen vorgeben. Wenn man die Bewegung von Körpern beobachten will, so ist es hilfreich, Reibungseffekte möglichst auszuschalten (es sei denn, man ist an der Reibung selbst interessiert). Wenn man elektrostatische Phänomene untersuchen will, sollte man dafür sorgen, dass die Luftfeuchtigkeit gering ist, da andernfalls die Leitfähigkeit der Luft die Messergebnisse beeinträchtigt.

Bei einer *Beobachtung* beschreibt ein Forscher die ihn umgebende Welt; in einem *Experiment* gibt er vor, *was* er unter *welchen* Bedingungen beobachten will.

# Bedeutung der Physik für Biologie, Chemie und weitere Naturwissenschaften

Es gibt neben der Physik eine Vielzahl von Naturwissenschaften. Zu den wichtigsten und etabliertesten gehören die Chemie, die Biologie, die Astronomie und die Geophysik. In Abbildung 1.1 habe ich versucht, die verschiedenen Naturwissenschaften in Beziehung zueinander zu setzen. Natürlich ist dieses Schema vereinfacht, und man könnte viel mehr Pfeile einzeichnen. Dennoch spiegelt dieses Bild die Verhältnisse richtig wieder.

Die Physik stellt die Grundlagen für die meisten anderen Naturwissenschaften bereit. Dies betrifft nicht nur die Theorie, sondern eine Vielzahl von Aspekten, die von theoretischen Grundlagen bis hin zur Durchführung von Experimenten reicht.

- ✔ Die Physik beschreibt die theoretischen Grundlagen aller Vorgänge in der uns umgebenden Natur. Davon profitieren alle anderen Naturwissenschaften. So beruht zum Beispiel das Periodensystem der Elemente fast ausschließlich auf physikalischen Grundlagen. Die Chemie kann dieses System vielleicht aufstellen, aber allein nicht erklären.

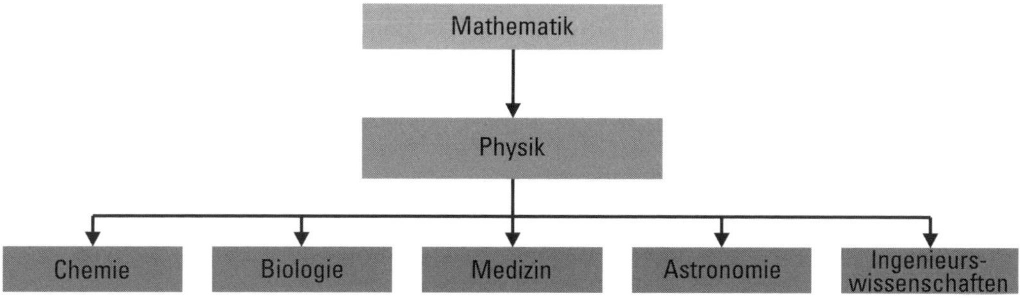


*Abbildung 1.1: Mathematik, Physik und die übrigen Naturwissenschaften*

Die Physik ist aber nicht allein auf die Bereitstellung von theoretischen Grundlagen für die anderen Wissenschaften beschränkt. Sie stellt auch die entsprechenden Hilfsmittel bereit:

- ✔ Die Physik liefert eine Vielzahl von Messverfahren, die in den anderen Naturwissenschaften von großer Bedeutung sind. Dazu gehören unter anderem Mikroskope, Elektronenmikroskope, Massenspektrometer, aber auch einfache Instrumente wie Thermometer, Barometer oder Lupen. Ohne ein grundsätzliches Verständnis der Prinzipien dieser Messverfahren ist deren Anwendung in der Chemie oder der Biologie kaum möglich.
- ✔ Die Physik benutzt eine ganz besondere Vorgehensweise bei der Durchführung von Experimenten: Reduzierung auf das Notwendigste, Ausschaltung aller möglichen Störquellen. Auch in dieser Beziehung orientieren sich die übrigen Naturwissenschaften an der Physik (und haben von ihr gelernt).

Im späten Mittelalter und in der frühen Neuzeit gab es keine Unterscheidung zwischen der Physik und den anderen Naturwissenschaften (mit Ausnahme der Medizin). Die Aufspaltung erfolgte erst mit der gewaltigen Zunahme des Stoffes im 18. und 19. Jahrhundert; dies hat sich im 20. Jahrhundert fortgesetzt; heute gibt es in allen Naturwissenschaften unzählige Einzelgebiete, und es ist unmöglich, über alle den Überblick zu behalten.

In Kapitel 17 wird gezeigt, dass Galileo Galilei nicht nur Physiker, sondern auch Mathematiker, Astronom und sogar Philosoph war. In der damaligen Zeit wurde zwischen diesen Wissenschaften noch nicht unterschieden.

Insofern ist auch in historischer Hinsicht die Physik die Mutterwissenschaft der Naturlehre.

## Keine Einbahnstraße: Physik und die anderen Naturwissenschaften

Natürlich ist die Wechselwirkung zwischen der Physik einerseits und den anderen Naturwissenschaften keine Einbahnstraße. Die Physik profitiert natürlich auch von den Ergebnissen etwa der Biologie oder der Chemie (ohne die Arbeiten der Chemie hätten auch die Physiker das Periodensystem der Elemente nicht erklären können). Ein Beispiel für die Wechselwirkung zwischen Biologie und Physik ist in dem Kasten »Der Lotuseffekt oder die Bionik“ dargestellt. Interessant ist allerdings die durchaus unterschiedliche Denk- und Herangehensweise in den verschiedenen Naturwissenschaften. Ich habe in den vergangenen beiden Jahrzehnten häufig mit Biologen und Chemikern zusammengearbeitet. Dabei ist mir aufgefallen, dass die Denkweisen in den drei Wissenschaften Physik, Biologie und Chemie völlig unterschiedlich sind; das bedeutet aber auch, dass es manchmal sinnvoll ist, ein physikalisches Problem aus biologischer oder chemischer Sicht zu betrachten und umgekehrt ein biologisches Problem mit den Augen der Physik.

### Der Lotuseffekt oder die Bionik

Die *Bionik* (auch *Biomimetik* oder *Biomimikry* genannt) versucht, technische Probleme zu lösen, indem sie auf Vorbilder in der Natur, insbesondere der Biologie zurückgreift. Das Wort *Bionik* setzt sich dabei aus *Bio*logie und Tech*nik* zusammen. Insofern kann man die Bionik als systematisches Lernen von der Natur bezeichnen: Zu Lösung eines technischen Problems werden systematisch Vorbilder in der Natur gesucht.

Obwohl die Bionik in den letzten Jahren eine immer größere Bedeutung gewonnen hat, ist sie keine Erfindung des 20. oder 21. Jahrhunderts. Leonardo da Vinci versuchte bereits, Flugmaschinen anhand einer Analyse des Vogelflugs zu konstruieren. Auch Otto von Lilienthal und die Brüder Wright konstruierten die Flügel ihrer Flugmaschinen beziehungsweise Flugzeuge anhand des Aufbaus von Vogelflügeln.

Die Bionik hat – wie gesagt – in den letzten beiden Jahrzehnten enorm an Bedeutung gewonnen. Zu den bedeutendsten Entwicklungen zählen:

- ✔ Die Entwicklung neuartiger Fachwerkkonstruktionen auf der Basis neuer Erkenntnisse über den Aufbau von Knochen oder Pflanzen.
- ✔ Die Entwicklung von unbenetzbaren und selbstreinigenden Oberflächen auf der Basis pflanzlicher Vorbilder (Lotuseffekt).
- ✔ Entwicklung von Klettverschlüssen am Vorbild von Klettpflanzen (bereits 1956).

## Rolle der Mathematik

Eine Wissenschaft fehlt in dieser Darstellung noch: Die Mathematik. In Abbildung 1.1 ist sie übergreifend oberhalb der Physik eingezeichnet, und das beschreibt die Rolle, die sie innerhalb der Naturwissenschaften einnimmt, ziemlich genau.

Ohne die Mathematik wäre eine einheitliche Darstellung der meisten Ergebnisse nicht möglich. Dies gilt für Physik, Chemie und die übrigen Naturwissenschaften gleichermaßen. Die Mathematik hilft, die Ergebnisse zu formulieren, zu ordnen, zu systematisieren und vor allem Gesetzmäßigkeiten zu erkennen und auszunutzen.

Aber alle Naturwissenschaften bedingen sich gegenseitig. Dies gilt auch für die Mathematik, die mehrfach von Entwicklungen in der Physik profitierte:

- ✔ Die Differential- und Integralrechnung wurde (unter anderem von Newton und Leibniz) entwickelt, um die Ergebnisse der Physik geeignet darstellen und erklären zu können.

- ✔ Die Entwicklung der Allgemeinen Relativitätstheorie (die weit jenseits der Themen dieses Buches liegt) von Albert Einstein führte zu bedeutenden Weitentwicklungen der dazu notwendigen Mathematik.

# Übersicht über das Buch

Bevor es mit der eigentlichen Experimentalphysik losgeht, wird im Folgenden ein kurzer Überblick über den Inhalt der einzelnen Teile dieses Buches gegeben.

## Teil I: Die Grundlagen werden gelegt

Der vorliegende Teil I beschäftigt sich mit den Grundlagen, die für dieses Buch benötigt werden. In Kapitel 2 werden ihre Mathematikkenntnisse aufgefrischt. Dies betrifft vor allem die Vektorrechnung und die Differential- und Integralrechnung.

Kapitel 3 ist dann einem der wichtigsten Aspekte der Experimentalphysik gewidmet, der Durchführung von *Messungen* und der Darstellung der Ergebnisse. Dabei wird zunächst das Internationale Einheitensystem mit seinen sieben Grundgrößen vorgestellt und dann gezeigt, wie man von diesen Grundgrößen ausgehend zu abgeleiteten Größen gelangt. Schließlich wird dargestellt, wie man sehr große oder sehr kleine Zahlen sehr elegant und kurz mit Hilfe von Zehnerpotenzen und/oder Vorsilben darstellen kann.

## Teil II: Kraftvoll in Bewegung: Die Mechanik

Thema von Teil II ist die *Mechanik*, die Lehre von der Bewegung von Körpern und den Kräften, die diese Bewegungen hervorrufen. Die Mechanik wird üblicherweise in zwei Teilgebiete unterteilt:

- ✔ Die *Kinematik* oder Bewegungslehre (Kapitel 4)
- ✔ Die *Dynamik*, die Kräfte und ihre Auswirkungen beschreibt (Kapitel 5)

In Kapitel 4 wird zunächst dargestellt, dass es zwei grundsätzlich verschiedene Arten von Bewegungen gibt, die *gradlinige Bewegung* und die *Kreisbewegung*. Es wird gezeigt, dass es von Vorteil ist, beide Bewegungen mit verschiedenen Parametern zu beschreiben: Weg, Geschwindigkeit und Beschleunigung im Fall von gradlinigen Bewegungen und Winkel, Winkelgeschwindigkeit und Winkelbeschleunigung im Fall von Kreisbewegungen. Zudem werden in Kapitel 4 zwei Größen eingeführt, die im Zusammenhang mit der Beschreibung von Bewegungen von großer Bedeutung sind: Der *Impuls* und die *kinetische Energie*. Beide Größen sind sogenannte *Erhaltungsgrößen*; mit ihrer Hilfe kann man Prozesse, wie etwa Stöße, ausgezeichnet beschreiben.

Grundlage der in Kapitel 5 dargestellten Dynamik sind die drei *Newton'schen Gesetze*, die die Wirkung von *Kräften* auf Körper beschreiben. Neben den Kräften spielt auch die Masse der Körper eine äußerst wichtige Rolle. Außer dem zentralen Begriff der Kraft gibt es aber noch weitere wichtige Größen, die im Zusammenhang mit der Bewegung von Körpern eine große Rolle spielen und die in Kapitel 5 eingeführt werden: Arbeit, Energie, Leistung und Wirkung. Schließlich werden in Kapitel 5 Rotationsbewegungen von Körpern behandelt. Dies ist der erste Fall, in dem die *realen Dimensionen* eines Körpers eine Rolle spielen. Um dies besser beschreiben zu können, werden mit dem Drehmoment und dem Trägheitsmoment zwei neue Größen eingeführt.

## Teil III: Sie kommen niemals zur Ruhe: Schwingungen und Wellen

Teil III beschäftigt sich mit Schwingungen und Wellen. *Schwingungen* sind periodisch wiederholte Bewegungen, die immer dann entstehen, wenn Körper gegen eine *Rückstellkraft* ausgelenkt werden. Wenn diese Rückstellkraft proportional zur Auslenkung ist, spricht man von harmonischen Schwingungen. Beispiele für solche harmonische Schwingungen sind Feder- und Fadenpendel. In Kapitel 6 wird die mathematische Beschreibung von Schwingungen ausgehend von der sogenannten *Schwingungsgleichung* dargestellt. Auf deren Grundlage werden wichtige Größen zur Beschreibung von Schwingungen, wie etwa die Schwingungsdauer, die Frequenz und die Kreisfrequenz, eingeführt.

Harmonische Schwingungen stellen so etwas wie den Idealfall dar. Es gibt aber auch Schwingungen, die diesem Idealfall nicht entsprechen. Dazu zählen gedämpfte und erzwungene Schwingungen.

*Wellen* sind Schwingungen, die sich räumlich ausbreiten. Beispiele sind Wasserwellen und Schallwellen, aber auch Licht ist eine Welle. In Kapitel 7 wird zunächst die sogenannte Wellengleichung eingeführt; zudem wird gezeigt, dass zur Beschreibung von Wellen neben den von den Schwingungen her bekannten Größen noch zwei weitere erforderlich sind, die Wellenlänge und die Wellenzahl. Schließlich wird in Kapitel 7 eine Reihe von Effekten vorgestellt, die ausschließlich bei Wellen auftreten: die Interferenz, die Beugung und der Dopplereffekt.

## Teil IV: Den Durchblick haben: Die Optik

In Teil IV wird die Optik behandelt. In Kapitel 8 wird zunächst gezeigt, dass Licht eine Welle ist, genauer gesagt eine *elektromagnetische Welle*. Dabei wird sich zeigen, dass das sichtbare Licht nur ein kleiner Ausschnitt des gewaltigen *elektromagnetischen Spektrums* bildet, das von Wechselströmen bis hin zur Höhenstrahlung reicht. All diesen elektromagnetischen Wellen gemeinsam ist die Ausbreitungsgeschwindigkeit, die *Lichtgeschwindigkeit*.

Die beiden folgenden Kapitel beschäftigen sich dann mit der Abbildung von Gegenständen durch optische Instrumente, die auf zwei wesentlichen Effekten beruht, der *Reflexion* (Kapitel 9) und der *Brechung* (Kapitel 10). Bei optischen Instrumenten spielt die Wellennatur des Lichts (fast) keine Rolle, es ist vielmehr ausreichend, Licht als Strahl zu betrachten.

Die Reflexion von Licht wird durch das sogenannte Reflexionsgesetz beschrieben und mittels Spiegeln zur Abbildung von Gegenständen ausgenutzt. Dabei sind vor allem sphärische *Hohlspiegel* von großer Bedeutung.

Brechung von Licht tritt immer dann auf, wenn ein Lichtstrahl von einem Material in ein anderes übertritt. Die Brechung wird durch das sogenannte Brechungsgesetz beschrieben; dabei spielt der *Brechungsindex* der einzelnen Materialien eine große Rolle. Die Brechung wird mittels Linsen zur Abbildung von Gegenständen eingesetzt.

Zum Schluss von Kapitel 10 werden mit dem menschlichen Auge, der Lupe und dem Mikroskop drei wichtige optische Instrumente vorgestellt und einige wichtige Größen eingeführt, mit denen die Abbildung durch optische Instrumente genauer beschrieben werden kann.

## Teil V: Zwei Seiten einer Medaille: Elektrizität und Magnetismus

Teil V beschäftigt sich mit der Elektrizitätslehre und dem Magnetismus. Es wird gezeigt, dass Elektrizität und Magnetismus eng miteinander verbunden sind und dass das verbindende Element bewegte elektrische Ladungen sind. Von den vier Kapiteln dieses Teils sind zwei den physikalischen Grundlagen gewidmet, während die beiden übrigen eher in die physikalisch-technische Richtung gehen.

Kapitel 11 beschäftigt sich mit der *Elektrostatik*, der Lehre von ruhenden elektrischen Ladungen. Zunächst werden die Effekte beschrieben, die von ruhenden Ladungen hervorgerufen werden. Davon ausgehend werden zunächst die *Coulombkraft* und, noch wichtiger, das *elektrische Feld* eingeführt. Weitere wichtige Größen zur Beschreibung von elektrischen Feldern sind die elektrische Verschiebearbeit, das elektrische Potential und die elektrische Spannung. Das Thema von Kapitel 12 sind dann *Gleichstromkreise*.

In Kapitel 13 wird gezeigt, dass *Elektrizität* und *Magnetismus* eng miteinander verknüpft sind. Bewegte Ladungen erzeugen Magnetfelder, reagieren andererseits aber auch auf magnetische Felder. Dies führt zu Phänomenen wie dem Hall-Effekt, der Induktion und der Selbstinduktion, die alle in Kapitel 13 vorgestellt und erläutert werden. Praktische Anwendungen der Induktion sind Motor, Generator und Transformator.

Den Abschluss von Teil V bildet Kapitel 14, das sich mit *Wechselstromkreisen* befasst.

## Teil VI: Manche mögen's heiß: Die Thermodynamik

Teil VI beschäftigt sich mit der *Wärmelehre* oder *Thermodynamik*. In Kapitel 15 werden zunächst die Begriffe *Temperatur* und *Wärme* eingeführt. Anschließend werden die Speicherung von Wärme in Körpern sowie der Transport von Wärme behandelt. Es wird gezeigt, dass der Wärmetransport über drei Mechanismen erfolgen kann: Wärmeleitung, Konvektion und Strahlung. Im letzten Abschnitt dieses Kapitels geht es dann um die Thermodynamik von (idealen) Gasen.

In Kapitel 16 werden die sogenannten *Hauptsätze der Thermodynamik* vorgestellt. Sie bilden – ähnlich wie die Newton'schen Gesetze in der Mechanik – die Grundlage der Thermodynamik. Im Zusammenhang mit diesen Hauptsätzen werden auch verschiedene thermodynamische Prozesse vorgestellt und gezeigt, dass jede Wärmemaschine einen Wirkungsgrad kleiner als eins haben muss.

## Teil VII: Der Top-Ten-Teil

Im letzten Teil dieses Buches, dem für alle *... für Dummies*-Bücher obligatorischen Top-Ten-Teil, werden zwei Zehnerlisten vorgestellt: Die erste betrifft zehn Experimentalphysiker, die die klassische Physik wesentlich mitgestaltet haben. In der zweiten Zehnerliste werden zehn bahnbrechende Experimente vorgestellt.

# Mathematischer Hintergrund

2

## In diesem Kapitel ...

- Vektoren zur Darstellung gerichteter Größen
- Darstellung von Vektoren
- Rechnen mit Vektoren
- Ableitungen zur Bestimmung von Momentanwerten
- Integrale zur Berechnung von Summen
- Rechenregeln für das Differenzieren und Integrieren

Ganz ohne Mathematik funktioniert die Physik nicht. Im Gegenteil, wie in Kapitel 1 dargestellt wurde, ist die Mathematik erforderlich, um die Ergebnisse der Physik zu systematisieren, zu ordnen und Gesetzmäßigkeiten zu erkennen. Allerdings ist die Mathematik in diesem Buch so einfach wie möglich gehalten. Dennoch sollen in diesem Kapitel Ihre Mathematikkenntnisse aufgefrischt werden. Dies betrifft drei Themenbereiche:

✔ Vektorrechnung

✔ Differentialrechnung

✔ Integralrechnung

## Die Richtung vorgeben: Vektoren

In der Physik unterscheidet man zwei Arten von Größen: skalare und vektorielle Größen.

*Skalare* Größen sind durch eine Zahl gegeben, während vektorielle Größen, also *Vektoren*, zusätzlich eine Richtung beinhalten.

### Eine Zahl allein reicht nicht aus

Die Größenangabe einer Zeit ist durch die Angabe 3,2 s eindeutig, ebenso die Angabe, dass die Energie eines Körpers 3,2 J beträgt (Kapitel 5). Was ist aber mit Größen wie der Geschwindigkeit, der Beschleunigung oder der Kraft? Ist die Angabe »Das Auto bewegt sich mit einer Geschwindigkeit von 147 km/h« ausreichend, um den Bewegungszustand des Autos zu charakterisieren? Natürlich nicht. Man muss zudem die Richtung angeben, in die sich das Auto bewegt. Die Angabe muss also lauten: »Das Auto bewegt sich mit einer Geschwindigkeit von 147 km/h nach Osten«, damit man weiß, wo sich das Auto nach einer gewissen Zeit befinden wird. Um dies zu erreichen, muss man die Geschwindigkeit als Vektor darstellen.

Vektorielle Größen besitzen nicht nur einen *Betrag*, sondern auch eine *Richtung*.

## Vektoren als Pfeile

Es gibt zwei unterschiedliche Arten, einen Vektor darzustellen:

- ✔ graphische Darstellung
- ✔ mathematische Komponentendarstellung

Abbildung 2.1 zeigt die graphische Darstellung eines Vektors. Er besteht aus einem Pfeil, der eine bestimmte Länge und eine bestimmte *Richtung* besitzt. Die Länge des Pfeils nennt man den *Betrag* des Vektors.

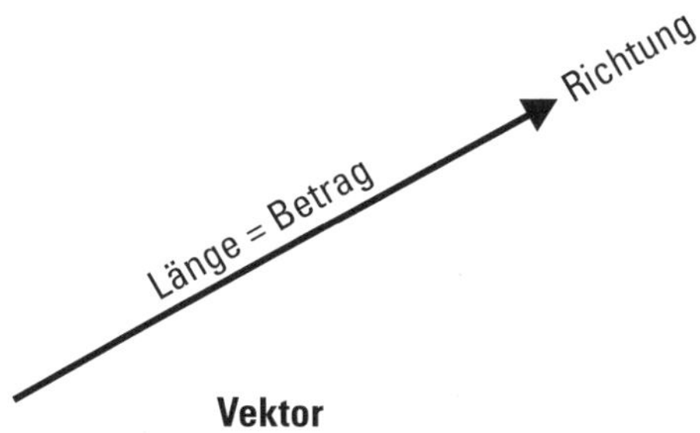


*Abbildung 2.1: Graphische Darstellung eines Vektors*

Für die mathematische Komponentendarstellung benutzt man am besten das *kartesische Koordinatensystem*, das drei Achsen x, y, und z besitzt, die jeweils senkrecht aufeinander stehen.

In der *Komponentenschreibweise* wird ein Vektor durch drei Komponenten beschrieben, die die jeweiligen Anteile in die drei Richtungen des kartesischen Koordinatensystems angeben:

$$\mathbf{a} = \begin{pmatrix} a_x \\ a_y \\ a_z \end{pmatrix}$$

Nehmen Sie den folgenden Geschwindigkeitsvektor als Beispiel:

$$\mathbf{v} = \begin{pmatrix} v_x \\ v_y \\ v_z \end{pmatrix} = \begin{pmatrix} 2 \\ 4 \\ 1 \end{pmatrix} \text{m/s}$$

Er besagt, dass die Geschwindigkeit aus drei Komponenten besteht:

- ✔ 2 m/s in $x$-Richtung
- ✔ 4 m/s in $y$-Richtung
- ✔ 1 m/s in $z$-Richtung

Die beiden Darstellungsweisen

$$\mathbf{a} = \begin{pmatrix} a_x \\ a_y \\ a_z \end{pmatrix} \quad \text{und} \quad \mathbf{a} = (a_x, a_y, a_z)$$

sind äquivalent. Die erste ist übersichtlicher, die zweite passt in eine laufende Zeile. So werden sie auch in diesem Buch verwendet: Im laufenden Text werden horizontale Klammern benutzt, in Gleichungen hingegen vertikale Klammern.

Wenn man mit zweidimensionalen Vektoren arbeitet, ist eine graphische Darstellung oftmals hilfreich oder sogar ausreichend. Für eine Behandlung von dreidimensionalen Problemen ist die Komponentendarstellung vorzuziehen. Das gilt auch für Aufgaben, in denen genaue Zahlenwerte eine Rolle spielen.

## Zwei Angaben sind notwendig: Betrag und Richtung

Abbildung 2.2 zeigt einen zweidimensionalen Vektor **a**, der die rechtwinkligen Koordinaten $a_x$ und $a_y$ besitzt. Aus der Abbildung geht hervor, dass die Länge des Vektors, also sein Betrag, keinesfalls die Summe der Einzelkomponenten ist:

$$|\mathbf{a}| \neq a_x + a_y$$

Vielmehr muss man den Satz von Pythagoras anwenden.

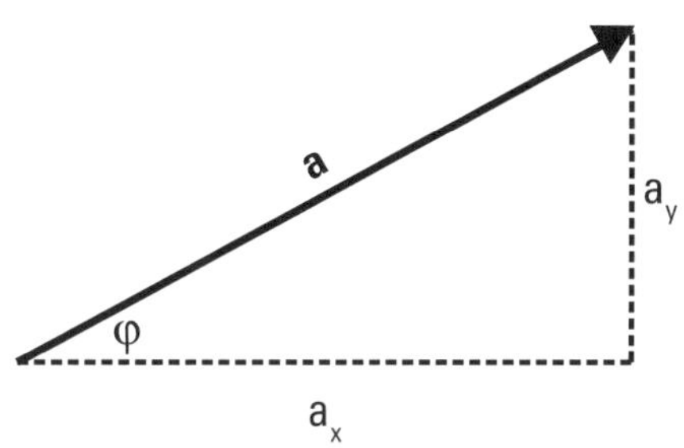


*Abbildung 2.2: Zur Berechnung des Betrags eines zweidimensionalen Vektors*

Der Betrag eines Vektors wird durch senkrechte Betragsstriche dargestellt: $|\mathbf{a}|$. Für einen zweidimensionalen Vektor gilt:

$$|\mathbf{a}| = \sqrt{a_x^2 + a_y^2}$$

Für den dreidimensionalen Fall gilt dementsprechend:

$$|\mathbf{a}| = \sqrt{a_x^2 + a_y^2 + a_z^2}$$

Abbildung 2.2 kann man zudem entnehmen, dass im zweidimensionalen Fall für die Richtung des Vektors in Bezug auf die $x$-Richtung gilt:

$$\tan \varphi = \frac{a_y}{a_x}$$

## Rechnen mit Vektoren

Man kann mit Vektoren genauso rechnen wie mit skalaren Größen, aber man muss dabei bestimmte Regeln beachten. In vielen Fällen ähneln diese Regeln denen für den Umgang mit normalen Zahlen, aber es gibt auch Unterschiede. Diese Regeln werden in den folgenden Abschnitten dargestellt.

### Eins plus eins: Die Addition von Vektoren

Man kann zwei Vektoren addieren, genauso wie man zwei skalare Zahlen addieren kann. Was allerdings nicht möglich ist, ist die Addition eines Vektors und einer Zahl (Sie wissen schon: Äpfel und Birnen …). Für die Addition zweier Vektoren gibt es zwei Möglichkeiten:

- graphische Addition
- rechnerische Addition

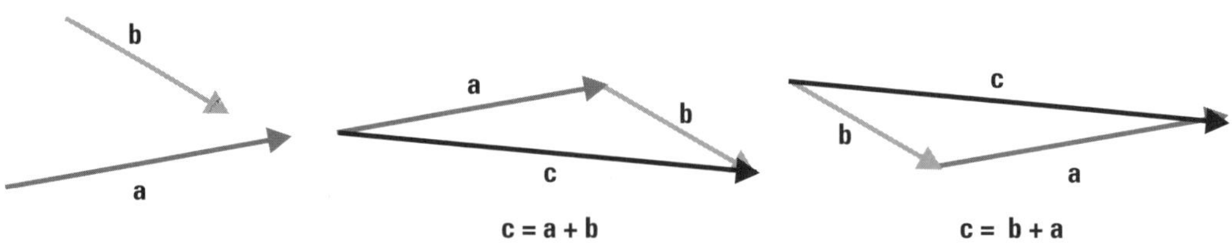


*Abbildung 2.3: Addition zweier Vektoren*

Die graphische Addition ist in Abbildung 2.3 dargestellt. Man zeichnet einen der beiden zu addierenden Vektoren ein und setzt das Ende des zweiten an dessen Spitze. Verbindet man dann Anfangs- und Endpunkt dieser Konstruktion, so erhält man die Summe der beiden Vektoren. Aus Abbildung 2.3 geht hervor, dass die Reihenfolge der Addition keine Rolle spielt: Richtung und Betrag des resultierenden Vektors sind in beiden Fällen gleich.

Rechnerisch werden zwei Vektoren addiert, indem man ihre Einzelkomponenten addiert. Es gilt also:

$$\mathbf{a}+\mathbf{b}=\begin{pmatrix}a_x\\a_y\\a_z\end{pmatrix}+\begin{pmatrix}b_x\\b_y\\b_z\end{pmatrix}=\begin{pmatrix}a_x+b_x\\a_y+b_y\\a_z+b_z\end{pmatrix}=\begin{pmatrix}c_x\\c_y\\c_z\end{pmatrix}=\mathbf{c}$$

Auch hier wird deutlich, dass die Reihenfolge keine Rolle spielt. Es gilt also:

$$\mathbf{a}+\mathbf{b}=\mathbf{b}+\mathbf{a}$$

Betrachten Sie die beiden Vektoren

$$\mathbf{a}=\begin{pmatrix}4\\3\\7\end{pmatrix}\quad\text{und}\quad\mathbf{b}=\begin{pmatrix}-2\\1\\-7\end{pmatrix}$$

Ihre Summe berechnet sich zu:

$$\mathbf{a}+\mathbf{b}=\begin{pmatrix}4\\3\\7\end{pmatrix}+\begin{pmatrix}-2\\1\\-7\end{pmatrix}=\begin{pmatrix}4-2\\3+1\\7-7\end{pmatrix}=\begin{pmatrix}2\\4\\0\end{pmatrix}=\mathbf{c}$$

## Subtraktion

Für die Subtraktion von Vektoren gilt im Prinzip das Gleiche. Man kann Vektoren sowohl graphisch als auch rechnerisch subtrahieren. Bei der graphischen Subtraktion muss man den abzuziehenden Vektor einfach umdrehen ($\mathbf{b} \to -\mathbf{b}$), wie in Abbildung 2.4 dargestellt ist.

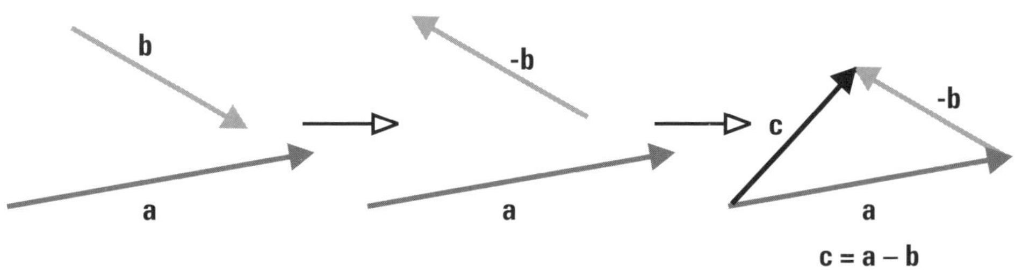


*Abbildung 2.4: Die Subtraktion zweier Vektoren*

Rechnerisch bedeutet dies:

$$\mathbf{a}-\mathbf{b}=\begin{pmatrix}a_x\\a_y\\a_z\end{pmatrix}-\begin{pmatrix}b_x\\b_y\\b_z\end{pmatrix}=\begin{pmatrix}a_x-b_x\\a_y-b_y\\a_z-b_z\end{pmatrix}=\begin{pmatrix}c_x\\c_y\\c_z\end{pmatrix}=\mathbf{c}$$

## Gleich drei Multiplikationen

Während die Regeln für die Addition und die Subtraktion von Vektoren einfach und einleuchtend sind, muss man bei der Multiplikation schon etwas aufpassen. Es gibt nämlich gleich drei verschiedene Arten der Multiplikation:

- ✔ Die Multiplikation eines Vektors mit einer Zahl (einem Skalar)
- ✔ Die Multiplikation zweier Vektoren, sodass ein Skalar entsteht (das sogenannte *Skalarprodukt*)
- ✔ Die Multiplikation zweier Vektoren, sodass ein neuer Vektor entsteht (das sogenannte *Vektorprodukt* oder *Kreuzprodukt*)

Sowohl Skalarprodukt als auch Kreuzprodukt spielen in der Physik bei der Definition wichtiger Größen eine bedeutende Rolle und werden daher im Folgenden ausführlich dargestellt. Zunächst wird aber die Multiplikation eines Vektors mit einer Zahl betrachtet.

### Multiplikation eines Vektors mit einer Zahl

Während man einen Vektor und eine Zahl nicht addieren kann, ist eine Multiplikation sehr wohl möglich. Abbildung 2.5 zeigt die graphische Darstellung der Multiplikation **c** = 3 **a**.

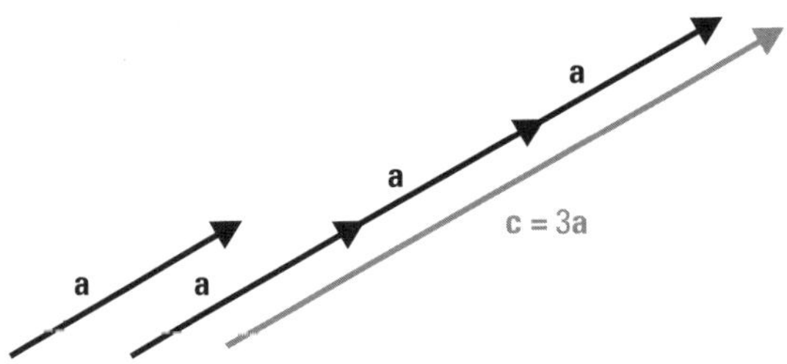


*Abbildung 2.5: Multiplikation eines Vektors mit einer Zahl*

Mathematisch kann diese Multiplikation wie folgt ausgedrückt werden:

$$n\,\mathbf{a} = n\begin{pmatrix} a_x \\ a_y \\ a_z \end{pmatrix} = \begin{pmatrix} na_x \\ na_y \\ na_z \end{pmatrix} = \begin{pmatrix} c_x \\ c_y \\ c_z \end{pmatrix} = \mathbf{c}$$

Man muss also jede der drei Komponenten mit der skalaren Größe multiplizieren.

### Ein bisschen komplizierter: Das Skalarprodukt

Das Skalarprodukt ist eine Vektoroperation, bei der zwei Vektoren so miteinander multipliziert werden, dass sich eine Zahl, also eine skalare Größe ergibt. Es wird durch einen deutlichen Punkt zwischen den beiden zu multiplizierenden Vektoren dargestellt.

Das *Skalarprodukt* zweier Vektoren **a** und **b** ist durch den folgenden Ausdruck gegeben:

$$S = \mathbf{a} \cdot \mathbf{b} = a_x b_x + a_y b_y + a_z b_z$$

$S$ ist eine Zahl, kein Vektor.

Das Skalarprodukt der beiden Vektoren

$$\mathbf{a} = \begin{pmatrix} 5 \\ 3 \\ 1 \end{pmatrix} \quad \text{und} \quad \mathbf{b} = \begin{pmatrix} 1 \\ 2 \\ 6 \end{pmatrix}$$

ist also durch den folgenden Ausdruck gegeben:

$$S = \mathbf{a} \cdot \mathbf{b} = 5 \cdot 1 + 3 \cdot 2 + 1 \cdot 6 = 17$$

Die obige Definition des Skalarprodukts kann auch wie folgt ausgedrückt werden:

Das *Skalarprodukt* zweier Vektoren **a** und **b** ist das Produkt aus der Länge des Vektors **a** und der Projektion des Vektors **b** auf den Vektor **a** (Abbildung 2.6).

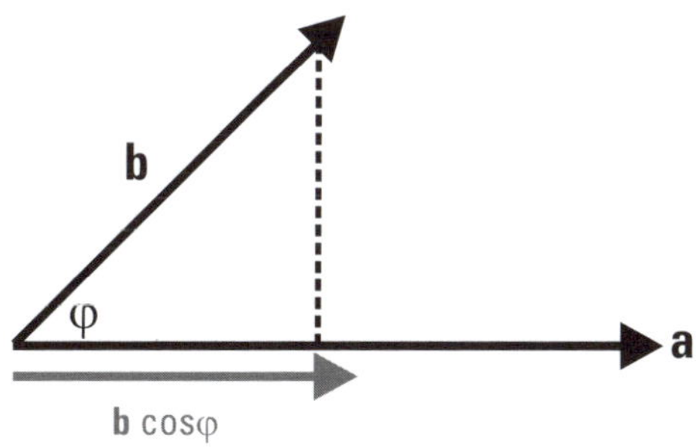


*Abbildung 2.6: Zur Berechnung des Skalarprodukts*

Dies kling zunächst kompliziert, ist aber eigentlich relativ einfach. Betrachten Sie Abbildung 2.6. Der Vektor **a** zeigt nach rechts, **b** unter einem Winkel $\varphi$ schräg nach oben. Die Projektion von **b** auf **a** ist **b** cos$\varphi$. Somit erhält man für das Skalarprodukt:

$$S = |\mathbf{a}||\mathbf{b}|\cos\varphi$$

Um das zu überprüfen, betrachten Sie die beiden zweidimensionalen Vektoren

$$\mathbf{a} = \begin{pmatrix} 4 \\ 0 \end{pmatrix} \quad \text{und} \quad \mathbf{b} = \begin{pmatrix} 2 \\ 2 \end{pmatrix}$$

Aus der Definition des Skalarprodukts ergibt sich

$$S = a \cdot b = 4 \cdot 2 + 0 \cdot 2 = 8$$

Berechnet man die Beträge beider Vektoren, ergibt sich

$$|\mathbf{a}| = \sqrt{4^2 + 0^2} = 4 \quad \text{und} \quad |\mathbf{b}| = \sqrt{2^2 + 2^2} = \sqrt{8} = 2{,}83$$

Wenn man die beiden Vektoren in ein Koordinatensystem einzeichnet, sieht man, dass sie einen Winkel von 45° einschließen, deshalb gilt des Weiteren cos (45°) = 0,71. Damit ergibt sich für das Skalarprodukt $S$:

$$S = 4 \cdot 2{,}83 \cdot 0{,}71 = 8$$

Wie Sie sehen, sind die beiden Definitionen identisch, sie liefern das gleiche Ergebnis. Das bedeutet, dass das Skalarprodukt zweier Vektoren maximal ist, wenn beide parallel zueinander sind. Es ist gleich Null, wenn die beiden Vektoren senkrecht aufeinander stehen (siehe Aufgabe 2.5)

Sie mögen an dieser Stelle sagen: »Na und? Was interessiert mich das? Was hat das mit Physik zu tun?« Wie in Kapitel 5 dargestellt wird, ist die äußerst wichtige physikalische Größe Arbeit als Skalarprodukt aus der wirkenden Kraft **F** und dem Weg **s** definiert, der unter dem Einfluss dieser Kraft zurückgelegt wurde:

$$W = \mathbf{F} \cdot \mathbf{s}$$

Das bedeutet, dass nur dann eine Arbeit verricht wird, wenn der Weg **s** eine Komponente in Richtung der Kraft besitzt. In Kapitel 5 wird erläutert, welche Auswirkungen das auf die beim Kofferheben und Koffertragen verrichtete Arbeit hat.

## Nicht ganz einfach: Das Kreuzprodukt

Genauso wie das bislang diskutierte Skalarprodukt spielt auch das sogenannte Kreuzprodukt oder Vektorprodukt, das als Produkt zweier Vektoren einen neuen Vektor liefert, in der Physik eine große Rolle. Zu den Größen, die als Kreuzprodukt definiert sind, gehören unter anderem die Winkelgeschwindigkeit (Kapitel 4) und das Drehmoment (Kapitel 5). Lassen Sie mich gleich mit der Tür ins Haus fallen und zunächst das Kreuzprodukt definieren, bevor es näher erläutert wird.

Das Kreuzprodukt zweier Vektoren **a** und **b** ist wie folgt definiert.

$$\mathbf{a} \times \mathbf{b} = \begin{pmatrix} a_x \\ a_y \\ a_z \end{pmatrix} \times \begin{pmatrix} b_x \\ b_y \\ b_z \end{pmatrix} = \begin{pmatrix} a_y b_z - a_z b_y \\ a_z b_x - a_x b_z \\ a_x b_y - a_y b_x \end{pmatrix} = \begin{pmatrix} c_x \\ c_y \\ c_z \end{pmatrix} = \mathbf{c}$$

Das Kreuzprodukt **c** ist ein Vektor.

Dieser Definition des Kreuzprodukts und der Darstellung in Abbildung 2.7 kann man Folgendes entnehmen:

- ✔ Das Ergebnis, also der Vektor **c**, steht senkrecht auf der von **a** und **b** aufgespannten Ebene. Der Betrag von **c** entspricht der von **a** und **b** aufgespannten Fläche.
- ✔ Anders als beim Skalarprodukt ist beim Kreuzprodukt die Reihenfolge nicht vertauschbar. Es gilt vielmehr:

  $$\mathbf{a} \times \mathbf{b} = -\mathbf{b} \times \mathbf{a}$$

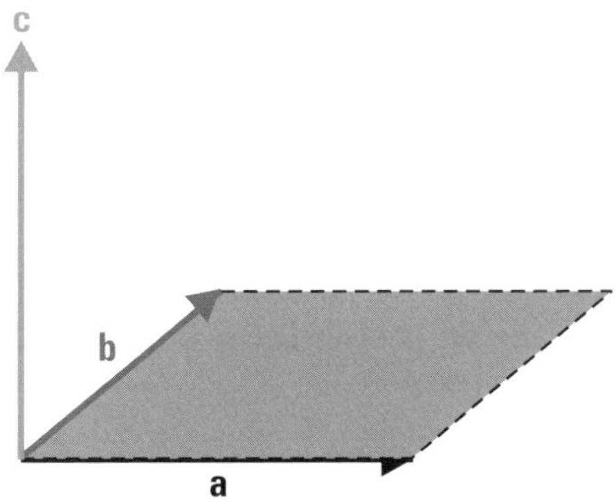


*Abbildung 2.7: Zur Definition des Kreuzprodukts zweier Vektoren*

Betrachten Sie dazu die beiden einfachen Vektoren:

$$\mathbf{a} = \begin{pmatrix} 1 \\ 0 \\ 1 \end{pmatrix} \quad \text{und} \quad \mathbf{b} = \begin{pmatrix} 1 \\ 1 \\ 0 \end{pmatrix}$$

Berechnet man $\mathbf{a} \times \mathbf{b}$, so ergibt sich

$$\mathbf{a} \times \mathbf{b} = \begin{pmatrix} a_x \\ a_y \\ a_z \end{pmatrix} \times \begin{pmatrix} b_x \\ b_y \\ b_z \end{pmatrix} = \begin{pmatrix} 0 \cdot 0 - 1 \cdot 1 \\ 1 \cdot 1 - 1 \cdot 0 \\ 1 \cdot 1 - 0 \cdot 1 \end{pmatrix} = \begin{pmatrix} -1 \\ 1 \\ 1 \end{pmatrix} = \mathbf{c}$$

Auf der anderen Seite ergibt sich für $\mathbf{b} \times \mathbf{a}$:

$$\mathbf{b} \times \mathbf{a} = \begin{pmatrix} b_x \\ b_y \\ b_z \end{pmatrix} \times \begin{pmatrix} a_x \\ a_y \\ a_z \end{pmatrix} = \begin{pmatrix} 1 \cdot 1 - 0 \cdot 0 \\ 0 \cdot 1 - 1 \cdot 1 \\ 1 \cdot 0 - 1 \cdot 1 \end{pmatrix} = \begin{pmatrix} 1 \\ -1 \\ -1 \end{pmatrix} = -\mathbf{c}$$

- ✔ Das Skalarprodukt ist null, wenn die beiden zu multiplizierenden Vektoren senkrecht aufeinander stehen. Im Gegensatz dazu ist das Kreuzprodukt gleich null, wenn beide Vektoren parallel zueinander sind. Das ergibt sich direkt aus Abbildung 2.7, da die von **a** und **b** aufgespannte Fläche dann null ist (für einen mathematischen Nachweis siehe Aufgabe 2.6).
- ✔ Die letzte bemerkenswerte Tatsache zum Kreuzprodukt betrifft dessen Dimensionalität: Wenn in einer Rechnung ein Kreuzprodukt auftaucht, hat man es unweigerlich mit drei Dimensionen zu tun, wie ein Blick auf Abbildung 2.7 zeigt. Skalarprodukte sind hingegen auch zweidimensional möglich.

# Differentialrechnung und Integralrechnung

Leider geht es in der Physik nicht ganz ohne Differential- und Integralrechnung. Allerdings werden beide in diesem Buch äußerst sparsam und nur an Stellen eingesetzt, an denen sie absolut notwendig sind. Auf der anderen Seite kann man mit Hilfe der Differential- und Integralrechnung viele Zusammenhänge in der Physik wesentlich einfacher darstellen, als wenn man sie mühsam umschreiben müsste.

In den beiden folgenden Abschnitten geht es daher um die Differential- und Integralrechnung. Ich höre Sie sagen: »Mein Thema ist die Physik. Was interessieren mich diese mathematischen Spezialthemen?« Damit liegen Sie völlig falsch. Die Differentialrechnung beispielsweise wurde von Newton, Leibniz und anderen Wissenschaftlern vor allem aus dem Grund eingeführt, um bestimmte physikalische Probleme lösen zu können.

- ✔ Die Differentialrechnung (das heißt die Bildung von Ableitungen) spielt beispielsweise immer dann eine Rolle, wenn es darum geht, die *Momentanwerte* von Größen zu berechnen, die als Quotient einer Größe und der Zeit definiert sind. Wesentlich schwieriger und in diesem Buch kaum benutzt ist das Aufstellen von *Differentialgleichungen* zur Beschreibung einer Situation und deren anschließender Lösung (die Schwingungsgleichung in Kapitel 6 und die Wellengleichung in Kapitel 7 sind Differentialgleichungen).
- ✔ Die Integralrechnung wird zu zwei Zwecken eingesetzt: Zum einen ist die Integration die Umkehrung der Differenzierung und daher manchmal notwendig, wenn man aus einer abgeleiteten Größe auf die ursprüngliche Funktion schließen will; zum anderen erleichtert sie die Berechnung großer, komplizierter Summen.

## $y' = dy/dx$: Ableitungen

Im folgenden Abschnitt werden kurz die wichtigsten Grundprinzipien und die wichtigsten Rechenregeln der Differentialrechnung vorgestellt, allerdings nur in dem Umfang, in dem sie in diesem Buch benötigt werden. Zunächst soll allerdings dargestellt werden, warum man in der Physik mit Ableitungen arbeitet.

### Warum Ableitungen?

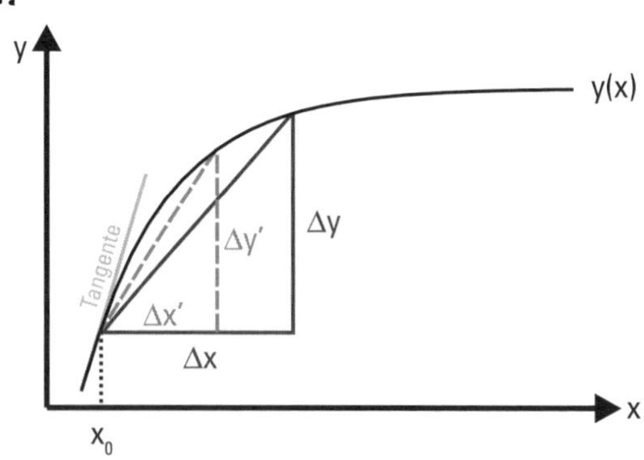


*Abbildung 2.8: Zur Definition der Ableitung*

Abbildung 2.8 zeigt eine Funktion $y = f(x)$, wie sie häufig in der Physik auftaucht. $y$ steigt zunächst stark an, um dann abzuflachen. Eine mögliche Größe zur Beschreibung dieses Verhaltens ist die *Steigung* der Kurve in einem bestimmten Punkt (in der Abbildung $x_0$). Wenn es sich bei der Kurve um eine Gerade handelt, kann man das *Steigungsdreieck* benutzen, das folgendermaßen definiert ist:

$$S = \frac{\Delta y}{\Delta x}$$

Handelt es sich allerdings nicht um eine Gerade, kann man die Steigung auf diese Weise allerdings nur näherungsweise ausdrücken. Man erhält eine bessere Näherung, wenn man das Intervall $\Delta x$ kleiner wählt (Abbildung 2.8):

$$S = \frac{\Delta y'}{\Delta x'}$$

Aber auch dies ist nur eine Näherung. Um die Steigung genau zu ermitteln, muss man das Intervall $\Delta x$ unendlich klein machen, man muss also folgenden Grenzwert bilden:

$$S = \lim_{\Delta x \to 0} \frac{\Delta y}{\Delta x} = \frac{\mathrm{d}y}{\mathrm{d}x} = y'$$

Diesen Grenzwert nennt man die *Ableitung* der Funktion $y$ nach $x$ (wobei $y$ von $x$ abhängt).

Die Steigung der Kurve im Punkt $x_0$ ist gleichzeitig die Steigung der Tangente in diesem Punkt:

$$S_{\text{Tangente}} = \frac{\mathrm{d}y}{\mathrm{d}x}$$

Wenn man die Ableitung einer Funktion in einem bestimmten Punkt betrachtet, handelt es sich um eine Zahl. Andernfalls handelt es sich um eine Funktion, die wiederum von $x$ abhängen kann:

$$y'(x) = \frac{\mathrm{d}y}{\mathrm{d}x}(x)$$

In Kapitel 4 wird beispielweise dargestellt, dass die Geschwindigkeit die Ableitung des Weges nach der Zeit ist.

### Ableitung einfacher Funktionen

Im Prinzip ist die Bildung von Ableitungen mathematischer oder physikalischer Funktionen sehr einfach. Man muss nur die dafür aufgestellten Regeln befolgen. Die in diesem Buch benötigten Ableitungen sind in Tabelle 2.1 zusammengestellt; die wichtigsten Regeln werden im folgenden Abschnitt zusammengefasst.

| Funktion | Ableitung | Funktion | Ableitung |
|---|---|---|---|
| $x^3$ | $3x^2$ | sin (x) | cos (x) |
| $x^2$ | 2x | cos (x) | –sin (x) |
| x | 1 | –sin (x) | –cos (x) |
| Konstante | 0 | –cos (x) | sin (x) |
| | | $e^x$ | $e^x$ |

*Tabelle 2.1: Die Ableitungen einiger wichtiger Funktionen*

## Einige einfache Rechenregeln

Für die (wenigen) Ableitungen, die in diesem Buch durchgeführt werden, brauchen Sie nur wenige einfache Regeln. Diese lauten wie folgt:

1. Die Ableitung einer konstanten Funktion ist gleich null:

$$y = a \Rightarrow \frac{\mathrm{d}y}{\mathrm{d}x} = 0$$

2. Konstanten kann man aus der abzuleitenden Funktion herausziehen:

$$\frac{d(ay)}{\mathrm{d}x} = a\frac{\mathrm{d}\,y}{\mathrm{d}x}$$

3. Die Ableitung einer Summe von Funktionen ist gleich der Summe der Einzelableitungen:

$$\frac{d(y_1 + y_2)}{\mathrm{d}x} = \frac{\mathrm{d}y_1}{\mathrm{d}x} + \frac{\mathrm{d}y_2}{\mathrm{d}x}$$

4. Bei der Ableitung eines Produktes von Funktionen muss man die sogenannte *Produktregel* anwenden:

$$\frac{d(y_1 \cdot y_2)}{\mathrm{d}x} = y_2\frac{\mathrm{d}y_1}{\mathrm{d}x} + y_1\frac{\mathrm{d}y_2}{\mathrm{d}x}$$

5. Die Potenzregel ist von besonderer Bedeutung für dieses Buch. Sie besagt, dass man bei der Ableitung einer Funktion mit der Potenz n (ein Polynom n-ten Grades) die Potenz um eins verringern und sie gleichzeitig als Vorfaktor benutzen muss:

$$\frac{\mathrm{d}x^n}{\mathrm{d}x} = n \cdot x^{n-1}$$

6. Ebenso wichtig ist die sogenannte *Kettenregel*. Sie muss angewendet werden, wenn zwei Funktionen ineinander verschachtelt sind, etwa in der Form:

$$y_1 = f(y_2(x))$$

Ein Beispiel dafür lautet:

$$y_1 = \sin(y_2(x)) = \sin x^2$$

Die Kettenregel besagt, dass in diesem Fall für die Ableitung gilt:

$$\frac{d(y_1(y_2(x)))}{\mathrm{d}x} = \frac{\mathrm{d}y_1}{\mathrm{d}x} \cdot \frac{\mathrm{d}y_2}{\mathrm{d}x}$$

Dabei wird der zweite Term auch *innere Ableitung* genannt. Für das obige Beispiel gilt also:

$$\frac{d}{\mathrm{d}x}(\sin(x^2)) = 2x \cdot \cos(x^2)$$

Das sind alle Regeln zu Ableitungen, die Sie in diesem Buch brauchen werden.

## Integration

Die *Integration* erfüllt in der Physik zwei wichtige Aufgaben. Zum einen ist sie die Umkehrung der Differentiation, zum anderen erlaubt sie die Berechnung großer Summen mit unendlich vielen infinitesimal kleinen Summanden.

### Sie ergeben eine Funktion: Unbestimmte Integrale

Die Geschwindigkeit $v$ ist die Ableitung des Weges $s$ nach der Zeit $t$. Wenn man allerdings nur die Funktion $v(t)$ kennt und möchte auf die Funktion $s(t)$ zurückschließen, muss man den Prozess der Ableitung umkehren, das heißt die Funktion $v(t)$ *integrieren*. Allgemein ausgedrückt bedeutet dies: Wenn man weiß, dass eine Funktion $y'(x)$ die Ableitung der Funktion $y(x)$ ist, also gilt:

$$y'(x) = \frac{\mathrm{d}y}{\mathrm{d}x}$$

dann kann man durch Integration auf y(x) zurückschließen:

$$y(x) = \int y'(x)\,\mathrm{d}x$$

Diese Funktion $y(x)$ nennt man *Stammfunktion* von $y'(x)$. In diesem Sinn ist die Integration die *Umkehrung* der Ableitung. Allerdings muss man eine Besonderheit beachten: Da der Tabelle 2.1 zufolge die Ableitung einer Konstanten null ergibt, kann man zur Integralfunktion eine Konstante hinzufügen, deren Wert sich aus den jeweiligen Randbedingungen ergibt.

Um ein Beispiel zu geben: Die beiden folgenden Ausdrücke sind äquivalent:

$$\int y'(x)\,\mathrm{d}x = y(x)$$

$$\int y'(x)\,\mathrm{d}x = y(x) + \mathrm{const}$$

Leitet man die beiden Funktionen auf der rechten Seite der obigen Gleichungen ab, so ergibt sich in beiden Fällen $y'(x)$. Wie man diese sogenannte *Integrationskonstante* bestimmt, wird in diesem Buch an einigen Stellen dargelegt; es kommt auf die jeweilige Situation an. Die in diesem Abschnitt vorgestellten Integrale heißen *unbestimmte Integrale*.

## Sie ergeben eine Zahl: Bestimmte Integrale

Die im vorangegangenen Abschnitt vorgestellten unbestimmten Integrale liefern Funktionen. Bestimmte Integrale hingegen ergeben konkrete Zahlen.

Ein *bestimmtes Integral* ist die Differenz der Werte einer integrierten Funktion für zwei gegebene Punkte:

$$\int_a^b y'(x)\,\mathrm{d}x = y(b) - y(a) = [\,y(x)\,]_a^b$$

Da die Integrationskonstante in beiden Termen auftreten müsste, spielt sie bei bestimmten Integralen keine Rolle.

Der Wert eines bestimmten Integrals $\int_a^b y'(x)\,\mathrm{d}x$ entspricht der Fläche unter der Kurve $y'$ zwischen den Punkten a und b. Dies ist in Abbildung 2.9 dargestellt.

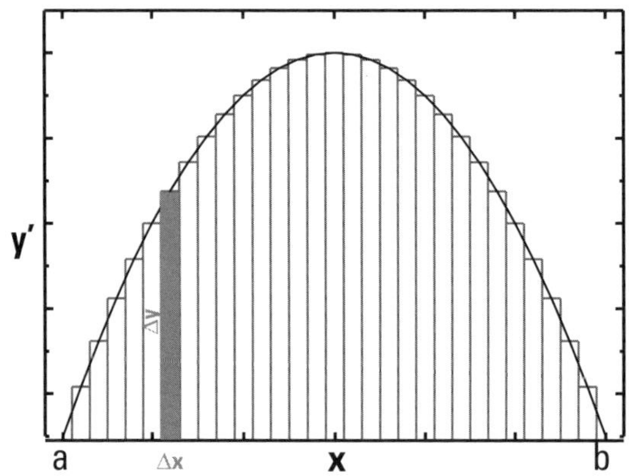


*Abbildung 2.9: Berechnung der Fläche unter einer Kurve durch ein Integral*

Man kann diese Fläche wie folgt ausdrücken:

$$A \approx \sum \Delta y'\,\Delta x$$

Die Fläche wird umso genauer bestimmt, je kleiner man das Intervall Δx macht:

$$A = \lim_{\Delta x \to 0} \sum_a^b y'(x)\,\Delta x = \int_a^b y'(x)\,\mathrm{d}x$$

Der Übergang einer Summe in ein Integral, wie er gerade dargestellt wurde, spielt eine wichtige Rolle in der Physik. Er wird mehrfach in diesem Buch auftauchen.

### Rechenregeln

Integrale können also in zwei Formen auftreten.

- ✔ Unbestimmte Integrale sind Funktionen der Form:

  $$y(x) = \int f(x)\,\mathrm{d}x$$

- ✔ Bestimmte Integrale sind Zahlen. Sie werden genauso berechnet wie unbestimmte Integrale, aber die Integration findet zwischen zwei bestimmten Punkten statt:

  $$z = \int_a^b f(x)\,\mathrm{d}x$$

  Die Größe dieser Zahl ergibt sich aus der Differenz der Integrale an den Punkten a und b.

In diesem Buch sind eigentlich nur zwei Regeln bezüglich der Integration von Bedeutung:

1. Die Stammfunktionen der wichtigsten Funktionen finden Sie, indem Sie Tabelle 2.1 von rechts nach links lesen.
2. Die Umkehrung der *Potenzregel* bei der Ableitung von Funktionen besagt:

$$\int x^n\,\mathrm{d}x = \frac{1}{n+1}x^{n+1}$$

**Aufgabe 2.1**

Berechnen Sie die Beträge folgenden Vektoren:

$$\mathbf{a} = \begin{pmatrix} 17 \\ 2 \\ 25 \end{pmatrix};\quad \mathbf{b} = \begin{pmatrix} 1 \\ -1 \\ 0 \end{pmatrix};\quad \mathbf{c} = \begin{pmatrix} 2 \\ 0 \\ 0 \end{pmatrix}$$

**Aufgabe 2.2**

Addieren Sie folgende Vektoren:

a) $\mathbf{a} = \begin{pmatrix} 3 \\ 7 \\ -4 \end{pmatrix};\quad \mathbf{b} = \begin{pmatrix} 4 \\ 9 \\ 2 \end{pmatrix}$

b) $\mathbf{c} = \begin{pmatrix} 1 \\ 2 \\ 3 \end{pmatrix};\quad \mathbf{d} = \begin{pmatrix} -1 \\ -2 \\ -3 \end{pmatrix}$

**Aufgabe 2.3**

Sie wandern im Wald 7 km gerade nach Osten. Danach biegen Sie nach Süden ab und wandern noch 3 km weiter, bis Sie ein Gasthaus finden, ein Bier bestellen und sich fragen, wie weit Ihr Auto auf dem Parkplatz in der Luftlinie von Ihnen entfernt ist.

**Aufgabe 2.4**

Gegeben seien die beiden Vektoren:

$$\mathbf{a} = \begin{pmatrix} 1 \\ 2 \\ 3 \end{pmatrix}; \quad \mathbf{b} = \begin{pmatrix} 3 \\ 2 \\ 1 \end{pmatrix}$$

Wie groß ist ihr Skalarprodukt?

**Aufgabe 2.5**

Die beiden Vektoren

$$\mathbf{a} = \begin{pmatrix} 1 \\ 0 \\ 0 \end{pmatrix}; \quad \mathbf{b} = \begin{pmatrix} 0 \\ 1 \\ 0 \end{pmatrix}$$

stehen senkrecht aufeinander (**a** zeigt in x-Richtung, **b** in y-Richtung). Zeigen Sie, dass das Skalarprodukt der beiden Vektoren null ist.

**Aufgabe 2.6**

Die beiden Vektoren

$$\mathbf{a} = \begin{pmatrix} 1 \\ 2 \\ 3 \end{pmatrix}; \quad \mathbf{b} = \begin{pmatrix} 2 \\ 4 \\ 6 \end{pmatrix}$$

sind parallel zueinander. Zeigen Sie, dass ihr Kreuzprodukt gleich null ist.

**Aufgabe 2.7**

Berechnen Sie das Kreuzprodukt der beiden folgenden Vektoren:

$$\mathbf{a} = \begin{pmatrix} 5 \\ 4 \\ 1 \end{pmatrix}; \quad \mathbf{b} = \begin{pmatrix} -7 \\ 3 \\ 2 \end{pmatrix}$$

### Aufgabe 2.8

Wie lautet die erste Ableitung der folgenden Funktionen?

a) $y(x) = 3x^3 - 4x^2 + 7x + 15$

b) $y(x) = \sin(x^3)$

c) $y(x) = 4731{,}5 \cdot x$

### Aufgabe 2.9

Die Funktion $y = \sin(\omega t)$ spielt eine wichtige Rolle in diesem Buch, ebenso wie ihre Ableitungen. Wie sehen die ersten beiden Ableitungen dieser Funktion nach der Zeit aus?

### Aufgabe 2.10

Berechnen Sie die Ableitung der beiden folgenden Funktionen:

$y = e^x$

$y = e^{ax}$

### Aufgabe 2.11

Berechnen Sie die Werte der beiden folgenden bestimmten Integrale:

$$Z = \int_1^2 x^3 \, \mathrm{d}x$$

$$Z = \int_{-1}^1 x^3 \, \mathrm{d}x$$

# Physik bedeutet Messen

3

## In diesem Kapitel ...

- Messung physikalischer Größen
- Physikalische Einheiten
- Das internationale Einheitensystem
- Grundeinheiten und zusammengesetzte Einheiten
- Darstellung mit Hilfe von Zehnerpotenzen und Vorsilben

In Kapitel 1 wurde dargestellt, dass die Physik auf Beobachtungen und Experimenten beruht. In den meisten Fällen ist dies mit der *Messung* bestimmter *physikalischer Größen* verbunden. Thema dieses Kapitels sind daher Messungen und die Darstellung der dabei erhaltenen Ergebnisse.

## Messungen und ihre Fehler

Die wichtigste Grundlage der Wahrnehmung unserer physikalischen Umwelt ist die *Messung*. Dies gilt für Beobachtung und Experiment gleichermaßen. Aber die Durchführung von Messungen ist keineswegs trivial. Betrachten Sie den stabförmigen Körper in Abbildung 3.1. Wenn man Ihnen einen solche Stab gibt und Sie fragt, wie groß die Dicke *d* dieses Stabes ist, so könnten Sie einen Zollstock hervorholen, messen und sagen: *d* ist genau 1,0 cm. Geben Sie dann Stab und Zollstock an Ihre Nachbarn weiter, werden Sie vielleicht hören: »2,0 cm stimmt!«; »Nee, es ist eher 2,1 cm«; »Ich denke, 1,9 cm trifft es eher!«

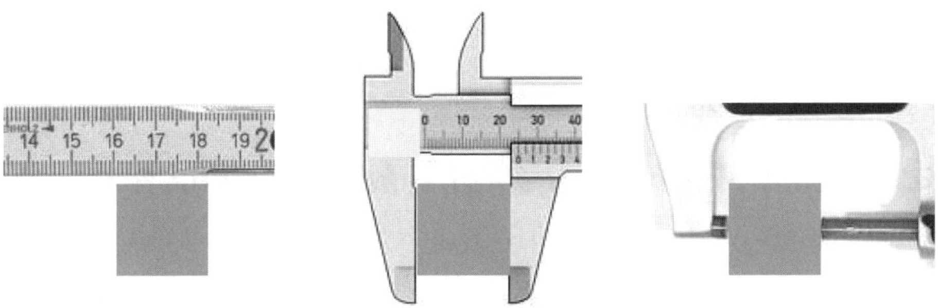


*Abbildung 3.1: Messung der Dicke eines Stabes*

Jede Messung ist mit einer Unsicherheit oder einem *Fehler* behaftet. In der Physik ist es absolut notwendig, diesen möglichen Fehler zu berücksichtigen, indem man die möglichen

Fehlergrenzen mit angibt. In diesem Fall müssten Sie also sagen:

$$d = 2{,}0 \pm 0{,}1\ \text{cm}$$

Aber das ist noch nicht alles. Einer Ihrer Freunde holt eine Schieblehre heraus und sagt: »Ich messe $d$ = 2,01 cm«. Weitere Messungen mit der Schieblehre könnten dann etwa ergeben:

$$d = 2{,}02 \pm 0{,}04\ \text{cm}$$

Schließlich wird irgendjemand eine Mikrometerschraube (Abbildung 3.1) aus der Tasche zaubern und sagen: »Ihr habt alle Unrecht. $d$ ist genau 2,023 cm.« Wenn diese Messung mehrfach wiederholt wird, könnte sich ergeben:

$$d = 2{,}023 \pm 0{,}005\ \text{cm}$$

Fasst man diese drei Messreihen mit Zollstock, Schieblehre und Mikrometerschraube zusammen, so ergibt sich Folgendes:

$$d = 2{,}0 \pm 0{,}1\ \text{cm} \quad \text{(Zollstock)}$$
$$d = 2{,}02 \pm 0{,}04\ \text{cm} \quad \text{(Schieblehre)}$$
$$d = 2{,}023 \pm 0{,}005\ \text{cm} \quad \text{(Mikrometerschraube)}$$

Welche von diesen Angaben ist nun richtig? Die Antwort lautet: *Alle drei*!

Wenn Sie ein physikalisches Messergebnis angeben, müssen Sie stets sowohl mögliche *Messfehler* als auch die Mittel angeben, mit denen Sie dieses Ergebnis erhalten haben. Zudem sollte man noch die Bedingungen angeben, unter denen es erhalten wurde. Messen Sie die Dicke des Stabes in Abbildung 3.1 bei einer Temperatur von 100 °C, werden Sie aufgrund der thermischen Ausdehnung (Kapitel 15) ein anderes Ergebnis erhalten als bei Zimmertemperatur.

Es ist nicht sinnvoll, bei der Darstellung eines Messergebnisses Stellen anzugeben, die über die Fehlergrenze hinausgehen. Die Angabe

$$d = 1{,}023 \pm 0{,}1\ \text{cm}$$

ist also unsinnig.

## Fuß, Elle und Schritt: Physikalische Maßeinheiten

Im vorangegangenen Abschnitt lautete das Ergebnis einer Ihrer Messungen der Dicke $d$ des Stabes:

$$d = 2{,}02 \pm 0{,}04\ \text{cm}$$

Schauen Sie sich dieses Ergebnis noch einmal genauer an, so werden Sie feststellen, dass es zwei unterschiedliche Informationen enthält: 2,02 ± 0,04 ist eine *Zahl* (einschließlich der Fehlergrenzen) und cm ist eine *Einheit*. Immer wenn man das Ergebnis einer physikalischen Messung darstellen will, muss man sowohl die Größe als auch die Einheit dieses Ergebnisses angeben.

Die Angabe eines physikalischen Messergebnisses erfordert zumindest zwei Angaben:

Ergebnis = Zahl + Einheit

Wenn es sich um eine vektorielle Größe handelt, sind sogar drei Angaben notwendig:

Ergebnis = Betrag + Richtung + Einheit

## Äpfel und Birnen: Rechnen mit Einheiten

Wenn Sie mit Einheiten arbeiten, müssen Sie die folgenden Regeln beachten:

- ✔ Die Addition/Subtraktion von Größen mit verschiedenen Einheiten ist nicht möglich. Mit anderen Worten: Man kann nicht Äpfel und Birnen addieren, ebenso wenig Meter und Sekunden.
- ✔ Die Multiplikation bzw. Division von Größen mit verschiedenen Einheiten ist dagegen sehr wohl möglich.
- ✔ Dabei entstehen neue Größen mit neuen Einheiten, den sogenannten *zusammengesetzten Einheiten*. Wenn man beispielsweise eine Länge (in Metern) durch die Zeit (in Sekunden) dividiert, erhält man als Ergebnis eine Geschwindigkeit (mit der Einheit Meter pro Sekunde).
- ✔ Diese neuen, zusammengesetzten Einheiten tragen zum Teil eigene, neue Namen. Beispiele dafür sind etwa das Volt (V) oder das Watt (W).

## International einheitlich: Einheitensysteme

In früheren Jahrhunderten gab es eine Vielzahl von Einheiten für jede physikalische Größe. Finger, Fuß, Elle und Schritt waren gängige Längeneinheiten. Die genaue Definition konnte von Land zu Land oder sogar von Ort zu Ort variieren. Im letzten Jahrhundert hat sich allerdings ein Einheitensystem durchgesetzt, das in der Physik, den Naturwissenschaften und auch in der alltäglichen Welt nahezu ausschließlich verwendet wird. Die einzigen Ausnahmen sind Großbritannien und vor allem die Vereinigten Staaten, wo auch heute noch sehr seltsame Einheiten verwendet werden.

Dieses *Einheitensystem* wird *MKS-System* oder *SI-System* genannt. Diese Bezeichnungen haben folgenden Ursprung:

- ✔ **MKS-System:** Diese Bezeichnung beruht auf der Tatsache, dass für die mechanischen Größen die Einheiten Meter, Kilogramm und Sekunde verwendet werden, kurz ausgedrückt MKS.
- ✔ **SI-System:** Diese Bezeichnung bedeutet Système International (d'unités) und bezieht sich auf die internationale Vereinbarung über die Verwendung von Einheiten.

In älteren Physikbüchern findet man manchmal noch das cgs-System, das Zentimeter, Gramm und Sekunde als mechanische Grundeinheiten benutzt.

In diesem Buch werden ausschließlich Einheiten des SI-Systems verwendet.

### Fuß und Elle: Alte Maße

Viele alte Einheiten, insbesondere Längen-, Flächen- und Volumeneinheiten sind direkt dem alltäglichen Leben der Menschen entnommen. Längeneinheiten sind vor allem mit Körpermaßen, Flächeneinheiten mit der landwirtschaftlichen Arbeit und Volumeneinheiten mit der Aufbewahrung von Gütern verbunden. Dabei konnte jedoch die genaue Definition örtlich stark variieren.

| Länge | | Fläche | | Volumen | |
|---|---|---|---|---|---|
| Finger | 1,85 cm | Morgen | 2.500 $m^2$ | Fass | 229 l |
| Fuß | 30,5 cm | Joch | 3.500–4.300 $m^2$ | Fuder | 8–18 hl |
| Elle | 50–70 cm | Tagwerk | 3.500–4.300 $m^2$ | Scheffel | 0,2–2,3 hl |
| Schritt | 71–75 cm | | | | |
| Meile | 1,609 km | | | | |

*Tabelle 3.1: Alte Längen-, Flächen- und Volumeneinheiten*

Ein Morgen ist beispielsweise die Fläche, die man mit einem Ochsenpflug an einem Morgen pflügen kann, das Tagwerk entspricht der Fläche eines Tages. Einige dieser Einheiten sind in Tabelle 3.1 aufgelistet.

Sie mögen sich vielleicht wundern, wie die Meile in diese Liste gelangt ist. Der Name stammt vom lateinischen »Mille Passus«, was 1.000 Doppelschritte bedeutet. Da ein Doppelschritt eines Römers (bedenken Sie, dass die Römer kleiner waren als wir) etwa 1,6 m beträgt, ist eine Meile = 1.000 Doppelschritte = 1,6 km ziemlich einleuchtend.

## Sieben sind unabhängig: Die Grundeinheiten

Im SI-System gibt es insgesamt sieben sogenannte *Grundeinheiten*. Dabei bedeutet Grundeinheit, dass diese Einheit nicht auf andere zurückgeführt werden kann. Diese Grundeinheiten sind in Tabelle 3.2 zusammengestellt. Alle anderen Einheiten der Physik (und damit auch in diesem Buch) sind zusammengesetzte Einheiten.

| Größe | Einheit | Abkürzung | Definition |
|---|---|---|---|
| Länge | Meter | m | Kapitel 4 |
| Masse | Kilogramm | kg | Kapitel 5 |
| Zeit | Sekunde | s | Kapitel 4 |
| Stromstärke | Ampere | A | Kapitel 13 |
| Temperatur | Kelvin | K | Kapitel 15 |
| Lichtstärke | Candela | Cd | |
| Stoffmenge | Mol | mol | Kapitel 15 |

*Tabelle 3.2: Die sieben Grundeinheiten des SI-Systems*

Bis auf das Candela (Lichtstärke) werden alle diese Grundeinheiten in diesem Buch auftauchen und jeweils auch genau definiert werden.

Natürlich gibt es neben den in Tabelle 3.2 aufgelisteten Größen noch viele weitere physikalische Größen. Sie alle können aber durch mathematische Operationen (also Multiplikation und Division) auf diese sieben Grundgrößen zurückgeführt werden.

Derartige Größen nennt man *abgeleitete Größen*, ihre Einheiten sind abgeleitete oder zusammengesetzte Einheiten.

Wenn man in einer Gleichung nicht die Größe $A$ selbst meint, sondern ihre Einheit, so kennzeichnet man dies durch eckige Klammern: $[A]$. So gilt beispielsweise:

$$[\text{Länge}] = \text{Meter} = \text{m}$$

Nehmen Sie die Geschwindigkeit als Beispiel für eine abgeleitete Einheit. In Kapitel 4 wird dargestellt, dass die Geschwindigkeit definiert ist als:

$$\text{Geschwindigkeit} = \frac{\text{Weg}}{\text{Zeit}}$$

(aber das wissen Sie wahrscheinlich schon). Für die Einheit der Geschwindigkeit ergibt sich damit:

$$[\text{Geschwindigkeit}] = \frac{[\text{Weg}]}{[\text{Zeit}]} = \frac{\text{m}}{\text{s}}$$

was Sie wahrscheinlich nicht überraschen wird.

### Vertraute Einheiten

Neben den gesetzlich zugelassenen Einheiten gibt es im allgemeinen Gebrauch – sei es im alltäglichen Leben, sei es in den Naturwissenschaften – eine Reihe von Einheiten, die nicht zum SI-System gehören und teilweise nicht mehr zugelassen sind (wenn Sie einen wissenschaftlichen Aufsatz oder ein Versuchsprotokoll schreiben, sollten Sie sie vermeiden), aber aus praktischen Gründen oder aus Tradition immer noch benutzt werden. Dazu gehören:

- **PS:** Die Leistungseinheit *Pferdestärke* (PS ) sollte heute nicht mehr verwendet werden. Es gilt:

  $$1\,\text{PS} = 735{,}5\,\text{W}$$

  Das Watt (W) wird in Kapitel 5 definiert.

- **Torr und mbar:** Auch diese beiden Druckeinheiten sollten heute nicht mehr verwendet werden. Es gelten die Beziehungen:

  $$1\,\text{torr} = 133{,}3\,\text{Pa}$$

  $$1\,\text{mbar} = 100\,\text{Pa}$$

  Die Druckeinheit des SI-Systems ist das Pascal (Pa). Es wird in Kapitel 5 definiert.

- **°C:** Das *Grad Celsius* wird im Alltagsgebrauch zur Angabe von Temperaturen benutzt und ist natürlich auch weiterhin zugelassen. Es gilt:

  $$\text{Temperatur}\,[°\text{C}] = \text{Temperatur}\,[\text{K}] - 273{,}15$$

  Die Definition des Kelvin und Weiteres über Temperaturskalen finden Sie in Kapitel 15.

- **Å:** Die Längeneinheit *Ångström* (Å) wird heute noch vielfach benutzt, gehört aber nicht zu den zugelassenen SI-Einheiten. Es gilt die Beziehung:

  $$1\,\text{Å} = 10^{-10}\,\text{m} = 0{,}1\,\text{nm}$$

Im Laufe dieses Buches werden noch einige weitere dieser alten vertrauten Einheiten auftauchen. Sie werden an den entsprechenden Stellen definiert und zu den gültigen Einheiten des SI-Systems in Beziehung gesetzt.

## Abkürzungen: Zehnerpotenzen und Vorsilben

Die Masse des einfachsten negativ geladenen Elementarteilchens, des Elektrons (das Ihnen in Teil V wieder begegnen wird), ist unvorstellbar klein. Sie beträgt:

$$m_e = 0{,}000.000.000.000.000.000.000.000.000.000.091.095\,\text{kg}$$

Kaum zu glauben, aber so ist es. Aber mit dieser Zahl kann man natürlich nicht arbeiten. Man muss sie irgendwie anders darstellen. Dazu gibt es zwei Möglichkeiten:

- Darstellung mit Hilfe von Zehnerpotenzen
- Darstellung mit Hilfe von Vorsilben

### Darstellung mit Hilfe von Zehnerpotenzen

Bei der Darstellung mit Hilfe von *Zehnerpotenzen* nutzt man die Tatsache aus, dass man jede Zahl auch als Produkt einer Zahl mit einer Stelle vor dem Komma und einer Potenz zur Basis zehn ausdrücken kann:

$$100 = 1{,}00 \times 10^2$$
$$110 = 1{,}10 \times 10^2$$
$$1100 = 1{,}10 \times 10^3$$

Dieses Verfahren kann auch für Zahlen kleiner als 1 verwendet werden:

$$1 = 1 \times 10^0$$
$$0{,}01 = 1 \times 10^{-2}$$
$$0{,}0011 = 1{,}1 \times 10^{-3}$$

Bei der Darstellung einer Zahl mit Hilfe von Zehnerpotenzen beträgt die Potenz im Falle von Zahlen größer als eins die Anzahl der Stellen vor dem Komma minus eins, bei Zahlen kleiner als eins die Anzahl der Nullen, inklusive der Null vor dem Komma.

| 100.000 | 10.000 | 1.000 | 100 | 10 | 1 | 0.1 | 0,01 | 0,001 | 0,0001 | 0,00001 |
|---|---|---|---|---|---|---|---|---|---|---|
| $10^5$ | $10^4$ | $10^3$ | $10^2$ | $10^1$ | $10^0$ | $10^{-1}$ | $10^{-2}$ | $10^{-3}$ | $10^{-4}$ | $10^{-5}$ |

*Tabelle 3.3: Zur Darstellung von Zahlen mit Hilfe von Zehnerpotenzen*

Dies ist in Tabelle 3.3 dargestellt. Diese Tabelle ließe sich beliebig nach links oder rechts ausweiten.

Stellt man die Elektronenmasse mit dieser Schreibweise dar, so ergibt sich:

$$m_e = 9{,}1095 \cdot 10^{-31}\ \mathrm{kg}$$

Dies ist natürlich wesentlich einfacher als der obige Monster-Ausdruck.

Die heutige Ausdehnung des Universums beträgt etwa $7.4 \times 10^{26}$ m. Auf der anderen Seite beträgt der Durchmesser von Atombausteinen wie etwa des Elektrons $10^{-19}$ m (wobei es auch noch kleinere Bausteine gibt). Die im Universum vorhandenen Längen umfassen also unvorstellbare 46 Größenordnungen. Zum Vergleich: Eine Flugreise Frankfurt nach Los Angeles beträgt etwa 10.000 km, also $10^7$ m. Plastikfolien haben eine Dicke von etwa 0,1 mm, also $10^{-4}$ m. Die Längen in Ihrem alltäglichen Leben umfassen also etwa 11 Größenordnungen, was auch nicht gerade wenig ist.

## Darstellung mit Hilfe von Vorsilben

Selbst in Ihrem alltäglichen Leben sind Sie es gewohnt, Vorsilben zu verwenden, um die Angabe von Größen abzukürzen. Wenn Sie nach der Entfernung zwischen Frankfurt und Kassel gefragt werden, werden Sie niemals antworten: 193.000 Meter. Sie werden sagen: 193 Kilometer. Ähnlich werden Sie, wenn Sie die Dicke eines Bleches angegeben sollen, niemals 0,002 Meter sagen, sondern 2 Millimeter oder höchstens 0,2 Zentimeter. In gleicher Weise taucht die Vorsilbe »Kilo«, die Tausend bedeutet, in vertrauten Einheiten wie Kilogramm oder Kilowattstunde auf, die Vorsilbe »Milli«, die ein Tausendstel bedeutet, auch in Milliliter oder Milligramm.

In der Physik und natürlich auch in den anderen Naturwissenschaften gibt es eine Vielzahl derartiger Vorsilben. Sie können entweder vergrößern (wie »Kilo«) oder verkleinern (wie »Milli«). Diese Vorsilben sind in Tabelle 3.3 zusammengefasst.

| Vergrößerung | | | | | | | |
|---|---|---|---|---|---|---|---|
| Deka | Hekto | Kilo | Mega | Giga | Tera | | |
| da | h | k | M | G | T | | |
| $10^1$ | $10^2$ | $10^3$ | $10^6$ | $10^9$ | $10^{12}$ | | |
| Verkleinerung | | | | | | | |
| Dezi | Zenti | Milli | Mikro | Nano | Pico | Femto | Atto |
| d | c | m | μ | n | p | f | a |
| $10^{-1}$ | $10^{-2}$ | $10^{-3}$ | $10^{-6}$ | $10^{-9}$ | $10^{-12}$ | $10^{-15}$ | $10^{-18}$ |

*Tabelle 3.4: Vorsilben zur Darstellung von Einheiten*

Die in Tabelle 3.3 zusammengefassten Vorsilben stehen für die Multiplikation einer Einheit mit einer bestimmten Zehnerpotenz. So bedeutet »Kilo« zum Beispiel:

$$1 \text{ Kiloeinheit} = 1.000 \text{ Einheiten} = 10^3 \text{ Einheiten}$$

»Milli« hat hingegen die folgende Bedeutung:

$$1 \text{ Millieinheit} = 0{,}001 \text{ Einheiten} = 10^{-3} \text{ Einheiten}$$

Wie Sie sehen, ist die Elektronenmasse so klein, dass es hier nicht einmal eine Vorsilbe gibt. Bei $m_e$ müssen Sie also mit Zehnerpotenzen arbeiten.

**Aufgabe 3.1**

Das Urmeter in Paris (siehe Kapitel 4) hat eine Länge von 1,000 m. Drücken Sie diese Länge a) in Millimeter und b) in Kilometer aus.

**Aufgabe 3.2**

Drücken Sie 1 nm als Zehnerpotenz des Meters aus.

**Aufgabe 3.3**

Wie groß ist die Fläche eines Autobahnabschnitts, das 1 km lang und 30 m breit ist?

**Aufgabe 3.4**

Stellen Sie die folgenden Zahlen als Dezimalzahl dar:

$1{,}234 \times 10^{3}$

$1{,}234 \times 10^{-1}$

$4{,}36 \times 10^{4}$

$9{,}109 \times 10^{-31}$

**Aufgabe 3.5**

Drücken Sie die Größen 1 kJ, 1 μm und 1 MPa in der Zehnerpotenzdarstellung aus.

**Aufgabe 3.6**

Der Weltrekord über 100 m der Männer beträgt 9,58 s (Usain Bolt). Drücken Sie dies in km/h aus.

# Teil II
# Kraftvoll in Bewegung: Die Mechanik

## *In diesem Teil ...*

Das Thema dieses Teils ist die *Mechanik*. Die Mechanik beschreibt die Bewegung von Körpern und erklärt deren Ursachen. Üblicherweise wird sie in zwei Teilgebiete unterteilt: Die *Kinematik* und die *Dynamik*. Die Kinematik (Kapitel 4) beschreibt die Bewegung von Körpern mit Begriffen wie Weg, Zeit, Geschwindigkeit und Beschleunigung. Sie behandelt neben gradlinigen Bewegungen auch Kreisbewegungen; in diesem Fall sind die entscheidenden Größen Winkel, Winkelgeschwindigkeit und Winkelbeschleunigung. In der Dynamik (Kapitel 5) werden die Ursachen von Bewegung(sänderung)en behandelt. Zentral im Mittelpunkt stehen die drei *Newton'schen Gesetze* und die eng mit diesen Gesetzen verbundene Größe *Kraft*. Zudem werden in Kapitel 5 weitere wichtige Größen eingeführt: die Arbeit, die Energie und die Leistung. Schließlich wird gezeigt, dass zur Beschreibung von Rotationsbewegungen Größen wie das Drehmoment und das Trägheitsmoment von großer Bedeutung sind.

# Bewegung pur: Die Kinematik

4

### In diesem Kapitel ...

- Der Massenpunkt
- Raum und Zeit
- Geschwindigkeit und Beschleunigung
- Überlagerung von Bewegungen
- Erhaltungsgrößen: Energie und Impuls
- Kreisbewegungen

Das Thema dieses Kapitels ist die *Kinematik*, also die *Bewegungslehre*. Die Kinematik beschreibt die Bewegung von Körpern, ohne danach zu fragen, warum sich Körper bewegen oder warum sie ihren Bewegungszustand ändern. Dies ist das Thema der *Dynamik*, die in Kapitel 5 behandelt wird. Im vorliegenden Kapitel wird gezeigt, dass einerseits die Bewegung von Körpern beliebig kompliziert sein kann, man sie allerdings auf der anderen Seite auf zwei prinzipielle Grundtypen zurückführen kann, die *gradlinige Bewegung* (auch *Translationsbewegung* genannt) und die *gleichförmige Kreisbewegung*. Alle anderen Arten von Bewegungen lassen sich mit Hilfe des in diesem Kapitel vorgestellten Überlagerungs- oder *Superpositionsprinzips* auf diese Grundtypen zurückführen.

Beide Bewegungsarten sind eng mit den Begriffen Raum und Zeit verbunden. Gradlinige Bewegungen können durch die Größen Weg, Zeit, Geschwindigkeit und Beschleunigung beschrieben werden, die alle in diesem Kapitel eingeführt werden. Im Prinzip kann man diese Größen auch benutzen, um Kreisbewegungen zu beschreiben, aber es wird sich herausstellen, dass mit einem neuen Satz von Größen, dem überstrichenen Winkel, der Winkelgeschwindigkeit und der Winkelbeschleunigung, Kreisbewegungen wesentlich einfacher und eleganter beschrieben werden können.

Zu Beginn dieses Kapitels wird allerdings zunächst ein Konzept vorgestellt, das die Darstellung der Kinematik wesentlich vereinfacht: Das Konzept des *Massenpunkts*.

## Die Reduzierung auf das Notwendigste: Das Konzept des Massenpunkts

Viele Menschen stehen der Physik skeptisch gegenüber oder haben sogar Angst vor ihr, weil sie angeblich so kompliziert ist. Dazu trägt sicherlich auch die Tatsache bei, dass die Physik ausgiebig von der Mathematik Gebrauch macht (oder machen muss). Aber die grundlegende Experimentalphysik, wie sie in diesem Buch dargestellt wird, ist nicht wirklich kompliziert; dies gilt auch für die in diesem Buch benutzte Mathematik.

Im Gegensatz zu dieser weit verbreiteten Vorstellung versucht die Physik, Situationen vereinfacht zu beschreiben und nur die Informationen zu benutzen, die für die Analyse der Situation wirklich von Bedeutung sind. Ein wichtiges Konzept in diesem Zusammenhang ist das des *Massenpunkts*.

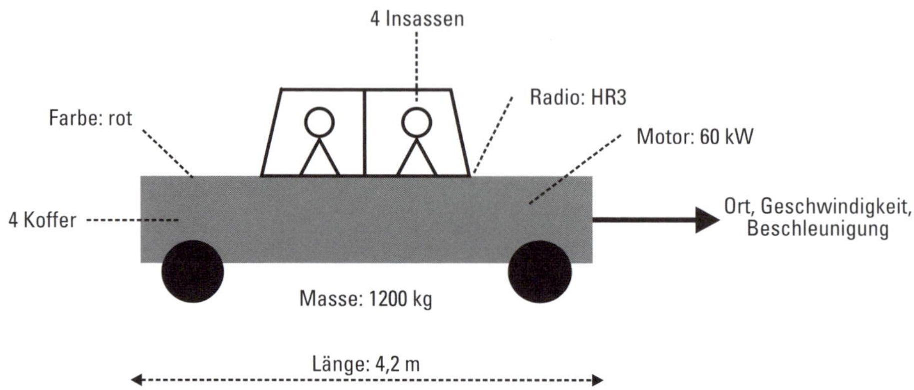


*Abbildung 4.1: Ein Auto und seine Eigenschaften*

Abbildung 4.1 zeigt ein Auto mit vier Insassen und eine Reihe seiner Eigenschaften. Wenn ein Physiker die Bewegung dieses Autos beschreiben will, macht er sich die in Abbildung 4.2 dargestellte Skizze.

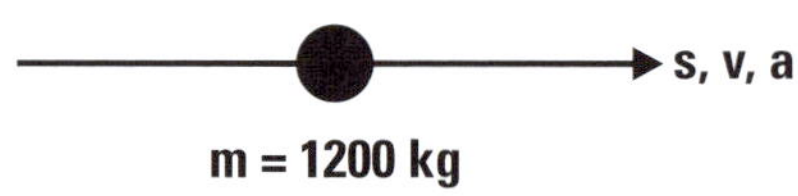


*Abbildung 4.2: Das Auto als Massenpunkt*

Er reduziert das Auto auf die drei Größen, die seine Bewegung beschreiben (Ort **s**, Geschwindigkeit **v** und Beschleunigung **a**) und seine Masse. Alle anderen Angaben sind zunächst einmal uninteressant.

Das Konzept des Massenpunkts beschreibt Körper als dimensionslose Punkte, die eine bestimmte Masse besitzen und sich bewegen. Weitere Informationen wie etwa die realen Dimensionen des Körpers sind zunächst einmal unerheblich.

## Bewegung schafft Raum und Zeit

Zeit und Raum sind in der Physik zwei äußerst wichtige Begriffe. Sowohl Zeit als auch Raum sind ohne Bewegung nur schwer vorstellbar. Dies wird im folgenden Abschnitt dargestellt.

Dabei wird auch gezeigt, dass die Einheiten der physikalischen Grundgrößen Länge und Zeit, das Meter und die Sekunde, beide über Bewegungen definiert werden.

## Bei Stillstand gibt es keine Zeit: Die Sekunde

Stellen Sie sich vor, Sie befinden sich in einer Welt ohne Bewegung. Oder einfacher in einem Raum, in dem sich nichts bewegt, nicht einmal Ihre Uhr. Der Begriff der Zeit wäre Ihnen völlig fremd, da es nichts gibt, womit Sie den Fortschritt der Zeit feststellen könnten. Sie könnten die Zeiteinheit »Dauer, um von einer Wand zur anderen zu gelangen« einführen, aber auch diese Größe wäre mit Bewegung verbunden. Wenn sich zudem nichts anderes bewegt, führt Sie diese Definition auch nicht wirklich weiter.

Es ist daher kein Wunder, dass die ersten Zeiteinheiten der Menschen auf der Beobachtung der Bewegung von Himmelskörpern beruhten: der Tag (Rotation der Erde um sich selbst), der Monat (Umlaufzeit des Mondes) und das Jahr (Umlaufzeit der Erde um die Sonne). Eine weitere grobe Einteilung war die des Tages in Stunden. So konnte man sich besser verabreden. Einzig und allein die Physiker waren an einer genauen Definition einer kleinen Zeiteinheit interessiert, um ihre Beobachtungen besser beschreiben zu können. Im Alltagsleben spielte erst mit der Einführung des Zugverkehrs die Minute eine Rolle, aber die Sekunde? Heutzutage spielen bei vielen Vorgängen Bruchteile von Sekunden eine Rolle, beispielsweise in der Technik, der Wissenschaft und sogar im Sport.

Die Grundeinheit der Zeit ist die *Sekunde* (s). Ihre aktuelle Definition und die Geschichte ihrer Definition finden Sie in dem Kasten »Es kommt auf den Bruchteil einer Sekunde an: Die Definition der Sekunde«.

### Es kommt auf den Bruchteil einer Sekunde an: Die Definition der Sekunde

Die in den letzten hundert Jahren gültigen Definitionen der Sekunde im Rahmen des internationalen Einheitensystems lauteten wie folgt:

- ✔ **1893:** Definition: Eine Sekunde ist gleich 1/86.400 des mittleren Sonnentages.
- ✔ Etwa **1935**: Die Zeitnormale (beispielsweise Quarzuhren) werden so genau, dass Schwankungen der Tageslänge registriert werden können.
- ✔ **1955:** Neue Definition: Die Sekunde ist der 31.556.325,975ste Teil der Dauer des tropischen Jahres für 1900.
- ✔ **1967:** Neue und aktuell gültige Definition: Die Sekunde ist das 9.192.631.770-fache der Periodendauer der dem Übergang zwischen den beiden Hyperfeinstrukturniveaus des Grundzustands des Nuklides $^{133}$Cs entsprechenden Strahlung.

Die beiden ersten Definitionen folgen der Tradition: Sie beruhen auf der Bewegung von Himmelskörpern. Die aktuelle Definition von 1967 schlägt einen völlig neuen Weg ein: Anstelle des Kosmos wird nun das Atom zur Definition benutzt. Der Grund dafür ist einfach: Die Himmelskörper »eiern« ein wenig; ihre Umlaufzeiten sind zwar einigermaßen konstant, aber nicht so konstant, dass eine Definition der Sekunde mit der heute erforderlichen Genauigkeit möglich wäre. Die heutige Definition beruht auf der Frequenz einer bestimmten, von Atomen ausgesandten Strahlung (siehe dazu Kapitel 8).

## Raum und Bewegung

Ähnlich wie im Fall der Zeit sind Bewegungen unumgänglich, um Räume (oder im eindimensionalen Fall) Längen darzustellen. Wenn sich nichts bewegt, kann man nicht feststellen, wie weit zwei Punkte voneinander entfernt sind. Interessanterweise erfolgt die Definition der Einheit der Länge, des Meters, mittlerweile auch über eine Bewegung, die Ausbreitung von Licht.

Die Grundeinheit der Länge ist das *Meter* (m). Die derzeit aktuelle Definition des Meters finden Sie in dem Kasten »Zwei Striche auf einem Stab: Die Definition des Meters«, im Zusammenhang mit einer Darstellung der geschichtlichen Entwicklung dieser Definition.

### Zwei Striche auf einem Stab: Die Definition des Meters

Wie in Kapitel 3 dargestellt wurde, beruhten alte Längeneinheiten vor allem auf Körpermaßen, wie etwa Elle, Fuß und Schritt und selbst der Meile. Sie können sich sicherlich leicht vorstellen, dass dies in der heutigen Zeit nicht mehr ausreichend ist. Die erste international anerkannte Definition lautete daher: Der Erdumfang am Äquator beträgt 40.000 km. Da der Erdumfang für jemanden, der einen Zollstock produzieren will, nicht so leicht zu messen ist, schuf man einen Stab aus Platin-Iridium, brachte zwei Striche auf ihm an, deren Abstand das Meter ausmachte und im Einklang mit dieser Definition war.

- **1889:** Definition: Ein Meter ist der Abstand zweier Striche auf einen Stab aus Platin–Iridium, der in Paris aufbewahrt wird (das sogenannte Urmeter).
- **1960:** Neue Definition: Ein Meter ist das 1.650.763,72fache der Wellenlänge der von Atomen des Nuklids $^{86}Kr$ beim Übergang vom Zustand $5d_5$ zum Zustand $2p_{10}$ ausgestrahlten, sich im Vakuum ausbreitenden Strahlung (orangene Spektrallinie, 0,6065 µm).
- **1983:** Neue und aktuelle Definition: Das Meter ist die Länge der Strecke, die das Licht im Vakuum während der Dauer von 1/299.752.458 Sekunden durchläuft.

Die letzte Definition führt die Länge über die Lichtgeschwindigkeit auf eine Bewegung zurück. Die Beziehungen zwischen Geschwindigkeit, Weg und Zeit werden im Folgenden erläutert.

Zum Schluss dieses Abschnittes seien noch kurz drei Längeneinheiten erwähnt, von denen die ersten beiden aus der gewaltigen Welt des Kosmos stammen, die dritte hingegen aus der Welt der Atome. Alle drei sind heute noch gebräuchlich:

- Ein *Lichtjahr* ist die Strecke, die Licht (Kapitel 8) in einem Jahr zurücklegt. Es gilt:

  $$1\,\text{LJ} = 9{,}5 \times 10^{12}\ \text{km}$$

✔ Das *Parsec* wird in der Astronomie für die Entfernungsangabe von Himmelskörpern verwendet. In einem Parsec Entfernung erscheint der mittlere Radius der Erdbahn unter einem Winkel von einer Bogensekunde. Es gilt:

$$1\,\text{pc} = 30{,}8 \times 10^{15}\,\text{m} = 3{,}26\,\text{LJ}$$

✔ Ein *Ångström* entspricht $10^{-10}$ m. Es gilt:

$$1\,\text{Å} = 10^{-10}\,\text{m} = 0{,}1\,\text{nm}$$

## Vier Größen zur Beschreibung von Bewegungen

Die Zeit ist also eine entscheidende Größe zur Beschreibung von Bewegungen. Die anderen drei sind der Weg $s$, die Geschwindigkeit $v$ und die Beschleunigung $a$. Diese Größen werden in den folgenden Abschnitten definiert.

### Geschwindigkeit ist keine Hexerei

Stellen Sie sich vor, Sie fahren mit dem Auto von Kassel nach Frankfurt. Wenn Sie dort angekommen sind, schauen Sie auf den Tacho und sagen »OK, das waren 193 km.« Dann schauen Sie auf Ihre Uhr und stellen fest, dass Sie 96,5 min oder 1,6 Stunden gebraucht haben. Ihre *Durchschnittsgeschwindigkeit* war also 120 km/h.

$$v_{\text{Schnitt}} = \frac{s}{t} = \frac{193\,\text{km}}{1{,}6\,\text{h}} = 120\,\text{km/h}$$

Wenn Sie allerdings zurückdenken, fällt ihnen ein, dass Sie zwischen Butzbach und Bad Nauheim im Stau gestanden haben und fast 15 min für etwa 3 km gebraucht haben. Ihre Geschwindigkeit in diesem Abschnitt betrug also nur

$$v = \frac{\Delta s}{\Delta t} = \frac{3\,\text{km}}{0{,}25\,\text{h}} = 12\,\text{km/h}$$

Um die Momentangeschwindigkeit zu einem beliebigen Zeitpunkt zu beschreiben, sollte man also, der Diskussion in Kapitel 2 folgend, den Zeitabschnitt $\Delta t$ unendlich klein machen. Damit erhält man als Definition der *Momentangeschwindigkeit:*

$$v = \frac{\mathrm{d}s}{\mathrm{d}t}$$

Die Geschwindigkeit ist die erste Ableitung des Weges nach der Zeit. Die Einheit der Geschwindigkeit ist m/s. Die Geschwindigkeit ist ein Vektor, der in die Richtung zeigt, in die sich der Körper bewegt.

### Auf's Gaspedal drücken: Die Beschleunigung

Auf Ihrer Fahrt von Kassel nach Frankfurt mussten Sie bestimmt mehrmals in die Eisen treten und bremsen (Sie erinnern sich an den Stau bei Butzbach?). Nach Auflösung des Staus konnten Sie allerdings wieder auf das Gaspedal drücken und beschleunigen. Beide

Vorgänge, sowohl das Bremsen als auch das Beschleunigen, änderten den Bewegungszustand Ihres Autos. An dieser Stelle kann man wieder den Unterschied zwischen Durchschnittsbeschleunigung und Momentanbeschleunigung machen. Für Letztere gilt:

$$a = \frac{\mathrm{d}v}{\mathrm{d}t}$$

Die *Beschleunigung* ist die erste Ableitung des Geschwindigkeit nach der Zeit. Die Einheit der Geschwindigkeit ist dementsprechend $m/s^2$. Auch die Beschleunigung ist ein Vektor, der in die Richtung zeigt, in die die Beschleunigung erfolgt. Wenn die Beschleunigung negativ ist, spricht man vom *Bremsen*.

Da die Beschleunigung die erste Ableitung der Geschwindigkeit nach der Zeit ist, diese aber die erste Ableitung des Weges nach der Zeit, ist die Beschleunigung auch die zweite Ableitung des Weges nach der Zeit:

$$a = \frac{\mathrm{d}v}{\mathrm{d}t} = \frac{d}{\mathrm{d}t}\left(\frac{\mathrm{d}s}{\mathrm{d}t}\right)$$
$$= \frac{d^2 s}{\mathrm{d}t^2}$$

Die Beziehungen zwischen $s$ und $v$ einerseits und $v$ und $a$ andererseits sind durch diese Gleichungen gegeben. Den Zusammenhang zwischen Weg und Beschleunigung kann man folgendermaßen ermitteln. Zunächst gilt:

$$v = \int a \,\mathrm{d}t = at + v_0$$

Da es sich hier um ein unbestimmtes Integral handelt, muss man noch eine Integrationskonstante addieren, in diesem Fall die *Anfangsgeschwindigkeit* $v_0$. Wenn diese gleich null ist, ergibt sich weiter:

$$s = \int v \,\mathrm{d}t = \int at \,\mathrm{d}t$$
$$= \frac{1}{2}at^2 + s_0$$

$s_0$ ist der Anfangsort. Wenn dieser Null ist, ergibt sich für den Weg, den ein Körper in der Zeit $t$ zurücklegt, wenn er eine konstante Beschleunigung erfährt:

$$s = \frac{1}{2}at^2$$

Die Ergebnisse der obigen Diskussion kann man wie folgt zusammenfassen:

- ✔ Die Geschwindigkeit ist die erste Ableitung des Weges nach der Zeit.
- ✔ Die Beschleunigung ist die zweite Ableitung des Weges nach der Zeit.
- ✔ Die Beschleunigung ist die erste Ableitung der Geschwindigkeit nach der Zeit.

## Superposition von Bewegungen

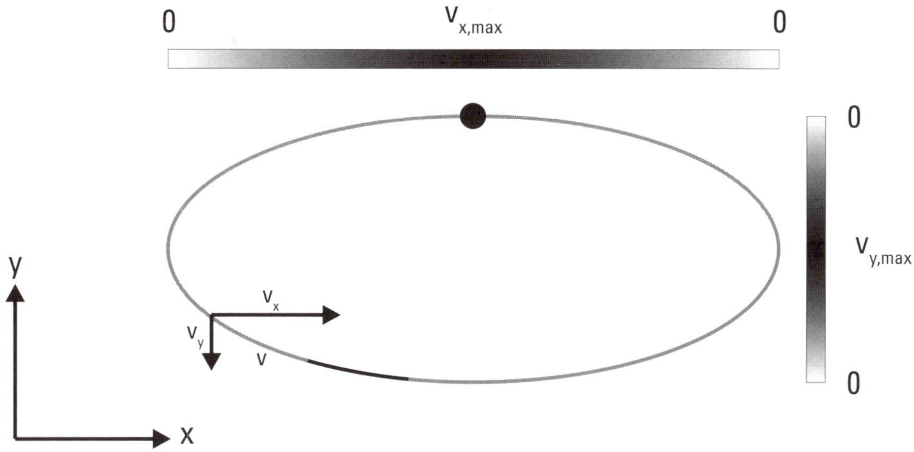


*Abbildung 4.3: Die Superposition von Bewegungen: Elliptische Bewegung eines Fadenpendels (Aufsicht)*

Abbildung 4.3 zeigt in der Aufsicht die Bewegung eines Fadenpendels (siehe Kapitel 6), das nicht nur in eine Richtung ausgelenkt wurde, sondern in eine elliptische Bewegung versetzt wurde. Normalerweise beschreibt ein solches Pendel nur eine Bewegung in eine Richtung (Kapitel 6), aber wenn man das Pendel geschickt auslenkt, kann man eine solche elliptische Bewegung erreichen. Aus der Abbildung geht hervor, dass das Pendel zwei Bewegungen gleichzeitig ausführt: eine in x-Richtung mit der Geschwindigkeit $v_x(t)$ und eine in y-Richtung mit der Geschwindigkeit $v_y(t)$. An den Scheitelpunkten ist jeweils eine der beiden Geschwindigkeiten maximal, während die andere Null ist. Andererseits ist die Gesamtgeschwindigkeit während seines Umlaufs konstant. Für die beiden Komponenten der Geschwindigkeit gilt:

$$v_x = \frac{dx}{dt} \quad \text{und} \quad v_y = \frac{dy}{dt}$$

Allerdings ist die Gesamtgeschwindigkeit nicht die Summe der Einzelgeschwindigkeiten:

$$v \neq v_x + v_y$$

Vielmehr muss man den *Vektorcharakter* der Geschwindigkeit berücksichtigen:

$$\mathbf{v} = \mathbf{v}_x + \mathbf{v}_y$$

Damit ergibt sich entsprechend den in Kapitel 2 dargestellten Regeln der Vektorrechnung:

$$v = \sqrt{v_x^2 + v_y^2}$$

Ähnliches gilt in diesem Fall für die Beschleunigung:

$$\mathbf{a} = \mathbf{a}_x + \mathbf{a}_y$$

$$a = \sqrt{a_x^2 + a_y^2}$$

Das Ergebnis dieser Überlegungen kann man wie folgt zusammenfassen:

Nicht gradlinige Bewegungen kann man in einzelne Komponenten zerlegen, die sich *vektoriell* zu einer Gesamtbewegung addieren. Dies ist das sogenannte *Überlagerungs-* oder *Superpositionsprinzip*. Dabei muss man immer berücksichtigen, dass Weg, Geschwindigkeit und Beschleunigung Vektoren sind.

Dieses Superpositionsprinzip wird noch mehrmals in diesem Buch auftauchen, zum Beispiel bei der Diskussion von Wurfbewegungen in Kapitel 5.

## Immer konstant: Energie und Impuls

Weg, Geschwindigkeit und Beschleunigung sind nicht die einzigen Größen, mit denen man Bewegungen beschreiben kann: Im folgenden Abschnitt werden zwei Größen eingeführt, mit denen man die Bewegung von Massenpunkten oder von Körpern allgemein genauer beschreiben kann und die für die gesamte Physik von großer Bedeutung sind. Dabei handelt es sich um den *Impuls* und die *kinetische Energie* von Körpern. Beide Größen sind sogenannte *Erhaltungsgrößen*. Im Folgenden werden Impuls und kinetische Energie zunächst definiert; danach wird erläutert, was der Begriff Erhaltungsgröße bedeutet.

### Auch die Masse spielt eine Rolle: Der Impuls

Der *Impuls* $\mathbf{p}$ eines Körpers ist das Produkt aus seiner Masse und seiner Geschwindigkeit:

$$\mathbf{p} = m\mathbf{v}$$

$\mathbf{p}$ ist ein Vektor, der die gleiche Richtung besitzt wie die Geschwindigkeit $\mathbf{v}$. Die Einheit des Impulses ist:

$$[\mathbf{p}] = \frac{\text{kg} \cdot \text{m}}{\text{s}}$$

Jeder Körper, der sich bewegt, besitzt also neben seiner Geschwindigkeit $\mathbf{v}$ auch einen Impuls $\mathbf{p}$.

### Geschwindigkeit bedeutet Energie: Die kinetische Energie

Energie ist die Fähigkeit, Arbeit zu verrichten. Dies wird in Kapitel 5 ausführlich erläutert. Wenn man *Arbeit* an einem Körper verrichtet hat, besitzt der Körper diese Arbeit in Form von Energie. Wenn man also Arbeit verrichtet, um einen Körper auf die Geschwindigkeit $\mathbf{v}$ zu beschleunigen, dann ist diese Arbeit im Körper als sogenannte kinetische Energie gespeichert.

Die *kinetische Energie* oder *Bewegungsenergie* eines Körpers der Masse $m$ und der Geschwindigkeit $\mathbf{v}$ beträgt:

$$E_{\text{kin}} = \frac{1}{2} m |\mathbf{v}|^2 = \frac{1}{2} m v^2$$

$E_{kin}$ ist eine skalare Größe; ihre Einheit beträgt:

$$[E_{kin}] = \frac{kg \cdot m^2}{s^2} = \text{Joule}$$

(Mehr über die Einheit Joule (J) finden Sie in Kapitel 5.)

Wie der Impuls hängt auch die kinetische Energie eines Körpers nur von seiner Masse und seiner Geschwindigkeit ab.

## Nichts geht verloren, nichts wird gewonnen: Die Erhaltungssätze

Es wurde schon gesagt, dass Energie und Impuls Erhaltungsgrößen sind. Dies bedeutet Folgendes:

Der *Impulserhaltungssatz* besagt, dass in einem *abgeschlossenen System* der Gesamtimpuls konstant ist:

$$\sum_i \mathbf{p} = \text{konstant}$$

wobei man die Summe über alle Körper ausführen muss, die das System bilden.

Betrachten Sie ein Pool-Billardspiel: Zu Beginn sind 15 Kugeln im Dreieck angeordnet und bewegen sich nicht. Dann rauscht die weiße Spielkugel in dieses Dreieck, woraufhin alle Kugeln in Bewegung geraten. Der Impulserhaltungssatz besagt in diesem Fall:

$$\sum_i \mathbf{p} = \text{konstant} \Rightarrow \sum_{\text{vorher}} \mathbf{p} = \sum_{\text{nachher}} \mathbf{p}$$

Vor dem Stoss besitzt nur die weiße Spielkugel einen Impuls, danach alle 16. Es gilt also:

$$\mathbf{p}_{\text{weisse Kugel vorher}} = \sum \mathbf{p}_{\text{alle Kugeln nachher}}$$

Dabei muss man beachten, das der Impuls $\mathbf{p}$ ein Vektor ist. Also gilt der Impulserhaltungssatz für jede der drei Richtungen des kartesischen Koordinatensystems.

Der *Energieerhaltungssatz* besagt in ähnlicher Weise, dass die Summe der Energien in einem abgeschlossenen System konstant ist:

$$\sum_i E = \text{konstant}$$

Wahrscheinlich ist Ihnen aufgefallen, dass oben im Zusammenhang mit der Bewegung von Körpern die Größe »kinetische Energie« definiert wurde, im Energieerhaltungssatz aber nur der allgemeine Begriff Energie verwendet wird. Sie haben gut aufgepasst! Während der Impuls unweigerlich das Produkt aus Masse und Geschwindigkeit ist, gibt es verschiedene Formen von Energie, auf die in Kapitel 5 genauer eingegangen wird. Diese Energieformen können ineinander umgewandelt werden, wie ausführlich in Kapitel 5 erläutert wird. Im Verlauf dieses Kapitels über die Bewegung von Massenpunkten spielt allerdings nur die kinetische Energie eine Rolle.

Da Sie ein aufmerksamer Leser sind, ist Ihnen wahrscheinlich auch aufgefallen, dass zweimal der Begriff »abgeschlossenes System« verwendet wurde, und so fragen Sie sich, was damit gemeint ist.

Ein *System* ist *abgeschlossen*, wenn von außen weder Arbeit an dem System verrichtet wird noch das System selbst Arbeit verrichtet.

Obwohl der Begriff Arbeit erst in Kapitel 5 eingeführt wird, wissen Sie wahrscheinlich, was mit dieser Definition gemeint ist: Ein System ist abgeschlossen, wenn es sich selbst überlassen ist und keine Wechselwirkung mit seiner Umgebung eingeht. Betrachten Sie noch einmal den Billardtisch mit seinen 16 Kugeln, wobei auch der Tisch selbst (insbesondere die Banden) zum System gehört. Dieses System ist abgeschlossen, bis Sie Ihr Queue nehmen und eine der Kugeln anstoßen. Danach ist es wieder abgeschlossen; die Bewegungen der Kugeln ergeben sich aus den Erhaltungssätzen für Energie und Impuls.

Physiker lieben es, Beispiele auf dem Billardtisch oder auf schiefen Ebenen zu finden. Lassen Sie sich davon nicht langweilen. Schiefe Ebenen tauchen in Kapitel 5 auf.

## Austausch von Energie und Impuls: Stöße

Beim Billardspiel treffen immer wieder zwei Kugeln aufeinander und ändern dabei ihre Geschwindigkeit und Richtung. Ein solcher Vorgang wird *Stoß* genannt. Die Folgen derartiger Stöße lassen sich mit Hilfe von Energie- und Impulserhaltungssatz berechnen. Betrachten Sie beispielsweise die in Abbildung 4.4 dargestellte Situation. Eine Kugel (ein Massenpunkt) der Masse $m$ bewegt sich mit der Geschwindigkeit $u_1$ auf eine ruhende Kugel der gleichen Masse zu und stößt sie. Was passiert bei diesem Stoß?

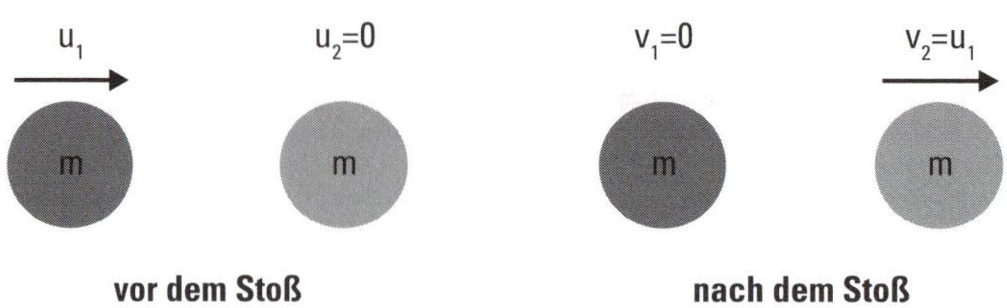


*Abbildung 4.4: Stoß zweier Kugeln der Masse m*

Um bei Stoßproblemen Verwirrungen zu vermeiden, werden üblicherweise die Geschwindigkeiten der Stoßpartner vor dem Stoß mit $u$, und nach dem Stoß mit $v$ bezeichnet.

Sie haben zwei unbekannte Größen, die Geschwindigkeiten $v_1$ und $v_2$ der Kugeln nach dem Stoß, und Sie haben zwei Gleichungen, die Sie aufstellen können, um diese Unbekannten zu berechnen, den Energie- und den Impulserhaltungssatz. Letzterer besagt:

$$\sum_{\text{vorher}} \mathbf{p} = \sum_{\text{nachher}} \mathbf{p}$$

$$m_1 u_1 + m_2 u_2 = m_1 v_1 + m_2 v_2$$

Da die beiden Massen gleich sind und $u_2 = 0$ gilt, ergibt sich:

$$mu_1 = m(v_1 + v_2)$$

$$u_1 = (v_1 + v_2)$$

Quadriert man diese Gleichung (der Grund dafür wird gleich klar), so erhält man:

$$u_1^2 = (v_1 + v_2)^2 = v_1^2 + 2v_1 v_2 + v_2^2$$

Aus dem Energieerhaltungssatz folgt auf der anderen Seite:

$$\frac{1}{2} m_1 u_1^2 + \frac{1}{2} m_2 u_2^2 = \frac{1}{2} m_1 v_1^2 + \frac{1}{2} m_2 v_2^2$$

$$u_1^2 = v_1^2 + v_2^2$$

Vergleichen Sie diese Gleichung mit dem quadrierten Ergebnis des Impulserhaltungssatzes. Beide Gleichungen können nur erfüllt sein, wenn der mittlere Term $2v_1v_2$ in der ersten gleich null ist: $2v_1v_2 = 0$. Dies ist nur möglich, wenn eine der beiden Geschwindigkeiten (oder beide) nach dem Stoss null ist. Letzteres kann man ausschließen, da dann der Gesamtimpuls nach dem Stoß null ist, was gegen den Impulserhaltungssatz verstößt. Aber eine der beiden Geschwindigkeiten muss null sein. Wenn $v_2 = 0$ wäre, müsste die erste Kugel durch die zweite beim Stoß hindurchrollen. Das ist physikalisch unmöglich; daher gilt $v_1 = 0$ und $v_2 = u_1$.

Das Ergebnis dieser Berechnung kann also wie folgt zusammengefasst werden: Die linke Kugel rollt auf die rechte, ruhende zu, bis sie sie stößt. Dann bleibt sie wie tot liegen, während die zweite Kugel mit der Geschwindigkeit der ersten losrollt. Beachten Sie, dass sowohl der Impulserhaltungssatz als auch der Energieerhaltungssatz ausgenutzt wurden, um diese Aufgabe zu lösen (ein weiteres Stoßproblem finden Sie in Aufgabe 4.6).

## Drei Größen zur Beschreibung von Kreisbewegungen

In der obigen Darstellung wurden sogenannte gradlinige Bewegungen betrachtet, die auch *Translationsbewegungen* genannt werden. Selbst komplexere Bewegungen, wie der in Kapitel 5 behandelte schiefe Wurf, können als Überlagerung von gradlinigen Bewegungen betrachtet werden. Im Folgenden wird eine grundlegend andere Form der Bewegung von Massenpunkten behandelt: die *Kreisbewegung* und insbesondere die *gleichförmige Kreis-*

*bewegung*. Auch diese Bewegung kann als Superposition zweier gradliniger Bewegungen behandelt (erinnern Sie sich zurück an die in Abbildung 4.3 dargestellte elliptische Bewegung) und mit den oben eingeführten Größen Weg, Geschwindigkeit und Beschleunigung beschrieben werden, aber es wird sich zeigen, dass dies kompliziert ist und dass es drei äquivalente Größen gibt, mit denen man wesentlich einfacher arbeiten kann.

Eine gleichförmige Kreisbewegung liegt beispielsweise vor, wenn Sie etwa ein Spielzeugflugzeug an einer Schnur um sich kreisen lassen. Aber auch ein Ventil an einem Reifen Ihres Fahrrads führt eine gleichförmige Kreisbewegung um die Nabe des Rades durch, wie in Abbildung 4.5 gezeigt ist.

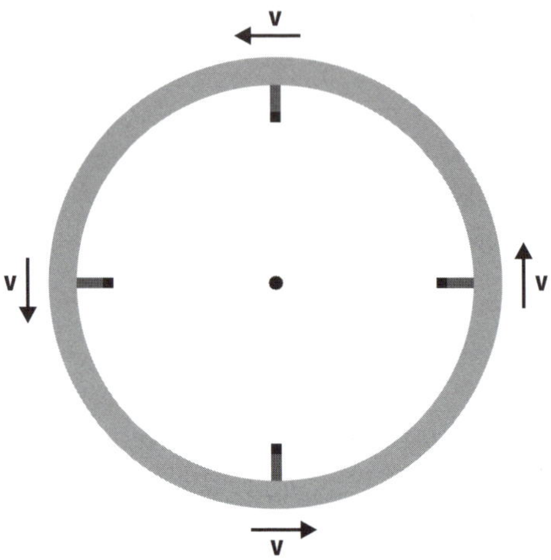


*Abbildung 4.5: Ein Ventil kreist um die Mitte einer Fahrradnabe*

Wenn keine Reibungskräfte vorliegen (wie immer in diesem Kapitel), und Sie weder bremsen noch in die Pedale treten, ändert sich der Betrag der Geschwindigkeit des Ventils nicht. Das heißt, die Geschwindigkeit des Ventils ändert sich also nicht, oder? »Halt!«, werden Sie als aufmerksamer Leser rufen. »Die Geschwindigkeit ist doch ein Vektor!« Sie haben natürlich recht. Die Geschwindigkeit ist allerdings ein Vektor. Vektoren bestehen aus zwei Komponenten, Betrag und Richtung. Der Betrag der Geschwindigkeit des Ventils in Abbildung 4.5 ist allerdings konstant, aber die Richtung ändert sich fortwährend. Das bedeutet mit anderen Worten: Die Geschwindigkeit des Ventils ändert sich; also muss es sich um eine beschleunigte Bewegung handeln. Obwohl die Bewegung gleichförmig ist, ändert sich die Geschwindigkeit fortwährend; schlimmer noch: Diese Änderung betrifft die Richtung, nicht aber den Betrag, wie in Tabelle 4.1 dargestellt ist.

| Position | Oben | Rechts | Unten | Links |
|---|---|---|---|---|
| $v_x$ | $-v$ | 0 | $v$ | 0 |
| $v_y$ | 0 | $-v$ | 0 | $v$ |

*Tabelle 4.1: Komponenten der Geschwindigkeit in Abbildung 4.5*

Bei einer *gleichförmigen Kreisbewegung* handelt es sich um eine fortwährend beschleunigte Bewegung.

Sie werden einsehen, dass es sinnvoll ist, diese Bewegung mit einer anderen Größe zu beschreiben als der Geschwindigkeit, die sich fortwährend ändert. Glücklicherweise gibt es eine solche Beschreibungsmöglichkeit! Um sie plausibel zu machen, muss man zunächst einmal den bei dieser Bewegung zurückgelegten Weg betrachten.

## Besser geeignet: Der überstrichene Winkel

Betrachten Sie Abbildung 4.6. Sie zeigt die Position des Ventils zum Zeitpunkt $t = 0$ und zu einem späteren Zeitpunkt $t = \Delta t$. In diesem Zeitraum hat das Ventil den Weg $\Delta s$ zurückgelegt. Damit kann man die Geschwindigkeit des Ventils wie folgt ausdrücken:

$$\mathbf{v} = \frac{\Delta s}{\Delta t}$$

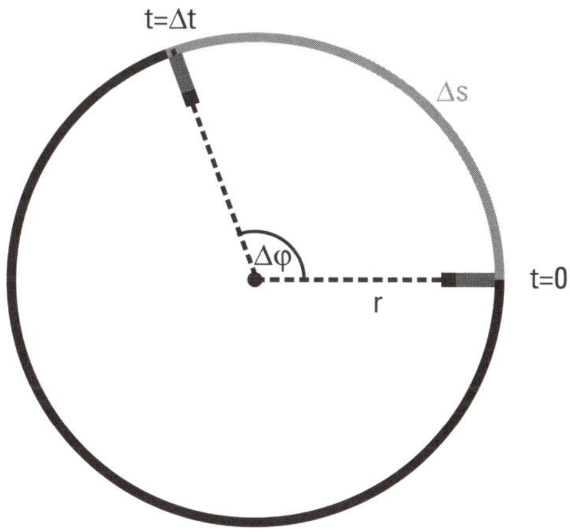


*Abbildung 4.6: Die Definition des bei einer Kreisbewegung überstrichenen Winkels*

oder, wenn Sie sich an die Diskussion zu Beginn dieses Kapitels erinnern:

$$\mathbf{v} = \frac{ds}{dt}$$

Aus Abbildung 4.6 geht aber auch hervor, dass das Ventil in diesem Zeitraum einen bestimmten Winkel $\Delta\varphi$ überstreicht.

Bei Kreisbewegungen kann man den zurückgelegten Weg $s$ auch durch den überstrichenen Winkel $\varphi$ ausdrücken. Aus Abbildung 4.6 geht hervor, dass zwischen $s$ und $\varphi$ die folgende Beziehung besteht:

$$s = r \cdot \varphi$$

Dabei ist $r$ der Radius der Kreisbahn.

Der Drehwinkel wird dabei im *Bogenmaß* angegeben:

- ✔ Ein Vollkreis entspricht $2\pi$ (360°)
- ✔ Ein rechter Winkel entspricht $\pi/2$ (90°).

## Eine neue Größe: Die Winkelgeschwindigkeit

Man kann jetzt eine neue Größe einführen, die völlig analog zur Geschwindigkeit definiert ist, sich aber nicht auf den zurückgelegten Weg, sondern auf den überstrichenen Winkel bezieht.

Die *Winkelgeschwindigkeit* $\omega$ ist definiert als die Änderung des überstrichenen Winkels $\varphi$ pro Zeiteinheit, also:

$$\omega = \frac{\Delta\varphi}{\Delta t}$$

Eine genauere Definition erhält man wiederum, wenn man die infinitesimalen Änderungen betrachtet:

$$\omega = \frac{d\varphi}{dt}$$

Die Winkelgeschwindigkeit ist also die erste Ableitung des überstrichenen Winkels nach der Zeit. Ihre Einheit ist $s^{-1}$.

Ist nun mit dieser Definition der Winkelgeschwindigkeit eine gleichförmige Kreisbewegung vollständig beschrieben? Nein, natürlich nicht! Es fehlen noch zwei wesentliche Informationen:

- ✔ In welcher Ebene verläuft die Kreisbahn, die der Körper beschreibt?
- ✔ Wie ist der Umlaufsinn des Körpers?

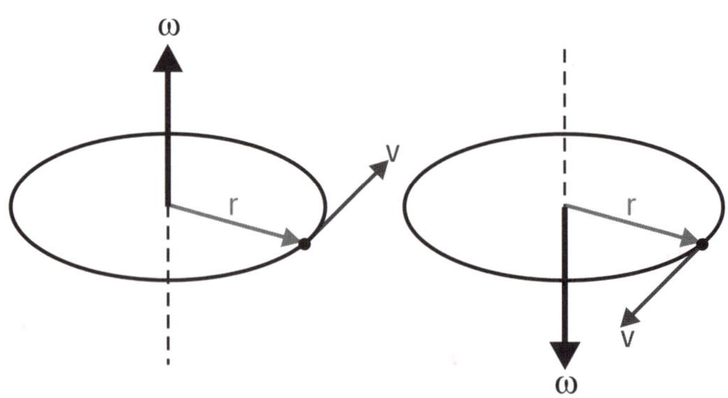


*Abbildung 4.7: Zur Definition des Vektors Winkelgeschwindigkeit*

Um diese Informationen darstellen zu können, muss man auch die Winkelgeschwindigkeit $\boldsymbol{\omega}$ als Vektor ausdrücken. Betrachten Sie dazu Abbildung 4.7. Sie zeigt einen Massenpunkt auf einer Kreisbahn. Der Ortsvektor $\mathbf{r}$ und der Geschwindigkeitsvektor $\mathbf{v}$ stehen senkrecht aufeinander. Beide spannen eine Ebene auf. Der Vektor der Winkelgeschwindigkeit $\boldsymbol{\omega}$ steht senkrecht auf dieser Ebene. Er erfüllt die folgende Bedingung:

$$\mathbf{v} = \boldsymbol{\omega} \times \mathbf{r}$$

Auf diese Weise gibt der Vektor $\boldsymbol{\omega}$ sowohl die Ebene der Kreisbahn als auch den Umlaufsinn des Körpers an:

- ✔ Er steht senkrecht auf der Ebene der Kreisbahn.
- ✔ Erfolgt die Kreisbewegung gegen den Uhrzeigersinn, zeigt $\omega$ nach oben, bei Bewegungen im Uhrzeigersinn hingegen nach unten.

Letzteres folgt direkt aus der in Kapitel 2 im Zusammenhang mit der Vektorrechnung eingeführten *Rechte-Hand-Regel*. Sind nur die Beträge, nicht aber die Richtungen von Bedeutung, so vereinfacht sich die obige Gleichung zu

$$v = \omega r$$

Die Bahngeschwindigkeit und auch der Radius ändern ihre Richtung ständig. Dies gilt nicht für die Winkelgeschwindigkeit.

Bei einer gleichförmigen Kreisbewegung ist die Winkelgeschwindigkeit $\boldsymbol{\omega}$ sowohl dem Betrag als auch der Richtung nach konstant.

## Zwei Arten von Beschleunigung

Im Falle von Kreisbewegungen spielen gleich zwei Arten von Beschleunigungen eine Rolle:

- ✔ die Bahnbeschleunigung
- ✔ die Tangentialbeschleunigung

Beide Beschleunigungen werden im Folgenden näher erläutert.

### Immer zur Mitte hin: Die Bahnbeschleunigung

Gleichförmige Kreisbewegungen sind, wie oben dargestellt wurde, fortwährend beschleunigte Bewegungen. Es muss allerdings noch die Frage geklärt werden, wie groß die Beschleunigung ist und in welche Richtung sie zeigt. Unabhängig von der Position auf der Kreisbahn muss die Beschleunigung stets zum Mittelpunkt des Kreises hin wirken. Andernfalls würde der Körper seine Kreisbahn verlassen. Dies ist in Abbildung 4.8 dargestellt.

Wenn Sie mit einem Auto bremsen oder beschleunigen, werden Sie nach vorne oder nach hinten gedrückt, also immer der Beschleunigung entgegen. Die Gründe dafür werden in Kapitel 5 erläutert. Wenn Sie durch eine Kurve fahren, werden Sie nach außen gedrückt. Also muss die Beschleunigung nach innen wirken.

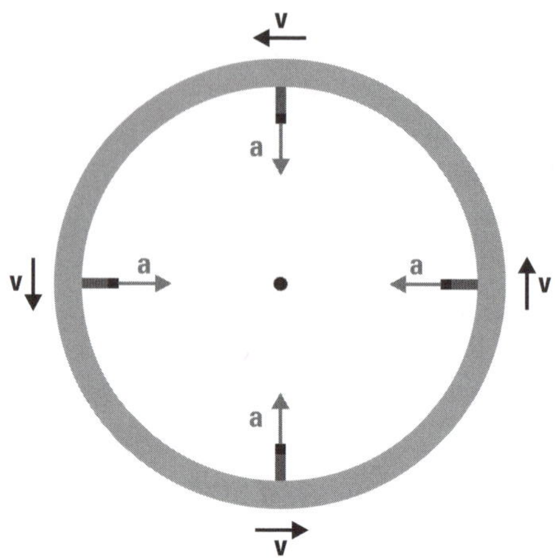


*Abbildung 4.8: Bei einer gleichförmigen Kreisbewegung wirkt die Bescheunigung zur Mitte der Bahn*

Für diese Beschleunigung gilt:

$$\mathbf{a} = \frac{\mathrm{d}\mathbf{v}}{\mathrm{d}t}$$

wobei der Betrag beider Größen konstant ist; nur die Richtung ändert sich. Die Geschwindigkeit ist tangential zur Kreisbahn gerichtet, die Beschleunigung immer zum Kreismittelpunkt hin.

Man kann analog zur Winkelgeschwindigkeit $\omega = \mathrm{d}\varphi/\mathrm{d}t$ eine *Winkelbeschleunigung* definieren:

$$\boldsymbol{\alpha} = \frac{\mathrm{d}\boldsymbol{\omega}}{\mathrm{d}t}$$

Da aber bei gleichförmigen Kreisbewegungen die Winkelgeschwindigkeit sowohl dem Betrag als auch der Richtung nach konstant ist, gilt für diese Bewegungen $\boldsymbol{\alpha} = 0$. Dies zeigt noch einmal den Vorteil der Größen $\varphi$, $\omega$ und $\alpha$ bei der Beschreibung gleichförmiger Kreisbewegungen: Richtungen spielen keine Rolle mehr, $\omega$ ist konstant und daher $\alpha = 0$.

## Immer schneller im Kreis herum: Die Tangentialbeschleunigung

Natürlich können Körper auf einer Kreisbahn auch den Betrag ihrer Geschwindigkeit ändern. Ein Beispiel dafür ist das Starten Ihres Spielzeugflugzeugs, ein weiteres das Ventil Ihres Fahrradreifens beim Anfahren oder Bremsen. In diesem Fall erfolgt die Beschleunigung in Richtung der Momentangeschwindigkeit oder beim Bremsen ihr entgegengesetzt, also in jedem Fall tangential zur Kreisbahn. In diesem Fall ist auch die Winkelgeschwindigkeit nicht länger konstant, und die Winkelbeschleunigung ist nicht null.

Um dies zu verdeutlichen, werden zum Abschluss dieses Kapitels noch einige wichtige Beziehungen im Zusammenhang mit der Tangentialbeschleunigung hergeleitet. Die Beschleunigung ist definiert als:

$$\mathbf{a} = \frac{\mathrm{d}\mathbf{v}}{\mathrm{d}t}$$

Andererseits sind Bahngeschwindigkeit und Winkelgeschwindigkeit über die folgende Beziehung miteinander verknüpft:

$$\mathbf{v} = \mathbf{r} \times \boldsymbol{\omega}$$

Setzt man dies ein, so ergibt sich:

$$\mathbf{a} = \frac{\mathrm{d}\mathbf{v}}{\mathrm{d}t} = \frac{d(\mathbf{r} \times \boldsymbol{\omega})}{\mathrm{d}t} = \mathbf{r} \times \frac{\mathrm{d}\boldsymbol{\omega}}{\mathrm{d}t}$$

Der Ausdruck $\mathrm{d}\boldsymbol{\omega}/\mathrm{d}t$ wird *Winkelbeschleunigung* $\boldsymbol{\alpha}$ genannt. Es gelten die folgenden Beziehungen:

$$\boldsymbol{\alpha} = \frac{\mathrm{d}\boldsymbol{\omega}}{\mathrm{d}t}$$

$$\mathbf{a} = \mathbf{r} \times \boldsymbol{\alpha}$$

Damit ist die Winkelgeschwindigkeit die zweite Ableitung des überstrichenen Winkels nach der Zeit:

$$\alpha = \frac{\mathrm{d}\omega}{\mathrm{d}t} = \frac{d^2\varphi}{\mathrm{d}t^2}$$

In Analogie zur Beziehung zwischen s und $a$ gilt für die Beziehung zwischen $\varphi$ und $\alpha$:

$$\varphi = \frac{1}{2}\alpha t^2$$

## Gradlinige Bewegungen und Kreisbewegungen: Ein erster Vergleich

Die obige Diskussion hat gezeigt, dass zur Beschreibung von gradlinigen Translationsbewegungen einerseits und von Kreisbewegungen andererseits zwei Sätze von äquivalenten Parametern verwendet werden können, die zusammenfassend noch einmal in Tabelle 4.2 dargestellt sind.

| Translation | | Kreisbewegung | | |
|---|---|---|---|---|
| Größe | Formel | Größe | Formel | Beziehung |
| Weg | $\mathbf{s}$ | Winkel | $\varphi$ | $\mathbf{s} = r\varphi$ |
| Geschwindigkeit | $\mathbf{v} = \frac{\mathrm{d}s}{\mathrm{d}t}$ | Winkelgeschwindigkeit | $\boldsymbol{\omega} = \frac{\mathrm{d}\varphi}{\mathrm{d}t}$ | $\mathbf{v} = r \times \boldsymbol{\omega}$ |
| Beschleunigung | $\mathbf{a} = \frac{\mathrm{d}v}{\mathrm{d}t}$ | Winkelbeschleunigung | $\boldsymbol{\alpha} = \frac{\mathrm{d}\boldsymbol{\omega}}{\mathrm{d}t}$ | $\mathbf{a} = \mathbf{r} \times \boldsymbol{\alpha}$ |
| Beziehungen | $s = \frac{1}{2}at^2$ | | $\varphi = \frac{1}{2}\alpha t^2$ | |

*Tabelle 4.2: Erster Vergleich von Translations- und Kreisbewegungen*

Diese Tabelle wird in Kapitel 5 noch um weitere wichtige Größen erweitert.

### Aufgabe 4.1

Der Weg eines Körpers ist durch die Funktion

$$s(t) = k_1 t^3 + k_2 t^2 + k_3 t + k_4$$

gegeben. Wie sehen die Funktionen $v(t)$ und $a(t)$ für die Geschwindigkeit und die Beschleunigung aus?

### Aufgabe 4.2

Ein Körper wird mit konstanter Beschleunigung $a(t) = a_0$ beschleunigt. Wie sehen die Funktionen für die Geschwindigkeit und den Weg des Körpers aus?

### Aufgabe 4.3

Sie stehen an einer Ampel und warten ungeduldig auf Grün. Sobald sie dürfen, drücken Sie auf das Gaspedal. Nach 5 s haben Sie eine Geschwindigkeit von 70 km/h erreicht. Wie groß war Ihre Beschleunigung? Welchen Weg haben Sie dabei zurückgelegt?

### Aufgabe 4.4

Ein Auto fährt mit einer konstanten Geschwindigkeit von 88 km/h. Plötzlich beschleunigt der Fahrer für 10 s mit einer konstanten Beschleunigung von 5 km/h$^2$. Wie schnell ist das Auto am Ende dieses Vorgangs?

### Aufgabe 4.5

Ein Auto bewegt sich mit einer Geschwindigkeit von 80 km/h nach Westen und mit 90 km/h nach Süden. Wie groß ist seine Gesamtgeschwindigkeit?

### Aufgabe 4.6

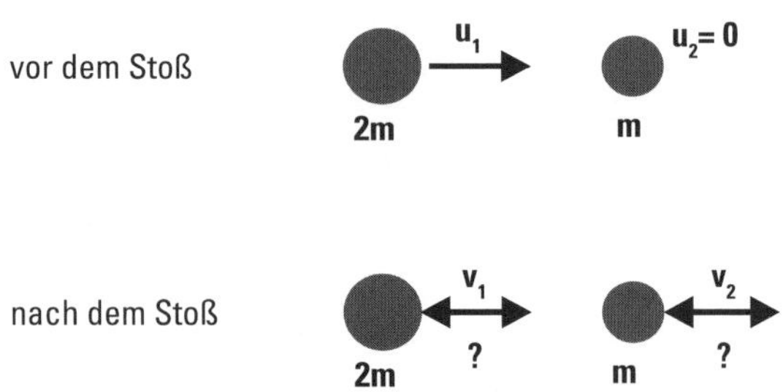


*Abbildung 4.9: Elastischer Stoß zweier Massen*

Betrachten Sie Abbildung 4.9. Sie zeigt ein System aus zwei Kugeln mit den Massen $2m$ und $m$. Die schwerere rollt mit der Geschwindigkeit $u_1$ auf die ruhende zweite Kugel zu. Wie groß sind die Geschwindigkeiten $v_1$ und $v_2$ der Kugeln nach dem Stoß, und in welche Richtungen rollen die Kugeln?

**Aufgabe 4.7**

Ein Spielzeugflugzeug an einem 3 m langen Seil fliegt mit einer Umlaufzeit von 5 s um Ihren Kopf herum? Wie groß sind seine Bahngeschwindigkeit und seine Winkelgeschwindigkeit?

**Aufgabe 4.8**

Wie groß ist die Winkelbeschleunigung in diesem Fall?

**Aufgabe 4.9**

Sie fahren mit einem 28-er Fahrrad 1 km mit konstanter Geschwindigkeit in drei Minuten.

- ✔ Wie groß ist Ihre Geschwindigkeit?
- ✔ Wie groß ist die Winkelgeschwindigkeit des Vorderradventils ihres Rades?
- ✔ Welchen Weg legt dieses Ventil zurück?

**Aufgabe 4.10**

Sie sitzen in einem Riesenrad von 20 m Durchmesser und lassen am obersten Punkt Ihre Kamera fallen. Wie groß muss die Winkelgeschwindigkeit des Rades sein, damit Sie rechtzeitig unten sind, um die Kamera aufzufangen (diese Aufgabe ist nicht sehr realistisch)? Wie groß muss die Geschwindigkeit des Rades sein?

# Dynamik

5

## In diesem Kapitel ...

- Alles über Kräfte
- Die Newton'schen Gesetze
- Träge und schwere Masse
- Fall- und Wurfbewegungen
- Arbeit, Leistung und Wirkung
- Rotationsbewegungen
- Trägheitsmoment und Drehmoment

Kapitel 4 beschäftigte sich mit der Bewegung von Körpern oder besser Massenpunkten, ohne nach der Ursache dieser Bewegung zu fragen. Dabei wurden zwei unterschiedliche Arten der Bewegung eingeführt: die gradlinige Bewegung und die gleichförmige Kreisbewegung. In diesem Kapitel über die *Dynamik* wird zunächst der Frage nachgegangen, warum sich Körper bewegen und, weitaus interessanter, wann und warum sie ihren Bewegungszustand ändern. Dies führt unweigerlich zu den *Newton'schen Gesetzen* und damit zum zentralen Begriff der Dynamik, der *Kraft*. Darauf aufbauend, werden in diesem Kapitel neben der Kraft mit der Arbeit, der Energie und der Leistung weitere Größen eingeführt, die bei jedem Arbeitgeber auf große Zustimmung treffen werden. All diese Größen sind allerdings auch bestens geeignet, die Dynamik von Massenpunkten zu beschreiben.

Dabei erfolgt die Darstellung in zwei Schritten: Zunächst werden wieder gradlinige Bewegungen (*Translationsbewegungen*) von Körpern betrachtet. Dabei ist es immer noch ausreichend, diese Körper als Massenpunkte zu behandeln. Dies ändert sich erst dann, wenn es darum geht, die *Rotationsbewegungen* von Körpern zu betrachten. Ein Massenpunkt kann nicht rotieren, da er dimensionslos ist. Rotierende Körper besitzen eine reale Ausdehnung, sind also dreidimensional; in manchen Fällen reicht aber eine zweidimensionale Beschreibung. Um die Rotationsbewegungen von Körpern zu beschreiben, sind daher neue Größen wie das Drehmoment, der Drehimpuls und das Trägheitsmoment erforderlich. Zum Abschluss des Kapitels wird dann gezeigt, dass jede dieser Größen zur Beschreibung von Rotationsbewegungen ihr Analogon bei der Darstellung gradliniger Bewegung besitzt und dass man nur diese Größen in den jeweiligen Gleichungen austauschen muss, um von gradlinigen Bewegungen zu Rotationsbewegungen zu gelangen.

## Sie bilden die Grundlage: Die Newton'schen Gesetze

In Kapitel 4 wurde dargestellt, wie man die Bewegung von Körpern (im Idealfall von Massenpunkten) mit den Größen Weg, Geschwindigkeit und Beschleunigung beschreiben kann. Zudem wurden mit der kinetischen Energie und dem Impuls zwei weitere Größen eingeführt, die bei dieser Beschreibung äußerst hilfreich sind. Es gibt allerdings auch Fragen, die in Kapitel 4 nicht beantwortet wurden. Dazu gehören:

- ✔ Warum bewegen sich Körper?
- ✔ Warum ändern Körper ihren Bewegungszustand?
- ✔ Welche Größen beeinflussen den Bewegungszustand eines Körpers?

Die meisten dieser Fragen werden durch die drei Newton'schen Gesetze beantwortet, die im Folgenden dargestellt werden.

## Ohne Kraft geht gar nichts

Die Newton'schen Gesetze zeigen deutlich, dass *Kräfte* eine zentrale Rolle bei der Dynamik von Körpern spielen. An dieser Stelle taucht ein großes Problem auf: Es ist bis heute unmöglich, Kräfte positiv in dem Sinn zu definieren, dass man jetzt das Erinnerungssymbol folgendermaßen benutzen könnte:

Eine *Kraft* ist definiert als …

Stattdessen muss man Kräfte über die Wirkungen definieren, die sie ausüben:

- ✔ Kräfte ändern den Bewegungszustand eines Körpers (dies ist der Inhalt des ersten und vor allem des zweiten Newton'schen Gesetzes).
- ✔ Kräfte können ausgedehnte Körper *deformieren*.

Der zweite Fall wird in der sogenannten *Kontinuumsmechanik* oder Festigkeitslehre behandelt und spielt in diesem Buch keine Rolle. In diesem Buch werden Kräfte also ausschließlich über die Wirkungen definiert, die sie auf den Bewegungszustand von Körpern ausüben. Eine genauere Definition erfolgt im Zusammenhang mit dem zweiten Newton'schen Gesetz.

## Der berühmte Apfelbaum: Die Newton'schen Gesetze

Die Legende besagt, dass Isaac Newton unter einem Apfelbaum lag und einen Apfel vom Baum fallen sah, woraufhin er die Grundlagen der Mechanik entwickelte. Legenden haben ihre Berechtigung. Tatsache ist, dass Newton im Jahr 1687 die »Philosophiae Naturalis Principia Mathematica« veröffentlichte, die die sogenannten *Newton'schen Gesetze* oder *Newton'schen Axiome* enthielt, die im Rahmen der klassischen Mechanik (d. h. keine Quantenmechanik, keine Relativitätstheorie) noch heute ihre Gültigkeit besitzen.

### Nicht nur der Mensch, sondern auch die Masse ist träge: Das erste Newton'sche Gesetz

Das *erste Newton'sche Gesetz* ist das einfachste. Es lautet:

Solange keine äußere Kraft auf einen Körper wirkt, ändert er seinen Bewegungszustand nicht. Dieses Gesetz wird auch *Trägheitsgesetz* genannt.

Mit anderen Worten ausgedrückt bedeutet das:

- ✔ Wenn ein Körper in Ruhe ist, bleibt er in Ruhe, solange keine äußere Kraft auf ihn wirkt.
- ✔ Bewegt sich ein Körper mit einer Geschwindigkeit $v$, so behält er diese Geschwindigkeit bei, solange keine äußere Kraft auf ihn wirkt. Dies betrifft sowohl den Betrag als auch die Richtung der Geschwindigkeit.

»Das kann nicht richtig sein«, höre ich Sie sagen. »Wenn ich Billard spiele und eine Kugel mit dem Queue anstoße, dann rollt sie zwar ziemlich lange auf dem Tisch hin und her, aber dennoch wird sie immer langsamer und kommt schließlich zum Stillstand. Das entspricht nicht dem Trägheitsgesetz.«

Natürlich gilt das Newton'sche Trägheitsgesetz. Daraus kann man nur eine Schlussfolgerung ziehen: Es muss eine Kraft geben, die auf die Kugel wirkt und sie verlangsamt, also ihren Bewegungszustand ändert. Diese Kraft ist die *Reibungskraft*, die zwischen Tisch und Kugel wirkt, obwohl der Tisch äußerst glatt und die Kugel poliert ist. Eine weitere Kraft, die auf die Kugel wirkt, ist der *Luftwiderstand*.

Physiker ziehen es vor, Reibungskräfte (auch der Luftwiderstand ist eine Reibungskraft) zu vernachlässigen, solange es möglich ist.

## Auf die Kraft kommt es an: Das zweite Newton'sche Gesetz

Das *zweite Newton'sche Gesetz* lautet dem entsprechend: Wenn eine Kraft **F** auf einen Körper der Masse $m$ wirkt, so erfährt dieser die Beschleunigung **a**:

$$\mathbf{F} = m \cdot \mathbf{a}$$

Kraft und Beschleunigung sind Vektoren, die in die gleiche Richtung zeigen (Abbildung 5.1).

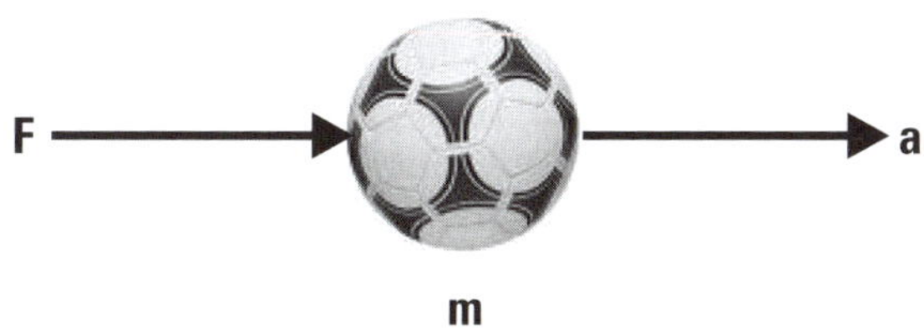


*Abbildung 5.1: Das zweite Newton'sche Gesetz*

Anhand des zweiten Newton'schen Gesetzes kann man auch die Einheit der Kraft angeben:

$$[F] = \text{kg} \cdot \frac{\text{m}}{\text{s}^2} = \text{Newton} = \text{N}$$

Die Wahl des Namens *Newton* für die Einheit der Kraft ist natürlich naheliegend.

In vielen Fällen ist die Kraft von Interesse, die auf eine Fläche wirkt. Die Größe Kraft/Fläche wird auch *Druck* genannt. Der Druck besitzt eine eigene Einheit, das Pascal. Es gilt:

$$1\,\text{Pa} = 1\,\frac{\text{N}}{\text{m}^2} = 1\,\frac{\text{kg}}{\text{ms}^2}$$

## Wie Du mir, so ich Dir: Das dritte Newton'sche Gesetz

Das *dritte Newton'sche Gesetz* ist vielleicht das überraschendste. Es besagt:

Wenn ein Körper eine Kraft $\mathbf{F}_A$ auf einen anderen Körper ausübt, so übt dieser Körper selbst eine gleich große, entgegengesetzt gerichtete Kraft $\mathbf{F}_R$ auf den ersten Körper aus. Es gilt also:

$$\mathbf{F}_R = -\mathbf{F}_A$$

Die Indizes A und R sind hier wohlbedacht gewählt, denn im lateinischen Original lautet das Gesetz:

Actio = Reactio

Kraft = Gegenkraft

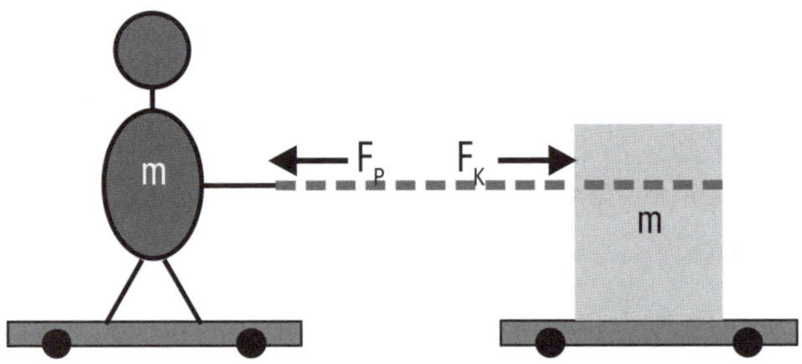


*Abbildung 5.2: Zum dritten Newton'schen Gesetz*

Um zu verdeutlichen, was dies bedeutet, betrachten Sie Abbildung 5.2. Sie zeigt eine Person der Masse $m$ auf einem Wägelchen, die mittels eines Seils an einem Körper der gleichen Masse $m$ zieht, die sich auf einem gleich gearteten Wagen befindet. Wenn diese Person gut durchtrainiert ist und beide Wagen gut geschmiert sind und gut rollen, wird es der Person gelingen, den Körper vollständig zu sich heranzuziehen? »Natürlich! Warum nicht?« Newton III ist allerdings dagegen: »Nein, auf keinen Fall!«. Wenn die Person auf dem Wägelchen beginnt, den Körper mit der Kraft $F_A = F_P$ zu sich heranzuziehen, übt auch der Körper eine gleich große Kraft $F_R = F_K$ auf die Person aus. Infolgedessen setzen sich beide Wägelchen in Bewegung, und sie treffen sich genau in der Mitte!

Eine praktische Auswirkung des dritten Newton'schen Gesetzes sind die von Leichtathleten benutzen Startblöcke. Wenn ein Läufer startet, dann übt er eine Kraft auf den Block aus. Dieser antwortet mit einer gleich großen Gegenkraft, die dem Läufer zusätzlichen Schwung verleiht.

### Die Sonne im Brennpunkt: Die Kepler'schen Gesetze

Noch älter als die Newton'schen Gesetze sind die sogenannten *Kepler'schen Gesetze*, die Johannes Kepler 1609–1619 veröffentlichte. Sie beschreiben die Bahnen der Planeten um die Sonne (Abbildung 5.3).

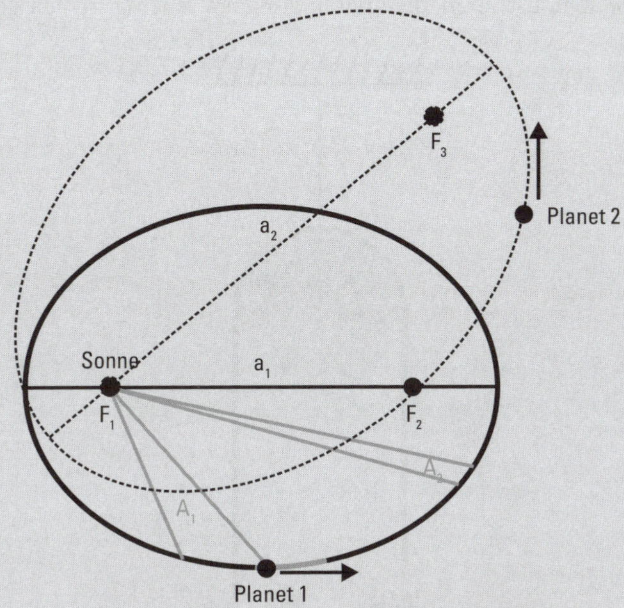


*Abbildung 5.3: Zu den Kepler'schen Gesetzen*

- ✔ Das *erste Kepler'sche Gesetz* lautet: Die Planeten bewegen sich auf elliptischen *Bahnen um die Sonne*, die sich in einem der beiden Brennpunkte der Ellipse befindet (*Ellipsensatz*).
- ✔ Das *zweite Kepler'sche Gesetz* (*Flächensatz*) besagt, dass ein von der Sonne zum Planeten gezogener Strahl in gleichen Zeiten gleiche Flächen überstreicht (siehe die Flächen $A_1$ und $A_2$ in Abbildung 5.5).
- ✔ Das *dritte Kepler'sche Gesetz* lautet: Die Quadrate der Umlaufzeiten verhalten sich wie die dritten Potenzen der großen Halbachsen der beiden Ellipsen:

$$\frac{T_1^2}{T_2^2} = \frac{a_1^3}{a_2^3}$$

## Sowohl träge als auch schwer: Die Masse

Die Proportionalitätskonstante zwischen Kraft und Beschleunigung im zweiten Newton'schen Gesetz ist die *Masse*:

$$F = m \cdot a \quad \Rightarrow \quad m = \frac{F}{a}$$

Bei gleicher Kraft ist die Beschleunigung umso kleiner, je größer die Masse eines Körpers ist. Die Masse widersetzt sich also der Beschleunigung, sie ist *träge*. Massen besitzen neben der Trägheit allerdings noch eine zweite Eigenschaft: Sie sind *schwer* (das wissen Sie, wenn Sie jemals versucht haben, einen 50-kg-Koffer in die Höhe zu heben). Diese beiden Eigenschaften – Schwere und Trägheit – lassen sich sehr gut mit Hilfe der sogenannten *Atwood'schen Fallmaschine* demonstrieren, die in Abbildung 5.4 schematisch dargestellt ist.

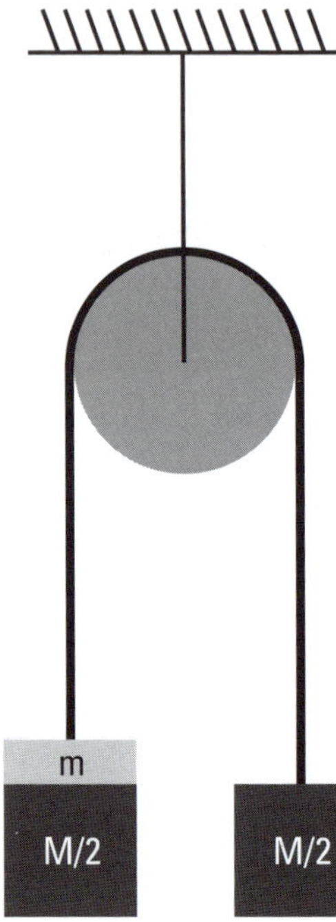


*Abbildung 5.4: Eine Atwood'sche Fallmaschine*

Eine Atwood'sche Fallmaschine besteht aus zwei Massen $M/2$, die an den beiden Enden eines Seils befestigt sind, das über eine Rolle läuft. Wenn beide Massen gleich sind, ist das System in Ruhe. Bringt man aber eine noch so kleine Zusatzmasse $m$ auf eine der beiden Seiten, so setzt sich diese Seite mit konstanter Beschleunigung nach unten in Bewegung. Ursache ist die auf die Masse nach unten wirkende Schwerkraft, die im Folgenden erläutert wird. Untersucht man diese Beschleunigung genauer, so stellt man fest:

- ✔ Die Beschleunigung ist umso größer, je größer die Zusatzmasse $m$ ist. $m$ wirkt bei diesem Experiment als schwere Masse.
- ✔ Die Beschleunigung ist umso geringer, je größer die Masse $M$ ist. $M$ wirkt hier als träge Masse, setzt sich also der Beschleunigung entgegen.

Bevor dieser Zusammenhang weiter diskutiert wird, soll noch kurz auf die Einheit der Masse eingegangen werden.

Die Einheit der Masse (eine der Grundeinheiten der Physik) ist das *Kilogramm* (kg). Nach den in Kapitel 4 vorgestellten komplizierten Definitionen des Meters und der Sekunde ist die des Kilogramms überraschend einfach: In Paris wird ein Platin-Iridium-Zylinder aufbewahrt (das sogenannte *Urkilogramm*), dessen Masse genau 1 kg beträgt.

Dieses Urkilogramm wurde so gewählt, dass die Masse von 1 l Wasser genau 1 kg beträgt.

An dieser Stelle ist es sinnvoll, noch eine weitere Größe zur Beschreibung von Körpern einzuführen, die *Dichte* $\rho$. Diese ist definiert als das Verhältnis von Masse und Volumen:

$$\rho = \frac{m}{V}$$

Die Einheit der Dichte ist demzufolge $kg/m^3$; allerdings erfolgt in vielen Tabellen die Angabe in $g/cm^3$. Dabei gilt:

$$1000\ kg/m^3 = 1\ g/cm^3$$

## Massen ziehen sich gegenseitig an: Das Gravitationsgesetz

Sie wissen natürlich, dass jeder Körper von der Erde angezogen wird. Wenn Sie einen Gummiball fallen lassen, fällt er zu Boden (und springt dann wieder nach oben). Wenn Sie eine Glasvase fallen lassen, fällt sie zu Boden (und zerschellt. Schade!). Die eigentliche Ursache dieser *Erdanziehungskraft* ist aber wesentlich komplexer. Wann immer zwei Massen vorliegen, etwa ein Gummiball und die Erde oder die Erde und die Sonne oder Ihr Feuerzeug und Ihre Zigarettenschachtel, dann ziehen sie sich gegenseitig an.

Das *Gravitationsgesetz* besagt, dass sich zwei Massen $m_1$ und $m_2$, die sich im Abstand $r$ befinden, gegenseitig anziehen, wobei für die Kraft zwischen ihnen gilt:

$$F_{\text{Gravi}} = -\gamma \frac{m_1 m_2}{r^2}$$

Das Minuszeichen besagt, dass die Kraft anziehend ist. Für die Gravitationskonstante gilt:

$$\gamma = 6{,}67 \times 10^{-11} \frac{\text{Nm}^2}{\text{kg}^2}$$

»OK«, werden Sie sagen, »dass die Erde den Gummiball anzieht, sehe ich ein. Das mit der Sonne und der Erde: Mag sein. Aber ich habe noch nie erlebt, dass mein Feuerzeug und meine Zigarettenschachtel sich gegenseitig angezogen und aufeinander zu bewegt haben.« Die beiden ziehen sich in der Tat an, aber die Kraft zwischen ihnen ist so klein, dass die Körper die Reibungskräfte nicht überwinden können (in Kapitel 18 wird der sogenannte *Cavendish-Versuch* vorgestellt, der es erlaubt, Gravitationskräfte zwischen zwei relativ kleinen Massen zu messen).

## Die Masse der Erde ist gewaltig groß

Zwischen zwei Massen herrscht also die Gravitationskraft:

$$F_{\text{Gravi}} = -\gamma \frac{m_1 m_2}{r^2}$$

Wenn man den Fall der fallenden Glasvase betrachtet, deren Masse vielleicht 1 kg beträgt, kann man dies auch folgendermaßen schreiben:

$$F_{\text{Gravi}} = -\gamma \frac{m_{\text{Erde}}}{r_{\text{Erde}}^2} \cdot m_{\text{Vase}}$$

Die Masse der Erde beträgt $5{,}974 \times 10^{24}$ kg, ihr Radius im Mittel 6375 km. Setzt man die Zahlen ein, so ergibt sich:

$$\begin{aligned} F_{\text{Gravi}} &= 6{,}67 \times 10^{-11} \frac{\text{Nm}^2}{\text{kg}^2} \frac{5{,}974 \times 10^{24}\ \text{kg}}{(6{,}375 \times 10^6\ \text{m})^2} \cdot m_{\text{Vase}} \\ &= 9{,}81\ \text{m/s}^2 \cdot m_{\text{Vase}} = g \cdot m_{\text{Vase}} \end{aligned}$$

Jeder Körper auf den Erde wird aufgrund der Gravitationskraft mit der sogenannten Gewichtskraft

$$F_G = m \cdot g$$

in Richtung des Erdmittelpunkts beschleunigt. Die Größe $g$ hat die Einheit einer Beschleunigung. Sie wird als *Erdbeschleunigung* bezeichnet und beträgt auf der Erdoberfläche:

$$g = 9{,}81\ \text{m/s}^2$$

Betrachten Sie noch einmal die Glasvase. Sie wird von der Erde angezogen und in Richtung ihres Mittelpunkts beschleunigt. Das Gleiche gilt für Newtons Apfel. Auch er wird von der Erde angezogen und fällt. Was ist aber mit der Erde in diesen Fällen? Wird sie auch von der Glasvase oder dem Apfel angezogen? Natürlich wird sie angezogen! Da aber die Masse der Erde, in diesem Fall ihre *träge* Masse, die sich einer Beschleunigung widersetzt, so ungeheuer groß ist, hat dies keine Auswirkungen.

Betrachten Sie noch einmal die Atwood'sche Fallmaschine in Abbildung 5.4, die den Vorteil besitzt, die beiden Eigenschaften Trägheit und Schwere von Massen zu trennen.

- ✔ Für die *schwere* Masse gilt:

  $$F_g = m \cdot g$$

- ✔ Für die *träge* Masse gilt aufgrund der Ergebnisse, die mit der Atwood'schen Fallmaschine erzielt wurden:

  $$a = \frac{F_G}{m} \propto \frac{1}{M}$$

An dieser Stelle muss man sich darüber im Klaren sein, dass die träge und die schwere Masse zwei verschiedene Eigenschaften eines Körpers sind. Die träge Masse widersetzt sich einer Beschleunigung; die schwere Masse wird von der Erde (und auch von anderen Körpern) angezogen. Allerdings sind beide Massen gleich groß; zumindest konnten bis heute keine Unterschiede festgestellt werden, obwohl dieses Thema in der Forschung noch immer eine Rolle spielt. Es gilt also:

$$m_{\text{schwer}} = m_{\text{träge}}$$

# Überlagerung und Zerlegung von Kräften: Fall- und Wurfbewegungen

Die bislang gewonnenen Erkenntnisse über die Bewegung von Körpern und die drei Newton'schen Gesetze werden im folgenden Abschnitt auf einfache Bewegungen wie etwa Fall- und Wurfbewegungen angewendet. Das wichtigste Ergebnis wird sein, dass man sowohl verschiedene Kräfte zu einer Gesamtkraft zusammenfassen als auch einzelne Kräfte in verschiedene Komponenten zerlegen kann.

## Es geht abwärts: Der freie Fall

Wenn man eine Glasvase oder einen Gummiball unter dem Einfluss der Erdanziehung fallen lässt, ist das Ergebnis das Gleiche: Beide Körper werden nach unten beschleunigt. Es gibt aber auch einen Unterschied: Der Gummiball springt wieder hoch, die Glasvase ist zerstört.

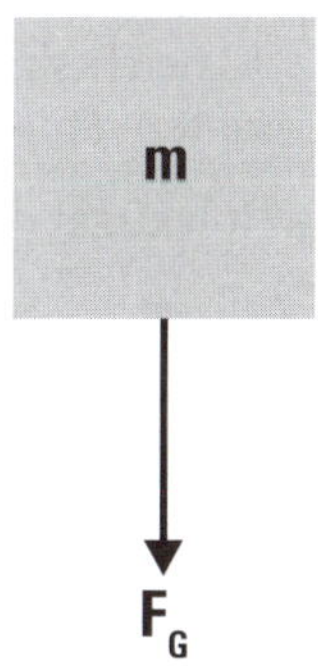


*Abbildung 5.5: Der freie Fall*

In beiden Fällen gilt jedoch für die auf den Körper wirkende Gewichtskraft (Abbildung 5.5):

$$F_G = m \cdot g$$

Andererseits widersetzt sich der Körper der Bewegung, sodass gilt:

$$F_G = m \cdot a$$

Setzt man beide Gleichungen ineinander ein, so erhält man:

$$m \cdot g = m \cdot a$$
$$g = a$$

Dies ist ein äußerst wichtiges Ergebnis:

Beim *freien Fall* wird ein Körper konstant nach unten beschleunigt. Auf der Erde beträgt diese Beschleunigung:

$$a = g = 9{,}81 \text{ m/s}^2$$

Beachten Sie, dass in dieser Gleichung keine Körpereigenschaften auftauchen, auch die Masse nicht. In Kapitel 4 wurde gezeigt, dass ein Körper, der eine konstante Beschleunigung $a$ erfährt, in der Zeit $t$ den folgenden Weg zurücklegt:

$$s = \frac{1}{2}at^2$$

Für Fallbewegungen gilt $a = g$, also ergibt sich die Beziehung:

$$s = \frac{1}{2}gt^2$$

Auch in dieser Beziehung tritt die Masse des Körpers nicht auf. Also müssten alle Körper gleich schnell fallen, unabhängig von ihrer Form und ihrer Masse. Sie wissen selbst, dass dies nicht richtig ist. Wenn Sie in Ihrer rechten Hand einen Bogen Papier und der linken eine kleine Metallkugel halten und beide gleichzeitig loslassen, so wird die Kugel den Erdboden lange vor dem Papierbogen erreichen. Aber warum? Aus der obigen Gleichung geht dies nicht hervor. Es muss also neben der Gewichtskraft noch weitere Effekte geben, die hier eine Rolle spielen. Führen Sie noch zwei weitere Fallversuche durch:

- ✔ Lassen Sie einen Luftballon und eine Holzkugel gleichen Volumens fallen. Die Holzkugel erreicht den Boden zuerst.
- ✔ Lassen Sie einen luftgefüllten Ballon und einen leeren Luftballon fallen. Letzterer kommt deutlich früher am Boden an.

## Er wirkt stets nach oben: Der Auftrieb

Betrachten Sie zunächst die beiden Ballons. Der luftgefüllte fällt langsamer als der leere Ballon. Die Massen der Ballons spielen keine Rolle, wie die obige Formel zeigt (der luftgefüllte Ballon ist wegen der Luft in seinem Inneren sogar etwas schwerer). An dieser Stelle kommt neben der Gewichtskraft noch eine weitere Kraft ins Spiel: der *Auftrieb*. Im Falle von Wasser wissen Sie, dass ein Körper sinkt, schwebt oder schwimmt, je nachdem, ob er schwerer oder leichter ist als das Wasser, das er verdrängt. Das gilt auch in anderen Medien, sogar in Luft.

Auf einen Körper mit dem Volumen $V_K$ wirkt in einem Medium mit der Dichte $\rho_M$ die Auftriebskraft:

$$F_A = V_K \cdot \rho_M g$$

Damit wirken auf die beiden Ballons zwei Kräfte, die Gewichtskraft $F_G$ und der Auftrieb $F_A$. Beide Kräfte überlagern sich vektoriell zu der Gesamtkraft $F$ (Abbildung 5.6):

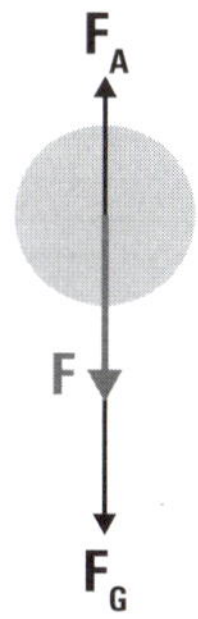


*Abbildung 5.6: Auf einen Körper wirken sowohl die Gewichtskraft als auch der Auftrieb*

$$F = F_G - F_A$$

Das Minuszeichen deutet an, dass der Auftrieb der Schwerkraft entgegengesetzt ist. Diese Gleichung lässt sich auch folgendermaßen schreiben ($V_K$ ist das Volumen des Körpers):

$$\begin{aligned} F &= mg - V_K \rho_M g \\ &= V_K \rho_K g - V_K \rho_M g \\ &= V_K (\rho_K - \rho_M) g \end{aligned}$$

Wenn die Dichte des Mediums größer ist als die des Körpers, zeigt die Gesamtkraft nach oben, und der Körper schwimmt auf dem Medium.

## Sie wirkt stets bremsend: Die Reibung

Der Auftrieb kann aber zum Beispiel die Unterschiede beim Fall einer Metallkugel und eines Bogens Papier nicht erklären, dafür sind die Volumenunterschiede zu klein. Es muss also noch mindestens einen weiteren Effekt geben, der bei Fallbewegungen eine Rolle spielt. Dies ist die Reibung, in diesem Fall die Luftreibung.

Die *Luftreibung* oder der *Luftwiderstand* tritt auf, weil beim Fall die Luft verdrängt werden muss. Sie hängt von einer ganzen Reihe von Parametern ab, die man sich aber leicht überlegen kann. Diese Parameter sind:

- ✔ Der Querschnitt $A$ des Körpers.
- ✔ Die Form des Körpers. Dies wird durch den sogenannten *Strömungswiderstand* oder *Luftwiderstandsbeiwert* $c_W$ ausgedrückt. Sie kennen den $c_W$-Wert sicherlich von Ihrem Auto her. In Tabelle 5.1 sind $c_W$-Werte für einige Körper zusammengestellt.

| Körper | $c_w$-Wert |
|---|---|
| Kugel | 0,2 |
| Runde Scheibe, quadratische Platte | 1,1 |
| Fallschirm | 1,33 |
| Moderner PKW | 0,3 |
| LKW | 0,8 |
| Geländelimousine (SUV) | 0,35–0,4 |
| Tragflügel beim Flugzeug | 0,08 |

*Tabelle 5.1: $c_w$-Werte für einige Körper*

- ✔ Die Geschwindigkeit $v$ des Körpers (Sie wissen vom Radfahren her, dass der Luftwiderstand umso größer ist, je schneller Sie fahren).
- ✔ Der Dichte $\rho$ des Mediums.
- ✔ Der *Zähigkeit* oder *Viskosität* $\eta$ des Mediums. Es wird sicherlich einen Unterschied machen, ob ein Körper in Luft, Wasser oder Honig fällt.

Leider ist es nicht möglich, einen einzigen Ausdruck für die Reibungskraft bei Fallbewegungen anzugeben, der allgemeingültig ist. Vielmehr muss man zwei Fälle unterscheiden, je nachdem, ob der Körper bei seinem Fall durch das Medium einer *laminaren* oder einer *turbulenten* Strömung begegnet (bei einer laminaren Strömung wird der Körper einfach umströmt, während bei turbulenter Strömung Wirbel auftreten):

$F_R = \frac{1}{2} c_W \rho v^2 A$ laminare Reibungskraft nach Newton

$F_R = 6\pi\eta v r$ turbulente Reibungskraft nach Stokes

Einzelheiten zu den Unterschieden und den Gültigkeitsbereichen beider Gleichungen sollen nicht weiter erörtert werden. Es ist aber sinnvoll, für beide Fälle die Auswirkungen auf die Fallbewegung zu betrachten. Im Fall von laminaren Strömungen (Newton) gilt die folgende Kräftebilanz (Abbildung 5.6):

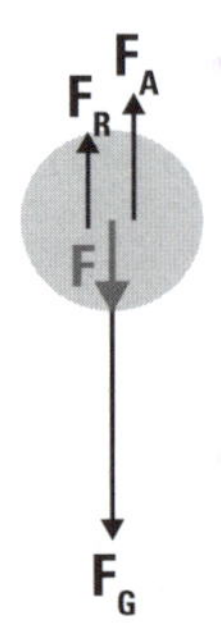


*Abbildung 5.7: Kräftebilanz beim Fall unter Berücksichtigung von Auftrieb und Reibung*

$$F = F_G - F_A - F_R = ma$$
$$= mg - V_K \rho_M g - \frac{1}{2} c_W \rho v^2 A = ma$$

In dieser Gleichung tauchen sowohl die Geschwindigkeit als auch die Beschleunigung des fallenden Körpers auf. Mit den Definitionen aus Kapitel 4 kann man sie auch folgendermaßen schreiben:

$$F = mg - V_K \rho_M g - \frac{1}{2} c_W \rho \left( \frac{ds}{dt} \right)^2 \cdot A = m \frac{d^2 t}{dt^2}$$

Diese *Differentialgleichung* beschreibt den Fall eines Körpers bei laminarer Strömung um den Körper unter Berücksichtigung von Reibung und Auftrieb. An dieser Stelle soll erst gar nicht versucht werden, diese Differentialgleichung zu lösen. Es ist aber relativ einfach möglich, eine wichtige Schlussfolgerung aus dieser Gleichung zu ziehen. Die Reibungskraft hängt von $v^2$ ab. Irgendwann wird $F_R$ so groß, dass keine weitere Beschleunigung erfolgt, sondern die sogenannte *Grenzgeschwindigkeit* oder Endgeschwindigkeit erreicht ist. Wenn $a = 0$ ist, vereinfacht sich die obige Gleichung zu:

$$mg - V_K \rho_M g - \frac{1}{2} c_W \rho v_e^2 \cdot A = 0$$

Dies lässt sich einfach nach der Endgeschwindigkeit $v_e$ auflösen:

$$v_e = \sqrt{\frac{mg - V_K \rho_M g}{\frac{1}{2} c_W \rho \cdot A}}$$

Wenn der Körper eine Kugel mit dem Radius $r$ ist, so ergeben sich folgende Beziehungen:

$$V_K = \frac{4}{3} \pi r^3 \qquad A = \pi r^2 \qquad m = V_k \rho_k = \frac{4}{3} \pi r^3 \rho_k$$

Setzt man all dies in die obige Gleichung ein, so erhält man für die Endgeschwindigkeit:

$$v_e = \sqrt{\frac{8}{3} \frac{g}{c_W} \left( \frac{\rho_K}{\rho_M} - 1 \right)}$$

Führt man die gleiche Rechnung für den Stokes'schen Fall aus, so erhält man:

$$v_e = \frac{g}{9\eta} (\rho_k - \rho_M) r^2$$

Wenn ein Körper in einem Medium (Luft, Wasser, Honig) fällt, so übt dieses Medium eine Reibungskraft auf den Körper aus, die umso größer ist, je größer die Geschwindigkeit des Körpers ist. Dadurch erfährt der Körper keine konstante Beschleunigung, sondern erreicht irgendwann eine konstante Endgeschwindigkeit $v_e$, deren Betrag davon abhängt, ob das Medium den Körper laminar oder turbulent umströmt.

Ein biologisches Beispiel dieser – zugegebenermaßen etwas komplexeren – Rechnung finden Sie im Kasten »Pollenflug«.

### Pollenflug

Pflanzenpollen können sehr weit fliegen. Mit Hilfe der oben dargestellten Gleichungen kann man sogar abschätzen, wie weit. Dabei sollen die in Tabelle 5.2 zusammengestellten Parameter benutzt werden:

| Parameter | Wert | Parameter | Wert |
|---|---|---|---|
| Starthöhe (Baumhöhe) | 10 m | Erdbeschleunigung | 9,81 m/s² |
| Dichte der Pollen | 1 g/cm³ | Viskosität der Luft | $1{,}7 \times 10^{-5}$ kg/ms |
| Dichte der Luft | $1{,}3 \times 10^{-3}$ g/cm³ | Windgeschwindigkeit | 7 m/s |
| Pollenradius | 5 µm | | |

*Tabelle 5.2: Parameter zur Berechnung des Pollenflugs*

Für diesen Fall muss die Stokes'sche Gleichung angewendet werden. Damit ergibt sich für die Endgeschwindigkeit der Pollen:

$$\begin{aligned} v_e &= \frac{g}{9\eta}(\rho_k - \rho_M)r^2 \\ &= \frac{9{,}81\ \mathrm{m/s^2}}{9 \cdot 1{,}7 \times 10^{-5}\ \mathrm{kg/ms}} \cdot (1000 - 1{,}3)\frac{\mathrm{kg}}{\mathrm{ms}} \cdot (5 \times 10^{-6}\ \mathrm{m})^2 \\ &= 1{,}6 \times 10^{-3}\ \mathrm{m/s} = 1{,}6\ \mathrm{mm/s} \end{aligned}$$

Wenn die Fallhöhe 10 m beträgt, dann ergibt sich für die Fallzeit:

$$t = \frac{10\ \mathrm{m}}{v_e} = \frac{10\ \mathrm{m}}{1{,}6 \times 10^{-3}\ \mathrm{m/s}} = 6250\ \mathrm{s} = 1{,}7\ \mathrm{h}$$

Wenn diese Pollen einer Windgeschwindigkeit von 7 m/s ausgesetzt werden (Windstärke 7), dann legen sie in dieser Zeit von 1,7 h den folgenden Weg in horizontaler Richtung zurück:

$$s_h = v_W \cdot t_{fall} = 42{,}8\ \mathrm{km!}$$

Vielleicht ist Ihnen aufgefallen, dass in den letzten beiden Abschnitten (Auftrieb, Luftreibung) das Konzept des Massenpunkts aufgegeben wurde. Form und Ausdehnung der Körper spielten durchaus eine Rolle. In den folgenden Abschnitten wird aber wieder mit Massenpunkten gearbeitet.

## Zerlegung von Kräften: Die schiefe Ebene

In den beiden vorangegangenen Abschnitten wurde gezeigt, dass auf einen Körper mehr als eine Kraft wirken kann und dass sich diese Kräfte *vektoriell* addieren. In diesem Abschnitt wird gezeigt, dass es manchmal sinnvoll ist, eine einzelne Kraft in vektorielle Bestandteile zu zerlegen.

Abbildung 5.8 zeigt eine Kugel, die eine *schiefe Ebene* hinunterrollt. Reibung und Auftrieb sollen keine Rolle spielen, sodass nur die Gewichtskraft $F_G$ berücksichtigt werden muss. Die Kugel wird natürlich die Ebene herunter rollen, aber zu ihrer Beschleunigung trägt nur die Komponente von $F_G$ bei, die parallel zur Ebene wirkt. Man kann die Kraft $F_G$ also in zwei Komponenten zerlegen:

- ✔ Eine Komponente $F_N = F_G \cos\alpha$, die senkrecht zur Oberfläche wirkt und die *Normalkraft* genannt wird.
- ✔ Eine Komponente $F_H = F_G \sin\alpha$, die parallel zur Oberfläche wirkt und die in diesem Fall die Kugel beschleunigt.

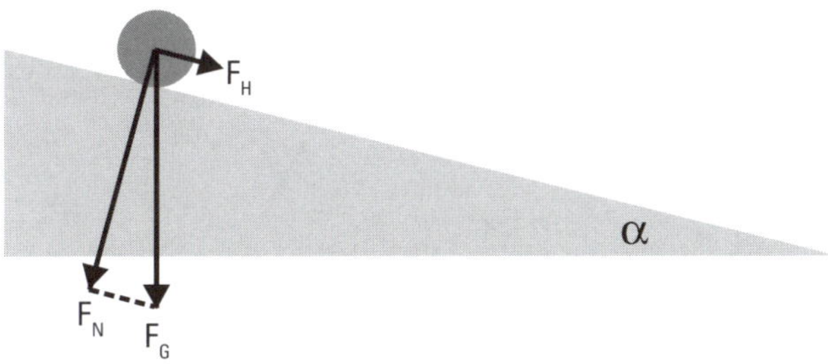


*Abbildung 5.8: Zerlegung von Kräften an einer schiefen Ebene*

In diesem Fall gilt für die Beschleunigung der Kugel also:

$$F_G \sin\alpha = ma$$
$$mg \cdot \sin\alpha = ma$$
$$a = g \cdot \sin\alpha$$

Dies bedeutet, dass die Kugel wesentlich langsamer beschleunigt wird als in dem Fall, in dem sie senkrecht nach unter fällt.

## Speere, Hammer und andere Wurfgeschosse: Wurfbewegungen

Bei den oben behandelten Fallexperimenten erfolgte die Bewegung stets in $z$-Richtung. Es gibt aber eine Vielzahl von Bewegungen, bei denen sich ein Körper in mehr als eine Richtung des kartesischen Koordinatensystems bewegt. Zu diesen gehören die sogenannten Wurfbewegungen, die im Folgenden betrachtet werden. Es wird sich zeigen, dass sich in diesen Fällen die Geschwindigkeiten in die verschiedenen Richtungen vektoriell überlagern.

„waagerecht“

## Schließlich überwiegt die Abwärtsbewegung: Der gerade Wurf

Stellen Sie sich einen Billardtisch vor, der keine Banden hat. Wenn Sie eine Kugel anstoßen, wird sie mit einer Geschwindigkeit $v_w$ über den Tisch rollen, an seinen Rand gelangen und dort hinunterfallen. Dabei behält sie allerdings ihre Geschwindigkeit $v_w$ in waagerechter Richtung bei. Auf der anderen Seite ist die Bewegung in Richtung Boden beschleunigt. Insgesamt führt die Kugel also zwei Bewegungen durch:

$$v_x = v_w \quad \Rightarrow \quad s_x = v_w t$$

$$v_z = g \cdot t \quad \Rightarrow \quad s_z = v_z t$$

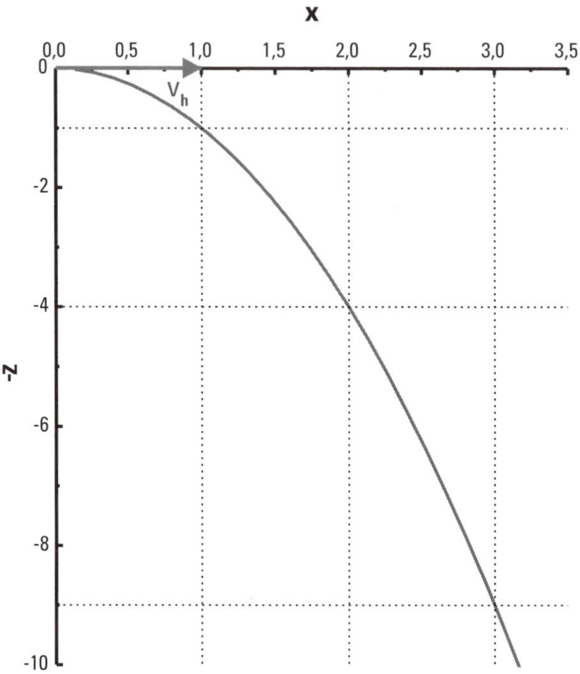


*Abbildung 5.9: Der waagerechte Wurf*

Dies ist in Abbildung 5.9 dargestellt. In jedem Zeitintervall bewegt sich die Kugel in x-Richtung um die gleiche Strecke weiter, während in z-Richtung die zurückgelegte Strecke quadratisch zunimmt.

## Wie der Ball fliegt: Der schiefe Wurf

Stellen Sie sich vor, Sie haben einen Fußball in Ihrer Hand und schießen ihn mit aller Kraft fort. Die Bewegung des Balls hat zwei Komponenten: Eine waagerechte Geschwindigkeit $v_{x0}$, die während der gesamten Flugzeit des Balls konstant ist, und eine senkrechte Geschwindigkeit $v_z$, die sich aufgrund der Schwerkraft ändert. Für diese Geschwindigkeit in $z$-Richtung gilt:

$$v_z = v_{z0} - gt$$

$$s_z = v_{z0} \cdot t - \frac{1}{2} g t^2$$

während für die in waagerechte Richtung zurückgelegte Strecke gilt:

$$s_x = v_{x0} \cdot t$$

Diese Bewegung ist in Abbildung 5.10 dargestellt. Pro Zeiteinheit legt der Körper in waagerechte $x$-Richtung äquidistante Wege zurück. In vertikaler $z$-Richtung steigt er zunächst, wird durch die Schwerkraft gebremst und fällt schließlich zu Boden.

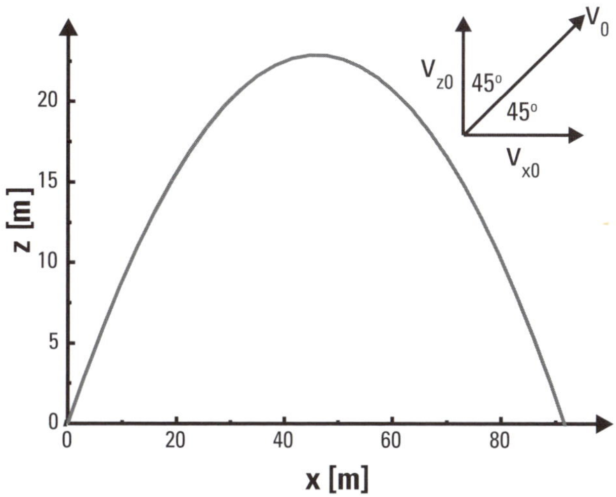


*Abbildung 5.10: Der schiefe Wurf*

Bei Würfen (oder ähnlichen Bewegungen) überlagern sich entsprechend dem *Superpositionsprinzip* (Kapitel 4) die dem Körper beim Wurf erteilte Geschwindigkeit und die durch die Erdbeschleunigung hervorgerufene Geschwindigkeit vektoriell.

# Weitere wichtige Größen der Dynamik

Die in diesem Kapitel eingeführten Größen haben wirklich martialisch klingende Namen: Arbeit, Energie, Leistung und Wirkung. Darüber hinaus sind sie allerdings bestens geeignet, die Bewegung von Körpern zu beschreiben.

## Arbeit ist Kraft mal Weg

Die erste dieser neuen Größen ist die Arbeit. Die *Arbeit* (und die eng verwandte *Energie*) gehört zu den wichtigsten physikalischen Begriffen überhaupt. Sie spielt nicht nur in der Mechanik eine große Rolle, sondern auch in der Elektrizitätslehre (Kapitel 11), dem Magnetismus (Kapitel 13) und der Thermodynamik (Kapitel 15).

Wenn Sie die gleich folgende Definition der physikalischen Arbeit kennenlernen, werden Sie vielleicht enttäuscht sein. Vieles von dem, was Sie als Arbeit empfinden, ist physikalisch gesehen gar keine Arbeit. Sie studieren gerade dieses Buch über Experimentalphysik. Leider haben Sie Pech, aus physikalischer Sicht ist dies keine Arbeit. Sie haben gerade einen Kasten

Wasser über 100 m vom Supermarkt zu Ihrem Auto getragen. Pech gehabt, keine Arbeit! Arbeit haben Sie verrichtet, als Sie den Wasserkasten hochgehoben haben. Aber diese Arbeit haben Sie zurückgewonnen, als Sie den Kasten im Kofferraum abgesetzt haben.

Physikalisch wird *Arbeit* verrichtet, wenn man einen Körper gegen eine Kraft **F** über eine Strecke **s** bewegt. Mathematisch ausgedrückt bedeutet dies:

$$W = \mathbf{F} \cdot \mathbf{s}$$

Diese Gleichung bedarf noch einiger Diskussion. Kraft und Weg sind Vektoren, die Arbeit ist hingegen eine skalare Größe. Das Produkt in der obigen Gleichung ist also ein Skalarprodukt. Erinnern Sie sich an die Definition des Skalarprodukts zweier Vektoren in Kapitel 2 zurück:

$$S = \mathbf{a} \cdot \mathbf{b} = |\mathbf{a}||\mathbf{b}|\cos\alpha$$

Dabei ist $\alpha$ der Winkel zwischen den beiden Vektoren **a** und **b**. In Bezug auf die Arbeit bedeutet dies, dass nur die Komponente des Weges zur Arbeit beiträgt, die in die Richtung der Kraft weist (Abbildung 5.11). Wenn Sie einen Kasten Wasser hochheben, verrichten Sie Arbeit, denn die Hubbewegung erfolgt nach oben, die Schwerkraft des Kastens $\mathbf{F}_G$ zeigt nach unten. Wenn Sie den Kasten hingegen waagerecht vor sich hintragen, stehen Bewegungsrichtung und Schwerkraft senkrecht aufeinander. $\alpha$ ist also 90°, cos $\alpha = 0$, und es gilt:

$$W = \mathbf{F} \cdot \mathbf{s} = |\mathbf{F}||\mathbf{s}|\cos\alpha = 0$$

Die Schweißperlen auf Ihrer Stirn können also nicht von einer physikalischen Arbeit gegen die Schwerkraft stammen.

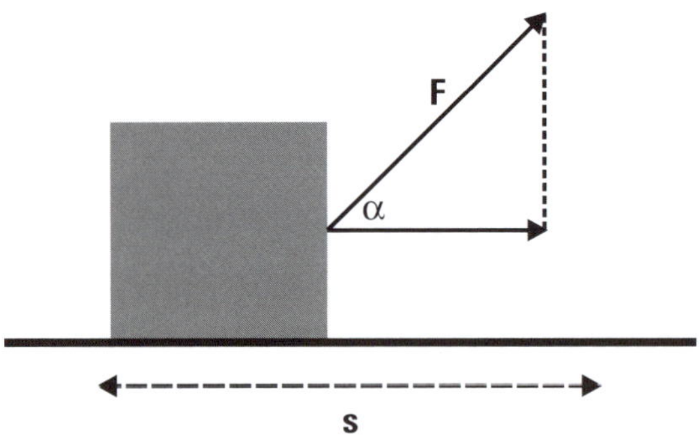


*Abbildung 5.11: Zur Definition der Arbeit*

Bislang wurde davon ausgegangen, dass die Kraft, gegen die die Arbeit verrichtet wird, längs des Weges konstant ist. Wenn dies nicht der Fall ist, muss man die obige Definition der Arbeit wie folgt ersetzen:

$$W = \int \mathbf{F} \cdot d\mathbf{s}$$

Die Einheit der Arbeit ist Nm oder *Joule* (J). 1 J = 1 Nm.

Arbeit muss also immer dann verrichtet werden, wenn ein Körper gegen eine Kraft über eine Strecke $s$ bewegt werden soll. Im Folgenden werden einige Beispiele dafür vorgestellt.

### Heben ist Arbeit, Tragen hingegen nicht: Die Hubarbeit

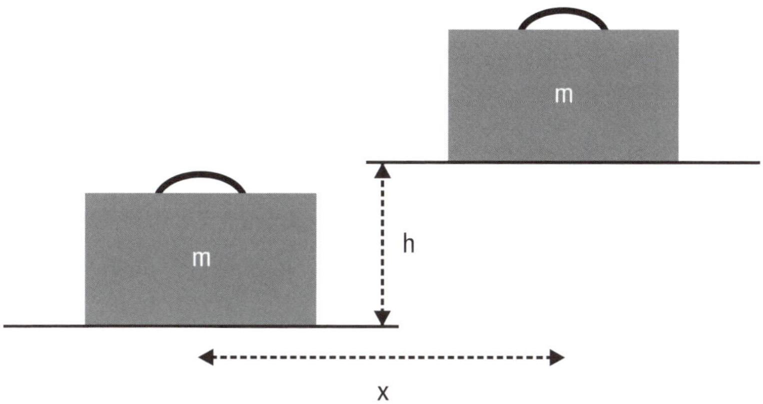


*Abbildung 5.12: Hubarbeit an einem Koffer*

Abbildung 5.12 zeigt einen Koffer der Masse $m$, der um die Höhe $h$ angehoben und gleichzeitig um die Strecke $x$ nach rechts verschoben wurde. Die Arbeit muss in diesem Fall gegen die Schwerkraft verrichtet werden:

$$F_G = mg$$

$F_G$ wirkt nach unten, also trägt nur die Hubstrecke $h$ zur Arbeit bei, nicht aber die Tragstrecke $x$. Für die Arbeit ergibt sich:

$$\begin{aligned} W_{\text{Hub}} &= \mathbf{F} \cdot \mathbf{s} \\ &= mgh \end{aligned}$$

Die Arbeit, die notwendig ist, um einen Körper der Masse $m$ gegen die Schwerkraft um die Strecke $h$ anzuheben, beträgt:

$$W_{\text{Hub}} = mgh$$

### Beschleunigungsarbeit

Wenn man ein Auto auf eine bestimmte Geschwindigkeit beschleunigen will, muss man natürlich Arbeit verrichten. Die Kraft, gegen die diese Arbeit verrichtet werden muss, ist die Trägheit des Körpers. Es gilt:

$$F = ma$$

Um das Auto zu beschleunigen, ist eine bestimmte Strecke $s$ erforderlich. Daher gilt für die Beschleunigungsarbeit:

$$W_{\text{Beschl}} = ma \cdot s$$

Der Vektorcharakter der Größen spielt hier keine Rolle, da $a$ und $s$ in die gleiche Richtung zeigen. Für die Beziehung zwischen Weg und (konstanter) Beschleunigung wurde in Kapitel 4 die folgende Beziehung hergeleitet:

$$s = \frac{1}{2}at^2$$

Setzt man dies ein, so ergibt sich:

$$W_{\text{Beschl}} = ma \cdot \frac{1}{2}at^2 = \frac{1}{2}m(at)^2$$

$a \cdot t$ ist aber genau die Endgeschwindigkeit $v$. Also ergibt sich für der Beschleunigungsarbeit:

$$W_{\text{Beschl}} = \frac{1}{2}mv^2$$

Wenn man einen Körper auf die Geschwindigkeit v beschleunigen will, ist die Arbeit ½ $mv^2$ erforderlich.

## Spannarbeit

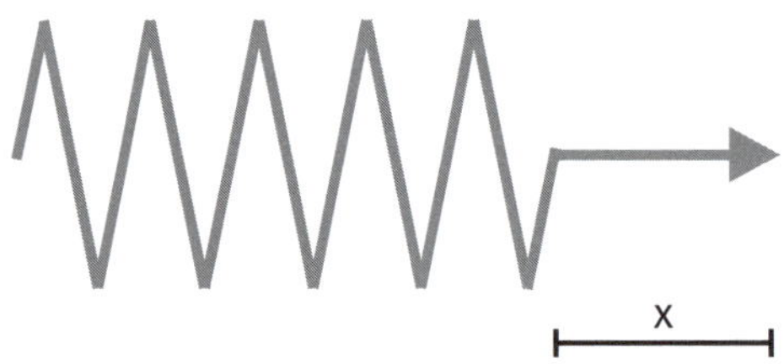


*Abbildung 5.13: Spannarbeit an einer Feder*

Abbildung 5.13 zeigt eine *Feder*, die um eine Länge x ausgedehnt werden soll. Um eine solche Feder zu spannen, ist eine Kraft $F_F$ erforderlich, die von der Feder selbst und der Strecke $x$ abhängt:

$$F_F = k \cdot x$$

$k$ ist die sogenannte *Federkonstante* (mehr über Federn finden Sie in Kapitel 6). In diesem Fall hängt die Kraft also vom Weg ab. Um die Spannarbeit zu berechnen, muss man also die Integralversion der Definition der Arbeit benutzen:

$$W_{\text{Spann}} = \int F_F(x)\,\mathrm{d}x = \int k \cdot x\,\mathrm{d}x$$
$$= \frac{1}{2}kx^2$$

## Arbeit geht nicht verloren: Energie und Energieerhaltungssatz

Wenn man an einem Körper Arbeit verrichtet hat, etwa einen Koffer gegen die Schwerkraft angehoben hat, eine Feder gespannt oder ein Auto auf eine bestimmte Geschwindigkeit beschleunigt hat, was passiert dann mit dieser Arbeit? Ist sie für immer verloren? Natürlich ist diese Arbeit nicht verloren. Sie steckt in Form von Energie in dem Körper und kann jederzeit wieder freigesetzt werden.

Wenn an einem Körper die Arbeit $W$ verrichtet wurde, ist diese Arbeit in Form der Energie $E$ in dem Körper gespeichert. Dabei gilt:

$$E = W$$

Da Energie und Arbeit identisch sind, sind auch ihre Einheiten identisch:

$$[E] = J = \frac{\text{kgm}^2}{\text{s}^2}$$

Mit anderen Worten ausgedrückt, bedeutet dies: Energie ist die Fähigkeit eines Körpers, Arbeit zu verrichten (nachdem zuvor Arbeit an dem Körper selbst verrichtet wurde). Dies soll im Folgenden an den drei im vorangegangenen Abschnitt dargestellten Beispielen erläutert werden.

### Er könnte fallen: Die potentielle Energie

Um einen Körper der Masse $m$ um die Höhe $h$ anzuheben, ist die folgende Hubarbeit erforderlich:

$$W_{\text{Hub}} = mgh$$

Wenn sich der Körper auf der Höhe $h$ befindet, kann er diese Arbeit zurückgewinnen, etwa, indem er wieder herunterfällt und dabei Geschwindigkeit aufnimmt. Er besitzt also die *potentielle Energie* oder *Lageenergie*:

$$E_{\text{pot}} = mgh$$

### Kinetische Energie

Bereits in Kapitel 4 wurde gezeigt, dass ein Körper, der sich mit einer Geschwindigkeit $v$ bewegt, eine Geschwindigkeitsenergie bzw. eine *kinetische Energie* besitzt, die folgendermaßen ausgedrückt werden kann:

$$E_{\text{kin}} = \frac{1}{2}mv^2$$

Dies entspricht natürlich genau der gerade hergeleiteten Beschleunigungsarbeit. Der Körper kann diese in ihm gespeicherte kinetische Energie wieder freisetzen (etwa indem er einen anderen Körper anstößt und ihn dabei in Bewegung versetzt).

## Elastische Energie

Wenn man eine Feder um die Strecke $x$ ausdehnen oder zusammendrücken will, ist eine Spannarbeit erforderlich. Diese beträgt:

$$W_{\text{Spann}} = \frac{1}{2}kx^2$$

In der Feder ist diese Arbeit als sogenannte *elastische Energie* gespeichert. Für diese elastische Energie gilt also:

$$E_{\text{elas}} = \frac{1}{2}kx^2$$

## Energieerhaltung

Bislang wurden drei verschiedene Formen von mechanischer Energie vorgestellt. Tatsächlich gibt es sehr viele verschiedene Formen der Energie. Die wichtigsten sind in Tabelle 5.3 zusammengestellt, eine Reihe von besonders wichtigen, aber bei Weitem nicht alle, werden in diesem Buch in den verschiedenen Kapiteln behandelt.

| Energieform | Definition | |
|---|---|---|
| Kinetische Energie | $E_{\text{kin}} = \frac{1}{2}mv^2$ | Kapitel 4 |
| Potentielle Energie | $E_{\text{pot}} = mgh$ | Kapitel 5 |
| Rotationsenergie | $E_{\text{rot}} = \frac{1}{2}I\omega^2$ | Kapitel 5 |
| Elastische Energie | $E_{\text{elas}} = \frac{1}{2}kx^2$ | Kapitel 5 |
| Elektrostatische Energiedichte | $E_{\text{es}} = \frac{1}{2} \cdot \varepsilon_0 E^2$ | Kapitel 11 |
| Magnetische Energiedichte | $E_{\text{m}} = \frac{1}{2} \cdot \frac{B^2}{\mu_0}$ | Kapitel 13 |
| Wärmeenergie | $\Delta Q$ | Kapitel 15 |
| Chemische Energie | – | – |

*Tabelle 5.3: Überblick über verschiedene Formen der Energie*

Im Zusammenhang mit der Energie sind die beiden folgenden Tatsachen von ausschlaggebender Bedeutung:

In einem abgeschlossenen System ist die Gesamtenergie konstant. Dies ist eine verallgemeinerte Form des bereits in Kapitel 4 eingeführten *Energieerhaltungssatzes*.

Die verschiedenen Formen der Energie können leicht ineinander umgewandelt werden.

Betrachten Sie als einfaches Beispiel einen Gummiball von 100 g, den Sie in eine Höhe von 1 m heben. Er besitzt also die potentielle Energie

$$E_{\text{pot}} = mgh = 0{,}1\,\text{kg} \cdot 9{,}81\,\text{m/s}^2 \cdot 1\,\text{m} = 0{,}981\,\text{J}$$

Wenn Sie den Ball fallen lassen, verliert er sofort an Höhe, wird aber immer schneller. Er verliert also potentielle Energie, gewinnt aber kinetische Energie. Wenn er am Boden ankommt, ist die gesamte potentielle Energie in Geschwindigkeitsenergie übergegangen. Aufgrund des Energieerhaltungssatzes muss also gelten:

$$E_{\text{kin}} = E_{\text{pot}}$$

$$\frac{1}{2}mv^2 = mgh$$

Löst man dies nach $v$ auf und setzt die Zahlen ein, so erhält man für die Geschwindigkeit:

$$v = \sqrt{2gh} = \sqrt{2 \cdot 9{,}81\,\text{m/s}^2 \cdot 1\,\text{m}} = 4{,}4\,\text{m/s}$$

Beachten Sie, dass in dieser Gleichung die Masse des Balls nicht auftaucht. Am Boden wird diese kinetische Energie in elastische Energie umgewandelt. Der Ball verformt sich. Diese Verformung ist allerdings reversibel und wird wieder in kinetische Energie umgewandelt. Der Ball springt also wieder in die Höhe, wobei er an potentieller Energie gewinnt. Wenn keine Verluste auftreten, kommt er genau einen Meter hoch. Die gesamte Energie liegt also wieder in Form von potentieller Energie vor.

## Auf die Leistung kommt es an

In manchen Fällen ist nicht die geleistete Arbeit oder die abgegebene Energie ausschlaggebend, sondern die Zeit, in der dies erfolgt. Es gibt Situationen auf der Autobahn, in denen es wichtig ist, möglichst schnell auf eine bestimmte Geschwindigkeit zu kommen. Bei vielen Maschinen ist es wichtig, dass bestimmte Vorgänge möglichst schnell ablaufen. In der Physik wird dies durch den Begriff der Leistung beschrieben.

Als *Leistung* bezeichnet man die pro Zeiteinheit verrichtete Arbeit oder abgegebene Energie:

$$P = \frac{W}{t} = \frac{E}{t}$$

Die Einheit der Leistung ist demzufolge:

$$[P] = \frac{\text{kgm}^2}{\text{s}^3} = \text{Watt} = \text{W}$$

Die Einheit *Watt* ist nach dem Erfinder der Dampfmaschine James Watt benannt. Im Alltagsgebrauch wird vielfach noch die nicht mehr zugelassene Einheit Pferdestärke (PS) verwendet.

Zwischen *Pferdestärke* und Watt besteht die folgende Beziehung:

$$1\,\text{PS} = 735{,}5\,\text{W} = 0{,}7355\,\text{kW}$$

### Was lange wirkt, wirkt endlich gut

Leistung ist der Quotient aus Energie und Zeit. Ist es sinnvoll, sich auch das Produkt Energie × Zeit näher anzuschauen? Die Vorwitzigen unter Ihnen werden sagen: «Ja natürlich. Sonst würde man diese Frage nicht stellen.« Und Sie haben natürlich recht. Je länger eine bestimmte Arbeit oder Energie auf ein System einwirkt, umso größer ist der Effekt, den diese Energie hervorruft. Mit anderen Worten: Desto größer ist ihre Wirkung.

Als *Wirkung* bezeichnet man das Produkt aus Energie und Zeit:

$$A = Et$$

Die Einheit der Wirkung ist demnach Js. Eine der berühmtesten und wichtigsten Konstanten der Physik hat die Einheit der Wirkung. Das ist das sogenannte Planck'sche Wirkungsquantum $h$, das die kleinste Wirkungseinheit bezeichnet, die der Quantenmechanik zufolge auftreten kann.

## Der Abschied vom Massenpunkt: Rotationsbewegungen

In diesem letzten Abschnitt über die Dynamik geht es um Rotationsbewegungen ausgedehnter starrer Körper. Dazu muss an dieser Stelle das Konzept des Massenpunkts endgültig aufgegeben werden. Reale Körper besitzen eine Ausdehnung, sie können sich daher auch um eine Achse drehen. Zur Beschreibung derartiger Dreh- oder Rotationsbewegungen ist es sinnvoll, zwei neue Größen einzuführen, das Drehmoment und das Trägheitsmoment, mit denen sich Rotationsbewegungen einfach beschreiben lassen. Zuvor muss aber noch einmal kurz auf die gleichförmige Kreisbewegung (Kapitel 4) eingegangen werden, die die Grundlage von Rotationsbewegungen bildet.

### Sie wirkt nach innen: Die Zentripetalkraft

In Kapitel 4 wurde dargestellt, dass gleichmäßige Kreisbewegungen fortwährend beschleunigt sind, da sich die Geschwindigkeit ständig ändert, zwar nicht dem Betrag, aber der Richtung nach. Den Newton'schen Gesetzen zufolge muss daher auf einen Körper auf einer Kreisbahn eine Kraft nach innen wirken, die diese Beschleunigung hervorruft.

Aus dem ersten Newton'schen Gesetz ergibt sich, dass für diese Beschleunigung eine Kraft erforderlich ist. Nach dem zweiten Gesetz von Newton ist diese Kraft proportional zur Masse des Körpers:

$$F_{\text{zp}} = ma_{\text{z}} = m\frac{v^2}{r}$$

Diese Kraft wird *Zentripetalkraft* genannt. Sie kann sehr unterschiedliche Ursachen haben: Es kann sich um die Spannung einer Schnur handeln, mit der Sie ein Modellflugzeug um sich kreisen lassen. Es kann sich aber auch um ein Magnetfeld handeln, das ein Elektron auf eine Kreisbahn zwingt (Kapitel 13). Es kann sich aber auch um die Gravitationskraft handeln, die den Mond auf einer Kreisbahn um die Erde hält. Jetzt fehlt eigentlich nur noch das dritte Newton'sche Gesetz. Es liefert das folgende Ergebnis: Zur Zentripetalkraft gibt es eine gleich große, entgegengesetzte, das heißt nach außen gerichtete Gegenkraft, die den Körper nach außen drückt. Sie kennen diese *Zentrifugalkraft* natürlich: Das ist die Kraft, durch die Sie bei Kurvenfahrten nach außen gedrängt werden.

## Sich um die eigene Achse drehen: Die Rotation

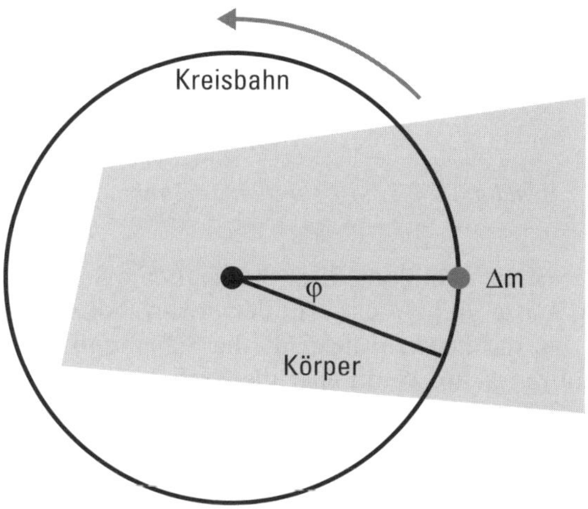


*Abbildung 5.14: Ein Körper dreht sich um eine Achse*

Abbildung 5.14 zeigt einen etwas seltsam geformten Körper, der sich um eine Achse dreht. In der Abbildung ist ein einzelner Massenpunkt $\Delta m$ hervorgehoben, um deutlich zu machen, dass dieser Punkt eine Kreisbewegung ausführt. Aus der Darstellung in Kapitel 4 geht hervor, dass man derartige Kreisbewegungen am besten mit den Größen überstrichener Winkel $\varphi$, Winkelgeschwindigkeit $\omega$ und Winkelbeschleunigung $\alpha$ beschreiben kann. An dieser Stelle wird, wenn Sie Abbildung 5.14 noch einmal genauer betrachten, ein weiterer Vorteil der Beschreibung von Kreisbewegungen durch diese Größen deutlich.

Bei der Rotation ausgedehnter Körper weisen alle Massenpunkte, aus denen der Körper besteht, den gleichen überstrichenen Winkel $\varphi$, die gleiche Winkelgeschwindigkeit $\omega$ und die gleiche Winkelbeschleunigung $\alpha$ auf.

$s$, $v$ und $a$ sind hingegen für die verschiedenen Massenpunkte, die den Körper bilden, unterschiedlich, sie hängen vom Abstand von der Drehachse ab.

## Es kommt auf den Angriffspunkt an: Das Drehmoment

Das zweite Newton'sche Gesetz besagt, dass ein Körper beschleunigt wird, wenn er eine Kraft erfährt:

$$F = m \cdot a$$

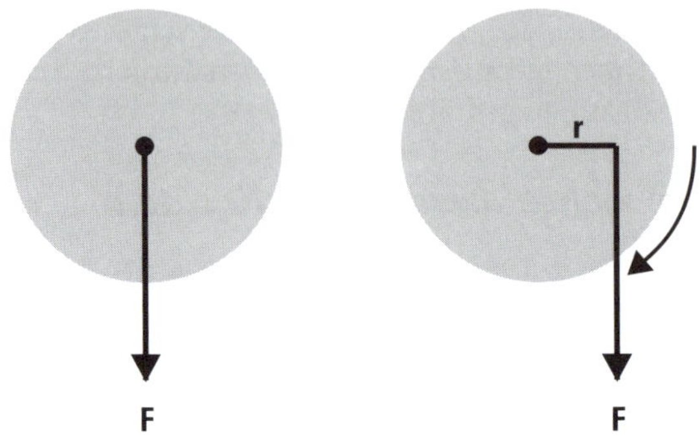


*Abbildung 5.15: Zur Definition des Drehmoments*

Betrachten Sie an dieser Stelle Abbildung 5.15. Sie zeigt eine Scheibe, die in der Mitte fixiert ist, sich aber um diese Achse drehen kann. In der linken Skizze greift eine Kraft $F$ in der Mitte der Scheibe an. Sie hat keinen Effekt, da die Scheibe fixiert ist und keine Translationsbewegungen ausführen kann. Wenn aber die Kraft nicht in der Mitte, sondern rechts vom Mittelpunkt angreift, beginnt die Scheibe, eine Rotationsbewegung auszuführen. Diese wird umso schneller sein, je weiter außen die Kraft angreift, d. h., je größer der Abstand $r$ vom Mittelpunkt ist. Für Drehbewegungen ist also nicht nur die Kraft $F$ entscheidend, sondern auch der Abstand $r$ von der Drehachse, in dem diese Kraft angreift.

Das Analogon zur Kraft bei Translationsbewegungen ist bei Rotationsbewegungen das *Drehmoment* **M**. Es ist definiert als

$$\mathbf{M} = \mathbf{r} \times \mathbf{F}$$

Die Einheit des Drehmoments ist Nm.

Beachten Sie, dass dieser Definition zufolge das Drehmoment ein Kreuzprodukt ist. Dies bedeutet, dass das Drehmoment maximal ist, wenn die Kraft $F$ und der Abstand $r$ senkrecht aufeinander stehen. Zeigen sie in die gleiche Richtung, so ist das Drehmoment gleich null, und nichts passiert (stellen Sie sich vor, die Kraft in der linken Skizze in Abbildung 5.15 würde nicht nach unten, sondern nach rechts zeigen. Es ist klar, dass in diesem Fall nichts passiert).

Das *Trägheitsgesetz* für Rotationsbewegungen lautet also: Ursache für die Änderung von Rotationsbewegungen ist stets ein Drehmoment.

## Jeder Punkt spielt eine gewichtige Rolle: Das Trägheitsmoment

Das für Translationsbewegungen zentrale zweite Newton'sche Gesetz lautet:

$$F = m \cdot a$$

Aus der obigen Darstellung geht hervor, dass man bei Rotationsbewegungen die Beschleunigung $a$ durch die Winkelbeschleunigung $\alpha$ ersetzen muss, die Kraft aber durch das Drehmoment $M$. Das »2. Newton'sche Gesetz« für Rotationsbewegungen hat also die Form:

$$M = ? \cdot \alpha$$

Das Fragezeichen steht dabei für die Größe, die die Masse bei Rotationsbewegungen ersetzt.

Die folgende Rechnung liefert nicht nur dieses Fragezeichen, sondern mit der Rotationsenergie eines sich drehenden Körpers eine weitere wichtige Größe zur Beschreibung von Rotationsbewegungen. Werfen Sie noch einmal einen Blick auf Abbildung 5.14. Der hervorgehobene Massenpunkt $\Delta m$ besitzt auf seiner Kreisbahn die kinetische Energie:

$$\Delta E_{\text{kin}} = \frac{1}{2} \Delta m \cdot v^2$$

Die gesamte Drehenergie oder Rotationsenergie des rotierenden Körpers erhält man, indem man die Gleichung über alle Punkte, die den Körper bilden, aufsummiert oder besser integriert:

$$E_{\text{rot}} = \int\limits_{\text{Körper}} \mathrm{d}E_{\text{kin}} = \int\limits_{\text{Körper}} \frac{1}{2} \mathrm{d}m \cdot v^2$$

Die Geschwindigkeit $v$ in dieser Gleichung kann man durch $\omega r$ ersetzen:

$$\begin{aligned} E_{\text{rot}} &= \int\limits_{\text{Körper}} \frac{1}{2} \mathrm{d}m \cdot \omega^2 r^2 \\ &= \frac{1}{2} \omega^2 \cdot \int\limits_{\text{Körper}} r^2 \cdot \mathrm{d}m \end{aligned}$$

Die zweite Umformung ist möglich, da die Winkelgeschwindigkeit $\omega$ für alle Punkte eines rotierenden Körpers gleich ist. Vergleichen Sie diese Formel mit der kinetischen Energie eines Massenpunkts:

$$E_{\text{kin}} = \frac{1}{2} m \cdot v^2$$

$$E_{\text{rot}} = \frac{1}{2} \int\limits_{\text{Körper}} r^2 \mathrm{d}m \cdot \omega^2$$

Es ist naheliegend, den Ausdruck $\int r^2 \mathrm{d}m$ als das Massenäquivalent bei Rotationsbewegungen zu betrachten. Auf die Rotationsenergie wird weiter unten eingegangen; zunächst soll der Ausdruck $\int r^2 \mathrm{d}m$ weiter diskutiert werden.

Bei Rotationsbewegungen widersetzt sich das sogenannte *Trägheitsmoment I* einer Änderung des Bewegungszustands. $I$ ist definiert als:

$$I = \int_{\text{Körper}} r^2 \mathrm{d}m$$

Die Einheit des Trägheitsmoments ist $\mathrm{kgm}^2$.

Diese Definition besagt Folgendes: Ein Massenelement trägt umso mehr zum Trägheitsmoment eines Körpers bei, je weiter es von der Drehachse entfernt ist. Diese Abhängigkeit ist sogar quadratisch. Dies wird anhand von Abbildung 5.16 deutlich. Sie zeigt einen »Körper« aus zwei punktförmigen Massen von 1 bzw. 5 kg. Bei der Berechnung des Trägheitsmoments dieses Körpers kann man das Integral durch eine Summe ersetzen:

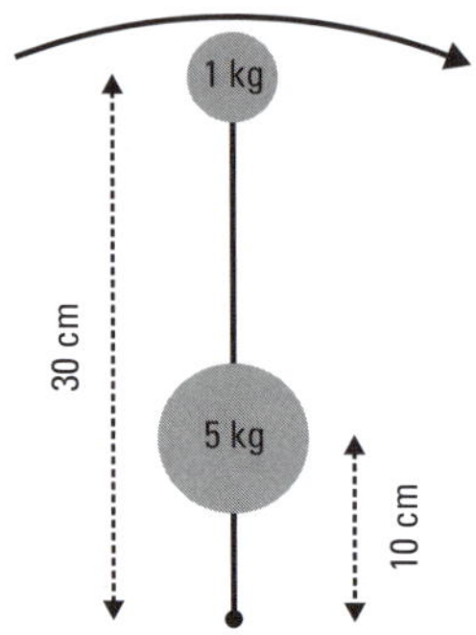


*Abbildung 5.16: Ein seltsamer rotierender Körper*

| Körper | Trägheitsmoment |
|---|---|
| Einzelner Massenpunkt | $I = mr^2$ |
| Ring mit Radius $r$, der um den Mittelpunkt rotiert | $I = mr^2$ |
| Scheibe (Rad) mit Radius $r$, die um die Mittelachse rotiert | $I = \frac{1}{2}mr^2$ |
| Vollzylinder mit Radius $r$, der um die Zylinderachse rotiert | $I = \frac{1}{2}mr^2$ |
| Zylindermantel mit Radius $r$, der um die Zylinderachse rotiert | $I = mr^2$ |
| Vollzylinder mit Radius $r$ und Länge $l$, der um eine Querachse rotiert | $I = \frac{1}{4}mr^2 + \frac{1}{12}ml^2$ |
| Homogene Kugel mit Radius $r$, die um eine Achse rotiert, die durch den Mittelpunkt geht | $I = \frac{2}{5}mr^2$ |
| Hohlkugel mit Radius $r$, die um eine Achse rotiert, die durch den Mittelpunkt geht | $I = \frac{2}{3}mr^2$ |
| Stab der Länge $l$, der um eine senkrecht stehende Achse durch seinen Mittelpunkt rotiert | $I = \frac{1}{12}ml^2$ |

*Tabelle 5.4: Trägheitsmomente einiger wichtiger Körper*

$$I = 5\,\text{kg} \cdot (0{,}1\,\text{m})^2 + 1\,\text{kg} \cdot (0{,}3\,\text{m})^2 = (0{,}05 + 0{,}09)\,\text{kgm}^2$$

Obwohl die äußere Masse wesentlich geringer ist als die innere, trägt sie aufgrund ihrer Position mehr zum Trägheitsmoment bei. Für regelmäßige Körper lässt sich das Trägheitsmoment einfach mit Hilfe der Integralrechnung berechnen. Werte für $I$ für eine Reihe von wichtigen Körpern sind in Tabelle 5.4 zusammengestellt.

Die in Tabelle 5.4 angegebenen Trägheitsmomente gelten für den Fall, dass die Drehachse durch den Schwerpunkt des Körpers geht. Wenn dies nicht der Fall ist, muss man den *Steiner'schen Satz* anwenden.

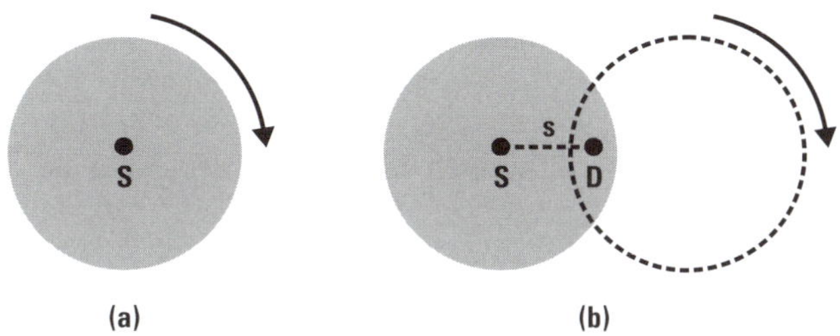


*Abbildung 5.17: Zum Satz von Steiner*

Betrachten Sie dazu Abbildung 5.17. Sie zeigt eine rotierende Scheibe, die sich in Skizze (a) um den Schwerpunkt dreht. Laut Tabelle 5.4 beträgt das Trägheitsmoment in diesem Fall:

$$I = \frac{1}{2}mr^2$$

In Skizze (b) rotiert die Scheibe um den Punkt D im Abstand $s$ vom Schwerpunkt.

In diesem Fall besagt der *Satz von Steiner*: Das Trägheitsmoment eines Körpers, der sich um einen Punkt im Abstand $s$ vom Schwerpunkt dreht, beträgt:

$$I = I_S + ms^2$$

Dabei ist $I_S$ das Trägheitsmoment für den Fall, dass die Achse durch den Schwerpunkt geht.

Die obige Diskussion kann man also wie folgt zusammenfassen:

Das Analogon zum zweiten Newton'schen Gesetz bei Rotationsbewegungen lautet:

$$M = I \cdot \alpha$$

wobei $I$ das Trägheitsmoment ist.

Nebenbei wurde in diesem Abschnitt auch die Frage nach der Bewegungsenergie eines rotierenden Körpers geklärt.

Ein Körper mit einem Trägheitsmoment $I$, der mit der Winkelgeschwindigkeit $\omega$ rotiert, besitzt die Rotationsenergie:

$$E_{\text{rot}} = \frac{1}{2} \int_{\text{Körper}} r^2 \mathrm{d}m \cdot \omega^2$$

## Drehimpuls und Drehimpulserhaltungssatz

Wenn Sie Buch geführt haben, werden Sie bemerkt haben, dass zumindest noch eine weitere wichtige Größe zur Beschreibung von Rotationsbewegungen fehlt: Das Analogon zum Impuls. Natürlich existiert auch diese Größe: Sie wird *Drehimpuls* genannt. Der Impuls bei Translationsbewegungen ist folgendermaßen definiert:

$$\mathbf{p} = m\mathbf{v}$$

Da Sie ein aufmerksamer Leser sind, können Sie den Ausdruck für den Drehimpuls sofort hinschreiben:

$$\mathbf{L} = I\boldsymbol{\omega}$$

Man kann die für Rotationsbewegungen geltenden Gleichungen erhalten, indem man in den Gleichungen für Translationsbewegungen die entsprechenden Größen 1:1 ersetzt (Tabelle 5.5).

Wie der Impuls bei Translationsbewegungen, ist auch der Drehimpuls eine *Erhaltungsgröße*:

In einem abgeschlossenen System ist der Drehimpuls konstant:

$$\sum \mathbf{L} = \text{const.}$$

Den Drehimpulserhaltungssatz können Sie bei jeder Eiskunstlauf-Weltmeisterschaft auf eindrucksvolle Weise erleben. Bei jeder Pirouette zieht der Läufer oder die Läuferin am Ende die Arme von außen nach innen. Als Folge dreht er/sie sich immer schneller. Der Grund ist reine Rotationsphysik. Durch das Anziehen der Arme verringert der Läufer sein Trägheitsmoment. Da der Drehimpuls eine Erhaltungsgröße ist, muss folglich die Winkelgeschwindigkeit zunehmen.

Bei der Beschreibung von Rotationsbewegungen kann man die gleichen Beziehungen und Gesetze benutzen wie bei Translationsbewegungen. Man muss nur die folgenden Ersetzungen vornehmen:

- ✔ Die Geschwindigkeit $v$ geht über in die Winkelgeschwindigkeit $\omega$.
- ✔ Die Beschleunigung $a$ geht über in die Winkelbeschleunigung $\alpha$.
- ✔ Die Kraft $F$ geht über in das Drehmoment $M$.
- ✔ Die Masse $m$ geht über in das Trägheitsmoment $I$.

## Vergleich Translation mit Rotation

| Translation | | Rotation | | |
|---|---|---|---|---|
| Größe | Formel | Größe | Formel | Beziehung |
| Weg | $s$ | Winkel | $\theta$ | $\mathbf{s} = r\theta$ |
| Geschwindigkeit | $\mathbf{v} = \frac{\mathrm{d}x}{\mathrm{d}t}$ | Winkelgeschwindigkeit | $\boldsymbol{\omega} = \frac{\mathrm{d}\theta}{\mathrm{d}t}$ | $\mathbf{v} = \mathbf{r} \times \boldsymbol{\omega}$ |
| Beschleunigung | $\mathbf{a} = \frac{\mathrm{d}\mathrm{v}}{\mathrm{d}\mathrm{t}}$ | Winkelbeschleunigung | $\boldsymbol{\alpha} = \frac{\mathrm{d}\boldsymbol{\omega}}{\mathrm{d}t}$ | $\mathbf{a} = \mathbf{r} \times \boldsymbol{\alpha}$ |
| Masse | $m$ | Trägheitsmoment | $I = \int r^2 dm$ | |
| Impuls | $\mathbf{p} = m\mathbf{v}$ | Drehimpuls | $\mathbf{L} = \mathbf{I}\omega$ | |
| Kraft | $F = ma$ | Drehmoment | $\mathbf{M} = \mathbf{I}\alpha$ | |
| Arbeit | $\mathbf{W} = \mathbf{F} \cdot \mathbf{s}$ | Dreharbeit | $\mathbf{W}_{rot} = \mathbf{M}\boldsymbol{\theta}$ | |
| Leistung | $P = \frac{W}{t} = Fv$ | Drehleistung | $P_{\mathrm{rot}} = \frac{W_{\mathrm{rot}}}{t} = \tau\omega$ | |
| Kinetische Energie | $E_{\mathrm{kin}} = \frac{1}{2}mv^2$ | Rotationsenergie | $E_{\mathrm{rot}} = \frac{1}{2}I\omega^2$ | |

*Tabelle 5.5: Vergleich der wichtigsten Größen zur Beschreibung von Translations- und Rotationsbewegungen*

**Aufgabe 5.1**

Die großen Halbachsen der Umlaufbahnen von Erde und Mars betragen $a_{\mathrm{Erde}} = 150 \times 10^6$ km und $a_{\mathrm{Mars}} = 228 \times 10^6$ km. Wie groß ist die Umlaufszeit des Mars um die Sonne?

**Aufgabe 5.2**

Wie groß ist die Dichte von Wasser?

**Aufgabe 5.3**

Wie groß ist die zur Erdbeschleunigung $g$ analoge Mondbeschleunigung $g_{\mathrm{m}}$? Die Masse des Mondes beträgt $7{,}349 \times 10^{22}$ kg, sein Radius 1738 km.

### Aufgabe 5.4

Wie groß ist der Auftrieb eines runden Luftballons mit einem Radius von 10 cm in Luft? Die Dichte von Luft beträgt 1,3 kg/m$^3$.

### Aufgabe 5.5

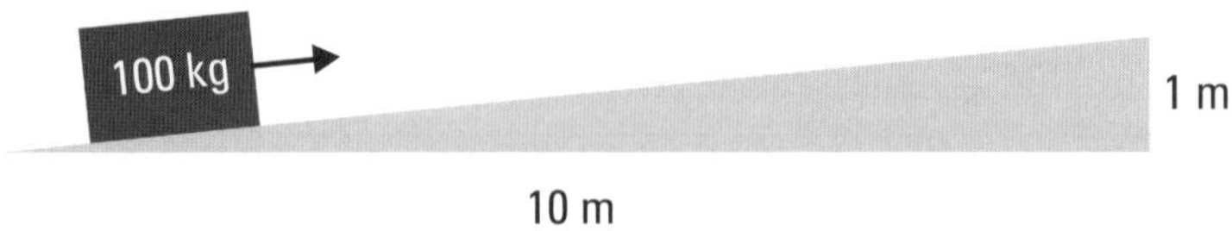


*Abbildung 5.18: Eine Masse wird eine Rampe emporgeschoben*

Sie sollen einen Körper der Masse $m$ = 100 kg eine Rampe hochschieben, die eine Länge von 10 m und eine Höhe von 1 m besitzt (Abbildung 5.18). Welche Arbeit müssen Sie verrichten? Wie groß ist diese Arbeit, wenn die Rampe nicht 10, sondern 20 m lang ist?

### Aufgabe 5.6

Sie lassen auf einer schiefen Ebene von 33° eine Metallkugel von 5 kg herunterrollen und messen ihre Beschleunigung. Wie müssen Sie die Neigung der Ebene ändern, um die gleiche Beschleunigung mit einer Holzkugel von 123 g zu erreichen?

### Aufgabe 5.7

Wie groß ist die Geschwindigkeit eines ursprünglich stehenden Autos mit einer Masse von 1000 kg, wenn man bei einer gleichmäßigen Beschleunigung eine Arbeit von 250 kJ verrichtet?

### Aufgabe 5.8

Sie schießen einen Ball mit einer Geschwindigkeit von 30 m/s senkrecht nach oben in die Luft. Wie hoch kommt der Ball?

### Aufgabe 5.9

Welche Leistung müssen Sie aufwenden, wenn Sie eine Masse von 100 kg in einer Sekunde auf eine Höhe von 2 m anheben wollen.

### Aufgabe 5.10

Ein Zylinder der Länge 10 cm mit dem Durchmesser 5 cm rotiert 2 mal pro Sekunde um seine Längsachse. Wie groß ist sein Trägheitsmoment, wenn seine Masse 300 g beträgt? Wie groß ist die Rotationsenergie?

**Aufgabe 5.11**

Berechnen Sie das Trägheitsmoment der in Abbildung 5.17 gezeigten Scheibe für folgende Fälle:

- ✔ Die Scheibe dreht sich um den Mittelpunkt (Schwerpunkt).
- ✔ Die Scheibe dreht sich um einen Punkt D im Abstand von 10 cm vom Schwerpunkt.

Die Masse der Scheibe ist 1 kg; ihr Radius beträgt 20 cm.

# Teil III
# Sie kommen niemals zur Ruhe: Schwingungen und Wellen

## In diesem Teil ...

Das Thema von Teil III sind zwei spezielle Formen von Bewegungen: Schwingungen und Wellen. *Schwingungen* sind zyklische, also sich periodisch wiederholende Bewegungen eines Körpers. Im Idealfall sind diese Schwingungen harmonisch. In Kapitel 6 werden zunächst diese harmonischen Schwingungen vorgestellt und gleichzeitig die sogenannte Schwingungsgleichung entwickelt; dabei werden auch die Begriffe vorgestellt, mit denen man Schwingungen beschreiben kann. Danach werden weitere Schwingungsformen eingeführt, zum Beispiel gedämpfte oder erzwungene Schwingungen. *Wellen* sind Schwingungen, die sich räumlich fortpflanzen. In Kapitel 7 werden Wellen definiert und die zu ihrer Beschreibung erforderlichen Begriffe eingeführt. Daran schließt sich die Diskussion einiger wellentypischer Phänomene wie die der Interferenz und der Beugung an. Im letzten Teil dieses Kapitels werden vor allem Schallwellen näher vorgestellt. Licht ist auch eine Welle, wird aber erst in Kapitel 8 in Teil IV im Zusammenhang mit der Optik behandelt.

# Auf und ab, hin und her: Schwingungen

6

## In diesem Kapitel ...

- Harmonische Schwingungen
- Schwingungsgleichung
- Gedämpfte und erzwungene Schwingungen
- Resonanz
- Überlagerung von Schwingungen

Thema dieses Kapitels sind Schwingungen. Eine Schwingung ist eine Bewegungsform, die sich völlig von der gradlinigen Bewegung unterscheidet, die in den Kapiteln 4 und 5 beschrieben wurde. Sie hat allerdings, wie sich im Verlauf dieses Kapitels erweisen wird, Gemeinsamkeiten mit der gleichförmigen Kreisbewegung. Eine Schwingung ist eine periodische Bewegung einer Masse um einen Ruhe- oder Mittelpunkt. Schwingungen spielen in der Natur und im Alltagsleben, aber auch in der Technik eine große Rolle. In Tabelle 6.1 sind einige besonders wichtige Schwingungen zusammengestellt.

| Natur | Alltagsleben | Technik |
|---|---|---|
| Halme | Saiten | Maschinenteile |
| Moleküle | Musikinstrumente | Elektronische Bauelemente |
| | Brücken | Federn |
| | Pendel | |
| | Membran | |

*Tabelle 6.1: Auflistung typischer schwingender Objekte*

In diesem Kapitel wird zunächst am Beispiel besonders einfacher Schwingungen, den sogenannten harmonischen Schwingungen, die Mathematik und die Größen eingeführt, mit denen man Schwingungen beschreiben kann. Im zweiten Teil des Kapitels werden dann wichtige Spezialformen wie etwa gedämpfte oder erzwungene Schwingungen behandelt, genauso wie Resonanzeffekte und die Überlagerung von Schwingungen.

# Viele Bewegungen, ein Mechanismus: Harmonische Schwingungen

Harmonische Schwingungen sind der Idealfall einer Schwingung. Bei ihrer Beschreibung sieht man von allen störenden Effekten ab und betrachtet nur die eigentliche Schwingung. In diesem Abschnitt werden zunächst Beispiele harmonischer Schwingungen vorgestellt und dann anhand dieser Beispiele die für die Beschreibung von Schwingungen notwendigen Größen und die mit ihnen verbundene Mathematik eingeführt.

## Auf und ab: Das Federpendel

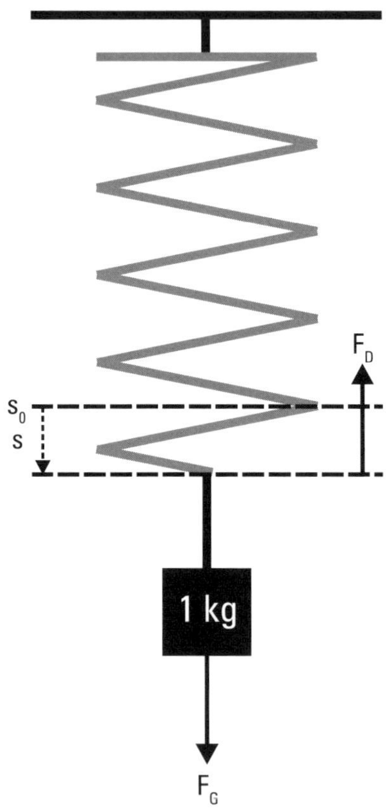


*Abbildung 6.1: Ein Federpendel*

Abbildung 6.1 zeigt ein sogenanntes *Federpendel*. Eine Masse $m$ hängt an einer Feder und dehnt sie dabei auf die Länge $s_0$ aus. Zieht man nun die Masse nach unten, dehnt sich die Feder dabei weiter um die Strecke $s$ aus. Lässt man die Masse dann los, so bewegt sie sich nach oben und staucht die Feder zusammen. Allerdings stoppt diese Bewegung keineswegs am ursprünglichen Gleichgewichtspunkt $s_0$ ab; vielmehr wird die Feder weiter gestaucht, bis ihre Länge nur noch $s_0 - s$ beträgt. Danach bewegt sich die Masse wieder nach unten, bis die ursprüngliche Auslenkung $s_0 + s$ wieder erreicht wird. Wenn es keine Verlustmechanismen, wie etwa Reibung, gibt, setzen Feder und Masse diese Bewegung unendlich lange fort. Eine solche Bewegung wird Schwingung genannt.

Eine *Schwingung* ist eine (unendlich wiederholte) periodische Bewegung um einen festen Ruhe- oder Mittelpunkt.

An dieser Stelle ist es sinnvoll, zu untersuchen, welche Kräfte auf die Masse $m$ wirken, wenn sie zum ersten Mal aus der Ruhelage nach unten ausgelenkt wird:

✔ Die Schwerkraft $F_G$ wirkt nach unten.

$$F_G = mg$$

✔ Die von der Feder ausgeübte Federkraft $F_k$ wirkt nach oben. Sie ist proportional zur Auslenkung $s$:

$$F_k = -k \cdot s$$

✔ wobei die Proportionalitätskonstante $k$ *Federkonstante* genannt wird. Die Einheit der Federkonstante ist N/m. Das Minuszeichen deutet an, dass die Kraft der Auslenkung entgegenwirkt.

Die von der Feder ausgeübte Kraft wirkt der Auslenkung entgegen. Eine solche Kraft wird als *Rückstellkraft* bezeichnet. Schwingungen treten nur dann auf, wenn es eine Rückstellkraft gibt. Wenn bei einer Schwingung die Rückstellkraft proportional zur Auslenkung ist (wie in diesem Fall), spricht man von *harmonischen Schwingungen*.

Wendet man jetzt das zweite Newton'sche Gesetz an, so folgt:

$$\sum F = F_G - F_k = ma$$

$$mg - k\,\Delta s = mg - k(s_0 + s) = ma$$

Zu Beginn dieses Versuchs, wenn die Masse ruhig an der Feder hängt, muss gelten, dass die Federkraft gleich der Gewichtskraft ist:

$$mg = k \cdot s_0$$

$$s_0 = \frac{mg}{k}$$

Setzt man dies in die obige Gleichung ein, so folgt:

$$mg - ks - ks_0 = ma$$

$$mg - ks - k\frac{mg}{k} = -ks = ma$$

In Kapitel 4 wurde dargestellt, dass die Beschleunigung $a$ die zweite Ableitung des Weges (hier der Auslenkung $s$) ist:

$$a = \frac{d^2s}{\mathrm{d}t^2}$$

Setzt man dies ein, so ergibt sich:

$$-ks = m\frac{d^2s}{dt^2}$$

$$s = -\frac{m}{k}\frac{d^2s}{dt^2}$$

Was um alles in der Welt bedeutet denn das? Das sieht ziemlich kompliziert aus, ist es aber nicht. Aber bevor im Abschnitt »Die Schwingungsgleichung« diese Frage beantwortet wird, ist es sinnvoll, noch weitere Beispiele von harmonischen Schwingungen zu betrachten, um festzustellen, ob diese Gleichung allgemeingültig ist.

## Der Antrieb einer Uhr: Das Fadenpendel

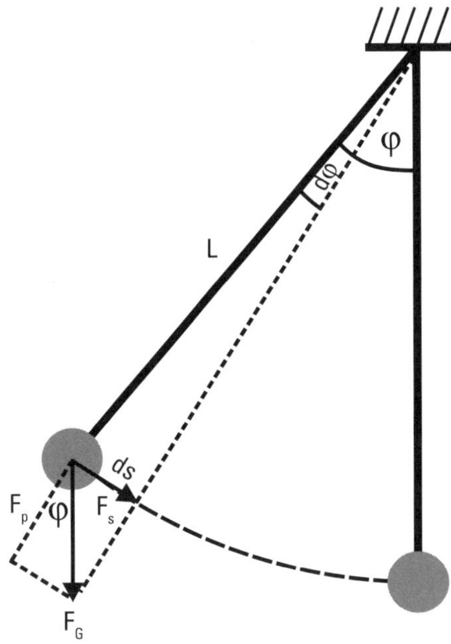


*Abbildung 6.2: Ein Fadenpendel*

Abbildung 6.2 zeigt ein sogenanntes *Fadenpendel*. Eine Masse $m$ ist am Ende eines Fadens oder Seils befestigt. Lenkt man die Masse nach rechts oder links aus und lässt sie dann los, bewegt sie sich aufgrund der Schwerkraft zurück zur ursprünglichen Position. Dort stoppt sie aber keineswegs ab (es gibt nichts, wodurch sie gebremst würde), sondern schwingt über den Ruhepunkt weiter, bis sie auf der Gegenseite die ursprüngliche Auslenkungshöhe erreicht. Gibt es keine Verluste, so dauert auch diese Bewegung unendlich lange an.

Eine solche Anordnung wird *Fadenpendel* genannt. Ein bekanntes Beispiel sind die Pendel in einer alten Standuhr. Auf das Fadenpendel wirkt die Gewichtskraft $F_G = mg$. Sie lässt sich in zwei Komponenten zerlegen, die beide unterschiedliche Aufgaben erfüllen:

- ✔ Die Kraft $F_s = F_G \sin\varphi$ wirkt senkrecht zum Faden als Rückstellkraft, die die Bewegung antreibt.
- ✔ Die Kraft $F_p = F_G \cos\varphi$, die parallel zum Faden wirkt, hält die Fadenspannung aufrecht.

Die Kraft $F_s$ bewirkt die Beschleunigung der Masse in Richtung auf den Ruhepunkt:

$$F_s = F_G \sin\varphi = -ma$$
$$mg \sin\varphi = -ma$$

Das Minuszeichen bedeutet, dass die Beschleunigung der ursprünglichen Auslenkung entgegengesetzt ist. Wenn man es nur mit kleinen Auslenkungen $\varphi$ zu tun hat, kann man $\sin\varphi$ durch $\varphi$ ersetzen:

$$mg \sin\varphi = mg\varphi = -ma$$
$$a = -g\varphi$$

Bei kleinen Winkeln kann man den Sinus des Winkels (in Radiant) näherungsweise durch den Winkel selbst ersetzen. Es gilt also für kleine $\alpha$:

$$\sin\alpha \approx \alpha$$

Überprüfen Sie das mal mit Ihrem Taschenrechner.

Aus Abbildung 6.2 geht zudem hervor, dass für die Auslenkung *ds* die folgende Beziehung gilt:

$$\mathrm{d}s = L \cdot \mathrm{d}\varphi$$

Jetzt wird es spannend: Zunächst wird diese Beziehung zweimal nach der Zeit abgeleitet:

$$\frac{\mathrm{d}s}{\mathrm{d}t} = L\frac{\mathrm{d}\varphi}{\mathrm{d}t} \quad \text{und}$$
$$\frac{d^2 s}{\mathrm{d}t^2} = L\frac{d^2\varphi}{\mathrm{d}t^2}$$

Der Term auf der linken Seite ist, der Definition in Kapitel 4 zufolge, die Beschleunigung $a$. Setzt man dies in die obige Beziehung für $a$ ein, so erhält man:

$$g\varphi = -L\frac{d^2\varphi}{\mathrm{d}t^2}$$
$$\varphi = -\frac{L}{g}\frac{d^2\varphi}{\mathrm{d}t^2}$$

Diese Gleichung besitzt die gleiche Form, die oben für das Fadenpendel hergeleitet wurde. Sie besagt Folgendes: Die Funktion, die die Auslenkung des Fadenpendels (ausgedrückt durch den Winkel $\varphi$) beschreibt, ist – bis auf einen Faktor ($-L/g$) – gleich ihrer zweiten Ableitung. Wie könnte eine solche Funktion aussehen? Bevor diese Frage beantwortet wird, folgt noch ein weiteres Beispiel für harmonische Schwingungen.

## Brettpendel

Abbildung 6.3 zeigt ein sogenanntes *Brettpendel*. Es besteht aus einem Brett der Länge $L$, das am oberen Ende drehbar aufgehängt ist.

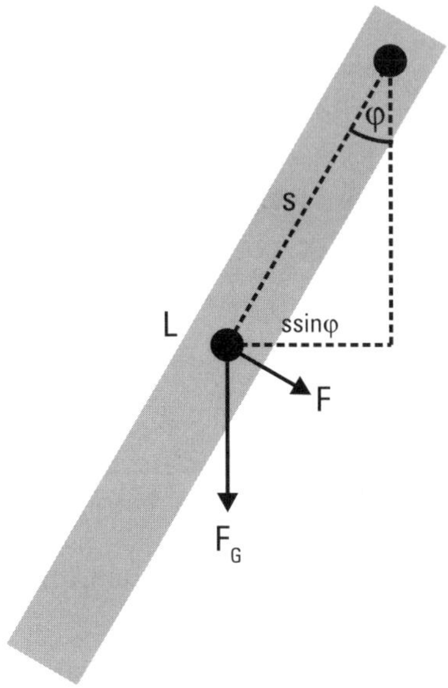


*Abbildung 6.3: Ein Brettpendel*

Das im vorangegangenen Abschnitt vorgestellte Fadenpendel wird *mathematisches Pendel* genannt, da es sehr idealisiert ist. Es betrachtet eine punktförmige Masse an einem masselosen Faden. Das Brettpendel wird auch *physikalisches Pendel* genannt, da die physikalische Form des Pendels durchaus eine Rolle spielt, wie die folgende Diskussion zeigt.

Ein Brettpendel kann man nicht durch einen Massenpunkt beschreiben, der sich am unteren Ende des Pendels befindet. Vielmehr muss man mit den Größen arbeiten, die für die Rotationsbewegung eines starren Körpers in Kapitel 5 entwickelt wurden (erinnern Sie sich an das Trägheitsmoment?). Daher muss man hier nicht die auf das Brett wirkenden Kräfte betrachten, sondern das *Drehmoment M*. In Kapitel 5 wurde gezeigt, dass für eine Änderung des Rotationszustandes eines Körpers eine Winkelbeschleunigung $\alpha$ verantwortlich ist, die durch ein Drehmoment verursacht wird:

$$M = I \cdot \alpha$$

Dabei ist $I$ das *Trägheitsmoment* des Körpers. Damit ergibt sich (siehe Abbildung 6.3):

$$M = F_G \cdot s \sin \varphi = -I \cdot \alpha$$

Führt man wieder die obige Näherung $\sin\varphi \approx \varphi$ aus, unter der Voraussetzung, dass $\varphi$ klein ist, so ergibt sich:

$$M = mg \cdot s\varphi = -I \cdot \alpha$$

Das Trägheitsmoment eines Stabes (Bretts) ist laut Tabelle 5.4 durch den folgenden Ausdruck gegeben:

$$I_{\text{Brett}} = \frac{1}{12} mL^2$$

Allerdings dreht sich das Brett nicht um seinen Mittelpunkt, sondern um eine Aufhängung am oberen Ende des Bretts im Abstand $s$ vom Mittelpunkt. Anhand des in Kapitel 5 eingeführten *Steiner'schen Satzes* ergibt sich für diesen Fall:

$$\begin{aligned} I_{\text{Brett}} &= \frac{1}{12} mL^2 + ms^2 \\ &= \frac{1}{12} mL^2 + \frac{1}{4} mL^2 = \frac{1}{3} mL^2 \end{aligned}$$

Im letzten Schritt wurde die Beziehung $s = L/2$ (Abbildung 6.3) ausgenutzt. Setzt man dies in die Beziehung für das Drehmoment ein, so ergibt sich:

$$\begin{aligned} M = mg \cdot s\varphi = -I \cdot \alpha &= -\frac{1}{3} mL^2 \cdot \alpha \\ g \cdot \frac{1}{2} L\varphi &= -\frac{1}{3} mL^2 \cdot \alpha \\ \varphi &= -\frac{2}{3}\frac{L}{g} \cdot \alpha \end{aligned}$$

Dies kann man auch folgendermaßen ausdrücken:

$$\varphi = -\frac{2}{3}\frac{L}{g}\frac{d^2\varphi}{dt^2}$$

## Schwingungsgleichung

Jetzt ist es allerdings an der Zeit, die in den vorangegangenen Abschnitten aufgestellten etwas seltsamen Gleichungen für das Federpendel, das Fadenpendel und das Brettpendel zu lösen.

Bei den drei oben vorgestellten Beispielen harmonischer Schwingungen lauten die Bewegungsgleichungen wie folgt:

Federpendel: $s = -\frac{m}{k}\frac{d^2 s}{dt^2}$

Fadenpendel: $\varphi = -\frac{L}{g}\frac{d^2\varphi}{dt^2}$

Brettpendel: $\varphi = -\frac{2}{3}\frac{L}{g}\frac{d^2\varphi}{dt^2}$

Diese Gleichungen sind sich sehr ähnlich; man kann sie zu folgender allgemeiner Formel für harmonische Schwingungen zusammenfassen:

$$\frac{d^2 s}{dt^2} = -\omega^2 s$$

Diese Gleichung wird auch *Schwingungsgleichung* genannt.

»Boah! Was ist denn das? Das sieht ja furchterregend aus« werden Sie sagen. Aber wenn sie ein bisschen darüber nachdenken, können Sie die Lösung dieser *Differentialgleichung* selbst finden. Auf der linken Seite der Gleichung steht die zweite Ableitung der Auslenkung nach der Zeit (also die Beschleunigung oder Winkelbeschleunigung des schwingenden Körpers). Auf der rechten Seite steht die Auslenkung selbst, entweder als Weg oder als Winkel $\varphi$, zusammen mit einem Vorfaktor. Die Gleichung besagt, dass die zweite Ableitung der Funktion, die diese Schwingung beschreibt, bis auf diesen Vorfaktor – in diesem Fall $-\omega^2$ – gleich der Funktion selbst ist. Daher stellt sich die Frage, welche Funktionen diese Bedingung erfüllen können. Ein Blick auf Tabelle 2.1 hilft hier weiter; dieser Tabelle zufolge kommen die drei in Tabelle 6.2 aufgelisteten Funktionen in Frage.

| Funktion | Erste Ableitung | Zweite Ableitung |
|---|---|---|
| sin s | cos s | –sin s |
| cos s | –sin s | –cos s |
| exp s | exp s | exp s |

*Tabelle 6.2: Funktionen, die die Schwingungsgleichung erfüllen*

Nehmen Sie beispielsweise die Kosinusfunktion. Wenn man sie zweimal ableitet, so erhält man:

$$s = \cos(\omega t)$$
$$\frac{ds}{dt} = -\omega \sin(\omega t)$$
$$\frac{d^2 s}{dt^2} = -\omega^2 \cos(\omega t)$$

Die Kosinusfunktion erfüllt also die oben aufgestellte Schwingungsgleichung. Dies gilt allerdings auch für die Sinus- und die Exponentialfunktion. Welche von diesen dreien ist also die richtige Funktion? Im Prinzip sind alle drei korrekt. Die allgemeinste Lösung liefert die Exponentialfunktion, aber man kann an dieser Stelle auch die anschaulichere Lösung wählen. Bleibt also die Wahl zwischen der Sinusfunktion und der Kosinusfunktion. An dieser Stelle sollten Sie noch einmal auf die oben dargestellten Experimente schauen. In jedem der drei Beispiele war der Körper zu Beginn des Versuchs (also für $t = 0$) ausgelenkt. Nun ist $\sin(0) = 0$ und $\cos(0) = 1$. Das heißt, um die Situation zu beschreiben, muss man die Kosinusfunktion wählen, sodass die Lösung der Schwingungsgleichung für die drei Beispiele folgendermaßen lautet (Abbildung 6.5):

$$s(t) = A\cos(\omega t)$$

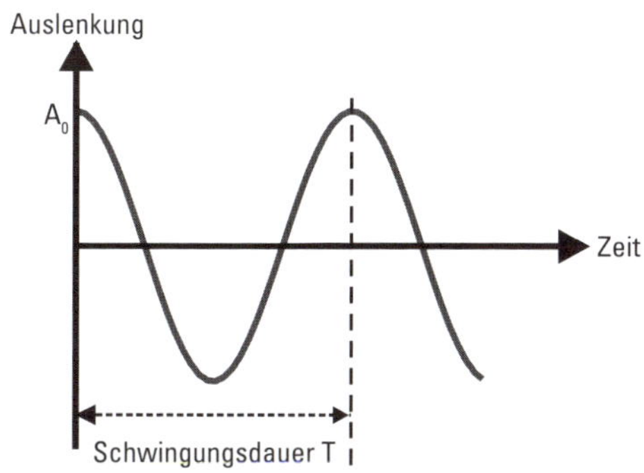


*Abbildung 6.4: Darstellung einer Schwingung mit Hilfe der Kosinusfunktion*

Die gerade beschriebene Vorgehensweise spielt in der Physik eine große Rolle. Ausgangspunkt war die *Differentialgleichung*

$$\frac{d^2 s}{\mathrm{d}t^2} = -\omega^2 s$$

Man überlegt oder berechnet, welche Funktionen diese Gleichung erfüllen können. Gibt es mehrere Lösungen, so muss man die sogenannten *Randbedingungen* zu Rate ziehen, die in diesem Fall wie folgt lauten:

$$s(t = 0) = s_{\max} = A$$

wodurch die Auswahl zwischen Sinus- und der Kosinusfunktion zugunsten der Letzteren entschieden wird.

Die Schwingungsgleichung lautet also:

$$\frac{d^2 s}{\mathrm{d}t^2} = -\omega^2 \cos(\omega t)$$

Die allgemeine Lösung ist, der obigen Darstellung entsprechend:

$$s(t) = A\cos(\omega t)$$

An dieser Stelle ergibt sich die Frage nach der Bedeutung dieser Gleichung und auch ihrer Lösung. Dabei ist insbesondere die Größe $\omega$ in zweierlei Hinsicht interessant:

- ✔ Welche Rolle spielt $\omega$ bei der Beschreibung der Schwingungen?
- ✔ Wie ist $\omega$ mit den speziellen Größen verknüpft, die die verschiedenen oben beschriebenen Schwingungen beschreiben?

Zur Beantwortung dieser Fragen sollten Sie noch einmal einen Blick auf Abbildung 6.4 werfen. Dort ist die *Schwingungsdauer* $T$ eingezeichnet, nach der eine Periode der Schwingung vollendet ist. Nun gilt:

$$\cos\alpha = \cos(\alpha + 2\pi)$$

Wendet man dies auf den vorliegenden Fall an, so ergibt sich:

$$\cos(\omega t) = \cos(\omega t + 2\pi) = \cos(\omega(t + T))$$

Daraus folgt, dass für die Schwingungsdauer T gilt:

$$T = \frac{2\pi}{\omega}$$

Die Größe $\omega$ wird *Kreisfrequenz* genannt. Sie hängt mit der Schwingungsdauer wie folgt zusammen:

$$\omega = \frac{2\pi}{T}$$

Auf der anderen Seite lohnt sich noch einmal ein Vergleich zwischen der allgemeinen Schwingungsgleichung mit der Schwingungsgleichung für einen der drei oben betrachteten Fälle, zum Beispiel für das Federpendel. Sie lauten:

$$\frac{d^2s}{dt^2} = -\omega^2 s \quad \text{allgemein}$$

$$\frac{d^2s}{dt^2} = -\frac{k}{m}s \quad \text{Federpendel}$$

Daraus ergibt sich, dass für die Kreisfrequenz dieses Federpendels gilt:

$$\omega = \sqrt{\frac{k}{m}}$$

Für die übrigen in diesem Kapitel vorgestellten harmonischen Schwingungen ergeben sich ähnlich Beziehungen. Sie sind in Tabelle 6.3 zusammengestellt.

| Pendel | Auslenkung | $\omega^2$ | $T$ | Richtgröße |
|---|---|---|---|---|
| Federpendel | $s$ | k/m | $2\pi\sqrt{\frac{m}{k}}$ | k |
| Fadenpendel | $\varphi$ | g/L | $2\pi\sqrt{\frac{L}{g}}$ | g |
| Brettpendel | $\varphi$ | 2/3 g/L | $2\pi\sqrt{\frac{3L}{2g}}$ | g |

*Tabelle 6.3: Die Größen zur Beschreibung von Feder-, Faden- und Brettpendel*

In allen Fällen besitzt $\omega$ die Form

$$\omega = \sqrt{\frac{R}{S}}$$

Dabei wird $R$ als *Richtgröße* bezeichnet und $S$ als *Systemgröße*.

$R$ ist eine die Rückstellkraft charakterisierende Größe, also wie in diesen Fällen die Federkonstante oder die Erdbeschleunigung, während $S$ das speziell betrachtete System beschreibt (Federmasse, Fadenlänge).

Im bisherigen Verlauf dieses Kapitels über Schwingungen wurde eine ganze Reihe von Begriffen eingeführt, mit denen man Schwingungen beschreiben kann. Sie sollen im Folgenden noch einmal zusammengefasst und ergänzt werden (siehe auch Abbildung 6.6):

- ✔ Die *Auslenkung* ist der momentane Abstand des Körpers von der Gleichgewichtslage.
- ✔ Als *Amplitude A* bezeichnet man die maximale Auslenkung einer Schwingung.
- ✔ Die *Schwingungsdauer* oder *Periode T* ist die Zeit, in der ein Zyklus einer Schwingung vollendet wird. Für sie gilt:

  $$T = 2\pi\frac{1}{\omega}$$

- ✔ Die *Frequenz f* ist die Anzahl an Zyklen, die in einer Sekunde stattfinden. Mit der Schwingungsdauer besteht die Beziehung

  $$f = \frac{1}{T}$$

- ✔ Die *Kreisfrequenz* $\omega$ ist wie folgt definiert:

  $$\omega = 2\pi f = 2\pi\frac{1}{T}$$

- ✔ Eine weitere Größe zur Beschreibung von Schwingungen ist die *Phase* oder *Phasenverschiebung* $\varphi$. Sie spielt nur dann eine Rolle, wenn mehr als eine Schwingung vorliegt: Selbst wenn zwei Schwingungen die gleiche Frequenz besitzen, bedeutet dies nicht, dass sie im Gleichtakt verlaufen. Die ist in Abbildung 6.5 dargestellt.

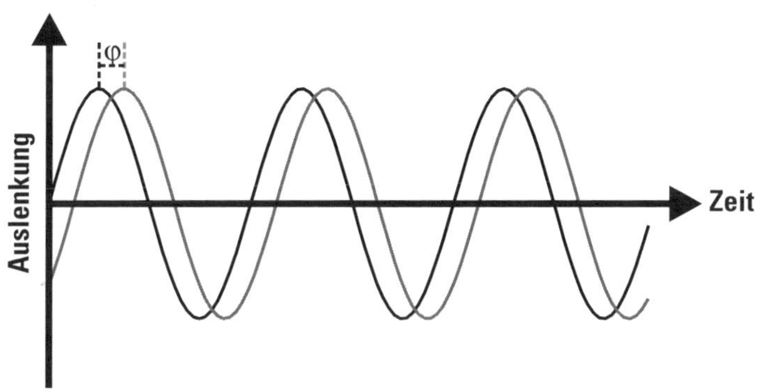


*Abbildung 6.5: Zwei phasenverschobene Schwingungen*

Diese phasenverschobenen Schwingungen können durch die folgenden Gleichungen beschrieben werden:

$$s_1 = A \cdot \sin(\omega t)$$
$$s_2 = A \cdot \sin(\omega t - \varphi)$$

Alle in den vorangegangenen Abschnitten dargestellten Schwingungsarten können durch dieselbe Mathematik und durch äquivalente Größen beschrieben werden. Diese sind in Tabelle 6.3 zusammengefasst.

Zum Abschluss dieser Diskussion harmonischer Schwingungen soll anhand von Abbildung 6.6 noch auf den zeitlichen Verlauf von Auslenkung, Geschwindigkeit und Beschleunigung bei einer derartigen Schwingung eingegangen werden. Für die Auslenkung gilt:

$$s = A \cos(\omega t)$$

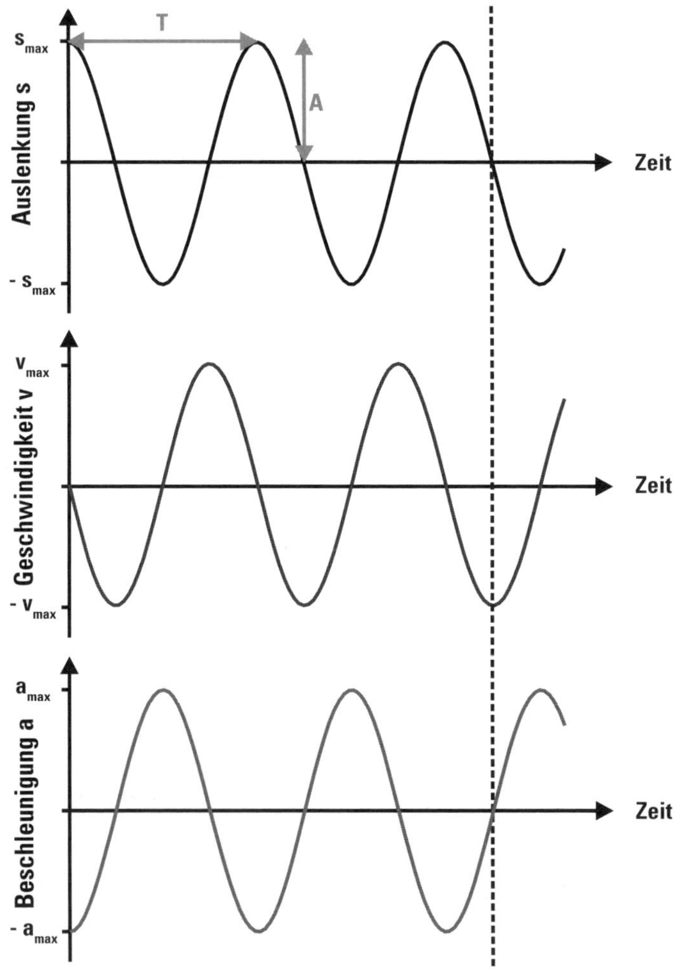


*Abbildung 6.6: Auslenkung, Geschwindigkeit und Beschleunigung bei einem Fadenpendel*

Die Geschwindigkeit ist die Ableitung der Auslenkung nach der Zeit. Es gilt also:

$$v = \frac{d}{dt} A \cos(\omega t) = -\omega A \sin(\omega t)$$

Wenn die Auslenkung durch eine Kosinusfunktion gegeben ist, dann ist die Geschwindigkeit eine Sinusfunktion. Das bedeutet, dass die Geschwindigkeit immer dann am größten ist, wenn die Auslenkung Null ist. Für die Beschleunigung gilt:

$$a = \frac{d}{dt}(-\omega A \sin(\omega t)) = -\omega^2 A \cos(\omega t)$$

Die Beschleunigung besitzt wieder die Kosinusform, allerdings enthält die Gleichung ein Minuszeichen; die Beschleunigung ist also der Auslenkung entgegengesetzt.

### Beschwingt gehen

Wenn Menschen ohne zu bummeln, aber auch ohne zu hasten spazieren gehen, liegt ihre typische Geschwindigkeit bei etwa 5 km/h. Abbildung 6.7 zeigt den Vorgang des Gehens von Menschen. Die Länge eines Beines ist etwa 1 m, die Schrittweite (eines Doppelschrittes) etwa 1,6 m. Wenn man das Bein als ein gleichmäßig dickes Brettpendel der Länge $L = 1$ m betrachtet (vergessen Sie zunächst die Füße), so ergibt sich als Schwingungsdauer dieses Pendels:

$$T = 2\pi\sqrt{\frac{2}{3}\cdot\frac{L}{g}}$$
$$= 1{,}64 \text{ s}$$

Die sich daraus ergebende Geschwindigkeit beim Gehen ergibt sich zu

$$v = \frac{s}{T} = \frac{1{,}6 \text{ m}}{1{,}64 \text{ s}} \approx 1 \text{ m/s} = 3{,}6 \text{ km/h}$$

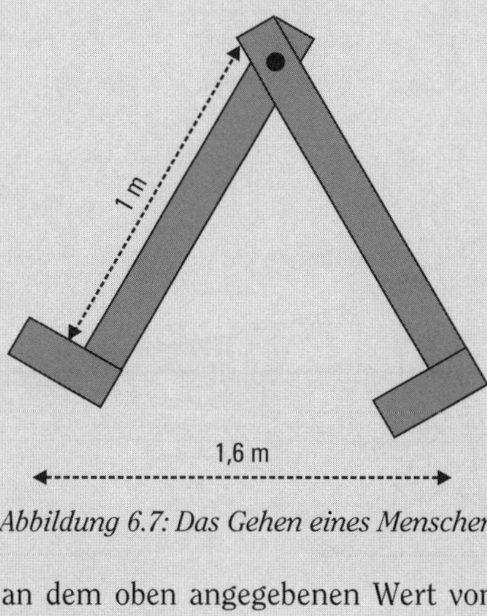


*Abbildung 6.7: Das Gehen eines Menschen*

Dies liegt ziemlich nahe an dem oben angegebenen Wert von 5 km/h für die optimale Gehgeschwindigkeit. Man kann ein Bein also in erster Näherung als schwingendes Brettpendel betrachten.

## Spezielle Schwingungen

Die bislang in diesem Kapitel betrachteten Schwingungen sind so etwas wie »Schwingungen einfach«. In der Realität treten derartige Fälle nicht auf. Nehmen Sie einen alten Western mit John Wayne. Er betritt einen Saloon, indem er eine Schwingtür öffnet. Sobald er eingetreten ist, schwingt die Tür noch ein- bis zweimal und kommt dann zur Ruhe.

Reale Schwingungen sind in der Regel *gedämpft*, das heißt, ihre Amplitude nimmt mit der Zeit ab. Daneben spielen auch erzwungene Schwingungen eine große Rolle, bei denen ein schwingungsfähiges System von außen zu einer Schwingung angeregt wird. Diese Schwingungen werden im folgenden Abschnitt näher betrachtet.

### Gedämpfte Schwingungen

Die im vorangegangen Abschnitt dargestellten idealen harmonischen Schwingungen sollten unendlich lange andauern, nachdem sie einmal in Gang gesetzt wurden. Sie wissen natürlich, dass dies nicht der Realität entspricht. Es gibt immer Verluste, die die Bewegung des schwingenden Körpers bremsen, etwa der Luftwiderstand oder die Reibung an den Aufhängungspunkten. Als Folge dieser Verluste nimmt die Amplitude der Schwingung ab, bis diese irgendwann völlig zum Stillstand kommt. In diesem Fall spricht man von einer *gedämpften Schwingung*. Die mathematische Beschreibung einer solchen Schwingung lautet daher wie folgt:

$$s(t) = A(t)\cos(\omega t)$$

Die Amplitude ist also nicht länger zeitunabhängig, sondern nimmt mit der Zeit ab. Dabei ist es wichtig, darauf hinzuweisen, dass in dem hier betrachteten Fall nur die Amplitude, nicht aber die Frequenz der Schwingung durch die Dämpfung beeinflusst wird. In vielen Fällen ist die Dämpfung exponentiell, d. h., für die Amplitude gilt:

$$A(t) = A_0 \exp(-\rho t)$$

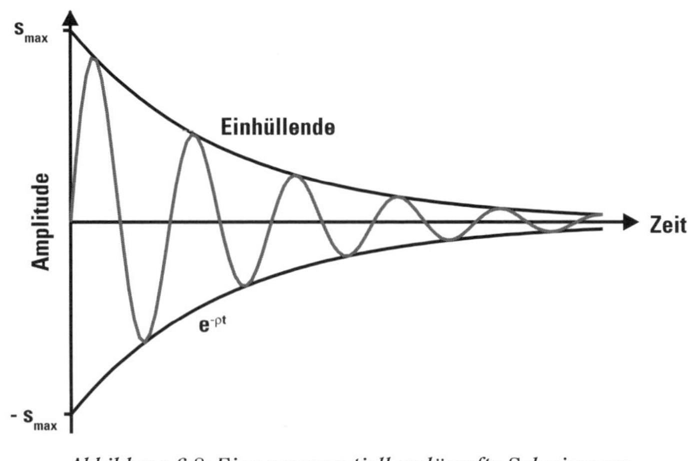


*Abbildung 6.8: Eine exponentiell gedämpfte Schwingung*

Die Konstante $\rho$ in dieser Gleichung wird auch als *Dämpfungs-* oder *Abklingkonstante* bezeichnet, ihren Kehrwert $\tau = 1/\rho$ nennt man auch *Zeitkonstante*.

Dieser Fall ist in Abbildung 6.8 dargestellt. Die Funktion

$$A(t) = A_0 \exp(-\rho t)$$

bildet dabei die *Einhüllende* der Schwingung.

## Erzwungene Schwingungen

Ein weiterer wichtiger Fall sind erzwungene Schwingungen. Von einer erzwungenen Schwingung spricht man, wenn ein schwingungsfähiges System (etwa ein Federpendel) von außen mit einer periodischen Bewegung angeregt wird. Ein Beispiel dafür ist in Abbildung 6.9 dargestellt.

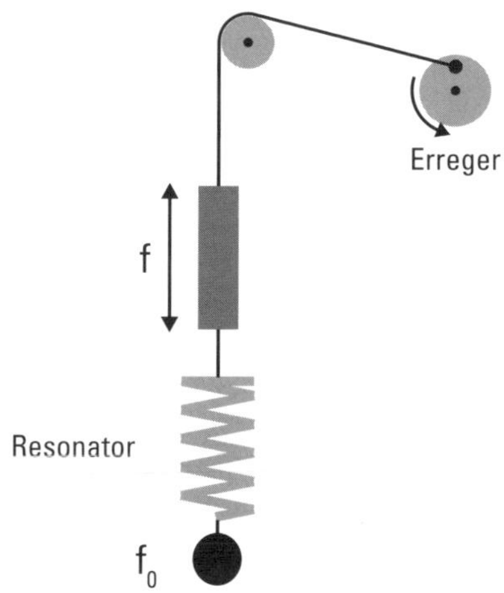


*Abbildung 6.9: Eine erzwungene Schwingung*

Die Abbildung zeigt eine rotierende Scheibe (Erreger) mit einem Exzenter, an dem ein Seil befestigt ist, das über eine Rolle umgelenkt wird und an dessen anderen Ende eine Masse befestigt ist. Diese bewegt sich, als Folge der Drehung der Exzenterscheibe, mit der Frequenz $f$ auf und ab. An dieser Masse hängt ein Federpendel, das aufgrund seiner Federkonstanten mit der Frequenz $f_0$ schwingen würde, wenn es unabhängig ausgelenkt würde. Dieses Federpendel wird in diesem Fall auch als Resonator bezeichnet.

Wenn man die Erregerfrequenz langsam von Null auf $f_0$ erhöht, so macht man nacheinander die folgenden Beobachtungen:

✔ Wenn sich der Motor langsam dreht, die Frequenz $f$ also gering ist, ist die Auf- und Abbewegung der Feder in Phase mit der der Stange.

- Je größer die Erregerfrequenz $f$ ist, desto größer ist auch die Amplitude des Federpendels. Allerdings geraten die beiden Schwingungen außer Phase. Dabei ist die Erregerschwingung der Federschwingung voraus.
- Wenn $f \approx f_0$, ist die Amplitude des Federpendels extrem groß. In diesem Fall spricht man von *Resonanz*. Diese wird im folgenden Abschnitt genauer betrachtet.
- Wenn die Erregerfrequenz größer wird als die Eigenfrequenz des Federpendels, nimmt die Amplitude der Feder wieder ab, bis deren Schwingung ganz zur Ruhe kommt.

## Resonanzen können katastrophal enden

Ein Spezialfall tritt dann auf, wenn die von außen angelegte Erregerfrequenz der Eigenfrequenz des angeregten Systems entspricht. Dieser Fall wird Resonanz genannt.

Eine Resonanz tritt auf, wenn ein schwingungsfähiges System, das eine Eigenfrequenz $f_0$ besitzt, von außen mit genau dieser Frequenz angeregt wird, wenn also gilt:

$$f = f_0$$

Derartige Resonanzeffekte können katastrophale Folgen haben. Die folgende Gleichung beschreibt das Verhältnis der Amplituden des Resonators $A$ (der Feder) und des Erregers $A_E$:

$$\frac{A}{A_E} = \frac{f_0^2}{\sqrt{(f_0^2 - f^2)^2 + 4\rho f^2}}$$

Dabei ist $\rho$ die oben eingeführte Dämpfungskonstante. Die Gleichung sieht ein wenig kompliziert aus, aber an diese Stelle soll nicht mit ihr gerechnet werden; vielmehr soll sie helfen, die Resonanz zu demonstrieren. Wenn $f = f_0$, dann ist der erste Term im Nenner gleich null, und man erhält:

$$\frac{A}{A_E} = \frac{f_0^2}{\sqrt{4\rho f^2}}$$

Diese Gleichung ist schon sehr viel übersichtlicher. Reale Schwingungen sind gedämpft, aber im Idealfall ist $\rho$ gleich null. Dann ergibt sich:

$$\frac{A}{A_E} = \frac{f_0^2}{0\,!!!!}$$

Bei einer ungedämpften erzwungenen Schwingung wird die Amplitude im Resonanzfall unendlich groß. Dies wird *Resonanzkatastrophe* genannt.

Selbst wenn die Schwingung gedämpft ist, können extrem große Amplituden auftreten. Dies ist in Abbildung 6.10 dargestellt.

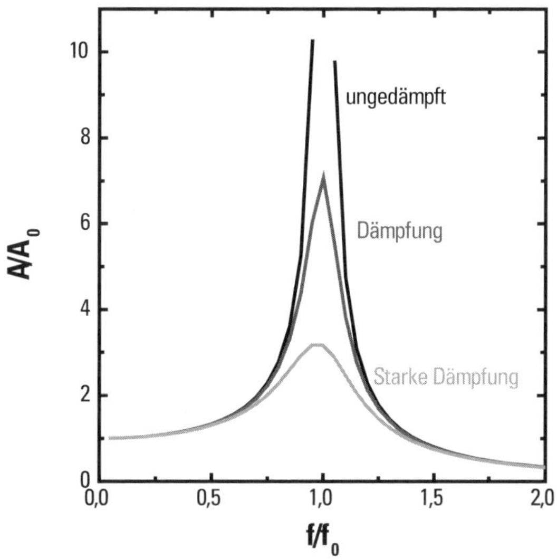


*Abbildung 6.10: Resonanz einer Schwingung im gedämpften und im ungedämpften Fall*

Dieser Effekt kann katastrophale Folgen haben. Er kann dazu führen, dass Brücken einstürzen oder Maschinen völlig versagen, wenn beispielweise die Frequenz schnell laufender Wellen der Eigenfrequenz der Gesamtmaschine oder eines ihrer Einzelteile entspricht.

Wenn Sie einmal direkt sehen wollen, welche katastrophalen Auswirkungen Resonanzeffekte haben können, empfehle ich Ihnen den Film vom Einsturz einer Brücke, den Sie im Internet unter `http://de.wikipedia.org/wiki/Datei:Tacoma_Narrows_Bridge_destruction.ogg` finden.

## Schwingungssysteme

### Überlagerung von Schwingungen

Ein Körper kann mehr als eine Schwingung gleichzeitig ausführen. Bei der sogenannten *Überlagerung von Schwingungen* addieren sich die beiden Auslenkungen der Einzelschwingungen einfach zu einer Gesamtauslenkung. Hat man also zwei Einzelschwingungen

$$s_1 = A_1 \cos(\omega_1 t)$$
$$s_2 = A_2 \cos(\omega_2 t + \varphi)$$

wobei $\varphi$ die Phasenverschiebung zwischen beiden Schwingungen angibt, so ergibt sich als Gesamtauslenkung:

$$s = s_1 + s_2 = A_1 \cos(\omega_1 t) + A_2 \cos(\omega_2 t + \varphi)$$

Das Ergebnis einer solchen Überlagerung ist im Allgemeinen chaotisch und weder in der Technik noch in anderen Gebieten von Bedeutung. Ein Beispiel für eine solche chaotische Überlagerung ist in Abbildung 6.11 dargestellt.

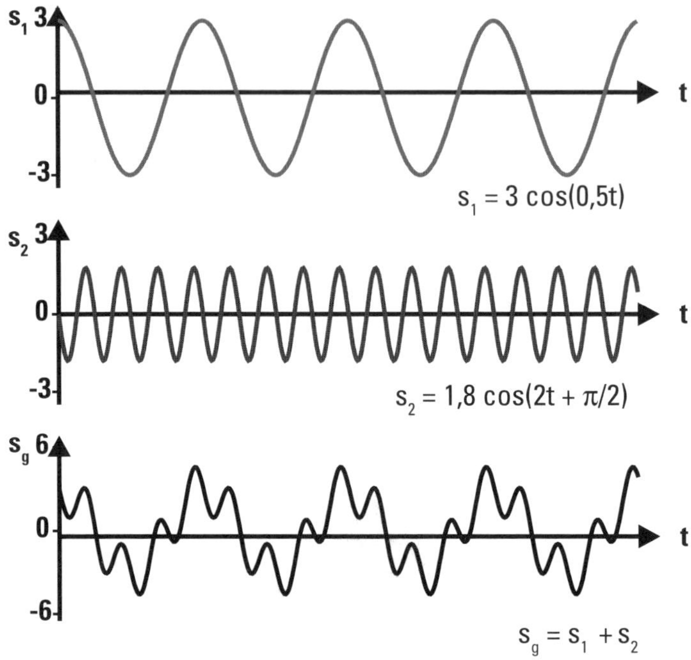


*Abbildung 6.11: Überlagerung zweier Schwingungen mit unterschiedlichen Amplituden, Frequenzen und Phasen*

Die Situation ist allerdings völlig anders, wenn die beiden Frequenzen der Schwingungen $\omega_1$ und $\omega_2$ gleich oder ähnlich sind. Der erste Fall ist in Abbildung 6.12 dargestellt: Sie zeigt zwei Schwingungen mit gleicher Frequenz und gleicher Amplitude. Allerdings variiert die Phasendifferenz zwischen beiden Schwingungen. In der linken Skizze ist $\varphi = 0$, die beiden Schwingungen sind also in Phase. Für die beiden Einzelschwingungen und die resultierende Gesamtschwingung ergibt sich also:

$$s_1 = A\cos(\omega t)$$
$$s_2 = A\cos(\omega t)$$
$$s_g = s_1 + s_2 = 2A\cos(\omega t)$$

Die Überlagerung dieser beiden Schwingungen führt zu einer Verdopplung der Amplitude der resultierenden Einzelschwingungen. Die Situation stellt sich allerdings anders dar, wenn die beiden Schwingungen nicht in Phase sind. Die rechte Skizze stellt den Fall dar, dass der Phasenwinkel gerade 180° oder $\pi$ beträgt. Mathematische bedeutet dies:

$$s_1 = A\cos(\omega t)$$
$$s_2 = A\cos(\omega t + \pi) = -A\cos(\omega t)$$
$$s_g = s_1 + s_2 = A(\cos(\omega t) - \cos(\omega t)) = 0$$

Die resultierende Auslenkung ist in diesem Fall also 0. Der Körper bewegt sich nicht. Nichts. Nada!

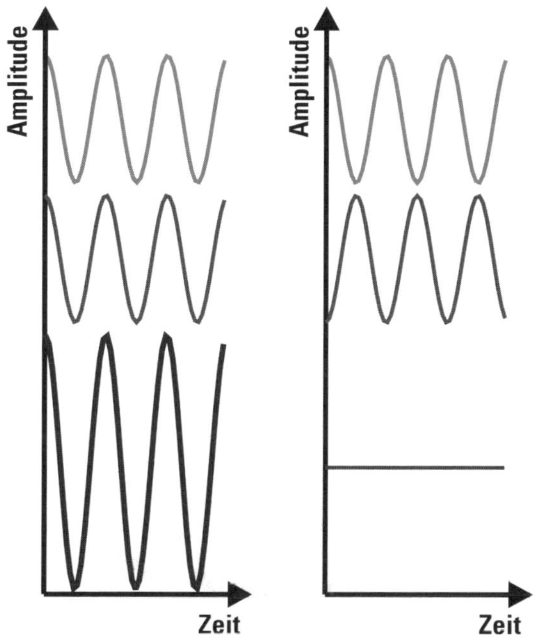


*Abbildung 6.12: Die konstruktive (links) und destruktive Überlagerung zweier Schwingungen*

Den ersten Fall nennt man die *konstruktive Überlagerung* von Schwingungen, den zweiten Fall *destruktive Überlagerung*.

Die konstruktive und destruktive Überlagerung von Schwingungen wird im nächsten Kapitel über Wellen noch eine wichtige Rolle spielen. Sie führt in diesem Fall zu sogenannten *Interferenzeffekten*.

Bleibt noch der Fall, dass die Frequenzen der beiden sich überlagernden Schwingungen zwar nicht gleich, aber ähnlich sind. Für die beiden Einzelschwingungen gilt:

$$s_1 = A_0\cos(\omega_1 t)$$
$$s_2 = A_0\cos(\omega_2 t)$$

Für die Überlagerung der beiden Schwingungen gilt also:

$$s_1 + s_2 = A_0 \left( \cos(\omega_1 t) + \cos(\omega_2 t) \right)$$

An dieser Stelle ist es wieder einmal Zeit, Ihre Formelsammlung hervorzukramen. Dort finden Sie die folgende Regel:

$$\cos\alpha + \cos\beta = 2\cos\left(\frac{\alpha-\beta}{2}\right)\cos\left(\frac{\alpha+\beta}{2}\right)$$

Wendet man diese Regel auf die obige Gleichung an, so erhält man Folgendes:

$$s_1 + s_2 = 2A_0 \cos\left(\frac{\omega_1-\omega_2}{2}t\right)\cos\left(\frac{\omega_1+\omega_2}{2}t\right)$$

Die beiden Frequenzen sollen sich nur geringfügig unterscheiden. Ihr Mittelwert ist $\omega_m$. Dann gilt:

$$\omega_1 = \omega_m - \Delta\omega$$
$$\omega_2 = \omega_m + \Delta\omega$$

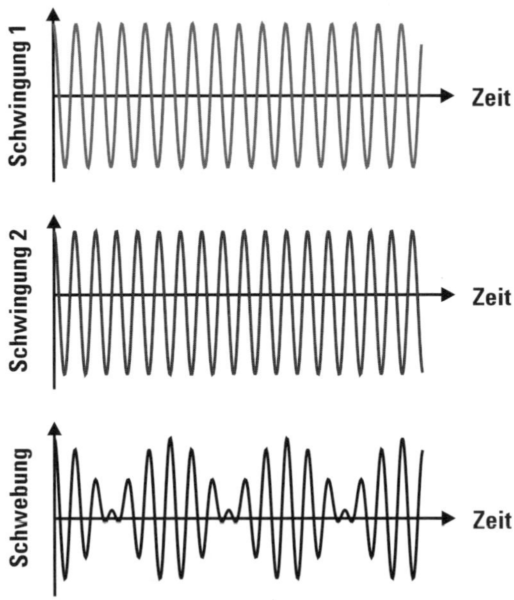


*Abbildung 6.13: Schwebung zweier Schwingungen*

Setzt man dies ein, so ergibt sich:

$$s_1 + s_2 = 2A_0 \cos(\Delta\omega\, t) \cos(\omega_m t)$$
$$= 2A_0(t) \cos(\omega_m t)$$

Es ergibt sich also eine Schwingung mit der mittleren Frequenz $\omega_m$. Allerdings ist ihre Amplitude zeitabhängig. Sie beträgt:

$$A(t) = 2A_0 \cos(\Delta\omega\, t)$$

Die Amplitude besitzt also ebenfalls eine Kosinusform, sie nimmt also regelmäßig ab und wieder zu. Diesen Effekt nennt man *Schwebung*. Eine derartige Schwebung ist in Abbildung 6.13 dargestellt.

## Miteinander oder gegeneinander: Gekoppelte Schwingungen

Abbildung 6.14 zeigt zwei gekoppelte Fadenpendel. Die Kopplung erfolgt über eine Feder, die die Auslenkung von einem Pendel auf das andere übertragen kann.

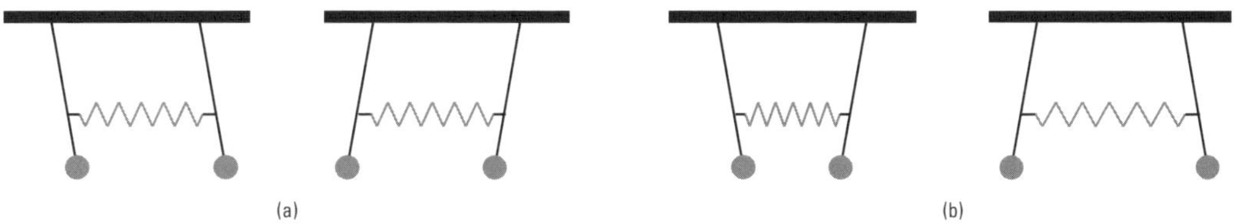


*Abbildung 6.14: Eigenschwingungen zweier gekoppelter Pendel*

Bei diesem gekoppelten System sind zwei stabile Schwingungen möglich, die sich in ihrer Frequenz unterscheiden:

- ✔ Beide Pendel schwingen mit der gleichen Amplitude und Phase in die gleiche Richtung (a). Die Feder ist dabei ständig entspannt. Die Frequenz entspricht der, mit der jedes einzelne Pendel ohne Kopplung schwingen würde: $\omega_1 = \omega_F$.
- ✔ Beide Pendel schwingen gegeneinander (b). Die Feder spannt und entspannt sich ständig. Beide Pendel haben die gleiche Amplitude, aber eine entgegengesetzte Phase. Die Frequenz ist auch gleich. Da aber die Feder eine zusätzliche Rückstellkraft darstellt (beim Einzelpendel ist dies nur die Schwerkraft), ist die Frequenz größer als beim ungekoppelten Pendel: $\omega_2 > \omega_F$.

Abbildung 6.15 zeigt ein System aus drei gekoppelten Pendeln. Aus der Abbildung geht hervor, dass es drei stabile Zustände gibt:

- ✔ Alle drei Pendel schwingen in Phase (a).
- ✔ Das mittlerer Pendel bewegt sich nicht, die beiden äußeren schwingen gegenphasig gegen das mittlere (b).
- ✔ Zwei Pendel schwingen gemeinsam gegen das dritte (c).

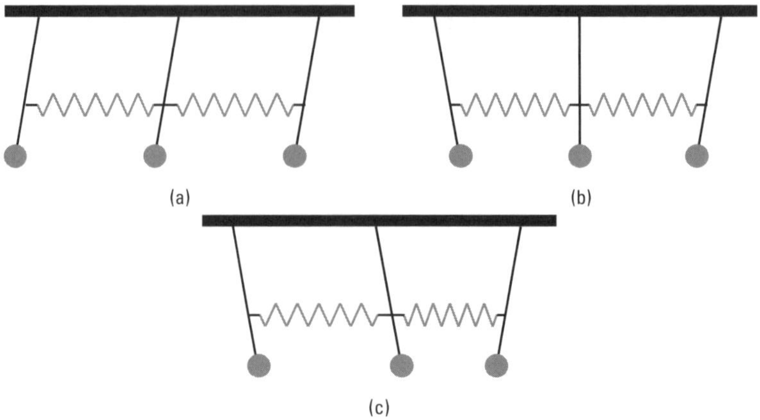


*Abbildung 6.15: Eigenschwingungen dreier gekoppelter Pendel*

Die Frequenzen aller drei Schwingungen sind unterschiedlich, da die Rückstellkraft der Feder auf unterschiedliche Weise beiträgt. Aber dies soll hier nicht im Detail erörtert werden. An dieser Stelle ist es wichtiger, einige Schlussfolgerungen aus der obigen Darstellung zu ziehen:

Die stabilen Zustände eines gekoppelten Schwingungssystems nennt man *Eigenschwingungen*, die dazugehörigen Frequenzen *Eigenfrequenzen*. Ein Systems aus $n$ gekoppelten schwingungsfähigen Körpern besitzt $n$ Eigenschwingungen und damit auch $n$ Eigenfrequenzen.

Zum Abschluss dieses Kapitels soll noch darauf hingewiesen werden, dass ein System gekoppelter Pendel natürlich mehr Schwingungen als die gerade beschriebenen stabilen Eigenschwingungen durchführen kann, im Prinzip unendlich viele, je nachdem, wie man die Einzelpendel auslenkt. Allerdings sind diese Schwingungen nicht konstant.

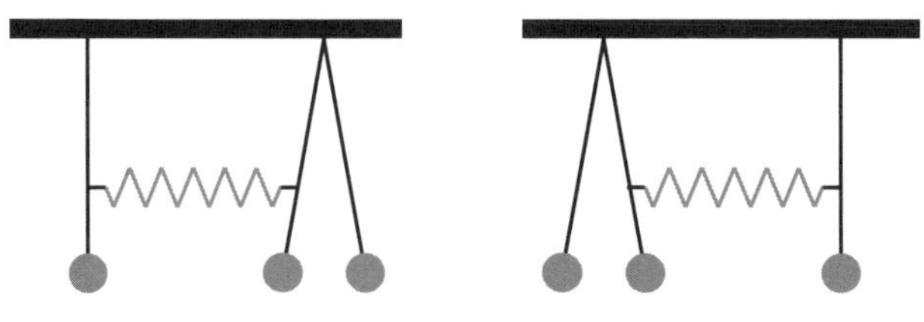


*Abbildung 6.16: Ein gekoppeltes System aus zwei Pendeln*

Ein besonders interessantes Beispiel ist in Abbildung 6.16 in Form eines gekoppelten Zwei-Pendel-Systems dargestellt. Regt man das rechte Pendel zu einer Schwingung an, während das linke in Ruhe ist, so schwingt es zunächst hin und her. Aufgrund der Kopplung durch die Feder beginnt dann das linke Pendel, mit immer größerer Amplitude zu schwingen, während das rechte immer weniger ausschlägt und schließlich ganz zum Stillstand kommt. Danach kehrt sich der Vorgang um, die Amplitude des rechten Pendels nimmt wieder zu, die des linken wieder ab. Ohne Reibung würde sich diese Vorgang unendlich lange wiederholen.

**Aufgabe 6.1**

Zeigen Sie, dass die Sinusfunktion $s = \sin(\omega t)$ die Schwingungsgleichung

$$\frac{d^2 s}{dt^2} = -\omega^2 s$$

erfüllt.

**Aufgabe 6.2**

Wie muss man ein Fadenpendel auslegen, um eine Schwingungsdauer von 5 s zu erzielen?

**Aufgabe 6.3**

Eine vertikal aufgehängte Schraubfeder wird durch eine angehängte Masse von 60 g um 25 cm gedehnt. Dann wird das Federpendel zum Schwingen gebracht. Wie groß ist die Schwingungsdauer? Wie verändert sich die Schwingungszeit, wenn man die angehängte Masse verdoppelt? (Die Masse der Feder wird vernachlässigt.)

**Aufgabe 6.4**

Wie groß ist die Rückstellkraft einer Feder mit einer Federkonstante von $k = 10$ N/m bei einer Auslenkung von a) 0 m; b) 0,1 m; c) 0,5 m?

**Aufgabe 6.5**

Man benötigt 273 N, um eine Feder um 4,45 m zu dehnen. Wie groß ist die Federkonstante $k$?

**Aufgabe 6.6**

Ein Körper wird zu zwei Schwingungen gleichzeitig angeregt, eine mit der Kreisfrequenz $\omega_1 = 10\ s^{-1}$, die andere mit $\omega_1 = 12\ s^{-1}$. Wie groß ist die Frequenz, mit der der Körper schwingt, und wie groß ist seine Schwebungsfrequenz?

# Surfing the Waves: Wellen

7

## In diesem Kapitel ...

- Definition von Wellen
- Wellengleichung
- Beschreibung einer Welle
- Interferenz von Wellen und Huygens'sches Prinzip
- Beugung von Wellen
- Schallwellen

Stellen Sie sich vor, Sie sitzen in der Sonne an einem See und genießen das Leben. In Gedanken versunken nehmen Sie ein Steinchen, werfen es ins Wasser und beobachten dann, dass sich vom Auftreffpunkt ausgehend konzentrische Kreise ausbreiten, in denen eine deutliche Erhöhung des Wasserspiegels zu beobachten ist. Diese »Störungen« sind nichts anderes als *Wasserwellen*.

Eine andere Situation: Sie stehen einem Freund gegenüber, der einige Meter von Ihnen entfernt ist, und halten beide je ein Seilende in Ihren Händen. Durch geschickte Bewegungen können Sie in dem Seil eine Welle erzeugen, bei der die einzelnen Punkte des Seils sich auf und ab bewegen, die Wellenmaxima oder -minima aber von Ihnen zu ihrem Freund und zurücklaufen (Abbildung 7.1). Dies sind die sogenannten *Seilwellen*. Wellen sind also nichts anderes als Schwingungen, die sich räumlich fortpflanzen.

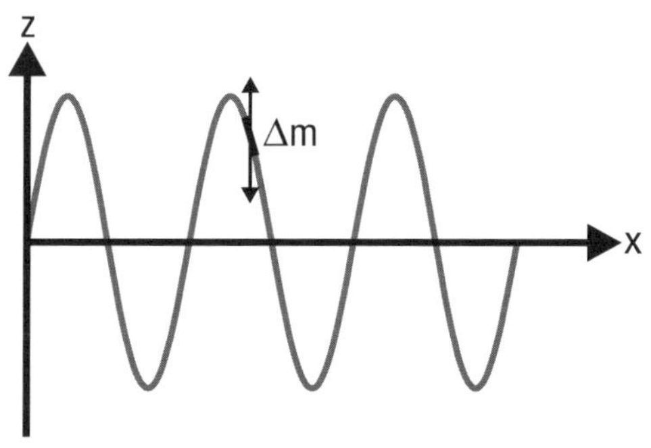


*Abbildung 7.1: Eine Seilwelle. Das mit* $\Delta m$ *gezeichnete Seilstück bewegt sich auf und ab, nicht aber in x-Richtung*

Bei Wellen muss man also zwei Bewegungen unterscheiden: Zum einen bewegen sich die einzelnen Massen (Wasserteilchen oder Seilstücke) auf und ab (in einigen Fällen auch hin und her, wie weiter unten dargestellt wird), zum anderen aber breitet sich dieses Auf und Ab oder Hin und Her in eine (Seilwellen), zwei (Wasserwellen) oder sogar drei Richtungen des Raums aus.

In diesem Kapitel werden Wellen definiert, klassifiziert und beschrieben. Mit dem Doppler-Effekt, der Interferenz und der Beugung werden drei wellentypische Effekte vorgestellt, die einzig und allein bei Wellen auftreten. Schließlich wird mit den *Schallwellen* eine besonders wichtige Art von Wellen eingeführt, wobei allerdings *Wasserwellen* wegen ihrer Anschaulichkeit immer wieder als Beispiel herangezogen werden. Licht ist auch eine Welle; die wird gesondert in Kapitel 8 diskutiert.

## Zeit und Raum: Ausbreitung von Schwingungen

Aus der obigen Darstellung geht hervor, dass es sich bei Wellen um die räumliche Ausbreitung von Schwingungen handelt. Schwingungen sind lokale periodische Bewegungen (siehe Kapitel 6). Ein Schwingung wird zu einer Welle, wenn sie sich räumlich ausbreiten kann.

Eine *Welle* ist die räumliche Ausbreitung einer periodischen Störung (einer Schwingung) in einem schwingungsfähigen Medium (das bedeutet, dass es Rückstellkräfte geben muss, wie in Kapitel 6 dargestellt ist). Dabei führen benachbarte Teile des Mediums dieselbe Bewegung aus, aber zeitlich gegeneinander verschoben.

### Eine Welt voller Wellen

Bevor diese Art der Bewegung näher beschrieben wird, ist es sinnvoll, einige Klassifizierungen einzuführen. Die erste betrifft die *Dimensionalität* von Wellen. Je nach der Anzahl der möglichen Ausbreitungsrichtungen unterscheidet man:

- **Eindimensionale Wellen:** Seilwellen
- **Zweidimensionale Wellen:** Wasserwellen
- **Dreidimensionale Wellen:** Schallwellen, Lichtwellen

| Mechanische Wellen | Elektromagnetische Wellen |
|---|---|
| Erdbeben | Radio |
| Schallwellen | Mikrowellen (Wärmestrahlen) |
| Wasserwellen | Licht |
| Membranen | Röntgenstrahlen |
| Saiten | |

*Tabelle 7.1: Arten von Wellen*

Eine zweite Klassifizierung betrifft die physikalische Natur der Wellen. Die beiden wichtigsten Typen sind mechanische und elektromagnetische Wellen. Die wichtigsten Arten dieser beiden Wellentypen sind in Tabelle 7.1 aufgeführt. Eine detaillierte Beschreibung vor allem der mechanischen Wellen folgt im Laufe dieses Kapitels. Die elektromagnetischen Wellen werden in Kapitel 8 behandelt.

Die letzte Klassifizierung von Wellen betrifft die Bewegungsrichtung der Schwingung in Bezug auf die Ausbreitungsrichtung der Welle. Bei der oben dargestellten Wasserwelle bewegen sich die Wasserteilchen senkrecht zur Wasseroberfläche auf und ab, während sich die Welle entlang der Oberfläche ausbreitet. Schwingung und Ausbreitungsrichtung stehen also senkrecht aufeinander. Das gleiche gilt für Seilwellen. Auch hier bewegen sich die einzelnen Seilstücke auf und ab, also in z-Richtung, während sich die Welle in x-Richtung ausbreitet (siehe Abbildung 7.1).

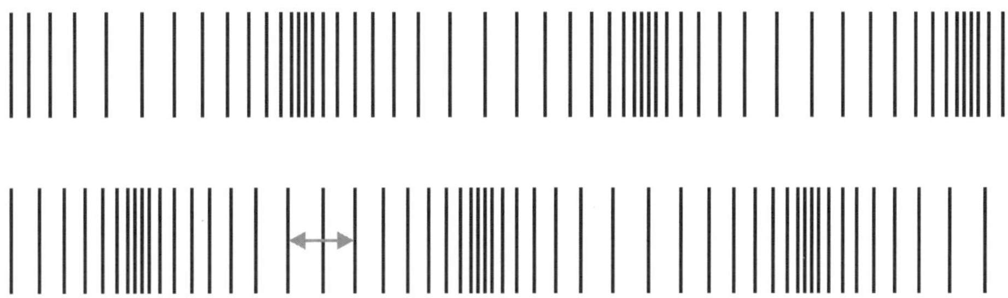

*Abbildung 7.2: Longitudinalwelle in einer Spiralfeder (schematisch)*

Es gibt aber auch Fälle, in denen die Schwingung in Ausbreitungsrichtung erfolgt. Stellen Sie sich eine lange, nicht zu steife Spiralfeder vor. Wenn man sie auf einen Tisch legt und geschickt anregt, kann man erreichen, dass in der Feder Verdickungen und Verdünnungen erzeugt werden, die dann von einem Ende der Feder zum anderen und wieder zurück wandern, wie es schematisch in Abbildung 7.2 gezeigt ist. Diese beiden grundsätzlichen Arten von Wellen nennt man Transversal- und Longitudinalwellen (Abbildung 7.3). Das bekannteste Beispiel von Longitudinalwellen sind die weiter unten vorgestellten Schallwellen, während Wasserwellen und auch Seilwellen transversal sind. Lichtwellen sind transversal (Kapitel 8).

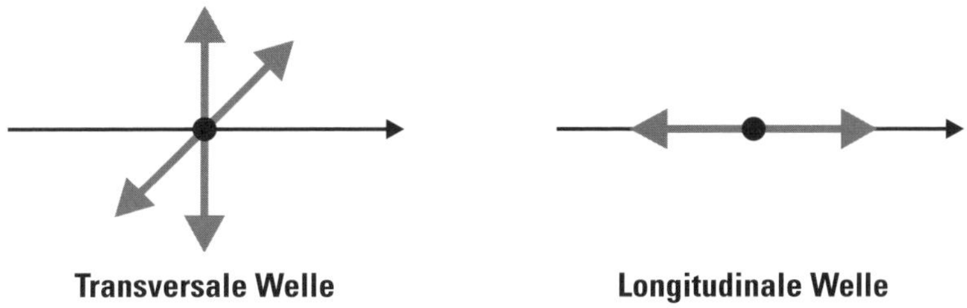


*Abbildung 7.3: Transversale und longitudinale Wellen*

Bei einer *transversalen Welle* erfolgt die Schwingung senkrecht zur Ausbreitungsrichtung (Abbildung 7.3). Dabei kann sie sowohl in $y$-Richtung als auch in $z$-Richtung erfolgen (wenn $x$ die Ausbreitungsrichtung ist). Bei *Longitudinalwellen* erfolgt die Schwingung in Ausbreitungsrichtung. Allerdings bewegen sich dabei die Massen nur um einen Mittelpunkt, sie bleiben also im Mittel ortsfest.

## Bewegung in Zeit und Raum: Die Wellengleichung

Nach dieser Klassifizierung von Wellen ist die nächste Aufgabe die mathematische Beschreibung von Wellen. Erinnern Sie sich zurück an die in Kapitel 6 beschriebenen Schwingungen. Für eine Masse, die eine Schwingung ausführt, ist die Position $z$ eine Funktion der Zeit:

$$z_{\text{Masse}} = z(t)$$

Sie erfährt eine Rückstellkraft, die proportional zu Auslenkung ist:

$$F_z = -k \cdot dz$$

Daraus wurde die sogenannte *Schwingungsgleichung* abgeleitet:

$$\frac{d^2 z}{\mathrm{d}t^2} = -\omega^2 z$$

Die Lösung dieser Gleichung sind entweder Sinus- oder Kosinusfunktionen, wie in Kapitel 6 ausführlich erörtert wurde.

Bei einer Welle ist die Auslenkung $z$ nicht nur eine Funktion der Zeit, sondern auch des Ortes $x$:

$$z_{\text{Masse}} = z(t, x)$$

Als Nächstes muss man sich überlegen, wie die Kraft aussieht, die die an einer Welle beteiligten Massen bewegt. Diese Kraft muss berücksichtigen, dass sich die einzelnen Massenelemente $\Delta m$ (Abbildung 7.1) nicht unabhängig voneinander bewegen, sondern auch von der Auslenkung und der Bewegungsrichtung der benachbarten Massenelemente abhängen. Eine Beziehung $F_z = -k \cdot z$ wie bei einer Schwingung kommt daher nicht infrage, da sie derartige Informationen nicht enthält. Anders ist dies mit der *Steigung* (also der ersten Ableitung) oder *der Krümmung* (also der zweiten Ableitung) der Kurve $z(x)$. Darin sind Informationen über die Nachbarelemente sehr wohl enthalten. In der Tat stellt sich heraus, das die Kraft proportional zur Krümmung der Kurve ist, also zu ihrer zweiten Ableitung; mathematisch ausgedrückt ergibt dies:

$$F_z = \mathrm{c}' \cdot \frac{d^2 z}{\mathrm{d}x^2}$$

wobei $c'$ eine Konstante ist. Auf der anderen Seite gilt die folgende Beziehung (das in Kapitel 5 vorgestellte zweite Newton'sche Gesetz):

$$F_z = \Delta m \cdot a_z$$

Die Beschleunigung $a_z$ ist aber die zweite Ableitung der Auslenkung nach der Zeit (siehe Kapitel 4):

$$a_z = \frac{d^2z}{dt^2}$$

Setzt man dies ein, so erhält man die sogenannte *Wellengleichung*:

$$c^2 \cdot \frac{dz^2}{dx^2} = \frac{dz^2}{dt^2}$$

$c^2$ ist wiederum eine Konstante. Im Verlauf dieses Abschnitts wird noch deutlich werden, warum diese Konstante $c^2$ genannt wird.

Dies sieht zunächst einmal furchterregend aus. Aber an dieser Stelle sollten Sie nicht aufgeben! Gleich ist es geschafft! Betrachten Sie die Wellengleichung noch einmal genauer. Sie besagt, dass die Funktion, die eine Welle beschreibt, so aufgebaut sein muss, dass die zweite Ableitung nach der Zeit bis auf einen Vorfaktor das gleiche Ergebnis liefert wie die zweite Ableitung nach der Ausbreitungsrichtung. Sehen Sie das Licht am Ende des Tunnels? Wie in Kapitel 6 beschrieben, sind Sinus- oder Kosinusfunktionen in derartigen Fällen geeignete Lösungen. Man muss nur das Argument (also den Ausdruck innerhalb der Sinusfunktion) geeignet wählen. Das Argument muss in diesem Fall nicht nur die Zeit, sondern auch den Ort enthalten. Die folgende Funktion erfüllt diese Bedingungen (siehe Aufgabe 7.1):

$$z(t,x) = A \cdot \sin(\omega t - kx)$$

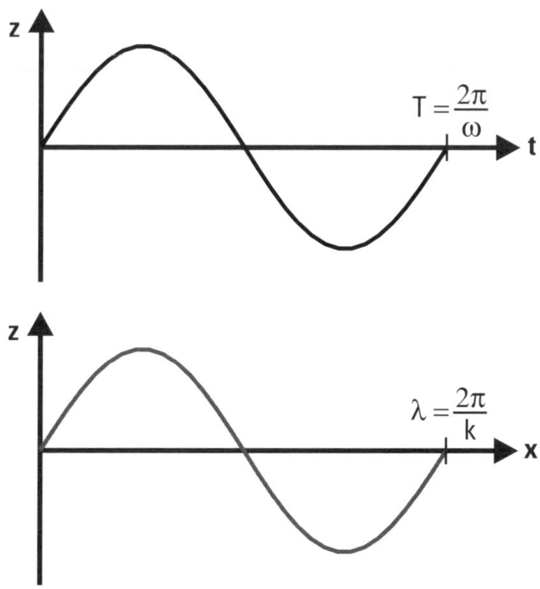


*Abbildung 7.4: Die zeitliche und räumliche Darstellung einer Welle*

Setzt man diese Funktion in die Wellengleichung ein, so ergibt sich, dass diese in der Tat erfüllt ist, wobei sich für die Konstante $c^2$ die folgende Beziehung ergibt (Aufgabe 7.1):

$$c^2 = \frac{\omega^2}{k^2}$$

Wellen führen also nicht nur zeitlich, sondern auch räumlich (d. h. in Ausbreitungsrichtung) sinusförmige Bewegungen aus. Dies ist in Abbildung 7.4 dargestellt. Das obere Diagramm zeigt die Situation für einen festen Ort $x$, das untere für eine feste Zeit $t$. Der Verlauf der Kurven ist in beiden Fällen der Gleiche.

In Kapitel 6 wurde dargestellt, dass die Größen zur Beschreibung einer Schwingung die *Amplitude*, die *Schwingungsdauer*, die *Frequenz* (oder die Kreisfrequenz) und die *Phase* sind. Diese Größen, die die zeitliche Entwicklung beschreiben, behalten natürlich auch bei der Behandlung von Wellen ihre Bedeutung. Zur Beschreibung der räumlichen Ausbreitung von Wellen sind allerdings noch zwei weitere Größen erforderlich, die im unteren Diagramm von Abbildung 7.4 dargestellt sind.

Die räumliche Ausbreitung von Wellen wird durch die *Wellenlänge* und die *Wellenzahl* beschrieben:

- ✔ Die Wellenlänge $\lambda$ beschreibt die Strecke, nach der ein Wellenzyklus vollendet ist. Insofern ist die Wellenlänge das Gegenstück zur Schwingungsdauer $T$. Die Einheit der Wellenlänge ist m.
- ✔ Die Wellenzahl $k$ ist die Anzahl an Wellenzyklen, die innerhalb einer bestimmten Strecke vollendet sind. Sie entspricht der Kreisfrequenz $\omega$, die die Anzahl der Zyklen pro Zeiteinheit beschreibt. Die Einheit der Wellenzahl ist dementsprechend 1/m.
- ✔ Zwischen Wellenzahl und Wellenlänge besteht die Beziehung

$$k = \frac{2\pi}{\lambda}$$

| Zeitliche Bewegung | Räumliche Bewegung | Ausbreitung |
|---|---|---|
| Kreisfrequenz $\omega = 2\pi \cdot f = \frac{2\pi}{T}$ | Wellenzahl $k = \frac{2\pi}{\lambda}$ | Ausbreitungsgeschwindigkeit $c = \frac{\omega}{k} = f \cdot \lambda$ |
| Frequenz $f = \frac{1}{T}$ | | |
| Schwingungsdauer $T = \frac{1}{f} = \frac{2\pi}{\omega}$ | Wellenlänge $\lambda = \frac{2\pi}{k}$ | |

*Tabelle 7.2: Größen zur Beschreibung von Wellen*

In Tabelle 7.2 sind die wichtigsten Größen zur Beschreibung von Wellen noch einmal zusammengefasst.

Betrachten Sie noch einmal die Wellenzahl $k$ und die Kreisfrequenz $\omega$. Wenn $\omega/k$ konstant ist, spricht man von *dispersionsfreien Wellen.* Wichtiger ist eine Betrachtung der Einheiten

$$\left[\frac{\omega}{k}\right] = \frac{\frac{1}{\mathrm{s}}}{\frac{1}{\mathrm{m}}} = \mathrm{m/s}$$

Dies ist die Einheit einer Geschwindigkeit.

Die *Ausbreitungs-* oder *Fortpflanzungsgeschwindigkeit* einer Welle ist durch den folgenden Ausdruck gegeben:

$$c = \frac{\omega}{k} = f \cdot \lambda$$

(An dieser Stelle erklärt sich auch die Wahl von $c^2$ als Konstante in der Wellengleichung.) Bei dispersionsfreien Wellen ist also die Ausbreitungsgeschwindigkeit unabhängig von der Wellenlänge.

Schließlich muss bei der Beschreibung der grundlegenden Eigenschaften von Wellen noch folgende Tatsache betont werden: Weder bei transversalen noch bei longitudinalen Wellen wird Material transportiert. Bei Transversalwellen schwingen die Massen nur einfach auf und ab (wie eine Boje auf einem See). Bei longitudinalen Wellen bewegen sie sich zwar in Ausbreitungsrichtung hin und her, allerdings um einen festen Mittelpunkt.

Bei der Ausbreitung von Wellen findet kein Massentransport statt, wohl aber ein Transport von Energie.

## Ebene Wellen und Kugelwellen

Bei der Herleitung der Wellengleichung wurde nur die Ausbreitung in eine Richtung (die $x$-Richtung) berücksichtigt. Allerdings wurde schon vorher gesagt, dass es ein-, zwei- und dreidimensionale Wellen gibt. In vielen Fällen gehen Wellen von einem Punkt aus (etwa von einer Schallquelle oder einer Lichtquelle). Um diese Quelle breiten sich dann *Kreis-* oder *Kugelwellen* aus (Abbildung 7.5). Die Quelle sendet dabei abwechselnd Maxima und Minima aus.

In diesem Zusammenhang sind die folgenden Begriffe von Bedeutung:

- ✔ Die Maxima werden als Wellenberge bezeichnet.
- ✔ Die Minima werden als Wellentäler bezeichnet.
- ✔ Flächen gleicher Auslenkung werden als Wellenflächen bezeichnet. Im Fall punktförmiger Quellen sind die Wellenflächen kreis- oder kugelförmig. Wellenflächen sind immer senkrecht zur Ausbreitungsrichtung. Die Position

der Wellenflächen ist nicht konstant; sie bewegen sich mit der Ausbreitungsgeschwindigkeit c von der Quelle fort.

- ✔ Wenn die Quelle sehr weit vom Beobachtungspunkt entfernt ist, kann man die Wellenflächen näherungsweise als parallel betrachten (siehe die rechte Skizze in Abbildung 7.5). In diesem Fall spricht man von ebenen Wellen. Auch hier stehen die Wellenflächen senkrecht zur Ausbreitungsrichtung.

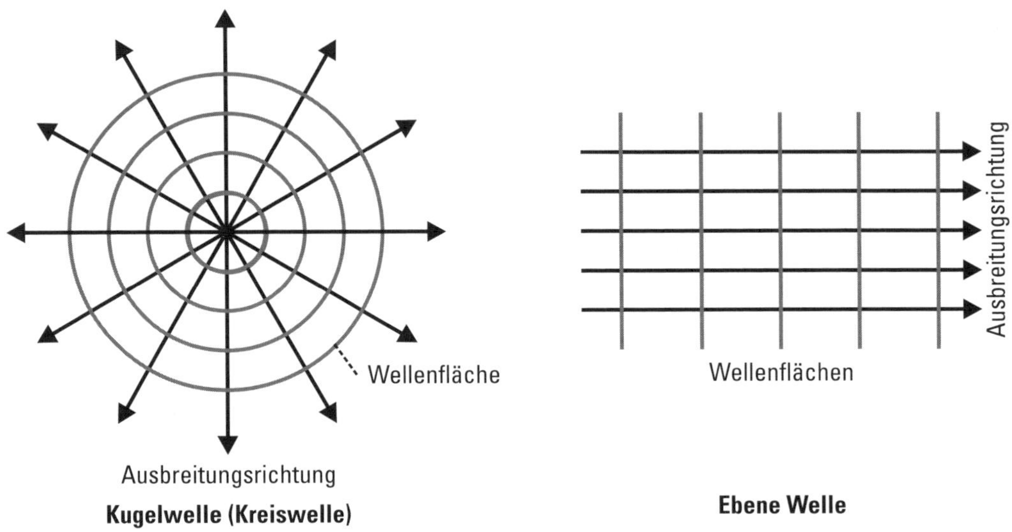


*Abbildung 7.5: Wellenflächen bei einer Kugelwelle (Kreiswelle) und einer ebene Welle*

## Entweder konstruktiv oder destruktiv: Die Interferenz

In Kapitel 6 wurde dargestellt, dass die Überlagerung von Schwingungen gleicher Frequenz je nach der Phasendifferenz entweder konstruktiv oder destruktiv erfolgen kann. Dies gilt auch im Fall von Wellen. Wenn Sie eine Musikanlage mit zwei Boxen besitzen, sollten Sie einmal folgendes Experiment ausführen: Stellen Sie die beiden Boxen direkt nebeneinander und füttern Sie beide mit demselben Ton (also keine Stereo!). Am besten ist ein konstanter Ton mit einer festen Frequenz. Wenn Sie dann aus einiger Entfernung auf die Boxen zugehen, hören Sie die ganze Zeit diesen Ton. Ziehen Sie dann eine der Boxen etwa 30–40 cm noch vorn (Abbildung 7.7) und gehen wieder aus der Entfernung auf die Boxen zu. Sie werden dabei feststellen, dass die Lautstärke auf Ihrem Weg wechselt. Es gibt Stellen, an denen sie sehr groß ist, während sie an anderen Stellen gering ist oder sogar – wenn Sie den Abstand der beiden Boxen richtig gewählt haben –Stille herrscht. Um diesen Effekt – die *Interferenz von Schallwellen* – zu erklären, muss allerdings zunächst einmal die Natur von Schallwellen diskutiert werden.

## Nichts als Druckdifferenzen: Schallwellen

Alle Töne und Geräusche – sei es das Zwitschern eines Vogels, der Klang einer Violine, das Zuschlagen einer Tür oder das Wummern eines ACDC-Songs (mehr über Gleich- und Wechselströme finden Sie in den Kapiteln 12 und 14) beruhen auf Schallwellen. Diese sind nichts anderes als Druckschwankungen, die sich ausbreiten, wie in Abbildung 7.6 dargestellt ist.

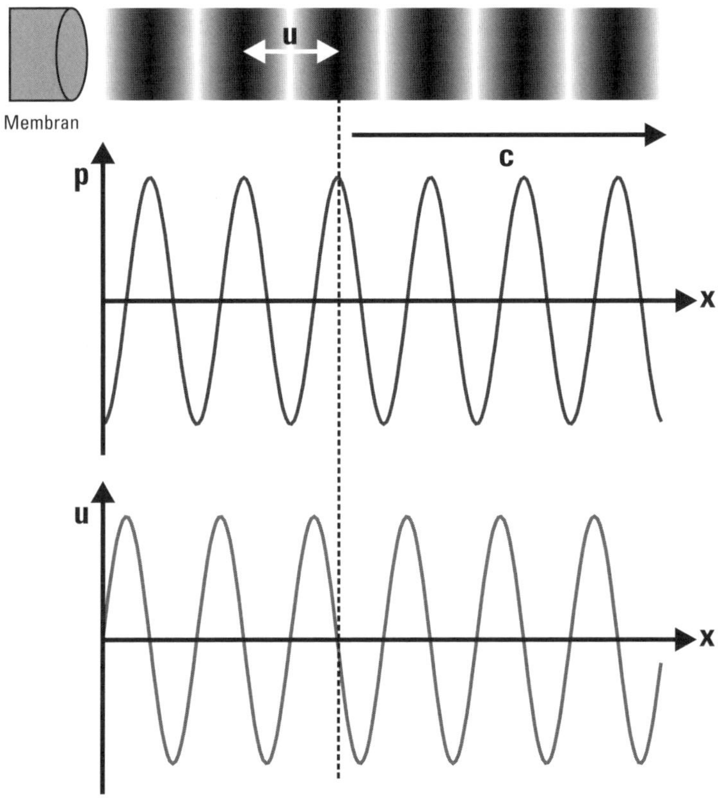


*Abbildung 7.6: Schallwellen*

Der in der Abbildung 7.6 dargestellte Lautsprecher besitzt eine Membran, die sich vor und zurück bewegt. Dabei werden die Moleküle der Luft zu Schwingungen angeregt. Sie bewegen sich ebenfalls vor und zurück. Allerdings bleiben sie im Mittel ortsfest. Sie schwingen um einen Mittelpunkt und erzeugen so Bereiche hohen Drucks und solche, in denen der Druck gering ist. Diese Druckdifferenzen breiten sich aus und bilden eine sogenannte Schallwelle.

*Schallwellen* sind longitudinale Wellen, bei denen schwingende Teilchen (in der Luft Moleküle) sich periodisch in der Ausbreitungsrichtung der Welle hin und her bewegen. Dabei erzeugen sie periodische Verdichtungen und Verdünnungen, d. h. Druckschwankungen.

Dieser Wechsel von Unter- und Überdruck ist schematisch in der oberen Skizze in Abbildung 7.6 dargestellt. Das mittlere Diagramm in der Abbildung zeigt, dass der Druck periodisch in Ausbreitungsrichtung variiert. Die gleiche Abhängigkeit würde man auch – wie bei jeder Welle – bei einer Auftragung von $p$ gegen die Zeit an einem festen Ort beobachten. Das untere Diagramm in der Abbildung zeigt die Geschwindigkeit $u$ der Teilchen. Auch diese Kurve ist sinusförmig, aber gegenüber der Druckkurve verschoben. An den Orten der Druckminima und -maxima ist die Geschwindigkeit der Luftteilchen gleich null (wie bei jeder Schwingung). Am größten ist sie in den Bereichen, in denen der Druck einen Mittelwert annimmt.

Verwechseln Sie nicht die Geschwindigkeit $u$, mit der die Teilchen um ihren Mittelpunkt schwingen, mit der Ausbreitungsgeschwindigkeit $c$ der Welle.

Junge Menschen hören Töne von 16–16.000 Hz. Die Schallgeschwindigkeit beträgt bei Normalbedingungen 330 m/s. Damit ergeben sich die folgenden Wellenlängen für Schallwellen:

$$\begin{aligned}\lambda = \frac{c}{f} &= 20{,}6\,\text{m} \quad \text{bei 16 Hz}\\ &= 2{,}06\,\text{cm} \quad \text{bei 16 kHz}\\ &= 0{,}75\,\text{m} \quad \text{bei 440 Hz (Kammerton A)}\end{aligned}$$

## Laut und Leise: Die Interferenz von Schallwellen

Anhand dieser Beschreibung von Schallwellen kann das in Abbildung 7.7 dargestellte und oben beschriebene Experiment mit den beiden Lautsprecherboxen leicht erklärt werden. Wenn der Abstand der beiden Boxen richtig gewählt ist, so treffen Bereiche des Überdrucks aus Quelle Q1 auf Unterdruckbereiche von Q2. Also beobachtet man nur einen konstanten Normaldruck (mit anderen Worten: Es herrscht Stille).

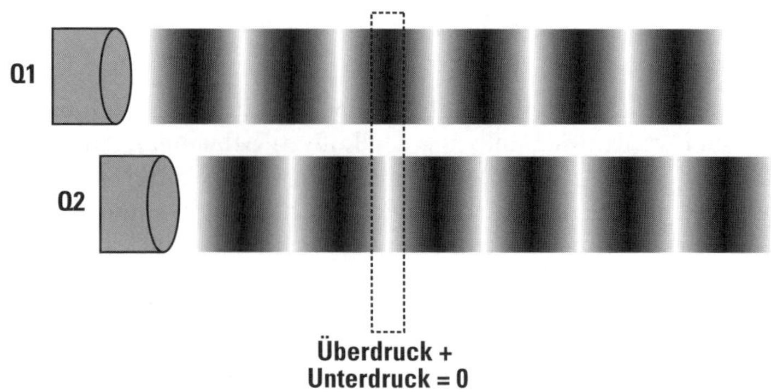


*Abbildung 7.7: Interferenz von Schallwellen*

## Interferenz: Überlagerung von Wellen

Dieses Ergebnis kann man auf andere Typen von Wellen verallgemeinern. Treffen zwei Wellen an einem Ort aufeinander, so überlagern sich die Auslenkungen *vektoriell*. Wie schon in Kapitel 6 für Schwingungen beschrieben, führt dies im Allgemeinen zu chaotischen Bewegungen. Dies ändert sich allerdings, wenn die beiden Wellen die gleiche Frequenz und eine feste Phasenbeziehung besitzen. In diesem Fall tritt die sogenannte Interferenz auf.

Als *Interferenz* bezeichnet man die ungestörte Überlagerung zweier Wellen gleicher Frequenz (also gleicher Wellenlänge) und fester Phasenbeziehung an einem Ort.

Dies ist in Analogie zur vektoriellen Überlagerung von Schwingungen, die in Kapitel 6 dargestellt wurde. Allerdings betrachtet man hier die Auslenkung nicht als Funktion der Zeit, sondern des Ortes (Abbildung 7.8). Eine Grundvoraussetzung ist, dass zwischen zwei interferierenden Wellen eine feste Phasenbeziehung herrschen muss. Dies kann man auf zwei Wegen erreichen:

- ✔ Man benutzt zwei Quellen, die die gleiche Frequenz und eine feste Phasenbeziehung besitzen (wie im obigen Fall die beiden Lautsprecherboxen).
- ✔ Man benutzt eine Quelle und lässt die beiden Wellen unterschiedliche Wege zurücklegen. Beispiele dafür werden weiter unten vorgestellt. Den Unterschied im zurückgelegten Weg nennt man *Gangunterschied* $\Delta s$.

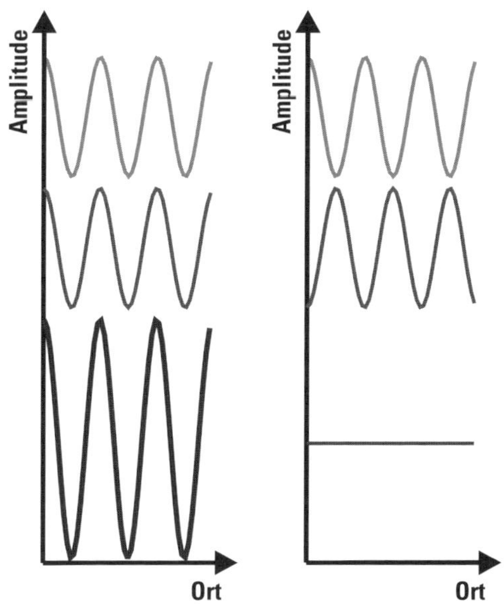


*Abbildung 7.8: Interferenz von Wellen*

Von *konstruktiver Interferenz* spricht man, wenn beim Aufeinandertreffen zweier Wellen mit gleicher Frequenz und fester Phasenbeziehung Wellenberg auf Wellenberg sowie Wellental auf Wellental trifft (Abbildung 7.8 links). Die beiden Wellen verstärken sich also gegenseitig.

*Destruktive Interferenz* liegt hingegen vor, wenn ein Wellenberg auf ein Wellental oder ein Wellental auf einen Wellenberg trifft. Dann löschen die Wellen sich gegenseitig aus (Abbildung 7.8 rechts).

Nun fehlt noch die mathematische Darstellung dieser Prozesse, die allerdings ziemlich einfach ist. Zwei Wellen mit einer festen Phasenbeziehung können wie folgt dargestellt werden:

$$A_1 = A_0 \sin(\omega t - kx) = A_0 \sin\left(\omega t - \frac{2\pi}{\lambda} x\right)$$

$$A_2 = A_0 \sin(\omega t - (kx + \Delta s)) = A_0 \sin\left(\omega t - \frac{2\pi}{\lambda}(x + \Delta s)\right)$$

Dabei ist $\Delta s$ der Gangunterschied.

Ein Wellenberg der ersten Welle trifft auf einen Wellenberg der zweiten (d. h., die Verstärkung ist maximal), wenn für den Gangunterschied $\Delta s$ die Beziehung gilt:

$$\Delta s = n \cdot \frac{\lambda}{2} \quad \text{mit} \quad n = 0, 2, 4 \ldots$$

Ein Wellenberg der ersten Welle trifft auf ein Wellental der zweiten (d. h., die Wellen löschen sich aus), wenn für den Gangunterschied die folgende Beziehung gilt:

$$\Delta s = (2n+1) \cdot \frac{\lambda}{2} \quad \text{mit} \quad n = 1, 3, 5 \ldots$$

(siehe dazu auch die Aufgaben 7.4 und 7.5).

Interferenzeffekte sind typische Wellenphänomene. Dies kann man folgendermaßen formulieren:

- ✔ Alle Wellen gleichen Typs können miteinander interferieren, vorausgesetzt, die Wellenlängen sind gleich, und es besteht eine feste Phasenbeziehung.
- ✔ Wenn man Interferenzeffekte beobachtet, müssen Wellen beteiligt sein.

Der zweite Punkt wird noch von Bedeutung sein.

## Huygens'sches Prinzip

Im vergangenen Abschnitt wurden Wellen und ihre Ausbreitung betrachtet. Aber eine entscheidende Frage ist noch offen: Wie pflanzen sich Wellen fort? Was ist der entscheidende Mechanismus? Diese Frage wurde schon im 17. Jahrhundert von dem holländischen Mathematiker und Physiker Christiaan Huygens beantwortet.

Das von ihm postulierte sogenannte *Huygens'sche Prinzip* besagt: Jeder Punkt einer Wellenfläche kann als Ausgangspunkt von sogenannten *Elementarwellen* angesehen werden, die sich mit gleicher Geschwindigkeit und Wellenlänge wie die ursprüngliche Welle ausbreiten. Die Einhüllende aller Elementarwellen stellt die neue Wellenfläche dar. Dies ist in Abbildung 7.9 dargestellt.

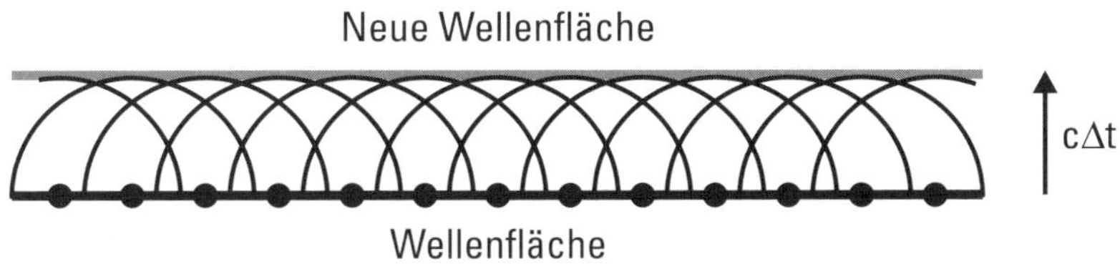


*Abbildung 7.9: Das Huygens'sche Prinzip: Jeder Punkt einer Wellenfläche ist Ausgangspunkt einer Elementarwelle*

## Wellen können um die Ecke gehen: Die Beugung

Sie werden sicher schon einmal beobachtet haben, dass Wellen (seien es Schallwellen oder Lichtwellen) »um die Ecke gehen können«. Betrachten Sie in diesem Zusammenhang Abbildung 7.10. Eine Schall- oder Lichquelle befindet sich in einer Gasse, ein Beobachter befindet sich hinter einer Ecke. Obwohl sich der Beobachter nicht in der direkten Ausbreitungsrichtung der Welle befindet, wird er dennoch einen Ton hören, wenn es sich um eine Schallquelle handelt. Sendet die Quelle hingegen Licht aus, wird der Beobachter zum einen einen Lichtkegel sehen, zum anderen wird für ihn aber auch die Umgebung heller.

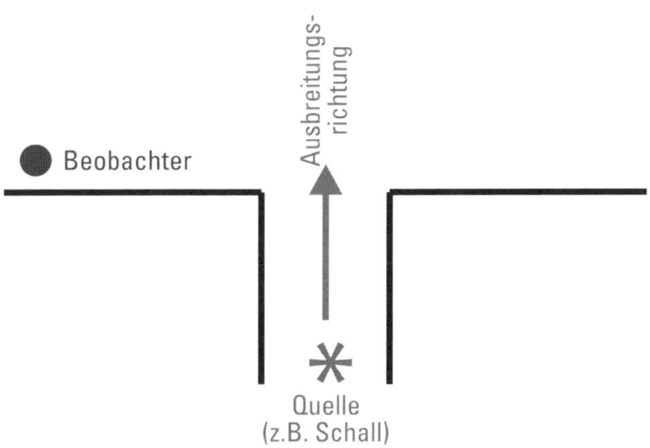


*Abbildung 7.10: Beugung: Wellen können um die Ecke gehen*

Wellen können um die Ecke gehen. Diesen Effekt nennt man *Beugung*. Ursache der Beugung ist das Huygens'sche Prinzip.

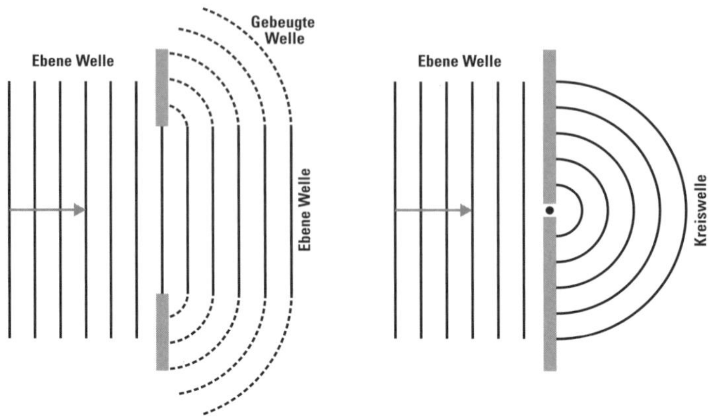


*Abbildung 7.11: Beugung an einem Spalt*

Betrachten Sie die linke Skizze in Abbildung 7.11. Eine ebene Welle läuft auf einen relativ breiten Spalt zu, in dem viele Elementarwellen Platz haben. Die meisten von ihnen können nach dem Spalt so interferieren, dass wieder eine ebene Welle entsteht. Nur die Elementarwellen an den Rändern des Spalts finden keine Partner zum Interferieren. Daher entstehen hier (viertel)kreisförmige Wellen, die sogenannten *gebeugten Wellen*. Auf die Weise können Wellen um die Ecke gehen. Ursache für die Beugung sind die Interferenz und das Huygens'sche Prinzip. Diesen Effekt kann man häufig beobachten, wenn Wasserwellen auf eine Mauer oder eine ähnliche Begrenzung auflaufen.

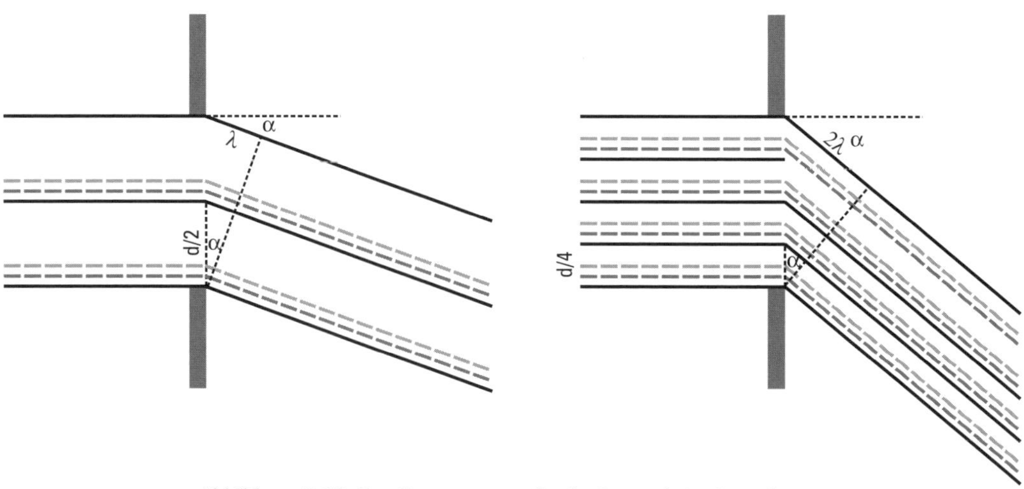


*Abbildung 7.12: Zur Beugung am Spalt: Destruktive Interferenz*

Wirklich interessant wird die Situation aber erst, wenn die Breite des Spalts in der Größenordnung einiger Wellenlängen liegt (rechte Skizze in Abbildung 7.11). Dann können innerhalb des Spalts nur wenige Elementarwellen existieren, die miteinander interferieren. Dann wird die Amplitude der Welle *richtungsabhängig*.

Betrachten Sie die linke Skizze in Abbildung 7.12. Eine ebene Welle, die hier durch Wellenzüge dargestellt ist, läuft auf einen schmalen Spalt zu. In der linken Skizze verlassen die Strahlen den Spalt jeweils unter einem Winkel $\alpha$, für den gilt:

$$\sin\alpha = \frac{\lambda}{d}$$

wobei $d$ die Spaltbreite ist und $\lambda$ die Wellelänge.

Betrachten Sie nun den untersten, schwarzen Wellenzug. Der Gangunterschied zum schwarzen Wellenzug in der Mitte des Spaltes beträgt:

$$\Delta s = \frac{\lambda}{2}$$

Die beiden Wellenzüge löschen sich demzufolge gegenseitig aus. Genauso kann man für jeden Wellenzug in der unteren Hälfte des Spaltes ein Gegenstück in der oberen finden, mit dem er so interferiert, dass sich beide gegenseitig auslöschen (siehe beispielsweise die hell- und dunkelgrau gestrichelten Linien in der Skizze). Zusammengefasst löschen sich alle Wellenzüge gegenseitig aus, sodass unter diesem Winkel $\alpha$ ein Beugungsminimum beobachtet wird.

Dasselbe ist der Fall, wenn der Winkel $\alpha$

$$\sin\alpha = \frac{2\lambda}{d}$$

beträgt (rechte Skizze in Abbildung 7.12). Zu jedem Wellenzug im untersten Viertel des Spalts gibt es einen im zweiten Viertel, mit dem er destruktiv interferiert. Dies gilt genauso für das dritte und vierte Viertel. Auch für diesen Winkel wird also ein Beugungsminimum beobachtet.

Verallgemeinert man dies, so ergibt sich, dass Beugungsminima (also destruktive Interferenz) auftreten, wenn für den Winkel $\alpha$ die folgende Beziehung gilt:

$$n\lambda = d\sin\alpha$$

wobei $n$ eine ganze Zahl ist.

Betrachten Sie nun Abbildung 7.13. Die linke Skizze zeigt den Fall $\alpha = 0$, d. h. die Vorwärtsrichtung. Alle Wellenzüge besitzen die gleiche Phase, es gibt keinen Gangunterschied und damit keine Auslöschung.

Damit Ihnen die Sache nicht langweilig wird, folgt an dieser Stelle nur noch ein weiterer Fall. In der rechten Skizze der Abbildung gilt für den Winkel $\alpha$:

$$\sin\alpha = \frac{3}{2}\cdot\frac{\lambda}{d}$$

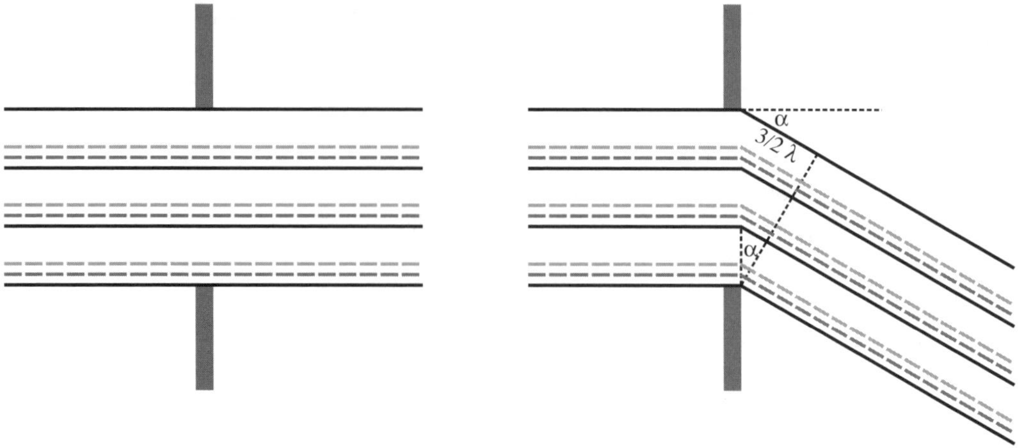


*Abbildung 7.13: Zur Beugung am Spalt: Konstruktive Interferenz*

Wieder finden Sie für jeden Wellenzug im unteren Drittel ein Gegenstück im mittleren Drittel, die sich gegenseitig auslöschen. Dies ist aber nicht der Fall für die Wellenzüge im oberen Drittel. Diese Wellenzüge kommen also durch, und man beobachtet unter diesem Winkel ein weiteres Maximum, das aber bei Weitem nicht so hoch ist wie das Hauptmaximum in Vorwärtsrichtung.

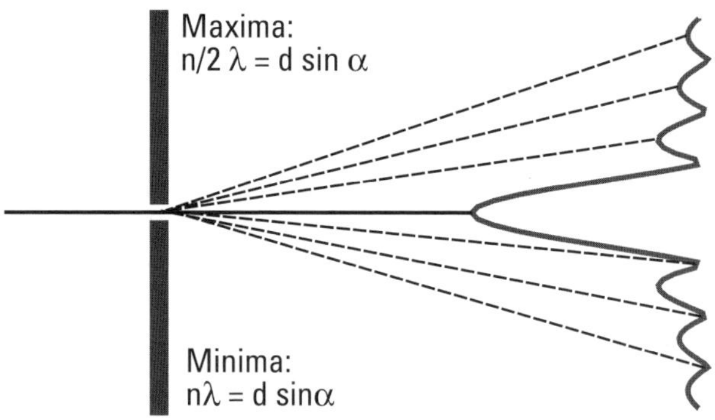


*Abbildung 7.14: Beugungsmuster bei der Beugung an einem schmalen Spalt*

Die gerade durchgeführte Diskussion kann man wie folgt zusammenfassen:

Bei der Beugung einer Welle der Wellenlänge $\lambda$ an einem Spalt der Breite $d$ treten *Beugungsminima* für alle Winkeln auf, für die gilt:

$$\sin\alpha = \frac{n\lambda}{d}$$

Das Hauptmaximum findet man in Vorwärtsrichtung. Weitere Maxima treten für die folgenden Winkel auf:

$$\sin\alpha = \left(n + \frac{1}{2}\right) \cdot \frac{\lambda}{d}$$

Das *Beugungsmuster*, das hinter dem Spalt beobachtet wird, ist in Abbildung 7.14 dargestellt.

## Stehende Wellen

Nehmen Sie ein Seil von einigen Metern Länge, befestigen Sie es in Höhe Ihrer Hand an einer Wand und erzeugen Sie eine Seilwelle. Wenn Sie geschickt vorgehen, gelingt es Ihnen, das Seil so zu bewegen, dass es eine Wellenform einnimmt, bei der sich die Maxima und Minima nicht länger in Richtung Wand ausbreiten, sondern ortsfest sind. Mit etwas mehr Geschick können Sie die Anzahl der Maxima zwischen Ihnen und der Wand vergrößern oder verkleinern (Abbildung 7.15). An der Wand selbst befindet sich immer ein Minimum, da das Seil dort befestigt ist.

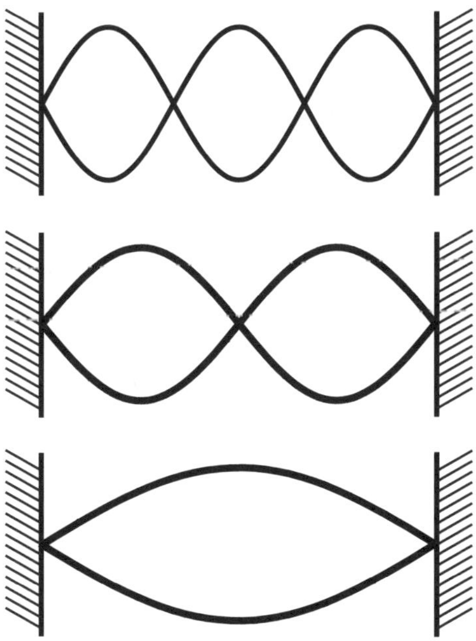

*Abbildung 7.15: Stehende Wellen*

Weiter oben wurde dargelegt, dass Wellen zeitlich und räumlich fortschreitende Bewegungen sind. Bei den *stehenden Wellen*, die Sie gerade erzeugt haben, ist dies offensichtlich nicht der Fall. Dennoch handelt es sich um eine Welle: Mit Ihrer Hand erzeugen Sie eine Welle, die auf die Wand zuläuft. Diese wird dort *reflektiert* und erzeugt so eine rücklaufende

Welle. Diese beiden Wellen interferieren nach dem oben beschriebenen Mechanismus miteinander. Mathematisch lässt sich dieser Vorgang folgendermaßen beschreiben:

einlaufende Welle: $z_e = A \sin(\omega t - kx)$

rücklaufende Welle: $z_r = A \sin(\omega t + kx)$

Das Pluszeichen deutet an, dass diese Welle in die entgegengesetzte Richtung verläuft. Beide Wellen überlagern sich; für ihre Summe ergibt sich:

$$z = z_e + z_r = A(\sin(\omega t - kx) + \sin(\omega t + kx))$$

Wenn Sie in eine trigonometrische Formelsammlung schauen (wenn Sie sich mit der Experimentalphysik befassen, sollten Sie eine solche Formelsammlung besitzen), finden Sie dort den sogenannten *Summensatz*. Er besagt:

$$\sin(\alpha + \beta) + \sin(\alpha - \beta) = 2 \sin \alpha \cos \beta$$

Wendet man diesen Satz auf die obige Gleichung an, so erhält man:

$$z = 2A \sin \omega t \ \cos kx$$

Diese Gleichung kann man folgendermaßen interpretieren:

- ✔ Fortschreitende Wellen werden durch $\sin(\omega t - kx)$ beschrieben. Das Argument des Sinus enthält sowohl die Zeit als auch den Ort. Im Fall von stehenden Wellen sind allerdings Zeit- und Ortsabhängigkeit *voneinander entkoppelt*.
- ✔ Der erste Term in der obigen Gleichung

  $$z \propto A \sin(\omega t)$$

  beschreibt eine harmonische Schwingung (siehe Kapitel 6), wobei alle Punkte die gleiche Schwingung ausführen, die Amplitude allerdings ortsabhängig ist.
- ✔ Diese ortsabhängige Amplitude wird durch den zweiten Term beschrieben:

  $$z \propto A \cos(kx)$$

- ✔ Wenn $\cos(kx) = 0$ ist, spricht man von sogenannten *Schwingungsknoten*; an diesen Orten ist die Amplitude gleich null.
- ✔ Wenn $\cos(kx) = \pm 1$ ist, liegt ein *Schwingungsbauch* vor; an diesen Punkten ist die Auslenkung maximal.
- ✔ Diese Welle schreitet nicht vor, sondern *steht*.

Durch Überlagerung zweier gegenläufiger Wellen gleicher Frequenz und Amplitude entsteht eine *stehende Welle*.

Die Unterschiede zwischen fortschreitenden und stehenden Wellen sind noch einmal in Tabelle 7.3 zusammengefasst.

| | Fortschreitende Welle | Stehende Welle |
|---|---|---|
| Wellenbild | Schreitet mit der Geschwindigkeit *c* fort | Steht |
| Phase | Ortsabhängig | Für alle Punke gleich |
| Amplitude | Ortsunabhängig | Ortsabhängig |

*Tabelle 7.3: Vergleich von fortschreitenden und stehenden Wellen*

## An der Bahnschranke: Der Doppler-Effekt

Zum Abschluss dieses Kapitels sollen noch zwei Effekte vorgestellt werden, die vor allem (aber nicht nur) bei Schallwellen eine Rolle spielen. Der erste ist der sogenannte Doppler-Effekt, der zweite der Überschall-Knall.

»Doppler-Effekt? Hab ich noch nie gehört!« »Natürlich haben Sie den Doppler-Effekt schon einmal gehört.« »Nee, wirklich nicht. Nie gehört.« »Ich meine hier nicht den Namen, sondern den Effekt selbst.« Obwohl Sie den Namen Doppler-Effekt vielleicht noch nie gehört haben, kennen Sie natürlich den Effekt selbst. Stellen Sie sich vor, Sie stehen mit ihrem Auto an einer Bahnschranke und warten auf den heranfahrenden Zug. Schließlich hören Sie ihn kommen, sehen ihn vorbeifahren und hören ihn dann wieder wegfahren. Es ist Ihnen bestimmt aufgefallen, dass sich die Höhe des Tones, den Sie wahrnehmen, genau in dem Moment ändert, in dem der Zug an Ihnen vorbeifährt. Genau gesagt: Der Ton wird tiefer. Genau den gleichen Effekt beobachtet man bei Sirenen von Polizeiautos: Die Höhe des Tones hängt davon ab, ob der Wagen auf Sie zukommt oder sich von Ihnen wegbewegt. In ersteren Fall ist er höher als im zweiten. Genau dies ist der Doppler-Effekt (Jetzt können Sie es ruhig zugeben: Sie kennen ihn also doch, oder?).

Als *Doppler-Effekt* bezeichnet man die Beobachtung, dass sich die Frequenzen von Wellen ändern, wenn sich die Quelle und der Beobachter relativ zueinander bewegen. Der Effekt ist nach dem österreichischen Physiker und Mathematiker Christian Doppler benannt, der ihn im Jahr 1842 erstmals beschrieben hat.

Dabei hängen die wahrgenommenen Frequenzen davon ab, ob sich die Quelle oder der Beobachter bewegen, und zudem, ob diese Bewegung aufeinander zu oder voneinander weg erfolgt.

### Bewegter Beobachter, ruhende Quelle

Zunächst soll der Fall betrachtet werden, dass die Schallquelle (also das Polizeiauto) ruht, während sich der Beobachter bewegt. Diese Situation ist in Abbildung 7.18 dargestellt.

Solange der Beobachter ruht, nimmt er pro Zeiteinheit $f_0$ Wellenberge pro Sekunde wahr:

$$f_0 = \frac{c}{\lambda}$$

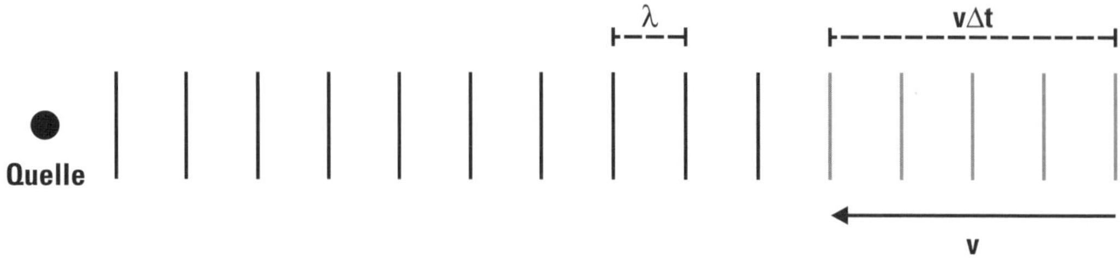


*Abbildung 7.16: Zum Doppler-Effekt: Der Beobachter bewegt sich auf die Quelle zu*

Bewegt er sich dagegen auf die Quelle zu, erhöht sich die Zahl der wahrgenommenen Wellenberge um die Anzahl $\Delta n$. Diese zusätzlichen Wellenberge sind in Abbildung 7.16 grau gekennzeichnet. Man kann der Abbildung entnehmen, dass für $\Delta n$ der folgende Ausdruck gilt:

$$\Delta n = \frac{v \cdot \Delta t}{\lambda}$$

Der bewegte Beobachter nimmt als pro Zeiteinheit zusätzliche Schwingungen wahr, die man auch als eine zusätzliche Frequenz $f_z$ ausdrücken kann:

$$f_z = \frac{\Delta n}{\Delta t}$$

Kombiniert man die beiden letzten Gleichungen, so ergibt sich:

$$f_z = \frac{\Delta n}{\Delta t} = \frac{v \cdot \Delta t}{\lambda \cdot \Delta t} = \frac{v}{\lambda}$$

Erweitert man diese Gleichung mit der Ruhefrequenz $f_0$ und berücksichtigt dann die Definition der Ausbreitungsgeschwindigkeit $c$ der Welle, so erhält man:

$$f_z = \frac{v}{\lambda} = f_0 \frac{v}{f_0 \cdot \lambda} = f_0 \frac{v}{c}$$

Die vom Beobachter wahrgenommene Frequenz $f_B$ ist die Summe der Grundfrequenz und dieser zusätzlichen Frequenz:

$$f_B = f_0 + f_z = f_0 + f_0\left(\frac{v}{c}\right) = f_0\left(1 + \frac{v}{c}\right) \quad \text{Beobachter} \rightarrow \text{Quelle}$$

Bewegt sich der Beobachter von der Quelle fort, muss man in dieser Gleichung nur $v$ durch $-v$ ersetzen, und es ergibt sich:

$$f_B = f_0 + f_z = f_0 - f_0\left(\frac{v}{c}\right) = f_0\left(1 - \frac{v}{c}\right) \quad \text{Beobachter} \leftarrow \text{Quelle}$$

Aus den beiden letzten Gleichungen kann man die folgenden Schlussfolgerungen ziehen:

- ✔ Der Doppler-Effekt ist umso größer, je größer die Geschwindigkeit des Beobachters ist.
- ✔ Bewegt sich der Beobachter auf die Quelle zu, wird die wahrgenommene Frequenz größer, der Ton also höher.

- ✔ Bewegt sich der Beobachter von der Quelle weg, wird die wahrgenommene Frequenz kleiner, der Ton also tiefer.

## Bewegte Quelle, ruhender Beobachter

Wenn sich – im Gegensatz zum oben dargestellten Fall – die Quelle bewegt, der Beobachter aber ruht, stellt sich die Situation etwas anders dar, wie in Abbildung 7.17 gezeigt ist.

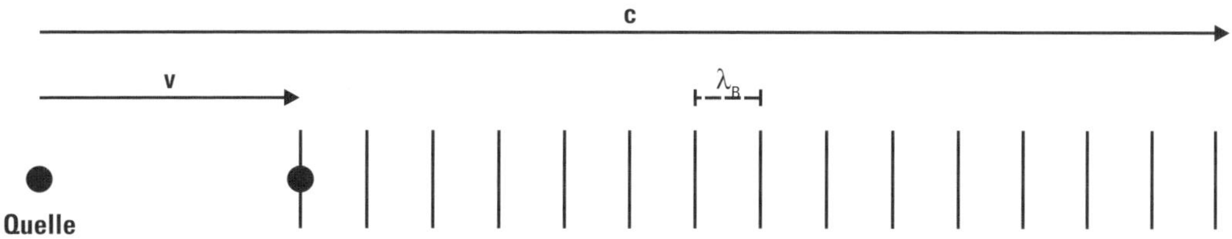


*Abbildung 7.17: Zum Doppler-Effekt: Die Quelle bewegt sich auf den Beobachter zu*

Wenn sich die Quelle auf den Beobachter zubewegt (wie etwa ein Zug an einer Bahnschranke), dann nimmt dieser wahr, dass sich der Abstand der Wellenberge verringert, die Wellenlänge also abnimmt. Statt der Wellenlänge $\lambda_0$ beobachtet er die Wellenlänge $\lambda_B$, die durch folgenden Ausdruck gegeben ist (siehe Abbildung 7.17):

$$\lambda_B = \frac{c - v}{f_0}$$

Daraus ergibt sich für die beobachtete Frequenz:

$$f_B = \frac{c}{\lambda_B}$$

$$= \frac{c \cdot f_0}{c - v} = f_0 \cdot \frac{1}{1 - \frac{v}{c}} \qquad \text{Quelle} \rightarrow \text{Beobachter}$$

Wiederum muss man für den Fall, dass die Quelle sich nicht auf den Beobachter zu, sondern von ihm wegbewegt, in der letzten Gleichung nur $v$ durch $-v$ ersetzen, sodass man folgende Gleichung erhält:

$$f_B = \frac{c \cdot f_0}{c + v} = f_0 \cdot \frac{1}{1 + \frac{v}{c}} \qquad \text{Quelle} \leftarrow \text{Beobachter}$$

Die Schlussfolgerungen, die man aus diesen beiden Gleichungen ziehen kann, entsprechen den obigen für den Fall des bewegten Beobachters; allerdings unterscheiden sich die Formeln für $f_B$:

- ✔ Der Doppler-Effekt ist umso größer, je größer die Geschwindigkeit der Quelle ist.
- ✔ Bewegt sich die Quelle auf den Beobachter zu, wird die wahrgenommene Frequenz größer, der Ton also höher.
- ✔ Bewegt sich die Quelle vom Beobachter weg, wird die wahrgenommene Frequenz kleiner, der Ton also tiefer.

An dieser Stelle ist es Zeit, ein Beispiel zu betrachten: Ein Zug fährt mit 200 km/h, was 55,6 m/s entspricht. Die Schallgeschwindigkeit beträgt 330 m/s. Wie groß ist die beobachtete Frequenz, wenn das Geräusch des Zuges eine Frequenz von 440 Hz hat (dies ist die Frequenz des Kammertons A, aber das wird dem Zug egal sein) und der Zug a) auf den Beobachter zufährt und b) sich vom Beobachter entfernt?

Die beobachtete Frequenz beträgt in diesem Fall:

$$f_B = f_0 \cdot \frac{1}{1-\frac{v}{c}} = 440\,\text{Hz} \cdot \frac{1}{1-\frac{55{,}6\,\text{m/s}}{330\,\text{m/s}}} = 1{,}2 \cdot 440\,\text{Hz} = 528\,\text{Hz}$$

Wenn sich der Zug vom Beobachter wegbewegt, ergibt sich hingegen:

$$f_B = f_0 \cdot \frac{1}{1+\frac{v}{c}} = 440\,\text{Hz} \cdot \frac{1}{1+\frac{55{,}6\,\text{m/s}}{330\,\text{m/s}}} = 377\,\text{Hz}$$

Der Ton wird also bedeutend tiefer, wenn der Zug am Beobachter vorbeigefahren ist.

## Die Schallmauer durchbrechen

Betrachten Sie noch einmal die in der obigen Diskussion des Doppler-Effekts hergeleitete Gleichung:

$$f_B = f_0 \cdot \frac{1}{1-\frac{v}{c}}$$

die für den Fall gilt, dass sich eine Quelle auf einen Beobachter zubewegt. Was passiert, wenn die Geschwindigkeit $v$ der Quelle gleich der Ausbreitungsgeschwindigkeit $c$ der Welle ist? Die Gleichung lautet dann:

$$f_B = f_0 \cdot \frac{1}{1-\frac{c}{c}} = f_0 \cdot \frac{1}{1-1} = f_0 \cdot \frac{1}{0!!!!}$$

Im Falle von Schallwellen haben Sie das Ergebnis dieser Situation bestimmt schon einmal gehört, wenn ein sehr schnelles Flugzeug über Sie hinweggeflogen ist:

Wenn eine Schallquelle (etwa ein Flugzeug) so schnell oder sogar schneller als die Schallgeschwindigkeit wird, so tritt der sogenannte *Überschallknall* auf. Mit anderen Worten: Das Flugzeug durchbricht die *Schallmauer*.

Eine Division durch Null deutet in der Physik immer auf ein katastrophales Ereignis hin. Denken Sie in diesem Zusammenhang noch einmal an die in Kapitel 6 dargestellte *Resonanzkatastrophe* bei erzwungenen Schwingungen, bei der auch eine Division durch Null beteiligt ist.

Der Überschalleffekt ist noch einmal in Abbildung 7.18 dargestellt. Aus der Abbildung wird deutlich, dass man vier verschiedene Fälle unterscheiden muss:

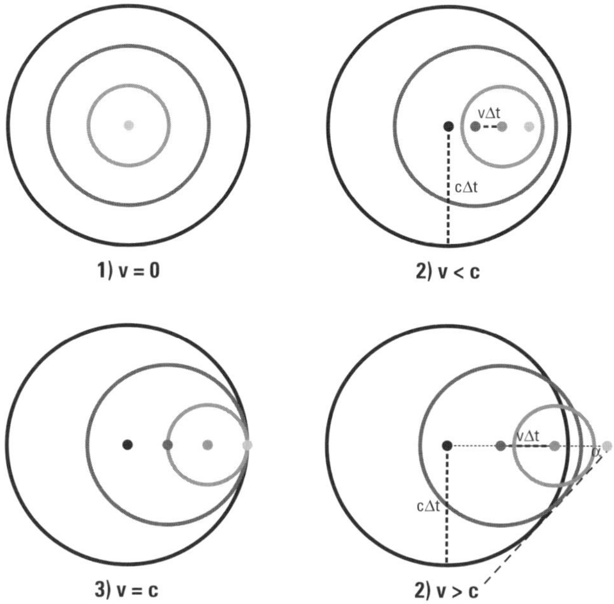


*Abbildung 7.18: Zum Überschallknall*

1. ***v* = 0:** Die Quelle sendet in regelmäßigen Abständen Wellenberge aus. Wenn die Quelle ruht, bilden diese konzentrische Kreise (oder Kugeln); man hat es also mit Kreis- oder Kugelwellen zu tun.
2. ***v* < *c*:** Zum Zeitpunkt $t = 0$ sendet die Quelle einen Wellenberg aus, der nach einer Zeit $\Delta t$ eine Kugel mit dem Radius $c\,\Delta t$ bildet. Bei der Aussendung des nächsten Wellenberges hat sie sich allerdings um eine gewisse Strecke nach rechts bewegt. Die Wellenberge sind nicht länger konzentrisch. Hierbei handelt es sich um den gerade beschriebenen Doppler-Effekt: Der Abstand der Wellenberge auf der linken Seite vom Startpunkt der Quelle ist wesentlich größer als in deren Bewegungsrichtung, also auf der rechten Seite.
3. ***v* = *c*:** Wenn die Geschwindigkeit der Welle gleich der Schallgeschwindigkeit ist, treffen alle bisher ausgesendeten Wellenberge zusammen. Man hört alle Geräusche, die die Quelle während ihrer Bewegung erzeugt hat, gleichzeitig. Dies ist die sogenannte *Schallmauer*, und man hört den extrem lauten sogenannten *Überschallknall*.
4. ***v* > *c*:** Wenn die Quelle schneller als die Schallgeschwindigkeit ist, hört man in Ausbreitungsrichtung überhaupt keinen Ton. Dagegen schleppt die Quelle den sogenannten *Mach-Kegel* hinter sich her. Der Öffnungswinkel dieses Kegels beträgt:

$$\sin\alpha = \frac{c\,\Delta t}{v\,\Delta t} = \frac{c}{v} = \frac{1}{M}$$

$M$ ist die sogenannte *Mach-Zahl*. Sie bezeichnet das Verhältnis der Geschwindigkeit einer Schallquelle zur Schallgeschwindigkeit:

$$M = \frac{v}{c}$$

Die Mach-Zahl einer Concorde betrug etwa 2.

**Aufgabe 7.1**

Zeigen Sie, dass die Wellengleichung

$$c^2 \cdot \frac{dz^2}{dx^2} = \frac{dz^2}{dt^2}$$

von der folgenden Funktion erfüllt wird:

$$z(t,x) = A \cdot \sin(\omega t - kx)$$

**Aufgabe 7.2**

Die Schallgeschwindigkeit beträgt unter Normalbedingungen 330 m/s. Wie groß ist die Wellenlänge einer Schallwelle mit einem Ton von 440 Hz?

**Aufgabe 7.3**

Wie groß sind die Wellenzahl und die Schwingungsdauer dieser Schallwelle?

**Aufgabe 7.4**

Zeigen Sie, dass sich zwei Wellen gleicher Wellenlänge (also gleicher Frequenz) gegenseitig verstärken, wenn ihr Gangunterschied $\Delta s = \lambda$ beträgt.

**Aufgabe 7.5**

Zeigen Sie, dass sich zwei Wellen gleicher Wellenlänge (also gleicher Frequenz) gegenseitig auslöschen, wenn ihr Gangunterschied $\Delta s = \lambda/2$ beträgt.

**Aufgabe 7.6**

Sie fahren mit 140 km/h auf einer Autobahn (38,9 m/s). Auf dem Standstreifen steht ein Polizeifahrzeug, dessen Sirene heult und einen Ton von 1000 Hz ausstößt. Wie groß ist die Frequenz, die Sie hören, wenn Sie auf das Polizeiauto zufahren? Welchen Ton hören Sie, wenn Sie es passiert haben?

**Aufgabe 7.7**

Linienflugzeuge fliegen üblicherweise in einer Höhe von 10.000 m oder mehr. In dieser Höhe beträgt die Außentemperatur nur –50 °C. Daher ist die Schallgeschwindigkeit nur 299 m/s. Wie groß ist die Machzahl eines Airbusses, der eine Geschwindigkeit von 900 km/h hat?

# Teil IV
# Den Durchblick haben: Die Optik

*»War das nicht Fifi?«*

## In diesem Teil ...

Teil IV ist der Optik gewidmet. In Kapitel 8 wird zunächst geklärt, was Licht eigentlich ist. Es wird gezeigt, dass man Licht als eine *elektromagnetische Welle* betrachten kann, die – wie jede Welle – eine Frequenz, eine Wellenlänge und eine Ausbreitungsgeschwindigkeit besitzt. Licht ist aber nur ein kleiner Teil des enormen sogenannten elektromagnetischen Spektrums. Die Wellenlänge des sichtbaren Lichts liegt zwischen 400 und 750 nm. Wenn die physikalischen Abmessungen einer Anordnung sehr viel größer als diese Wellenlängen sind, kann man Licht einfach als einen *Strahl* betrachten. Thema der Kapitel 9 und 10 ist die Abbildung von Objekten mit optischen Instrumenten, wobei in Kapitel 9 Methoden beschrieben werden, die auf der *Reflexion* von Licht beruhen (also auf Spiegeln der verschiedensten Form), während in Kapitel 10 die sogenannte *Brechung* im Mittelpunkt steht (Abbildung durch Linsen).

# Geheimnisvoll und doch erhellend: Das Licht

8

## In diesem Kapitel ...

- Licht ist (auch) eine Welle
- Beugungsexperimente mit Licht
- Elektromagnetische Wellen
- Das elektromagnetische Spektrum
- Die Polarisation des Lichts

Über die Natur des Lichts haben die Physiker lange diskutiert und gestritten. Im 19. Jahrhundert schien die Entscheidung gefallen zu sein: Licht ist eine Welle, und zwar eine sogenannte *elektromagnetische Welle*. Aber im frühen 20. Jahrhundert wurde diese Entscheidung wieder infrage gestellt. Neue Experimente legten nahe, dass es sich bei Licht um einen Strom von Elementarteilchen handelt, den sogenannten *Photonen*. In diesem Kapitel wird gezeigt, dass Licht bei allen Anwendungen im Zusammenhang mit diesem Buch als Welle betrachtet werden kann; die Geschichte mit den Photonen gehört in die Quantenmechanik. Daher muss im Folgenden zunächst nachgewiesen werden, dass es sich bei Licht um eine Welle handelt. Das ist relativ einfach: Licht kann interferieren; dies ist aufgrund der Diskussion in Kapitel 7 ein eindeutiger Beweis dafür, dass Licht eine Welle ist. Direkt daran schließt sich die Frage an: Wenn Licht eine Welle ist, was schwingt denn da eigentlich? Schließlich handelt es sich bei einer Welle um die räumliche Ausbreitung einer Schwingung.

## Die Wellennatur des Lichts

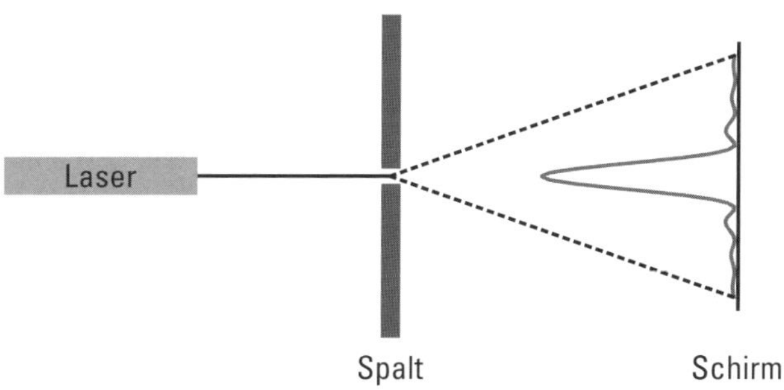


*Abbildung 8.1: Beugung von Licht an einem Spalt*

Betrachten Sie das in Abbildung 8.1 dargestellte Experiment. Ein Laserstrahl fällt auf einen schmalen Spalt. Auf einem Schirm, der sich hinter dem Spalt befindet, sind eindeutig Intensitätsmaxima und -minima zu erkennen. Dies kann nur auf einen Beugungseffekt zurückzuführen sein. Mit anderen Worten: Licht kann interferieren. Dies bedeutet, dass es sich bei Licht um eine Welle handeln muss.

Auf die Interferenz von Licht wird weiter unten in diesem Kapitel noch ausführlich eingegangen.

## Was schwingt beim Licht: Elektromagnetische Wellen

An diesem Punkt stellt sich natürlich die Frage: Was schwingt denn da? Bei Wasserwellen ist es klar: Wasserteilchen bewegen sich auf und ab. Bei Schallwellen ist es ebenso klar: Luftmoleküle bewegen sich vor und zurück. Bei Seilwellen lässt sich diese Frage ebenso einfach beantworten. Aber beim Licht? Licht breitet sich durch den leeren Raum aus, wie Sie jeden Morgen sehen, wenn die Sonne aufgeht. Zur Beantwortung dieser Frage ist ein Vorgriff auf die Kapitel 11 und 13 erforderlich.

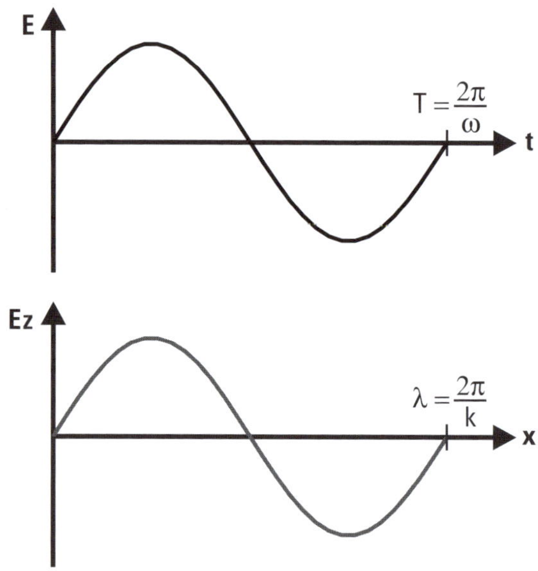


*Abbildung 8.2: Schwingungen des elektrischen Feldes in Zeit und Raum*

*Lichtwellen* sind transversale Wellen, bei denen die Größen des elektrischen Feldes **E** und des magnetischen Feldes **H** senkrecht zur Ausbreitungsrichtung schwingen (Abbildung 8.2). **E** und **H** stehen dabei senkrecht aufeinander (Abbildung 8.3). Aus diesem Grund werden Lichtwellen auch *elektromagnetische Wellen* genannt. Elektromagnetische Wellen breiten sich mit der sogenannten *Lichtgeschwindigkeit* aus. Sie beträgt im Vakuum, also im leeren Raum:

$$c_L = 2{,}998 \times 10^8 \text{ m/s} \approx 300.000 \text{ km/s}$$

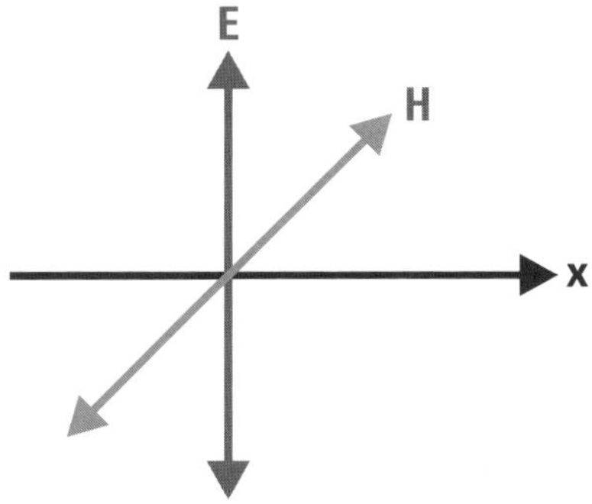


*Abbildung 8.3: Elektrisches und magnetisches Feld stehen bei elektromagnetischen Wellen senkrecht zueinander und zur Ausbreitungsrichtung*

Wie bei allen Wellen, lassen sich auch dem Licht eine *Wellenlänge* $\lambda$ und eine *Frequenz* $f$ zuordnen. Für sie gilt:

$$c_\mathrm{L} = \lambda f = \frac{\omega}{k}$$

## Intensität und Intensitätsverlust

Licht ist eine Welle, die – wie jede Welle – durch den folgenden Ausdruck beschrieben werden kann:

$$A = A_0 \sin(\omega t - kx)$$

Dabei ist $A_0$ die Amplitude, die von den elektrischen und magnetischen Feldern abhängt, die die Welle bilden. Aufgrund dieser Definition kann $A$ natürlich negativ sein. Im Mittel ist $A = 0$.

Vom menschlichen Auge, von Kameras oder Detektoren wahrgenommen wird allerdings das Quadrat der Amplitude, die sogenannte *Intensität*. Diese ist durch folgenden Ausdruck gegeben:

$$I = A_0^2$$

In den meisten Fällen verliert Licht an Intensität, wenn es ein bestimmtes Material durchläuft. Dies gilt natürlich nicht für das Vakuum oder die Luft, aber in allen anderen Materialien ist dies der Fall. Diesen Vorgang nennt man Absorption.

Unter *Absorption* versteht man den Verlust an Lichtintensität beim Durchgang durch ein Material. Dieser Verlust ist umso größer, je größer die Strecke $x$ ist, die das Licht durchläuft. Dabei gilt folgende Beziehung:

$$I = I_0 e^{-\alpha x}$$

$\alpha$ ist der sogenannte *Absorptionskoeffizient*. $\alpha$ ist eine Materialkonstante.

Die Zahl $e$ ist die sogenannte *Euler'sche Zahl*. Es gilt $e = 2{,}71828\ldots$ Die Funktion $e^x$ finden Sie auf Ihrem Taschenrechner.

## Vom Wechselstrom zur Höhenstrahlung: Elektromagnetische Wellen

Licht ist also eine elektromagnetische Welle. Auf der anderen Seite gibt es neben dem sichtbaren Licht noch viele weitere elektromagnetische Wellen, deren Wellenlängen eine unvorstellbar große Spanne umfassen. Dies wird im folgenden Abschnitt dargestellt.

### Von Rot nach Violett: Das sichtbare Spektrum

Sichtbares Licht besitzt Wellenlängen zwischen 400 und 750 nm. Die Wellenlänge definiert die Farbe, wie in Tabelle 8.1 dargestellt ist.

»Weißes Licht« (z. B. das Licht einer Glühlampe) besteht aus einem *kontinuierlichen Spektrum* verschiedener Wellenlängen.

| Farbe | Wellenlänge |
|---|---|
| Violett | 400–420 nm |
| Blau | 420–490 nm |
| Grün | 490–575 nm |
| Gelb | 575–585 nm |
| Orange | 485–650 nm |
| Rot | 650–750 nm |

*Tabelle 8.1: Die Farben des sichtbaren Lichts*

Das sichtbare Licht stellt nur einen kleinen Teil des sogenannten *elektromagnetischen Spektrums* dar, wie Tabelle 8.2 zeigt. In dem Kasten »Warum sieht der Mensch, was er sieht?« wird die Frage beantwortet, warum das menschliche Auge nur diesen kleinen Teil des Spektrums wahrnimmt.

### Eine ungeheure Vielfalt: Das elektromagnetische Spektrum

Das elektromagnetische Spektrum umfasst eine Vielzahl von verschiedenen Wellenarten, die in Tabelle 8.2 zusammengestellt sind.

| Spektralbereich | Wellenlänge |
|---|---|
| Wechselströme | 10 km–10 Mm ($10^4$–$10^7$ m) |
| Radiowelle | 0,1 m–10 km ($10^{-1}$–$10^4$ m) |
| • Langwelle | • 1 km–10 km ($10^3$–$10^4$ m) |
| • Mittelwelle | • 100 m–1 km ($10^2$–$10^3$ m) |
| • Kurzwelle | • 10 m–100 m ($10^1$–$10^2$ m) |
| • Ultrakurzwelle | • 1 m–10 m ($10^0$–$10^1$ m) |
| • UHV | • 10 cm–1 m ($10^{-1}$–$10^0$ m) |
| Mikrowellen | 1 mm–10 cm ($10^{-3}$–$10^{-1}$ m) |
| Infrarotstrahlung | 1 µm–1 mm ($10^{-6}$–$10^{-3}$ m) |
| Sichtbares Licht | 400–750 nm (4–7,5 $\times 10^{-7}$ m) |
| Ultraviolettstrahlen | 10 nm–400 nm (0,1–4 $\times 10^{-7}$ m) |
| Röntgenstrahlen | 10 pm–10 nm ($10^{-11}$–$10^{-8}$ m) |
| • weich | • 1 nm–10 nm ($10^{-9}$–$10^{-8}$ m) |
| • mittel | • 100 pm–1 nm ($10^{-10}$–$10^{-9}$ m) |
| • hart | • 10 pm–100 pm ($10^{-11}$–$10^{-10}$ m) |
| Gammastrahlen | 0,1 pm–10 pm ($10^{-13}$–$10^{-11}$ m) |
| Höhenstrahlung | 1 fm–0,1 pm ($10^{-15}$–$10^{-13}$ m) |

*Tabelle 8.2: Das elektromagnetische Spektrum*

Man kann der Tabelle entnehmen, dass sich das elektromagnetische Spektrum über fast 22 Größenordnungen erstreckt und so unterschiedliche Phänomene wie Wechselströme, Radiowellen, Mikrowellen (d. h. Wärmestrahlung), Licht (inklusive UV- und IR-Licht), Röntgenstrahlung und die hochenergetische Gammastrahlung umfasst. Alle diese Wellen haben zweierlei gemeinsam: Zum einen breiten sie sich mit der Lichtgeschwindigkeit $c = 2{,}998 \times 10^8$ m/s aus. Zum anderen beruhen sie alle auf transversalen Schwingungen des elektrischen und des magnetischen Feldes. Das sichtbare Licht umfasst übrigens, wie Sie der Tabelle entnehmen können, nicht einmal die Hälfte einer der 22 Größenordnungen des Gesamtspektrums!

Aber zurück zum Licht. Licht ist also eine Welle, wie diese Diskussion (insbesondere das Beugungsexperiment) ergeben hat. Licht ist also eine Welle, oder? Die Antwort ist: Jein! Leider ist die Antwort auf diese Frage ziemlich kompliziert. (Schuld daran ist die Quantentheorie, die aber in diesem Buch keine Rolle spielt.) Licht und andere elektromagnetische Wellen sind sehr komplexe Phänomene, und es gibt verschiedene Arten, sie zu beschreiben.

✔ Wenn man die Wirkung von Licht auf einer Größenordnung betrachtet, die sehr viel größer ist als seine Wellenlänge, kann man Licht einfach als *Strahl* betrachten. Dies wird in den beiden folgenden Kapiteln diskutiert, die sich mit der sogenannten *Strahlenoptik* beschäftigen.

- ✔ Wenn die Dimensionen (etwa eines Spalts) in der Größenordnung einer Wellenlänge liegen, muss man Licht als *Welle* betrachten.
- ✔ In einigen Experimenten verhält sich Licht wie ein Strahl aus einzelnen *Lichtteilchen*, den sogenannten *Photonen*.

Der letzte Fall gehört, wie gesagt, in die Quantenmechanik und spielt in diesem Buch keine Rolle. Hier wird Licht entweder als Strahl oder als Welle betrachtet.

### Warum sieht der Mensch, was er sieht?

Das menschliche Auge ist in der Lage, Wellenlängen zwischen 400 und 750 nm wahrzunehmen. Dies ist das sogenannte *sichtbare Licht*. Wie Tabelle 8.2 zeigt, stellt dieser Bereich nur einen winzigen Ausschnitt aus dem enormen elektromagnetischen Spektrum dar. Warum hat der Mensch Sensoren (die Augen) entwickelt, die nur diesen kleinen Ausschnitt wahrnehmen? Die Antwort ist einfach: Mehr hätte sich nicht gelohnt. Die Erdatmosphäre ist für viele Bereiche des Spektrums undurchdringlich; die Wellen werden einfach absorbiert. Dies gilt zum Beispiel für das dem sichtbaren Bereich benachbarte ultraviolette Licht. Wenn der Mensch bei 200 nm sehen könnte, würde es ihm nichts nützen, da die Atmosphäre Licht dieser Wellenlänge einfach verschluckt, sodass es das Auge nicht erreichen kann. Im Infrarotbereich ist die Absorption des Atmosphäre zwar nicht vollständig, aber beträchtlich.

### Das Universum dehnt sich aus: Die Rotverschiebung

Der in Kapitel 7 dargestellte Doppler-Effekt spielt nicht nur bei Schallwellen eine Rolle, er ist auch bei Lichtwellen zu beobachten. Mit seiner Hilfe können grundlegende Erkenntnisse über das Universum, in dem wir leben, gewonnen werden.

Wenn sich eine Schallquelle vom Beobachter fortbewegt, wird der Ton tiefer, die Frequenz nimmt also ab, wie oben dargestellt wurde. In gleicher Weise sollte sich auch die Frequenz einer Lichtquelle ändern, wenn sie sich vom Beobachter fortbewegt; die Wellenlänge sollte sich also zu höheren Werten ändern, also in Richtung des roten Teils des Spektrums. Da die Lichtgeschwindigkeit so ungeheuer groß ist, muss auch die Geschwindigkeit der Quelle sehr groß sein, um diesen Effekt zu beobachten. Dies gilt zum Beispiel für Sterne oder Galaxien. Das von Sternen ausgesandte Licht stammt von bestimmten atomaren Prozessen, etwa von Wasserstoff- oder Heliumatomen. Diese sogenannten *Spektrallinien* sind sehr genau bekannt. Analysiert man das Spektrum eines Sterns und findet heraus, dass alle Spektrallinien eines Atoms oder Moleküls zwar vorhanden sind, aber um einen bestimmten Faktor verschoben sind, dann kann man daraus die relative Geschwindigkeit dieses Sterns zur Erde berechnen. Diese Untersuchungen sind natürlich für viele, viele Sterne vorgenommen worden mit dem Ergebnis, dass fast alle Sterne und Galaxien – mit Ausnahme einiger sehr naher Galaxien – eine *Rotverschiebung* zeigen, sich also von der Erde wegbewegen. Dies lässt nur eine Schlussfolgerung zu: Das Universum dehnt sich aus.

Man kann aber noch weitergehen: Die Geschwindigkeit eines Stern ist umso größer, je weiter er von der Erde entfernt ist. Daher kann man aus dem Ausmaß der Rotverschiebung auch berechnen, wie weit ein Stern oder eine Galaxie von der Erde entfernt ist.

## Licht interferiert! Beugung am Spalt und am Gitter

Zu Beginn dieses Kapitels wurde anhand der Beugung an einem Spalt nachgewiesen, dass es sich bei Licht um eine Welle handelt. Da die Wellenlänge von Licht sehr klein ist (verglichen mit den Wellenlängen von Schall- oder Wasserwellen), kann man die Interferenz von Licht für eine Reihe von technischen Anwendungen nutzen. Zu den wichtigsten gehört die Beugung an einem *Gitter*. Ein solches Gitter kann auf verschiedene Weisen realisiert werden; die einfachste ist eine Aneinanderreihung von Spalten, wie sie in Abbildung 8.4 dargestellt ist. Jeder dieser Spalte sendet Elementarwellen aus, die miteinander interferieren. Wenn die Anzahl der Spalte und damit der interferierenden Elementarwellen sehr groß ist, ist positive (konstruktive) Interferenz nur möglich, wenn alle Wellenzüge in Phase sind. Aus Abbildung 8.4 kann man entnehmen, dass diese Bedingung erfüllt ist, wenn gilt:

$$n\lambda = d\sin\alpha, \quad n = 0,1,2,3...$$

wobei $d$ der Abstand der einzelnen Spalte ist.

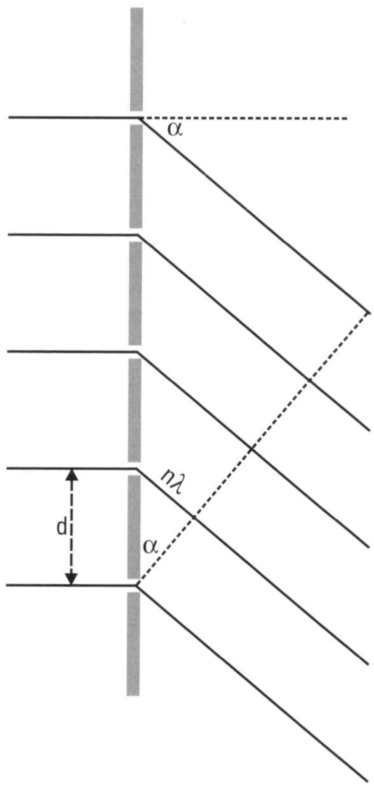


*Abbildung 8.4: Beugung von Licht an einem Gitter*

Da die Wellenlänge von Licht von der Farbe abhängt, bedeutet dies, dass Licht unterschiedlicher Farbe unter unterschiedlichen Winkeln konstruktiv interferiert. Man kann daher die Beugung an derartigen Gittern ausnutzen, um das sichtbare Licht in einzelne Farben (bzw. Wellenlängen) aufzuspalten. Eine derartige Anordnung wird Monochromator genannt (griechisch Mono = eins, Chroma = Farbe).

Es gibt verschiedene Möglichkeiten, *Monochromatoren* zu realisieren. Eine Möglichkeit ist, ein optisches Gitter drehbar anzuordnen. Das zu analysierende Licht fällt dann unter verschiedenen Winkeln auf das Gitter. Dabei ändert sich der scheinbare Gitterabstand $d$, sodass positive Interferenz für jede Wellenlänge $\lambda$ unter einem anderen Winkel auftritt. Auf diese Weise kann man Licht in seine Spektralfarben zerlegen.

Optische Gitter können sowohl in Transmission als auch in Reflexion arbeiten. Für sichtbares Licht kann man sie mechanisch herstellen. Für Reflexionsgitter kann man Strukturen mit sägezahnähnlichen Profilen benutzen, wie in Abbildung 8.5 dargestellt ist.

*Abbildung 8.5: Ein sägezahnartiges optisches Gitter*

Standard-CDs stellen übrigens optische Gitter dar. Betrachten Sie eine CD unter einem schrägen Winkel, dann werden Sie Interferenzfarben beobachten.

## Auf die Richtung kommt es an: Die Polarisation

Licht ist eine transversale elektromagnetische Welle, bei der das elektrische Feld **E** und, senkrecht dazu, das Magnetfeld **H** senkrecht zur Ausbreitungsrichtung schwingen. Wenn $x$ die Ausbreitungsrichtung ist, dann schwingen **E** und **H** also in der $yz$-Ebene. Hier stellt sich die Frage, ob es in Bezug auf diese Richtungen irgendwelche Einschränkungen gibt. Die Antwort lautet: Im Normalfall nicht. Bei einer normalen Lichtquelle schwingt das **E**-Feld in alle Richtungen, wie es in Abbildung 8.6 dargestellt ist.

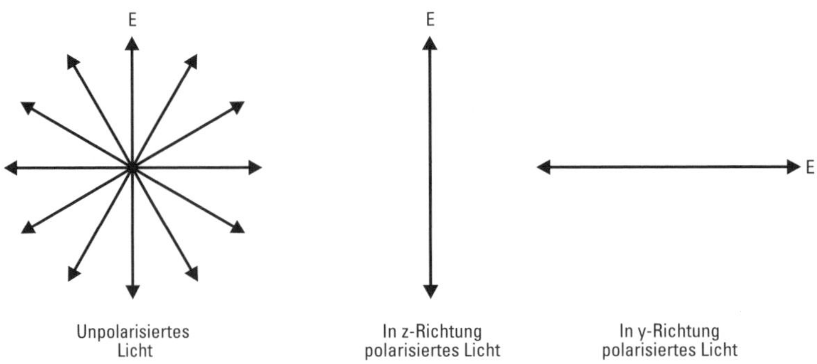


*Abbildung 8.6: Zur Polarisation von Licht*

Es gibt aber bestimmte Kristalle, die Licht nur dann durchlassen, wenn das elektrische Feld in eine bestimmte Richtung schwingt. Alle anderen Komponenten des Lichts werden entweder innerhalb des Kristalls *absorbiert* (also sozusagen verschluckt) oder aber in andere Richtungen abgelenkt. Wenn das Licht aus einem solchen Kristall austritt, schwingt das **E**-Feld nur noch in eine Richtung, wie Abbildung 8.6 zeigt; das Licht ist polarisiert.

Licht, bei dem das elektrische Feld nur in eine Richtung schwingt, nennt man *linear polarisiert*.

Dreht man diesen Kristall um 90°, so ändert sich auch die *Polarisationsrichtung* des Lichts (siehe Abbildung 8.6). Mit Hilfe derartiger Kristalle kann man sogenannte Polarisationsfilter oder Polfilter herstellen, mit deren Hilfe man Licht polarisieren kann.

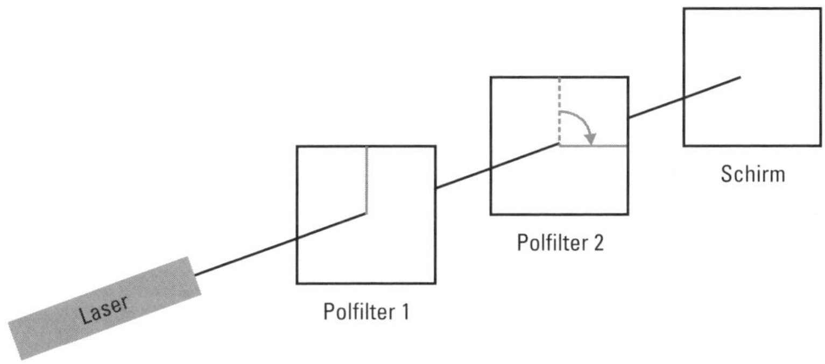


*Abbildung 8.7: Auslöschen von Licht mit gekreuzten Polfiltern*

Abbildung 8.7 zeigt einen Versuchsaufbau, der aus einer Lichtquelle, zwei Polarisationsfiltern und einem Schirm besteht. Solange die beiden Polfilter die gleiche Durchlassrichtung haben, ist auf dem Schirm ein Lichtfleck zu erkennen. Dreht man die Polarisationsrichtung des zweiten Filters langsam nach rechts, verblasst dieser Lichtfleck mehr und mehr und verschwindet schließlich ganz, wenn die beiden Filter in einem Winkel von 90° zueinander stehen.

Abbildung 8.8 liefert die Erklärung für diese Beobachtungen. Vor dem ersten Filter schwingt das elektrische Feld in allen Richtungen. Der erste Filter polarisiert es dann linear in $z$-Richtung. Da der zweite Filter nur in $y$-Richtung polarisiertes Licht durchlässt, kann das in $z$-Richtung polarisierte Licht diesen nicht passieren; auf den Schirm gelangt kein Licht mehr.

Zum Abschluss dieses Kapitels folgt noch eine Quizfrage, bei der Sie allerdings nicht vier, sondern nur zwei Antwortmöglichkeiten erhalten. Was passiert, wenn man zwischen die beiden gekreuzten Polfilter in Abbildung 8.7 noch einen dritten Filter stellt, der eine mittlere Position einnimmt, also einen Winkel von 45° besitzt? Hier sind die beiden Antwortmöglichkeiten:

- ⊙ Man sieht nichts auf dem Schirm
- ⊙ Man sieht etwas auf dem Schirm

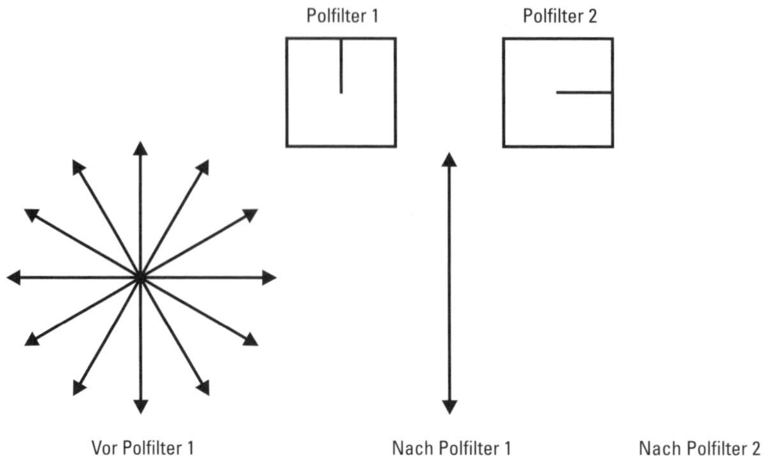


*Abbildung 8.8: Licht wird durch zwei gekreuzte Polfilter ausgelöscht*

Was darf ich für Sie einloggen? Bei zwei gekreuzten Polfiltern kann kein Licht passieren. Was sollte der dritte Filter daran ändern? Die Skeptiker unter Ihnen werden sagen: »Warum wird diese Frage gestellt, wenn es so einfach ist? Also muss Licht durchkommen, aus welchen Gründen auch immer.« Die Skeptiker haben natürlich recht. Andernfalls hätte ich die Frage nicht gestellt. Es kommt tatsächlich Licht durch. Der Grund liegt in der vektoriellen Natur der beteiligten elektromagnetischen Felder (Abbildung 8.9), die in den Kapiteln 11 und 13 ausführlich erörtert wird.

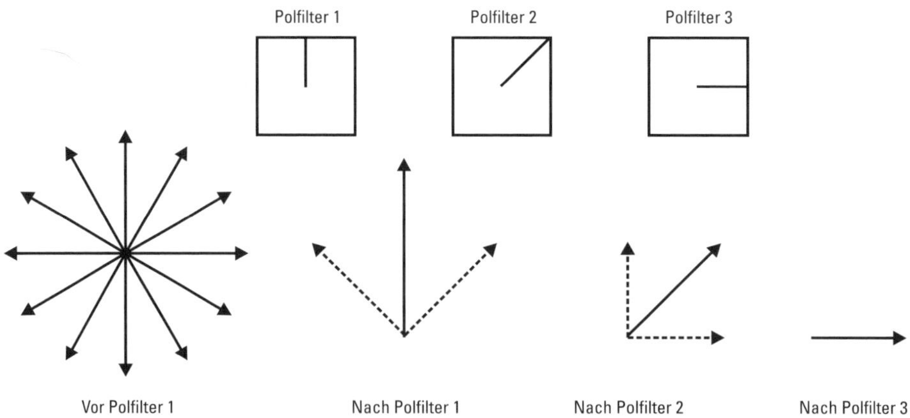


*Abbildung 8.9: Die Wirkung von drei Polfiltern*

Vor dem ersten Polfilter ist das Licht unpolarisiert; nach dem ersten Polfilter ist es in z-Richtung polarisiert. Da es sich beim elektrischen Feld um einen Vektor handelt, kann man den verbleibenden Vektor in zwei Komponenten aufspalten, die jeweils einen Winkel von 45° mit der $z$-Richtung einschließen. Von diesem beiden Komponenten wird die zweite vom 45°-Polfilter durchgelassen und trifft auf den dritten Filter. Hier ist wiederum eine Zerlegung in zwei Komponenten möglich, von denen eine in $y$-Richtung zeigt, von dem Polfilter also durchgelassen wird. Daher ist auch nach diesem Filter eine wenn auch geringe Intensität vorhanden.

### Das Geheimnis der rechtsdrehenden Milchsäure

Sie werden sicherlich schon häufiger auf Joghurtbechern und -gläsern die Aufschrift gelesen haben: »Reich an rechtsdrehender Milchsäure« und sich dabei gedacht haben »Noch so ein Werbegag, den ich nicht verstehe.« Dem ist nicht so. Es gibt chemische Substanzen, die die Polarisationsrichtung von linear polarisiertem Licht drehen, wenn sie damit durchstrahlt werden. Derartige Substanzen nennt man *optisch aktiv*. Erfolgt die Drehung in Ausbreitungsrichtung gesehen nach rechts, nennt man die Substanz *rechtsdrehend*, im anderen Fall sind sie *linksdrehend*.

*Milchsäure* kommt in zwei Modifikationen vor, die beide die gleiche Strukturformel besitzen, sich also chemisch sehr ähnlich sind. Der Unterschied zwischen beiden besteht in der geometrischen Anordnung. Infolge dieser Anordnung dreht die eine Modifikation die Polarisation des Lichts nach links (linksdrehende D-(-)-Milchsäure, die andere nach rechts (rechtsdrehende L-(+)-Milchsäure). (Für diese Namen bin ich nicht verantwortlich!)

Üblicherweise besteht Milchsäure aus einer 1:1-Mischung beider Modifikationen. Wenn man Milchsäure isst oder trinkt, wird die rechtsdrehende Milchsäure im menschlichen Körper schneller abgebaut als linksdrehende Milchsäure, ist also wesentlich bekömmlicher. Es handelt sich also nicht um einen Werbegag.

**Aufgabe 8.1**

Die Wellenlängen von sichtbarem Licht liegen zwischen 400 nm (violett) und 750 nm (rot). Wie groß sind die entsprechenden Frequenzen des sichtbaren Lichts?

**Aufgabe 8.2**

Mein Lieblingsradiosender HR1 sendet in Kassel auf einer Frequenz von 94.4 MHz. Wie groß ist die Wellenlänge dieses Signals?

**Aufgabe 8.3**

Blitz und Donner werden normalerweise als getrennte Ereignisse wahrgenommen. Tatsächlich erfolgen sie gleichzeitig. Der Grund für die unterschiedliche Wahrnehmung liegt in den unterschiedlichen Ausbreitungsgeschwindigkeiten von Licht- und Schallwellen. Wie groß ist der Laufzeitunterschied zwischen Blitz und Donner, wenn Sie 5 km vom Gewitter entfernt sind?

**Aufgabe 8.4**

Stellen Sie sich vor, die ESA (European Space Agency) hätte es geschafft, Astronauten auf den Mond zu bringen. Um das zu feiern, sendet die Basis ein Radiosignal an die Astronauten. Gleichzeitig sendet sie ein Lasersignal an die Landestelle. Welches Signal erreicht die Astronauten zuerst?

### Aufgabe 8.5

Die Sonne ist von der Erde in Mittel 150 Millionen Kilometer entfernt. Wie lange braucht das Sonnenlicht, um von der Sonne zur Erde zu gelangen?

# Im Spiegelkabinett: Die Reflexion

9

### In diesem Kapitel ...

- Das Licht als Strahl
- Reelle und virtuelle Bilder
- Das Reflexionsgesetz
- Ebene Spiegel
- Hohlspiegel

In meiner Heimatstadt Kassel gibt es ein Monument, eine Statue, die Herkules genannt wird. Sie steht oben auf einem Berg und wird im Sommer von der Stadt aus mit einem grünen Laserstrahl beleuchtet, den man auf seinem Weg sehr gut verfolgen kann. Dieses Beispiel zeigt, dass es in gewissen Fällen ausreichend ist, Licht als einen Strahl zu betrachten.

In Kapitel 8 wurde gezeigt, dass man Licht als eine elektromagnetische Welle betrachten kann und dass man ihm eine Wellenlänge, eine Frequenz und eine Ausbreitungsgeschwindigkeit zuordnen kann, die Lichtgeschwindigkeit. Der Wellencharakter von Licht spielt aber nur dann eine Rolle, wenn man es mit Abmessungen zu tun hat, die in der Größenordnung der Wellenlänge des Lichts liegen. $\lambda_{\text{Licht}}$ befindet sich im Bereich von 300–750 nm, ist also sehr klein (kleiner als ein Mikrometer). Wenn Licht auf einen Spalt von 1 µm Durchmesser trifft, muss man sehr wohl berücksichtigen, dass Licht eine Welle ist. Trifft das Licht aber auf eine Linse, die einige Millimeter dick ist, oder gar auf einen Spiegel, der einen Durchmesser von 10 cm oder mehr besitzt, dann spielt der Wellencharakter des Lichts keine Rolle mehr. In diesem Fall kann man Licht einfach als *Strahl* betrachten und (fast) alle wichtigen Effekte auf dieser Grundlage erklären. Dieser Teil der Physik wird *Strahlenoptik* genannt und ist Thema dieses und des folgenden Kapitels. Dennoch darf man den Wellencharakter des Lichts niemals ganz aus dem Auge verlieren. Er wird auch in diesen beiden Kapiteln einige Male auftauchen; unter anderem bestimmt er das Auflösungsvermögen optischer Instrumente, wie in Kapitel 10 gezeigt wird.

## Äußerst gradlinig: Licht als Strahl

Aber für die meisten Beispiele in den beiden folgenden Kapiteln ist es ausreichend, Licht mit Hilfe von Strahlen zu beschreiben.

Wenn die äußeren Abmessungen einer optischen Anordnung groß gegen die Wellenlänge sind, kann man Licht als Strahl beschreiben, der, von einer Quelle ausgehend, die Anordnung durchläuft.

## Strahlenmodell

In der Strahlenoptik muss man die folgenden Regeln beachten:

- Im freien Raum breiten sich Lichtstrahlen gradlinig aus, ohne abgelenkt zu werden. Dies gilt auch für das Innere homogener transparenter Materialien.
- Trifft ein Lichtstrahl auf die Oberfläche eines lichtundurchlässigen, spiegelnden Körpers, wird er dort reflektiert, also zurückgeworfen, wobei das sogenannte *Reflexionsgesetz* gilt, das ausführlich weiter unten in diesem Kapitel dargestellt wird.
- Trifft ein Lichtstrahl auf einen lichtdurchlässigen, transparenten Körper, wird er unter Umständen aus seiner Richtung abgelenkt, also gebrochen. Das dabei geltende *Brechungsgesetz* wird ausführlich in Kapitel 10 vorgestellt.
- In allen Fällen der Strahlenoptik gilt, dass der *Strahlengang* umkehrbar ist. Das bedeutet, dass der Verlauf von Lichtstrahlen durch eine optische Anordnung nicht davon abhängt, ob das Licht diese Anordnung von links nach rechts oder aber von rechts nach links durchläuft. Dies ist in Abbildung 9.1. dargestellt.

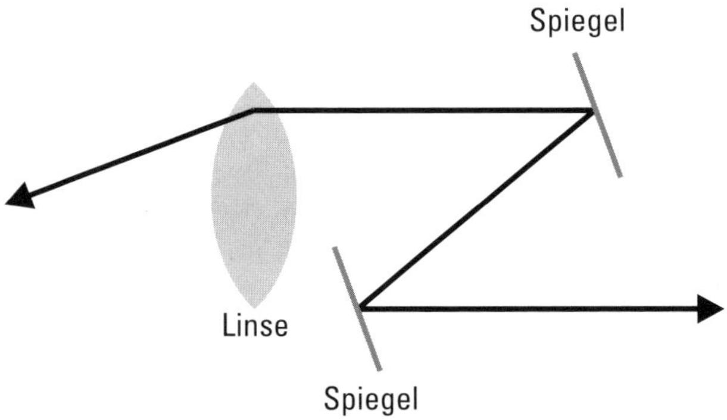


*Abbildung 9.1: Der Strahlengang durch eine optische Anordnung ist umkehrbar*

## Dies Bildnis ist bezaubernd schön: Reelle und virtuelle Bilder

Ziel vieler optischer Anordnungen und optischer Instrumente ist die Erzeugung von Bildern. Wahrscheinlich besitzen Sie eine Kamera. Wenn Sie sie benutzen, möchten Sie ein Bild Ihres Freundes/Ihrer Freundin machen. Oder das einer wunderschönen Blume oder eine atemberaubende Landschaftsaufnahme. Wenn Sie ein Fernrohr oder ein Teleskop benutzen, möchten Sie ein Bild eines weit entfernten Gegenstandes oder gar eines Sterns erzeugen, das genauere Details darstellt. Dies gilt auch für Mikroskope, mit denen man Bilder winzig kleiner Gegenstände anfertigt, die für das menschliche Auge deutlich erkennbar sind. Und im Auge selbst erzeugt die Augenlinse Bilder auf der Netzhaut, die dann vom Gehirn entsprechend interpretiert werden.

In diesem und dem folgenden Kapitel geht es also um Bilder, ihre Erzeugung und ihre Eigenschaften. Dabei muss man zwei grundsätzlich verschiedene Typen von Bildern unterscheiden:

- ✔ Reelle Bilder
- ✔ Virtuelle Bilder

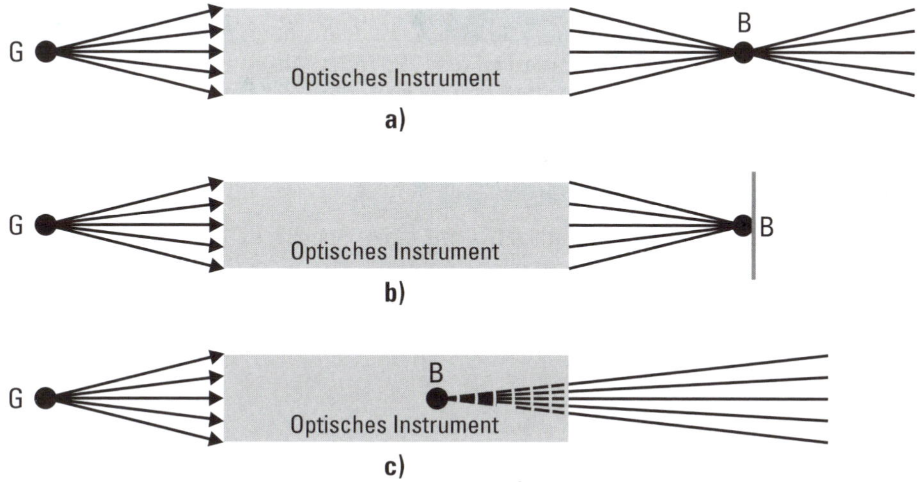


*Abbildung 9.2: Erzeugung reeller (a, b) und virtueller Bilder (c)*

Der Unterschied zwischen diesen beiden Typen von Bildern wird deutlich, wenn man Abbildung 9.2 betrachtet. Sie zeigt ein beliebiges optisches Instrument. Dabei kann es sich um einen Spiegel, um eine Linse oder ein kompliziertes Instrument wie ein Mikroskop oder ein Teleskop handeln. Auf den linken Seite dieses Instruments befindet sich ein Gegenstand G, von dem aus Licht auf das Instrument auftrifft.

Bei einem sogenannten *reellen Bild* verlassen die Strahlen das optische Instrument so, dass sie in einem Punkt B zusammenlaufen (B steht dabei für Bild, Abbildung 9.2). Bringt man an diese Stelle einen Schirm, z. B. eine Leinwand (oder eine Kamera oder einen photographischen Film), so kann man das Bild an genau dieser Stelle beobachten. Mit anderen Worten: Bei reellen Bildern *konvergieren* die Strahlen im Punkt B.

Bei *virtuellen Bildern* verlassen die Strahlen das optische Instrument so, als kämen sie von einem Punkt B innerhalb (oder jenseits) des Instruments. Stellt man einen Schirm an diese Stelle (falls dies möglich ist), so wird kein Bild beobachtet. Mit anderen Worten: Bei virtuellen Bildern *divergieren* die Strahlen scheinbar von einem Bildpunkt B (Abbildung 9.2).

Ohne weitere Hilfsmittel (also einen Schirm oder eine Kamera) kann man reelle und virtuelle Bilder nicht ohne weiteres unterscheiden. Beide Typen von Bildern sind von großer Bedeutung im Alltagsleben und natürlich auch in den Naturwissenschaften und werden im Verlauf der beiden folgenden Kapitel immer wieder auftauchen.

## Reflexionsgesetz

Was passiert, wenn ein Lichtstrahl auf eine beliebige Oberfläche fällt? Das hängt sehr stark vom Material dieser Oberfläche und ihrer Rauheit ab. Das Licht kann (teilweise) durchgelassen werden; diesen Fall nennt man *Transmission*. Es kann auch zurückgeworfen werden: Dies ist die sogenannte *Reflexion*, sie wird in den folgenden Abschnitten ausführlich behandelt. Es gibt allerdings noch eine dritte Möglichkeit, die *Streuung* genannt wird. Dabei handelt es sich auch um einen Reflexionsprozess, der dem unten vorgestellten Reflexionsgesetz gehorcht. Streuung tritt immer dann auf, wenn die Oberfläche nicht glatt ist, wenn also die Reflexion des Lichts in alle möglichen Richtungen erfolgt.

Da bei der Wechselwirkung eines Lichtstrahls mit einer Oberfläche keine Intensität verloren gehen kann, gilt die folgende Beziehung (siehe Abbildung 9.3):

$$I = T + R + S$$

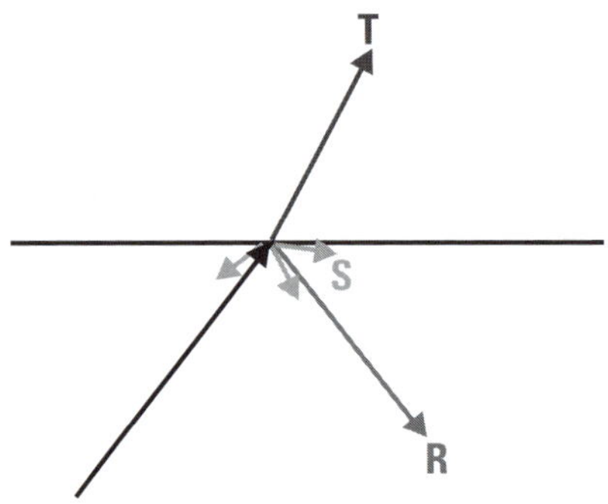


*Abbildung 9.3: Reflexion, Transmission und Streuung*

Es wurde schon gesagt, dass die Erzeugung von Bildern mit Hilfe optischer Instrumente entweder auf der Reflexion oder auf der Brechung beruht, die bei der Transmission auftritt (oder beiden Effekten). Thema dieses Kapitels ist die Reflexion. Wenn ein Lichtstrahl auf eine lichtundurchlässige Oberfläche fällt, wird er reflektiert, also zurückgeworfen. Dabei gilt das sogenannte Reflexionsgesetz.

Das *Reflexionsgesetz* besagt, dass bei der Reflexion eines Lichtstrahls an einer Oberfläche die folgende Beziehung gilt:

Einfallswinkel = Ausfallswinkel

(siehe Abbildung 9.4). Dabei muss man berücksichtigen, dass – wie allgemein in der Optik üblich – die Winkel in Bezug auf die *Oberflächennormale* gemessen werden, die senkrecht auf der Oberfläche steht. Der einfallende Strahl, der ausfallende Strahl und die Oberflächennormale liegen dabei in einer Ebene.

Die Oberflächennormale wird auch *Lot* genannt.

Betrachten Sie Abbildung 9.4. Der Lichtstrahl fällt vom Punkt A unter dem Winkel $\alpha$ auf den Spiegel und verlässt ihn unter dem gleichen Winkel $\alpha$ wieder, bis er auf den Punkt B trifft. Ein Beobachter in Punkt A sieht B bei B′; in ähnlicher Weise sieht ein Beobachter im Punkt B den Punkt A bei A′.

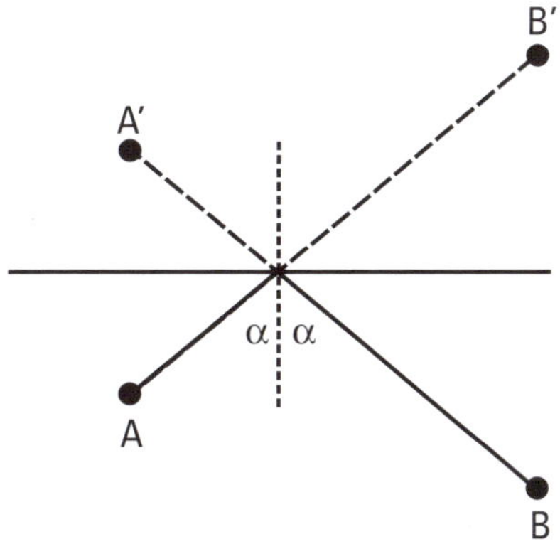


*Abbildung 9.4: Zum Reflexionsgesetz*

## Spieglein, Spieglein an der Wand: Reflexion am ebenen Spiegel

Optische Instrumente, die auf dem Prinzip der Reflexion beruhen, nennt man *Spiegel*. Der Rest dieses Kapitels ist der Abbildung durch Spiegel gewidmet. Spiegel spielen natürlich im alltäglichen Leben eine große Rolle. Man kann zwei generelle Typen unterscheiden:

- ✔ Ebene Spiegel
- ✔ Gewölbte Spiegel

Beispiele beider Typen sind in jedem Haushalt vorhanden. Die normalen Badezimmer- oder Schlafzimmerspiegel sind eben; Rasier- oder Schminkspiegel sind gewölbt. In beiden Fällen erfolgt die Bilderzeugung anhand des oben dargestellten Reflexionsgesetzes. Im Folgenden werden zunächst die ebenen Spiegel betrachtet.

Kehren Sie noch einmal zu Abbildung 9.4 zurück, die die Reflexion an einem ebenen Spiegel darstellt. Sind die von einem ebenen Spiegel erzeugten Bilder reell oder virtuell? Diese Frage können Sie selbst relativ einfach beantworten. Setzen Sie sich auf einen Stuhl vor einen ebenen Spiegel. Sie sehen ein Bild von sich selbst hinter dem Spiegel. Sie wissen aber sicher, dass Sie *vor* dem Spiegel sind. Also muss das Bild virtuell sein. Wenn Sie eine Kamera an den Punkt hinter den Spiegel stellen, an dem Ihr Bild erscheint, sich dann wieder vor den Spiegel setzen und die Kamera dann auslösen, erhalten Sie natürlich nur ein Bild von der Spiegelrückseite, nicht aber ein Bild von Ihnen selbst, wie Sie vor dem Spiegel sitzen.

Ebene Spiegel erzeugen nur virtuelle Bilder.

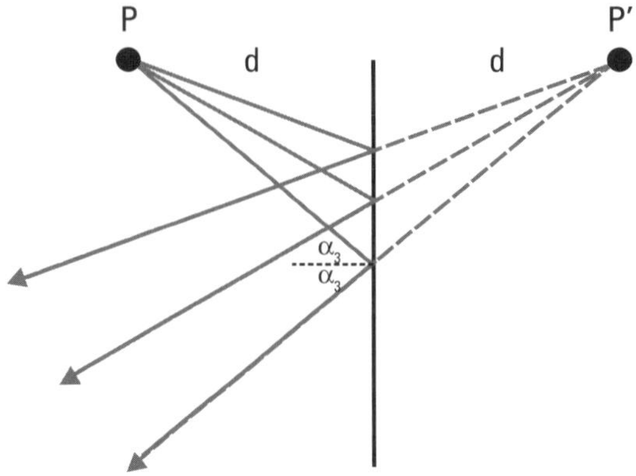


*Abbildung 9.5: Ein ebener Spiegel erzeugt virtuelle Bilder*

Dies wird noch einmal besonders deutlich, wenn man Abbildung 9.5 betrachtet. Sie zeigt einen Punkt P, von dem Lichtstrahlen ausgehen und auf einen ebenen Spiegel treffen. Dort werden sie ihrem Einfallswinkel entsprechend reflektiert. Die Strahlen divergieren; man hat den Eindruck, als würden sie von einem Punkt P′ jenseits des Spiegels ausgehen, der sich im Abstand *d* hinter dem Spiegel befindet, d. h. im gleichen Abstand, den P vom Spiegel hat. Dieses Bild ist also ganz eindeutig virtuell.

### Das Geheimnis der Spiegelschrift

Viele Menschen sind der Überzeugung, dass bei einer Abbildung durch einen ebenen Spiegel rechts und links vertauscht wird. Als interessierter Naturwissenschaftler werden Sie sich sicherlich schon einmal gefragt haben, warum zwar rechts und links, nicht aber oben und unten vertauscht werden. Die Antwort wird Sie vielleicht überraschen: weder rechts und links noch oben und unten werden vertauscht, sondern vielmehr vorne und hinten. Um das zu überprüfen, sollten Sie einmal folgendes Experiment durchführen: Sie setzen sich vor einen Spiegel und halten ein Fähnchen Ihres Lieblings-Bundesligavereins in ihrer rechten Hand (meiner ist Schalke 04, aber mit diesem Unglück muss ich selber fertig werden).

- ✔ Bewegen Sie das Fähnchen nach rechts. Ihr Spiegelbild wird das Gleiche tun, also das Fähnchen nach rechts bewegen. Rechts und links können also nicht vertauscht sein.
- ✔ Bewegen Sie das Fähnchen nach oben. Auch im Spiegel erfolgt die gleiche Bewegung nach oben. Oben und unten können also auch nicht vertauscht sein.
- ✔ Bewegen Sie das Fähnchen auf den Spiegel zu, also von Ihnen weg. Im Spiegel verläuft die Bewegung auf Sie zu. Also sind vorne und hinten vertauscht.

Warum liest man dann im Spiegel »ƚiɿʜɔƨlɘgɘiqƧ« oder »ᔭ0Ƨ« anstelle von »Spiegelschrift« oder »S04«? Die Antwort ist einfach. Sie betrachten diese beiden Worte im Spiegel von hinten (hinten und vorn sind vertauscht). Den gleichen Effekt würden Sie erzielen, wenn Sie »Spiegelschrift« oder »S04« auf eine Glasscheibe schreiben und dann das Ergebnis von der Rückseite der Scheibe betrachten würden.

# Vergrößern oder Verkleinern: Reflexion an gewölbten Spiegeln

Die Abbildung mit gewölbten Spiegeln ist wesentlich spannender als die Abbildung mit Hilfe ebener Spiegel. Im Falle von nicht ebenen, gewölbten Spiegeln muss man noch einmal zwei grundlegende Typen unterscheiden:

- ✔ Hohlspiegel
- ✔ Nach außen gewölbte konvexe Spiegel

## Hohlspiegel

Hohlspiegel stellen die weitaus interessanteste Art von Spiegeln dar. Als einziger Spiegeltyp sind sie in der Lage, reelle Bilder zu erzeugen, was weder mit ebenen noch mit nach außen gewölbten Spiegeln möglich ist. In Ihrem alltäglichen Leben machen Sie unter anderem von Hohlspiegeln Gebrauch, wenn Sie eine Fernseh-Satellitenschüssel besitzen (siehe dazu auch den Kasten »Riesenschüsseln: Radioteleskope«).

Abbildung 9.6 zeigt die Abbildung mittels eines Hohlspiegels im Detail. Diese Abbildung sieht zunächst einmal etwas wild aus, ist aber eigentlich recht einfach. Zunächst einmal muss man folgende Tatsachen berücksichtigen:

Bei einem Hohlspiegel sind die spiegelnde Flächen die (inneren) Teile von Kugelflächen. Aus diesem Grund redet man auch von *sphärischen Spiegeln*.

Auch im Falle von Hohlspiegeln gilt das Reflexionsgesetz. Die Spiegelfläche selbst ist zwar gekrümmt, aber man kann in jedem Punkt eine sogenannte *Tangentialebene* anlegen, die senkrecht zum Radius in diesem Punkt steht (siehe den Punkt S in Abbildung 9.6). Der Radius des Hohlspiegels stellt also in jedem Punkt des Spiegels die Oberflächennormale dar.

Die gestrichelte Linie in Abbildung 9.6 stellt die sogenannte *optische Achse* dar. Auf ihr sind drei Punkte hervorgehoben:

- ✔ Der erste ist der Mittelpunkt der Krümmung des Hohlspiegels M.
- ✔ Der zweite Punkt G kennzeichnet den abzubildenden Gegenstand G.
- ✔ Der dritte Punkt B kennzeichnet den Punkt, an dem das Bild dieses Gegenstands erzeugt wird.

An dieser Stelle sollten Sie einmal in Ihre trigonometrische Formelsammlung schauen. Dort finden Sie Folgendes: Für ein beliebiges Dreieck mit den Seiten $a$, $b$ und $c$ und den entsprechenden gegenüberliegenden Winkeln $\alpha$, $\beta$ und $\gamma$ gilt der sogenannte *Sinussatz*:

$$\frac{a}{\sin\alpha} = \frac{b}{\sin\beta} = \frac{c}{\sin\gamma}$$

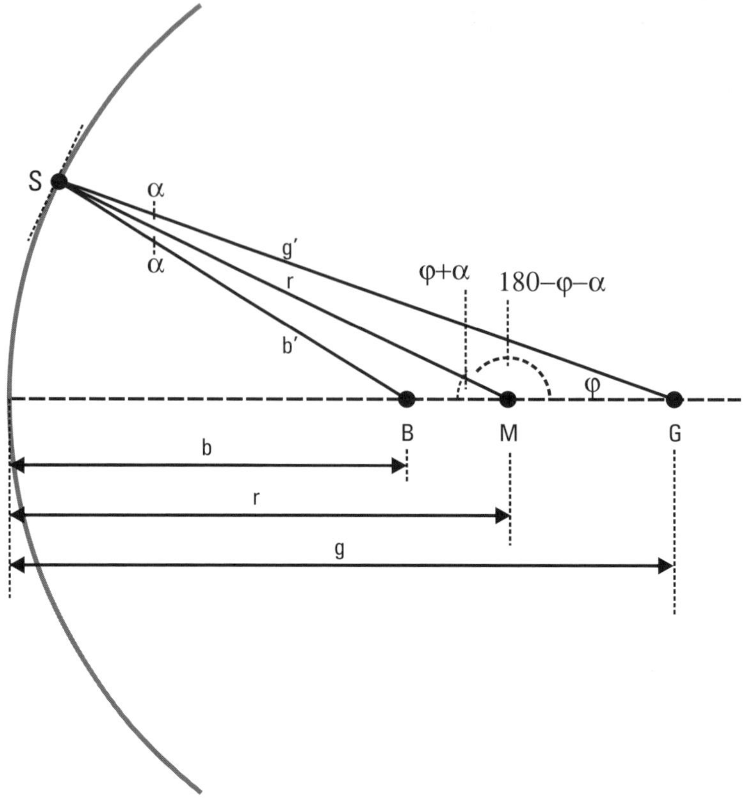


*Abbildung 9.6: Die Abbildung mittels eines Hohlspiegels*

Dieser Sinussatz wird jetzt zweimal auf die Situation in Abbildung 9.6 angewendet. Für das Dreieck MSG ergibt sich dabei:

$$\frac{g'}{\sin(180° - \varphi - \alpha)} = \frac{g'}{\sin(+\varphi + \alpha)} = \frac{g - r}{\sin \alpha}$$

Dabei wurde von der Beziehung $\sin(180° - \gamma) = \sin(+\gamma)$ Gebrauch gemacht. Für das Dreieck BSM liefert der Sinussatz:

$$\frac{b'}{\sin(\varphi + \alpha)} = \frac{r - b}{\sin \alpha}$$

Fasst man diese beiden Gleichungen zusammen, so erhält man folgende Beziehung:

$$\frac{g'}{b'} = \frac{g - r}{r - b}$$

An dieser Stelle wird eine Näherung gemacht. Es wird angenommen, dass der Winkel $\alpha$ klein ist, der Radius $r$ des Hohlspiegels hingegen groß. Aus Abbildung 9.7 geht hervor, dass man in diesem Fall schreiben kann:

$$g' \approx g$$
$$b' \approx b$$

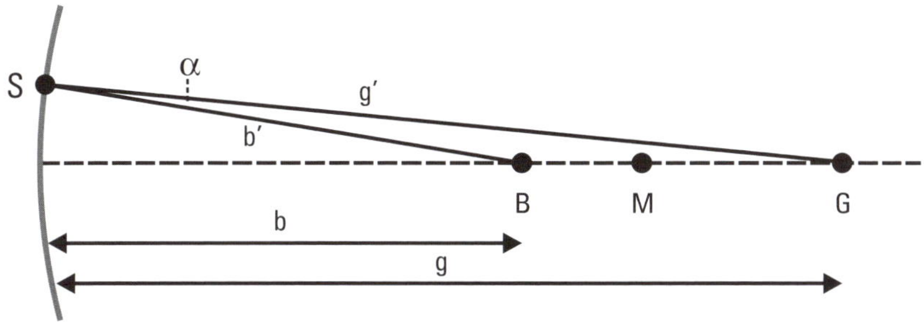


*Abbildung 9.7: Zur Näherung bei der Herleitung der Hohlspiegelgleichung*

Setzt man dies in die obige Gleichung ein, so erhält man:

$$\frac{g}{b} = \frac{g-r}{r-b}$$

Diese Beziehung kann folgendermaßen umgeformt werden:

$$gr - gb = gb - br$$
$$gr + br = 2gb$$

Teilt man diese Gleichung durch *gbr*, so erhält man insgesamt:

$$\frac{1}{g} + \frac{1}{b} = \frac{2}{r} = \frac{1}{f}$$

Dabei gilt $f = r/2$.

Dies ist die sogenannte *Hohlspiegelgleichung*. Sie besagt Folgendes: Alle Strahlen, die vom Gegenstand G ausgehen, werden vom Spiegel so reflektiert, dass sie im Punkt B (dem Bild) zusammentreffen (Abbildung 9.8). Diese Gleichung gilt nur für kleine Winkel $\alpha$ und große Krümmungsradien $r$.

Die vier in der Hohlspiegelgleichung auftretenden Größen tragen die folgenden Bezeichnungen:

- ✔ $g$ ist die *Gegenstandsweite*
- ✔ $b$ ist die *Bildweite*
- ✔ $r$ ist der *Krümmungsradius* des Hohlspiegels
- ✔ $f$ ist die sogenannte *Brennweite* des Spiegels. Für sie gilt folgende Beziehung:

$$\frac{1}{f} = \frac{2}{r}$$
$$f = \frac{r}{2}$$

Die Brennweite ist also der halbe Krümmungsradius des Spiegels. Der entsprechende Punkt auf der optischen Achse heißt *Brennpunkt*.

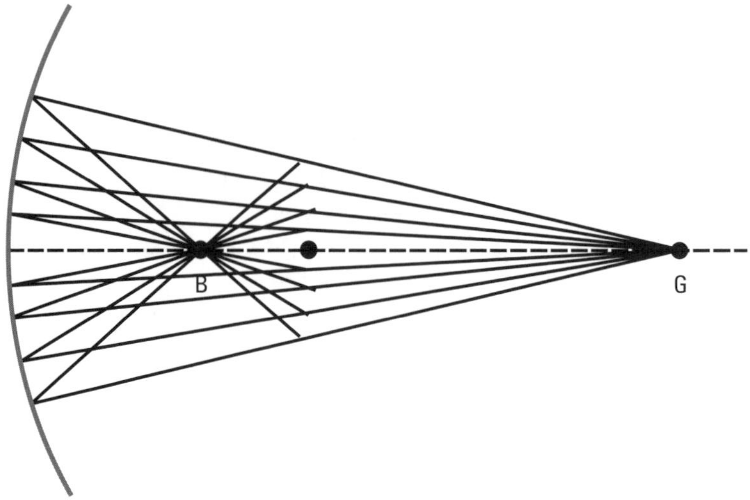


*Abbildung 9.8: Abbildung eines Gegenstandes G in ein Bild B bei einem Hohlspiegel*

Um ein Beispiel zu geben: Ein Gegenstand befindet sich 30 cm vor einem Hohlspiegel mit einem Krümmungsradius von 40 cm. Wo erscheint sein Bild? Es gilt:

$$\frac{1}{g}+\frac{1}{b}=\frac{2}{r}=\frac{1}{f}$$

$$\frac{1}{b}=\frac{2}{r}-\frac{1}{g}=\frac{2}{40\ \text{cm}}-\frac{1}{30\ \text{cm}} \quad \Rightarrow \quad b=60\ \text{cm}$$

Die Bildweite beträgt also 60 cm.

## Auf sie kommt es an: Die Hauptstrahlen

Bislang wurde stets die Situation betrachtet, dass Krümmungsmittelpunkt, Gegenstand und das Bild auf der optischen Achse des Spiegels liegen. Dies muss aber nicht unbedingt immer der Fall sein, wie Abbildung 9.9 zeigt, in der die beiden Punkte G′ und B′ nicht auf der optischen Achse liegen. Dann gibt es zwei Möglichkeiten:

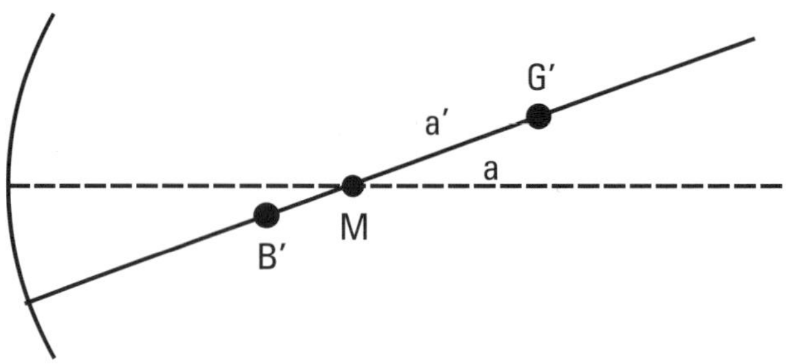


*Abbildung 9.9: Erzeugung einer neuen optischen Achse*

- ✔ Man wählt eine neue optische Achse so, dass Gegenstand und Krümmungsmittelpunkt auf ihr liegen. Das Bild befindet sich dann automatisch auch auf dieser neuen Achse. Dies ist in Abbildung 9.9 dargestellt. Diese Vorgehensweise ist unproblematisch, da jede Gerade, die durch M geht, immer senkrecht auf der Spiegeloberfläche steht.

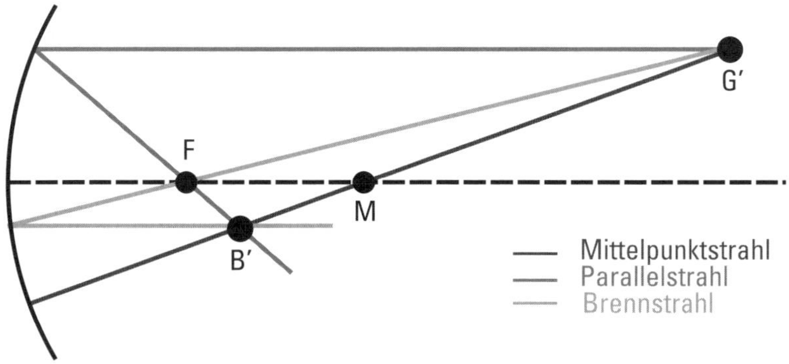


*Abbildung 9.10: Konstruktion eines Bildes außerhalb der optischen Achse mit Hilfe der Hauptstrahlen*

- ✔ Man konstruiert den Strahlengang mit Hilfe der sogenannten Hauptstrahlen. Dies ist insbesondere dann von Interesse, wenn der Gegenstand nicht punktförmig ist, sondern eine gewisse Ausdehnung besitzt. Diese Konstruktion ist schematisch in Abbildung 9.10 gezeigt.

Bei der Abbildung mit einem Hohlspiegel (wie im übrigen auch bei der Abbildung mit Linsen, siehe Kapitel 10) spielen drei Typen von Strahlen eine große Rolle. Diese drei Strahlen werden *Hauptstrahlen* genannt. Im Einzelnen sind dies:

- ✔ *Parallelstrahlen:* Wenn Parallelstrahlen auf einen Hohlspiegel treffen, kann man davon ausgehen, dass der Gegenstand unendlich weit entfernt ist (Abbildung 9.11). Die Hohlspiegelgleichung lautet dann:

$$\frac{1}{g}+\frac{1}{b}=\frac{1}{f}$$

$$\frac{1}{\infty}+\frac{1}{b}=\frac{1}{f}$$

$$b=f$$

Dies bedeutet, dass Parallelstrahlen so reflektiert werden, dass sie durch den Brennpunkt gehen.

Das Zeichen $\infty$ bedeutet »unendlich«.

- *Brennstrahlen:* Wenn sich der Gegenstand im Brennpunkt befindet, so ergibt die Hohlspiegelgleichung:

$$\frac{1}{g}+\frac{1}{b}=\frac{1}{f}$$

$$\frac{1}{f}+\frac{1}{b}=\frac{1}{f}$$

$$\frac{1}{b}=0 \quad \Rightarrow b=\infty$$

  Brennstrahlen werden so reflektiert, dass sie nach der Reflexion am Spiegel zu Parallelstrahlen werden. Dies ist ein weiteres Beispiel für die oben angesprochene Umkehrbarkeit des Strahlengangs (Abbildung 9.11). Bei der Reflexion an einem Hohlspiegel werden

  - Parallelstrahlen zu Brennstrahlen
  - Brennstrahlen zu Parallelstrahlen

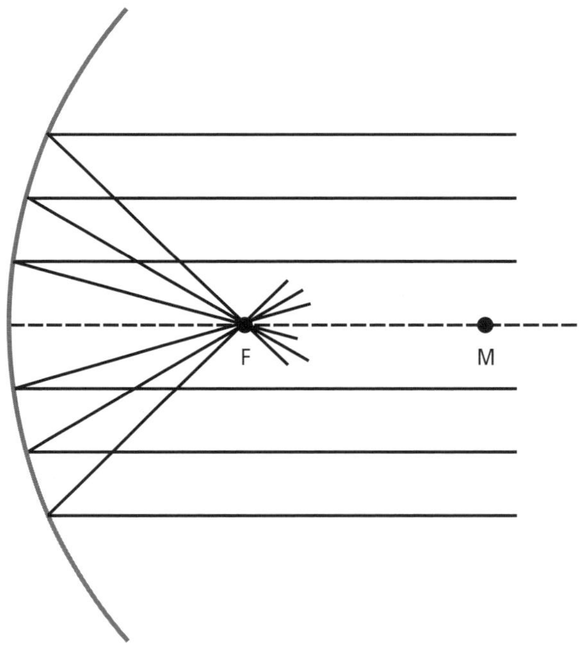


*Abbildung 9.11: Reflexion von Brennstrahlen und Parallelstrahlen*

- *Mittelpunktstrahlen:* Wenn sich der Gegenstand im Krümmungsmittelpunkt befindet, liefert die Hohlspiegelgleichung:

$$\frac{1}{g}+\frac{1}{b}=\frac{1}{f}$$

$$\frac{1}{r}+\frac{1}{b}=\frac{1}{f}=\frac{2}{r}$$

$$b=r$$

Dies bedeutet, dass Mittelpunktstrahlen in sich selbst reflektiert werden und sich nicht nur der Gegenstand, sondern auch das Bild im Krümmungsmittelpunkt befinden.

Mit diesem Wissen über das Verhalten der Hauptstrahlen bei der Reflexion an einem Hohlspiegel kann man die Lage des Bildes mit Hilfe der Hauptstrahlen ermitteln. Dabei muss man drei Fälle unterscheiden:

- ✔ Der Gegenstand befindet sich außerhalb des Krümmungsradius (außerhalb der doppelten Brennweite): $g > 2f = r$.
- ✔ Der Gegenstand befindet sich zwischen der einfachen und der doppelten Brennweite: $f < g < 2f$.
- ✔ Der Gegenstand befindet sich innerhalb der Brennweite des Spiegels: $g < f$.

Im Folgenden wird gezeigt, wie man die Eigenschaften eines Bildes sehr einfach mit Hilfe der Hauptstrahlen ermitteln kann.

## Fall 1: $g > 2f = r$

Abbildung 9.12 zeigt einen Gegenstand vor einem Hohlspiegel, der sich außerhalb des Krümmungsmittelpunkts befindet. Er ist durch einen Pfeil dargestellt. Um die Lage des Bildes zu ermitteln, muss man von der Spitze dieses Pfeils aus die Hauptstrahlen einzeichnen und dabei die oben aufgestellten Regeln anwenden:

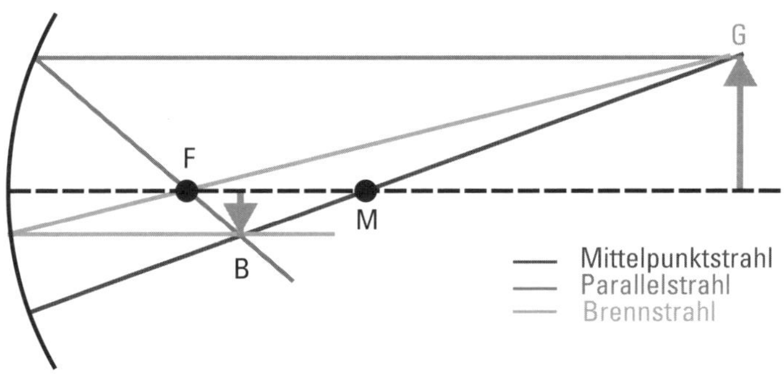


*Abbildung 9.12: Konstruktion mittels Hauptstrahlen: Der Gegenstand befindet sich außerhalb der doppelten Brennweite*

1. Der Parallelstrahl verläuft von der Spitze des Gegenstands parallel zur optischen Achse des Spiegels. Dort wird er – wie oben gezeigt – in einen Brennstrahl umgewandelt, läuft also durch den Brennpunkt.
2. Der Brennstrahl verläuft von der Spitze des Gegenstandes durch den Brennpunkt und wird am Spiegel in einen Parallelstrahl umgewandelt.
3. Der Mittelpunktstrahl verläuft von der Spitze des Gegenstandes durch den Mittelpunkt des Spiegels und wird dort in sich selbst reflektiert.

Wenn man diese Zeichnung richtig ausführt, so treffen sich alle drei Strahlen in einem Punkt, der die Spitze des Bildes darstellt, das man als einen Pfeil einzeichnen kann. Aus Abbildung 9.12 kann man vier wichtige Informationen über das Bild ableiten:

- ✔ Das Bild befindet sich zwischen der einfachen und der doppelten Brennweite des Spiegels.
- ✔ Das Bild ist seitenverkehrt (Der Pfeil G zeigt nach oben, B hingegen nach unten).
- ✔ Das Bild ist verkleinert: B ist kleiner als G.
- ✔ Das Bild ist reell: Alle drei Strahlen laufen in einem Punkt zusammen, sie konvergieren also.

Seitenverkehrt meint in diesem Fall, dass sowohl oben und unten als auch rechts und links vertauscht sind. Die Vertauschung von oben und unten ergibt sich aus Abbildung 9.12. Dreht man die in der Abbildung gezeigte Situation um 90° um die optische Achse, so zeigt der Gegenstand nach rechts, das Bild hingegen nach links.

### Fall 2: $f < g < 2f$

Diese Situation ist in Abbildung 9.13 dargestellt. Bei der Konstruktion muss man genauso wie oben vorgehen. Aus der Abbildung kann man die folgenden Schlussfolgerungen ziehen:

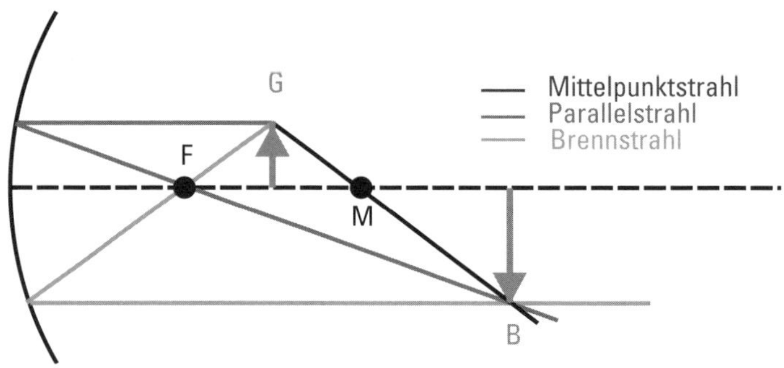


*Abbildung 9.13: Konstruktion mittels Hauptstrahlen: Der Gegenstand befindet sich zwischen der einfachen und der doppelten Brennweite*

- ✔ Das Bild befindet sich außerhalb der doppelten Brennweite des Spiegels.
- ✔ Das Bild ist seitenverkehrt.
- ✔ Das Bild ist verkleinert:
- ✔ Das Bild ist reell: Alle drei Strahlen laufen in einem Punkt zusammen, sie konvergieren also.

### Fall 3: $g < f$

Dieser Fall ist in Abbildung 9.14 dargestellt. Er unterscheidet sich im Ergebnis deutlich von den beiden obigen, wobei die Konstruktionsweise aber wieder die gleiche ist. Das Bild erscheint diesmal jedoch auf der anderen Seite des Spiegels, die Strahlen scheinen von ihm auszugehen. Das Bild ist also virtuell. Zudem ist es aufrecht (also nicht seitenverkehrt) und vergrößert. Die Eigenschaften kann man im Übrigen auch aus der Hohlspiegelgleichung herleiten:

$$\frac{1}{b} = \frac{1}{f} - \frac{1}{g}$$

Erweitert man die rechte Seite dieser Gleichung mit $gf$, so ergibt sich:

$$\frac{1}{b} = \frac{g - f}{gf}$$

$$b = \frac{gf}{g - f}$$

Da $g < f$ ist, ergibt sich sofort $b < 0$; das Bild muss sich auf der anderen Seite des Spiegels befinden.

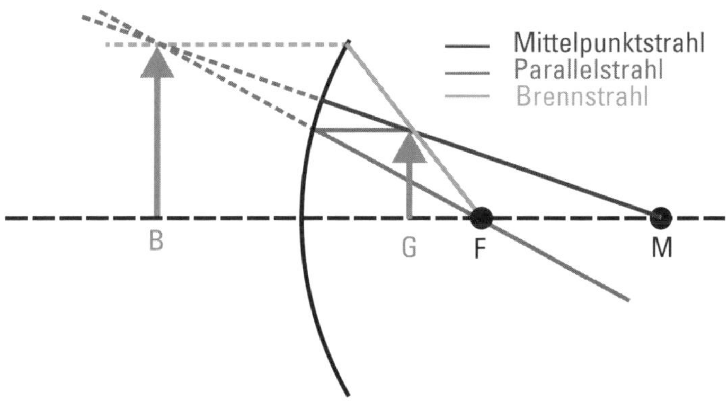


*Abbildung 9.14: Konstruktion mittels Hauptstrahlen: Der Gegenstand befindet sich innerhalb der einfachen Brennweite*

#### Riesenschüsseln: Radioteleskope

Wenn Sie jemals in die Eifel in die Gegend von Bad Münstereifel kommen, sollten Sie sich unbedingt das Radioteleskop in Effelsberg anschauen. Es hat einen Durchmesser von 100 m und ist beweglich, d. h. man kann seine Ausrichtung ändern.

Radioteleskope sind riesige Hohlspiegel, die der Erforschung des Weltalls dienen. Allerdings wird mit diesen Riesenschüsseln nicht sichtbares Licht gesammelt; vielmehr werden *Radiowellen* empfangen. Radiowellen gehören, wie in Kapitel 8 dargestellt ist, ebenso wie Licht zum elektromagnetischen Spektrum. Die in Effelsberg benutzten Wellenlängen liegen zwischen 3,5 mm und 900 mm (vergleiche Tabelle 8.2). Bei der Reflexion von Radiowellen gelten natürlich auch das Reflexionsgesetz (Einfallswinkel = Ausfallswinkel) und somit auch alle Schlussfolgerungen, die bislang in diesem Kapitel für die Abbildung mit Hohlspiegeln gezogen wurden. Radioteleskope sammeln die einfallenden Radiowellen (die aufgrund der riesigen Entfernung der zu untersuchenden Sterne als Parallelstrahlen eintreffen) in einer Antenne, die sich im Brennpunkt des Spiegels befindet.

Im Übrigen gibt es natürlich auch wesentlich kleinere Schüsseln, die nach dem gleichen Prinzip arbeiten. Jede Fernseh-Satellitenschüssel ist ein Hohlspiegel, der die ankommenden Signale in einer Antenne sammelt, die sich im Brennpunkt des Spiegel befindet. Beachten Sie: Der Brennpunkt befindet sich bei der Hälfte des Radius des Spiegels!

## Nach außen gewölbt: Konvexe Spiegel

Jetzt bleiben nur noch die nach außen gewölbten konvexen Spiegel übrig. Beispiele dafür sind Schmink- und Rasierspiegel; aber auch die meisten Spiegel, die an unübersichtlichen Straßeneinmündung stehen, sind zumeist nach außen gewölbt. Im Prinzip sind diese konvexen Spiegel so etwas wie die Rückseiten von Hohlspiegeln.

Auch bei der Abbildung mit konvexen Spiegeln gilt die Hohlspiegelgleichung. Allerdings muss man hier berücksichtigen, dass Krümmungsradius und Brennweite negativ sind: Der Mittelpunkt und der Brennpunkt befinden sich auf der anderen Seite des Spiegels (Abbildung 9.15). Es gilt also:

$$\frac{1}{g}+\frac{1}{b}=-\frac{2}{r}=-\frac{1}{f}$$

Daraus folgt sofort, dass Gegenstand und Bild sich nicht auf der gleichen Seite des Spiegels befinden können (Abbildung 9.12).

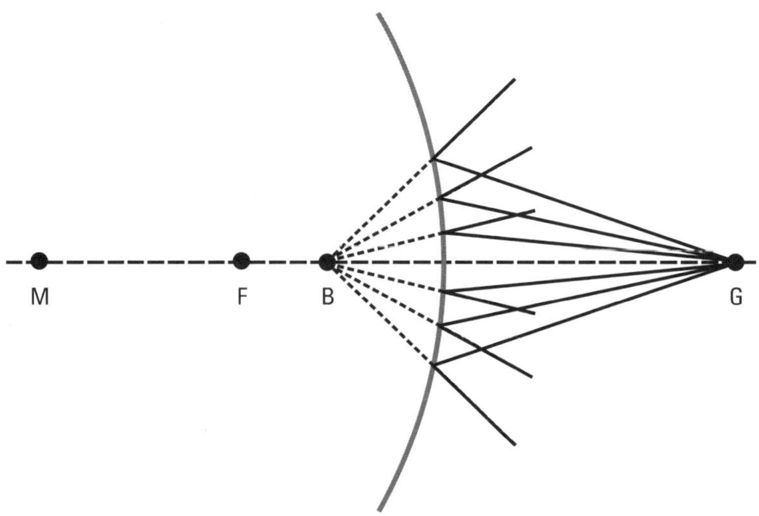


*Abbildung 9.15: Abbildung durch einen konvexen Spiegel*

Abbildung 9.15 zeigt einen konvexen Spiegel. Aus seiner rechten (der gewölbten) Seite befindet sich der Gegenstand. Brennpunkt und Mittelpunkt liegen auf der anderen, der inneren Seite des Spiegels. Dies gilt auch für das Bild. Von diesem Bild hinter dem Spiegel geht ein divergierendes Strahlenbündel aus, das Bild ist also virtuell.

Konvexe, nach außen gewölbte Spiegel erzeugen ausnahmslos virtuelle Bilder.

**Aufgabe 9.1**

Ein Hohlspiegel hat einen Krümmungsradius von 40 cm. Ein Gegenstand befindet sich 70 cm vor dem Spiegel. Wie groß ist die Brennweite? Wo erscheint das Bild?

**Aufgabe 9.2**

Die Brennweite eines Hohlspiegels beträgt 20 cm. Wenn sich ein Gegenstand bei $g = 30$ cm befindet, wo liegt das Bild und welche Eigenschaften hat es?

**Aufgabe 9.3**

Ein Hohlspiegel hat einen Radius von 30 cm. Wo müssen Sie einen Schirm aufstellen, um ein Bild eines Gegenstands aufzunehmen, der sich 10 cm vor dem Spiegel befindet.

**Aufgabe 9.4**

Konstruieren Sie mit Hilfe der Hauptstrahlen die Lage des Bildes für die in Abbildung 9.16 dargestellte Situation.

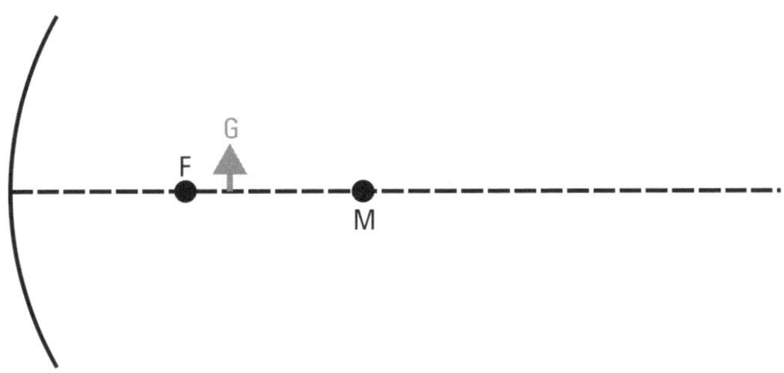


*Abbildung 9.16: Ein Gegenstand vor einem Hohlspiegel*

# Die Richtung ändert sich: Die Brechung

10

### In diesem Kapitel ...

- Die Brechung von Licht
- Brechungsindex
- Totalreflexion
- Abbildung durch Linsen
- Linsenfehler
- Optische Instrumente

Im vorangegangenen Kapitel wurde die Abbildung von Gegenständen mit Hilfe von sphärischen Spiegeln dargestellt. Die physikalische Grundlage war dabei das Reflexionsgesetz, das besagt, dass der Einfallswinkel gleich dem Ausfallswinkel ist. Thema dieses Kapitels ist die Abbildung mit Hilfe von Linsen. Die physikalische Grundlage ist hier die Tatsache, dass Lichtstrahlen ihre Ausbreitungsrichtung ändern, wenn sie von einem Material in ein anderes mit einer anderen *optischen Dichte* übertreten. Dieser Vorgang wird *Brechung* genannt. Jedes Material ist durch einen bestimmten *Brechungsindex* gekennzeichnet. Im Folgenden wird zunächst die Brechung von Licht und ihre physikalische Ursache ausführlich dargestellt. Anschließend wird die Abbildung durch *Linsen*, deren Wirkung auf der Brechung beruht, im Detail beschrieben. Reale Linsen sind keineswegs optimal; daher werden auch Linsenfehler angesprochen; zudem wird dargestellt, wie man sie durch Kombinationen von Linsen ausgleichen kann. Zum Abschluss des Kapitels werden dann einige wichtige optische Instrumente beschrieben, darunter auch das menschliche Auge.

## Optische Täuschungen

Den folgenden Effekt haben Sie mit Sicherheit schon einmal beobachtet: Sie sitzen in der Badewanne und schieben Ihre Hand, die sich im Wasser befindet, langsam am Wannenrand nach oben. Je näher Ihre Finger der Wasseroberfläche kommen, desto kürzer erscheinen sie. Wenn Sie dann erschrocken die Hand aus dem Wasser auftauchen, stellen Sie allerdings fest, dass nichts passiert ist, und Ihre Finger noch immer ihre natürliche Länge besitzen. Deren scheinbare Verkürzung beruht auf einem Effekt, den man *Brechung* nennt und der immer dann auftritt, wenn Licht unter einem schrägen Winkel von einem Medium in ein anderes übertritt (hier von Wasser in Luft).

## Übergang an Grenzflächen: Brechungsindex und Brechungsgesetz

Man kann jedem optisch transparenten Material einen sogenannten *Brechungsindex n* (auch Brechzahl genannt) zuordnen, der die Ausbreitung von Licht in diesem Medium beschreibt. Materialien mit hohem Brechungsindex nennt man *optisch dicht*, Materialien mit niedrigem Index *optisch dünn*.

Der Brechungsindex eines Materials hängt mit der Ausbreitungsgeschwindigkeit des Lichts in diesem Material zusammen, wie im folgenden Abschnitt dargestellt wird.

In Tabelle 10.1 sind die Brechungsindizes einiger wichtiger Materialien zusammengestellt.

| Medium | Brechungsindex |
|---|---|
| Vakuum, Luft | 1 |
| Wasser | 1,33 |
| Quarzglas | 1,46 |
| Kunststoffglas für Brillen | bis 1,67 |
| Diamant | 2,42 |

*Tabelle 10.1: Brechungsindizes für einige Materialien für $\lambda = 589$ nm*

Die sogenannte *Brechung* tritt auf, wenn Licht von einem Material mit dem Brechungsindex $n_1$ in ein Material mit dem Index $n_2$ übertritt. Dabei ändert sich die Richtung eines Lichtstrahls (es sei denn, er trifft senkrecht auf die Grenzfläche.

Das sogenannte *Brechungsgesetz* oder *Snellius'sche Gesetz* besagt, dass ein Lichtstrahl, der unter dem Winkel $\alpha$ auf die Grenzfläche zwischen einem Material mit dem Brechungsindex $n_1$ und einem Material mit dem Brechungsindex $n_2$ trifft, abgelenkt wird und unter dem Winkel $\beta$ weiterläuft, wobei gilt:

$$\frac{\sin\beta}{\sin\alpha} = \frac{n_1}{n_2}$$

Dies ist in Abbildung 10.2 für den Fall dargestellt, dass $n_1 < n_2$ gilt, Medium 1 ist also optisch dünner als Medium 2. In diesem Fall ist $\beta < \alpha$. Das Licht wird also zum Lot (zur Oberflächennormalen) hin gebrochen.

Beachten Sie, dass hier – wie in der Optik üblich – die Winkel in Bezug auf die *Oberflächennormale* (das Lot) angegeben werden.

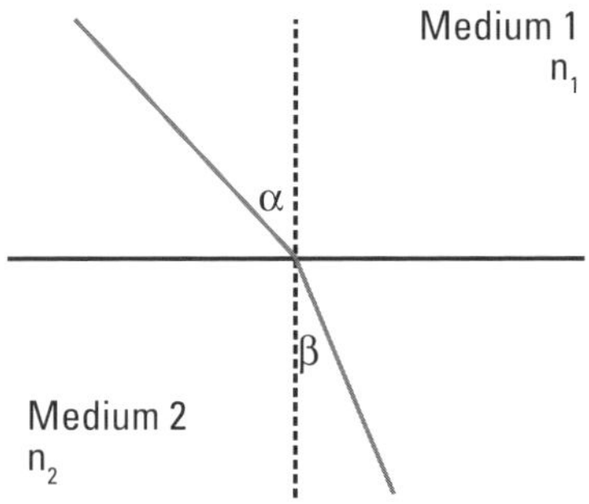


*Abbildung 10.1: Die Brechung von Licht beim Übergang zwischen Medien mit unterschiedlichen Brechungsindizes*

Die Brechung von Licht an der Grenzfläche zwischen zwei Materialien mit unterschiedlicher optischer Dichte, also die Änderung der Ausbreitungsrichtung des Lichts, beruht auf zwei grundlegenden physikalischen Prinzipien:

- ✔ Die *Lichtgeschwindigkeit* $c_L$ hängt vom Material ab. Der in Kapitel 8 angegebene Wert gilt für den freien Raum oder das Vakuum. In Flüssigkeiten oder Festkörpern kann $c_L$ erheblich kleiner sein.
- ✔ Obwohl Brechungseffekte zumeist mit Hilfe der Strahlenoptik beschreiben werden, muss man hier auf den Wellencharakter des Lichts zurückgehen und das in Kapitel 7 eingeführte *Huygens'sche Prinzip* berücksichtigen, nach dem jeder Punkt einer Wellenfläche der Ausgangspunkt einer Elementarwelle ist; die neue Wellenfläche ergibt sich als Einhüllende all dieser Elementarwellen.

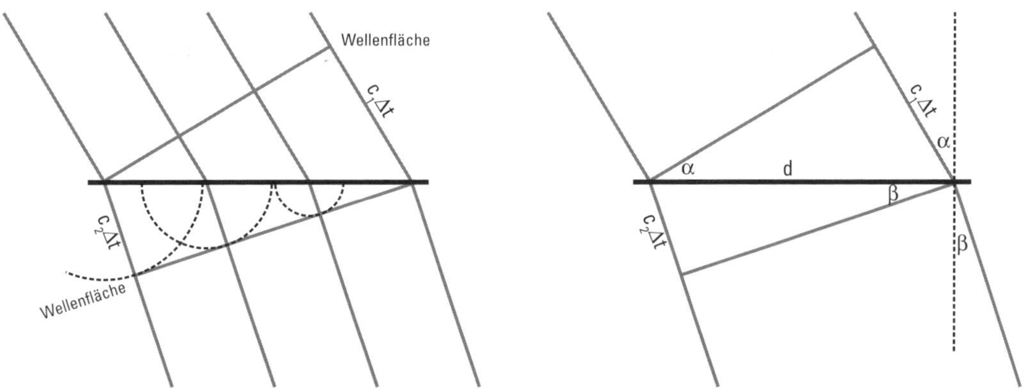


*Abbildung 10.2: Zur Herleitung des Brechungsgesetzes aus dem Huygens'schen Prinzip*

Betrachten Sie Abbildung 10.2. Eine Wellenfläche läuft unter einem Winkel $\alpha$ auf eine Grenzfläche zu. Zu einem bestimmten Zeitpunkt $t_0$ trifft der linke Rand dieser Wellenfläche auf die Grenzfläche. Zum gleichen Zeitpunkt ist der rechte Rand der Wellenfläche noch ein gutes Stück von der Grenzfläche entfernt. Um diese Strecke zu überbrücken, braucht dieser Teilstrahl die Zeit $\Delta t$, sodass die Länge dieser Strecke als $c_1\Delta t$ ausgedrückt werden kann, wobei $c_1$ die Lichtgeschwindigkeit im Medium 1 ist (Abbildung 10.2). In diesem Zeitraum $\Delta t$ hat sich allerdings am linken Rand in Medium zwei eine Elementarwelle entwickelt, deren Radius $c_2\Delta t$ beträgt, wobei $c_2$ die Lichtgeschwindigkeit in Medium 2 ist. Ähnliches gilt für die mittleren Teilstrahlen. Sobald sie auf die Grenzfläche treffen, breiten sich in Medium 2 Elementarwellen mit der Geschwindigkeit $c_2$ aus. Die neue Wellenfläche ist die Einhüllende dieser Elementarwellen. Sie bildet einen Winkel $\beta$ zur Oberflächennormalen. Aus Abbildung 10.2 lässt sich ablesen, dass für die Winkel $\alpha$ und $\beta$ gilt:

$$\sin\alpha = \frac{c_1\Delta t}{d}$$

$$\sin\beta = \frac{c_2\Delta t}{d}$$

Dividiert man diese beiden Gleichungen durcheinander, so ergibt sich:

$$\frac{\sin\alpha}{\sin\beta} = \frac{c_1\Delta t/d}{c_2\Delta t/d} = \frac{c_1}{c_2}$$

Vergleicht man dies mit dem oben dargestellten Brechungsgesetz, so zeigt sich, dass die folgende Beziehung gelten muss:

$$\frac{n_2}{n_1} = \frac{c_1}{c_2}$$

Der Brechungsindex eines Materials wird durch die Ausbreitungsgeschwindigkeit des Lichts in dem Material bestimmt. Der *relative Brechungsindex* $n_{12}$ oder die relative *Brechzahl* zweier Materialien ist das Verhältnis der beiden beteiligten Lichtgeschwindigkeiten:

$$n_{12} = \frac{c_1}{c_2}$$

Der absolute Brechungsindex bezieht sich immer auf einen Vergleich mit der Vakuum-Lichtgeschwindigkeit:

$$n_{\text{Material}} = \frac{c_{\text{Vakuum}}}{c_{\text{Material}}}$$

Die Ausbreitungsgeschwindigkeit von Licht in einem Medium hängt auch von der Wellenlänge des Lichts ab. Dies gilt allerdings nicht für Vakuum oder Luft, aber für fast alle anderen Materialien. Das bedeutet natürlich auch, dass der Brechungsindex eines Materials wellenlängenabhängig ist (Abbildung 10.3).

Als *Dispersion* bezeichnet man die Wellenlängenabhängigkeit bestimmter Welleneigenschaften. So weist auch der Brechungsindex eine Wellenlängenabhängigkeit, also eine Dispersion auf.

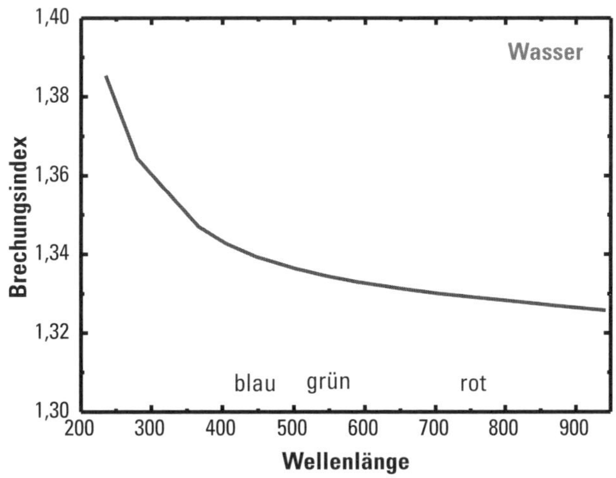


*Abbildung 10.3: Dispersion des Brechungsindex*

Abbildung 10.3 zeigt Werte von $n$ für Wasser als Funktion der Wellenlänge $\lambda$ im sichtbaren Bereich. Die Änderungen sind zwar klein – die Werte liegen zwischen 1,32 und 1,38 – sind aber dennoch eindeutig: Der Brechungsindex nimmt vom blauern zum roten Bereich ab.

- ✔ Als *normale Dispersion* bezeichnet man die Abnahme des Brechungsindex mit der Wellenlänge.
- ✔ Von *anomaler Dispersion* spricht man, wenn der Brechungsindex mit $\lambda$ zunimmt.

Im Falle des Brechungsindex von Wasser liegt also normale Dispersion vor.

## Hier kommt nichts durch: Die Totalreflexion

Bislang wurde stets der Fall betrachtet, dass das Licht vom optisch dünneren ins optisch dichtere Material übertritt (d. h. $n_1 < n_2$). Natürlich ist der umgekehrte Fall ($n_1 > n_2$) genauso wichtig. Während im ersten Fall das Licht zum Lot hin gebrochen wird (also $\alpha > \beta$), ist hier das Gegenteil der Fall: Das Licht wird vom Lot weggebrochen, sodass $\beta > \alpha$ ist. Auch in diesem Fall gilt das Brechungsgesetz:

$$\frac{\sin\beta}{\sin\alpha} = \frac{n_1}{n_2}$$

Aber! An dieser Stelle gibt es ein großes ABER. Man kann dieses »ABER« sowohl graphisch als auch mathematisch herausarbeiten. Die graphische Darstellung ist in Abbildung 10.4 dargestellt. Wenn die Lichtstrahlen auf die Grenzfläche treffen, werden sie vom Lot weggebrochen. Irgendwann wird der Winkel $\alpha$ so groß, dass ein Übertritt in Medium 2 nicht mehr möglich ist. In diesem Fall wird der Strahl an der Grenzfläche nicht mehr durchgelassen, sondern reflektiert. Diesen Fall nennt man *Totalreflexion* (Abbildung 10.4, rechte Skizze).

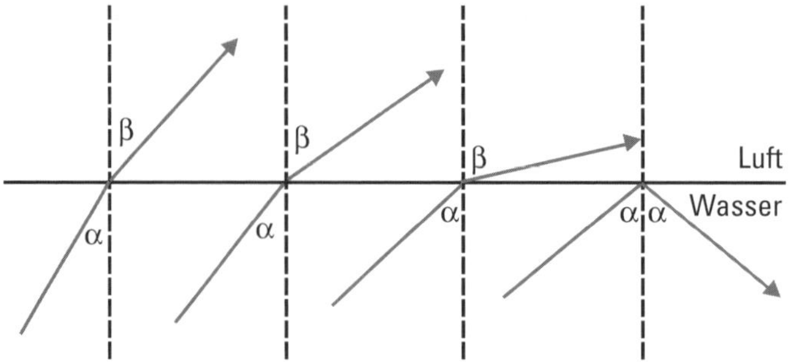


*Abbildung 10.4: Totalreflexion*

Die Mathematik liefert genau das gleiche Ergebnis: Der Sinus eines Winkels muss immer ≤ 1 sein. Solange $n_1 < n_2$ gilt, ist die Gleichung

$$\sin\beta = \frac{n_1}{n_2}\sin\alpha$$

immer erfüllbar, da beide Terme stets kleiner als eins sind. Dies gilt allerdings nicht für den Fall $n_2 < n_1$. Dann kann der Ausdruck

$$\frac{n_1}{n_2}\sin\alpha$$

durchaus größer als eins sein, da der Bruch immer größer als eins ist. Als *Winkel der Totalreflexion* bezeichnet man daher den Winkel $\alpha_{\text{Total}}$, für den gilt:

$$\alpha_{\text{Total}} = \sin^{-1}\frac{n_2}{n_1}$$

Wenn $\alpha = \alpha_{\text{Total}}$, ergibt sich $\beta = 90°$. Das Licht wird also entlang der Grenzfläche wandern. Für noch größere Winkel $\alpha$ kann das Licht die Grenzfläche nicht mehr passieren, es wird vielmehr an der Grenzfläche total reflektiert.

Als *Totalreflexion* bezeichnen man die völlige Reflexion eines Lichtstrahls an der Grenzfläche beim Übergang von einem optisch dichteren zu einem optisch dünneren Medium, wenn der Einfallswinkel  größer als der *Winkel der Totalreflexion* ist. In diesem Fall kann das Licht das optisch dichtere Medium nicht verlassen.

Dieser Fall ist von großer technischer Bedeutung. Er wird zum Beispiel in *Glasfaserkabeln* ausgenutzt, den sogenannten *Lichtleitern* (Abbildung 10.5).

*Abbildung 10.5: Transport von Licht in einem Glasfaserkabel durch fortwährende Totalreflexion*

## Brechung im alltäglichen Leben

Die wichtigste Anwendung der Brechung ist die Abbildung mit Hilfe von Linsen, die weiter unten in diesem Kapitel behandelt wird. Aber die Brechung von Licht spielt auch darüber hinaus in vielen Bereichen eine wichtige Rolle und ist auch im tagtäglichen Leben zu beobachten. Im folgenden Abschnitt werden einige Beispiele für derartige Effekte vorgestellt.

### Parallelverschiebung

Wenn Licht unter einem schrägen Winkel auf eine Glasscheibe trifft, tritt eine sogenannte Parallelverschiebung auf. Dies ist in Abbildung 10.6 dargestellt. Das Licht tritt aus der Luft ins Glas ein und wird, da der Brechungsindex von Glas größer ist als der von Luft, unter dem Winkel $\alpha$ zum Lot hin gebrochen. Er durchquert die Glasscheibe und wird wieder gebrochen, wenn er sie wieder verlässt, diesmal allerdings vom Lot weg. Der Winkel zur Oberflächennormale ist dabei natürlich wieder $\alpha$. Insgesamt beobachtet man also eine Parallelverschiebung des Lichtstrahls beim Durchgang durch die Glasscheibe.

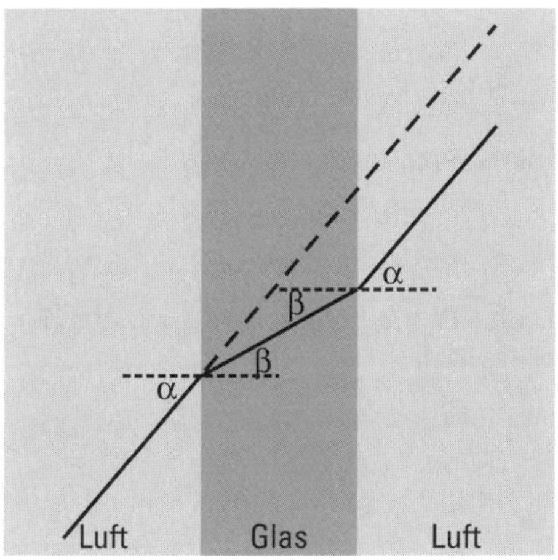


*Abbildung 10.6: Parallelverschiebung eines Lichtstrahls beim Durchqueren einer Glassscheibe*

### Der Daumen in der Badewanne: Die optische Hebung

Der zweite Brechungseffekt, den man im alltäglichen Leben häufig beobachtet, ist die sogenannte *optische Hebung*. Die Länge Ihrer Finger unter der Wasseroberfläche ist ein Beispiel für diesen Effekt. Betrachten Sie dazu Abbildung 10.7. Sie zeigt einen Gegenstand G unter Wasser, der sich in einer Tiefe $t_w$ befindet (der Index $w$ steht dabei für »wahre Tiefe«). Betrachtet man den Gegenstand von schräg oben unter dem Winkel $\alpha$, so erscheint der Gegenstand G′ in der Tiefe $t_s$ ($s$ steht für scheinbar). Der Grund dafür ist, dass das Licht bei Übertritt zwischen Wasser und Luft gebrochen wird, der Beobachter dies aber nicht realisiert.

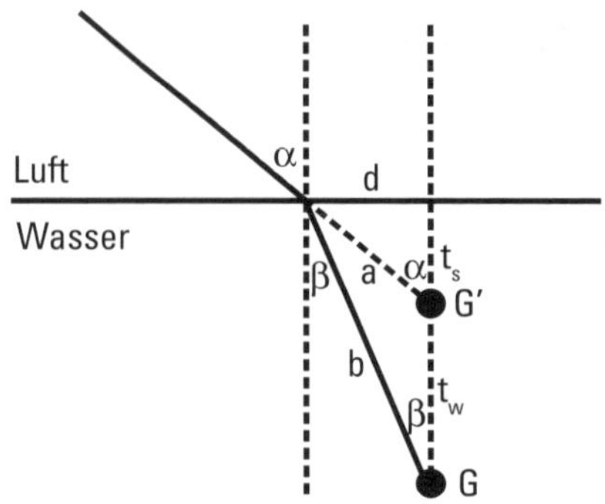


*Abbildung 10.7: Die optische Hebung*

Aus der Abbildung ergeben sich die folgenden Beziehungen:

$$\sin\alpha = \frac{d}{a}$$

$$\sin\beta = \frac{d}{b}$$

Damit erhält man die folgende Gleichung:

$$\frac{a}{b} = \frac{\sin\beta}{\sin\alpha} = n_{LW} = \frac{1}{n_{WL}}$$

Dabei stehen die Indizes L und W für Luft und Wasser. Aus der Abbildung ergibt sich darüber hinaus für die scheinbare Tiefe:

$$\tan\alpha = \frac{d}{t_s}$$

Für die wahre Tiefe ergibt sich hingegen:

$$\tan\beta = \frac{d}{t_w}$$

Für das Verhältnis von $t_w$ und $t_s$ ergibt sich daher:

$$\frac{t_s}{t_w} = \frac{\tan\beta}{\tan\alpha}$$

## In voller Farbenpracht: Das Prisma

Ein *Prisma* ist ein Körper, der durch zwei gegeneinander unter dem Winkel $\varphi$ geneigte Flächen begrenzt wird. Dieser Winkel $\varphi$ wird als *brechender Winkel* bezeichnet. Der Strahlengang durch ein Prisma ist in der linken Skizze in Abbildung 10.8 dargestellt. Dabei wurde der Einfallswinkel $\alpha$ so gewählt, dass der Lichtstrahl im Inneren des Prismas senkrecht zu Symmetrieachse verläuft. Der Strahl tritt unter dem Winkel $\alpha$ in das Prisma ein, verläuft parallel zu dessen Grundfläche und wird beim Austritt noch einmal unter dem Winkel $\alpha$

gebrochen. Der Ablenkungswinkel beträgt insgesamt $\delta$. An dieser Stelle stellt sich die Frage, wie dieser Winkel $\delta$ von den beiden Größen abhängt, die das Prisma charakterisieren: dem brechenden Winkel $\varphi$ und dem Brechungsindex $n$?

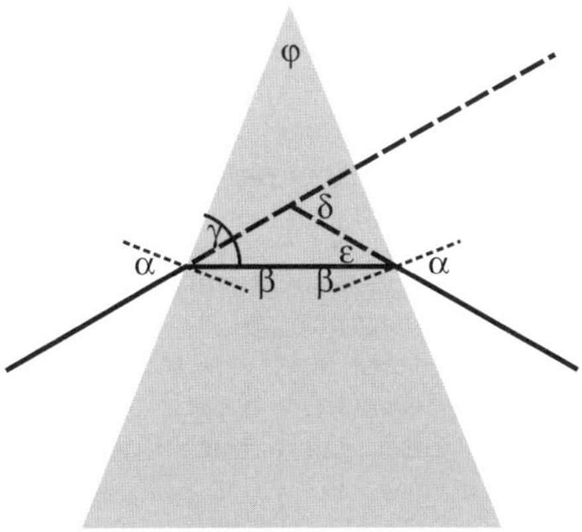


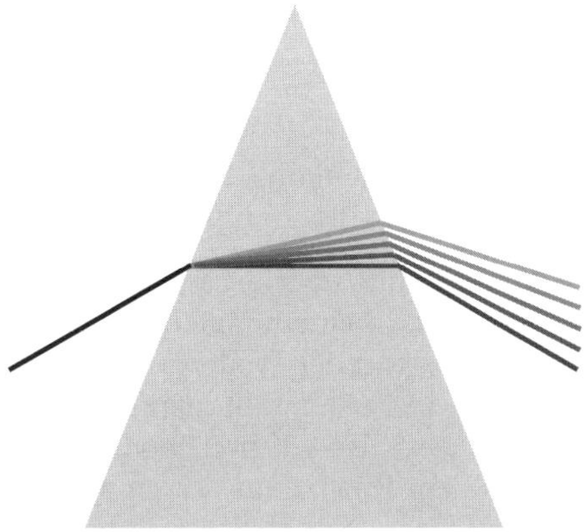

*Abbildung 10.8: Links: Strahlengang durch ein Prisma. Rechts: Zerlegung von weißem Licht durch ein Prisma in die Spektralfarben*

Man braucht nur ein wenig Geometrie, um eine solche Beziehung herzustellen. Werfen Sie noch einmal einen Blick auf die linke Skizze in Abbildung 10.8. Das oberste Dreieck, das von den Seiten des Prismas und dem Lichtstrahl gebildet wird, ist gleichschenklig. Es gilt also:

$$\gamma = 90° - \varphi/2$$

Außerdem kann man der Abbildung entnehmen, dass die folgende Beziehung gilt:

$$\beta + \gamma = 90°$$

Setzt man dies ineinander ein, so folgt:

$$\beta = \varphi/2$$

Bei dem Winkel $\delta$ handelt es sich um einen sogenannten *Außenwinkel*. Ihrer Formelsammlung zufolge ist der Außenwinkel an der Ecke eines Dreiecks gleich der Summe der beiden anderen Innenwinkel des Dreiecks. Es gilt also:

$$\delta = 2\varepsilon = 2(\alpha - \beta)$$

Setzt man dies ein, so erhält man für den Winkel $\alpha$ die Gleichung:

$$\alpha = \frac{\delta}{2} + \beta = \frac{\delta}{2} + \frac{\varphi}{2}$$

An dieser Stelle kann man das Brechungsgesetz ins Spiel bringen. Es lautet:

$$n = \frac{\sin\alpha}{\sin\beta} = \frac{\sin(\delta/2 + \varphi/2)}{\sin(\varphi/2)}$$

Nimmt man jetzt an, dass die Winkel $\delta$ und $\varphi$ klein sind, kann man in dieser Gleichung die beiden Sinusausdrücke durch ihre jeweiligen Argumente ersetzen:

$$n \approx \frac{\delta/2 + \varphi/2}{\varphi/2}$$

$$n\varphi = \delta + \varphi$$

$$\delta = \varphi(n-1)$$

Der Winkel der Ablenkung ist also umso größer, je größer der brechende Winkel $\varphi$ des Prismas und dessen Brechungsindex ist.

Im obigen Abschnitt über die Dispersion wurde dargestellt, dass die Ausbreitungsgeschwindigkeit von Licht in einem Material wellenlängenabhängig ist; infolgedessen hängt auch der Brechungsindex von der Wellenlänge ab. Wenn also ein Strahl »weißen« Lichts unter dem Winkel $\alpha$ auf ein Prisma fällt, dann hängt der Brechungswinkel $\beta$ von der Farbe des Lichts ab; das Licht wird also entsprechend seiner Farbe aufgespalten. Diese Aufspaltung wird beim Austritt aus dem Prisma auf dessen anderer Seite noch verstärkt, wie in Abbildung 10.8 in der rechten Skizze dargestellt ist. Dabei ist die Ablenkung für blaues Licht größer als die für rotes, wie aus Abbildung 10.3 folgt.

Mit einem Prisma kann man Licht in seine Spektralfarben zerlegen (Abbildung 10.8).

# Abbildung durch Linsen

Die Brechung von Licht beim Übergang von einem Medium in ein anderes wird in der Optik vor allem durch sogenannte *Linsen* ausgenutzt, um Gegenstände abzubilden. Linsen sind im Alltagsleben und in der Technik allgegenwärtig. Das wichtigste Beispiel dafür sind natürlich Augen (das menschliche Auge besitzt eine Linse, wie weiter unten in diesem Kapitel dargestellt wird), aber auch Brillen spielen eine ganz große Rolle. Optische Instrumente wie Lupen, Mikroskope, Fernrohre und Kameras beruhen auf der Wirkung einer oder mehrerer Linsen. Linsen sind optisch dichter als das sie umgebende Medium (normalerweise Luft). Daher wird das Licht gebrochen, wenn es in die Linse eintritt. Es wird darüber hinaus ein zweites Mal gebrochen, wenn es die Linse wieder verlässt.

Linsen bestehen aus einem optisch dichten Material und sind entweder von einer Rotationsoberfläche und einer Ebene, häufiger aber auf beiden Seiten von Rotationsflächen begrenzt. Wenn diese Rotationsflächen Kugeloberflächen sind, spricht man von *sphärischen Linsen*.

## Sammeln oder Zerstreuen: Arten von Linsen

Es gibt eine Vielzahl von verschiedenen Linsen. Die wichtigste Unterscheidung ist die zwischen Sammellinsen (konvexen Linsen) und Zerstreuungslinsen (konkaven Linsen), wie Abbildung 10.9 zeigt und im Folgenden erläutert wird.

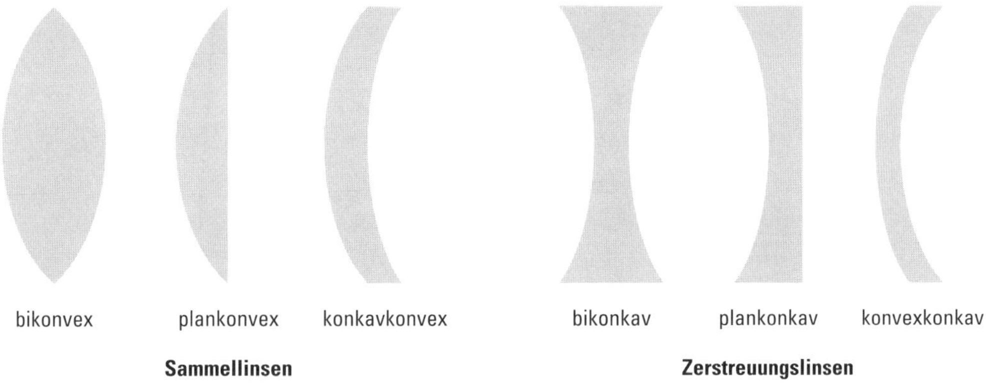


*Abbildung 10.9: Arten von Linsen*

- ✔ *Konvexe Linsen oder Sammellinsen*: Diese Linsen sind in der Mitte dicker als am Rand:
  - *Bikonvexe Linsen*: Beide Seitenflächen sind konvex.
  - *Plankonvex:* Eine Fläche ist konvex, die andere ist eben.
  - *Konkavkonvex:* Eine Fläche ist konkav, die andere konvex. Die Krümmung der letzteren überwiegt, sodass die Linse in der Mitte dicker ist als am Rand.
- ✔ *Konkave Linsen oder Zerstreuungslinsen*: Diese Linsen sind am Rand dicker als in der Mitte:
  - *Bikonkave Linsen*: Beide Seitenflächen sind konkav.
  - *Plankonvex:* Eine Fläche ist konkav, die andere ist eben.
  - *Konvexkonkav:* Eine Fläche ist konvex, die andere konkav. Die Krümmung der letzteren überwiegt, sodass die Linse am Rand dicker ist als in der Mitte.

In den folgenden Abschnitten wird die Abbildung sowohl durch Sammel- als auch durch Zerstreuungslinsen näher betrachtet. Zunächst wird allerdings das sogenannte Linsengesetz vorgestellt, das im Prinzip für beide Arten von Linsen gilt.

## Linsengesetz

Abbildung 10.10 zeigt, dass man eine Linse in einer ersten Näherung in eine Serie von Prismen zerlegen kann. Der brechende Winkel $\varphi$ an der Spitze des jeweiligen Prismas ist dabei umso größer, je weiter es von der optischen Achse entfernt ist. Mit anderen Worten: Die Brechung ist an den Enden einer Linse größer als in ihrer Mitte.

Die Abbildung durch Hohlspiegel und durch Linsen hat viele Gemeinsamkeiten, wie sich im Lauf der folgenden Darstellung ergeben wird. Aber es gibt auch Unterschiede. Dazu gehört, dass beim Hohlspiegel die *optische Achse* frei wählbar ist, solange sie durch den Krümmungsmittelpunkt des Spiegels geht, da jeder Radius senkrecht auf der Spiegeloberfläche steht. Bei einer Linse ist dies anders; die optische Achse ist genau definiert, sie verbindet die beiden Mittelpunkte der Kugeln, die die Oberfläche der Linse bilden.

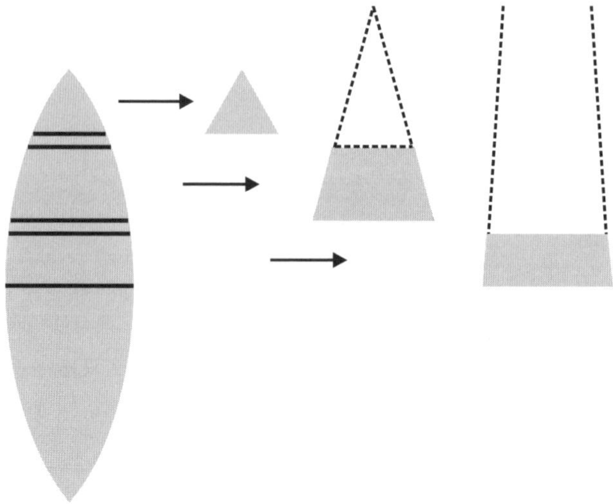

Abbildung 10.10: Annäherung einer Linse durch eine Reihe von Prismen

Jetzt müssen Sie noch einmal all Ihre geometrischen Kenntnisse aufrufen, um anhand von Abbildung 10.11 die sogenannte Linsengleichung herzuleiten. Aber keine Angst: Obwohl die Abbildung kompliziert aussieht, ist das Ganze in wenigen Schritten erledigt.

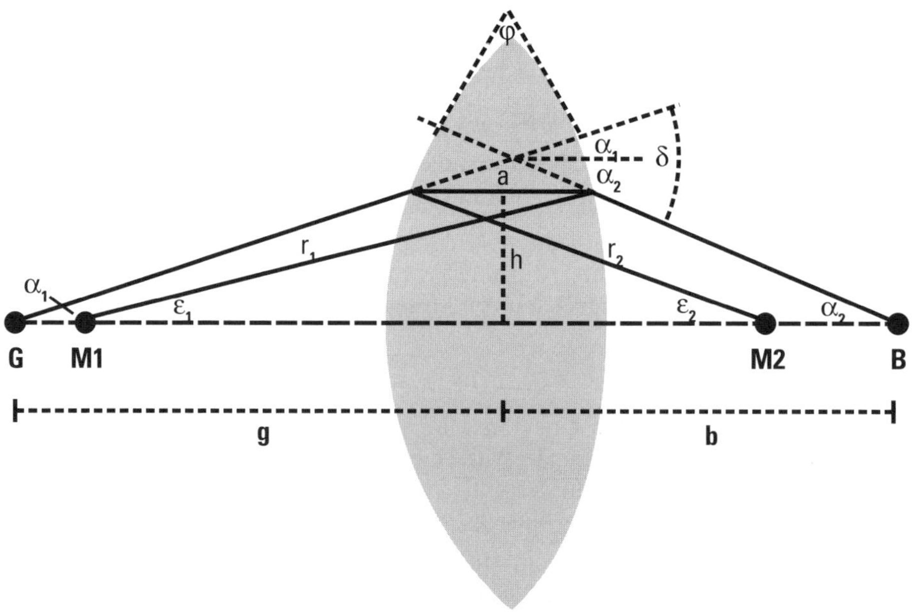


Abbildung 10.11: Zur Herleitung des Linsengesetzes

Zur Vereinfachung werden am Anfang zwei Näherungen gemacht:

1. Es wird angenommen, dass die Linse dünn ist, die Strecke $a$ also in Vergleich mit den anderen Längen vernachlässigt werden kann.
2. Die betrachteten Winkel sind alle klein, also können Tangens und Sinus durch die jeweiligen Argumente ersetzt werden:

$$\alpha_1 \approx \tan \alpha_1 = \frac{h}{g}$$

$$\alpha_2 \approx \tan \alpha_2 = \frac{h}{b}$$

$$\varepsilon_1 \approx \tan \varepsilon_1 = \frac{h}{r_1}$$

$$\varepsilon_2 \approx \tan \varepsilon_2 = \frac{h}{r_2}$$

Wenn Sie weiter oben in diesem Kapitel nachschauen, so finden Sie für die Brechung an einem Prisma unter kleinen Winkeln die Beziehung:

$$\delta = \varphi(n-1)$$

Aus Abbildung 10.11 ergeben sich für $\delta$ und $\varphi$ die folgenden Beziehungen:

$$\delta = \alpha_1 + \alpha_2$$

$$\varphi = \varepsilon_1 + \varepsilon_2$$

Damit ergibt sich:

$$\alpha_1 + \alpha_2 = (n-1) \cdot (\varepsilon_1 + \varepsilon_2)$$

Setzt man die obigen Näherungen ein, erhält man:

$$\frac{h}{g} + \frac{h}{b} = (n-1) \cdot \left( \frac{h}{r_1} + \frac{h}{r_2} \right)$$

$$\frac{1}{g} + \frac{1}{b} = (n-1) \cdot \left( \frac{1}{r_1} + \frac{1}{r_2} \right) = \frac{1}{f}$$

Dabei gilt für die Größe $f$:

$$\frac{1}{f} = (n-1) \cdot \left( \frac{1}{r_1} + \frac{1}{r_2} \right)$$

Damit ergibt sich die sogenannte *Linsengleichung*:

$$\frac{1}{g} + \frac{1}{b} = \frac{1}{f}$$

»Moment!« werden Sie sagen. »Das kenn ich doch. Das ist doch die *Hohlspiegelgleichung.* Also kann das nicht die *Linsengleichung* sein.« Linsengleichung und Hohlspiegelgleichung haben – unter den Näherungen, die in beiden Fällen gemacht wurden – die gleiche Form. Aus diesem Grund bestehen zwischen der Abbildung mit Hilfe von Hohlspiegeln und der Abbildung mit Linsen große Ähnlichkeiten. Es gibt aber auch deutliche Unterschiede.

- Beim Hohlspiegel befinden sich Gegenstand und Bild auf der gleichen Seite des Spiegels. Bei der Linse befindet sich das Bild jenseits der Linse.
- Einer Linse kann man zwei Brennpunkte zuordnen, je einen auf jeder Seite.
- Beim Hohlspiegel ist der Krümmungsmittelpunkt der geometrische Mittelpunkt des Kreisausschnittes, der den Spiegel bildet. Bei einer Linse hängt der Krümmungsmittelpunkt auf komplexe Weise von der Krümmung der beiden Linsenflächen, aber auch vom Brechungsindex der Linse ab. In beiden Fällen gilt jedoch:

  $$r = 2f$$

Den Kehrwert der *Brennweite f* bezeichnet man auch als *Brechkraft*:

$$\text{Brechkraft} = \frac{1}{f}$$

Die Einheit der Brechkraft ist – der Gleichung zufolge – 1/m. In diesem Fall wird diese Einheit auch als *Dioptrie* bezeichnet.

Falls Sie Brillenträger sind, wissen Sie jetzt, was die Dioptrieangabe Ihrer Brille bedeutet. Sie bezeichnet nichts anderes als den Kehrwert der Brennweite Ihrer Brille.

## Auf sie kommt es an: Die Hauptstrahlen

Aus der weitgehenden Analogie zum Hohlspiegel folgt, dass fast alles, was in Kapitel 9 über die Hauptstrahlen und über die Konstruktion der Lage des Bildes mit Hilfe der Hauptstrahlen gesagt wurde, auch im Falle von Linsen gilt. Der größte Unterschied ist in der Tatsache zu finden, dass sich beim Hohlspiegel Gegenstand und Bild auf der gleichen Seite des Spiegels befinden, bei der Linse hingegen das Bild auf der gegenüberliegenden Seite.

Wie schon im Falle des Hohlspiegels sind auch für die graphische Darstellung der Abbildung durch Linsen drei Strahlen (die sogenannten Hauptstrahlen) von besonderer Bedeutung:

- *Parallelstrahlen* laufen vom Gegenstand parallel zu optischen Achse auf die Linse zu.
- *Brennstrahlen* laufen vom Gegenstand durch den Brennpunkt auf die Linse zu.
- *Mittelpunktstrahlen* gehen durch den Mittelpunkt der Linse.

Diese drei Strahlenarten verhalten sich beim Durchgang durch eine Linse ähnlich wie die entsprechenden Strahlen beim Hohlspiegel, wobei man allerdings berücksichtigen muss, dass die Strahlen nicht wie beim Spiegel reflektiert werden, sondern die Linse durchqueren und das Bild auf der anderen Seite der Linse erzeugen:

- *Parallelstrahlen* werden so gebrochen, dass sie den Brennpunkt auf der anderen Seite der Linse durchqueren.
- *Brennstrahlen* werden auf der anderen Seite der Linse zu Parallelstrahlen. Diese beiden Fälle sind in Abbildung 10.12 dargestellt. Für die Parallelstrahlen muss man das Bild von links nach rechts betrachten, für Brennstrahlen von rechts nach links (der Strahlengang einer optischen Anordnung ist umkehrbar, wie bereits in Kapitel 9 dargestellt wurde).

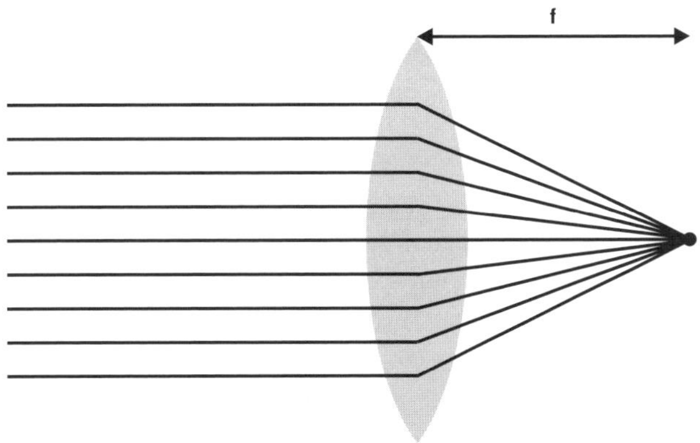


*Abbildung 10.12: Durchgang von Parallelstrahlen (von links nach rechts) und Brennstrahlen (von rechts nach links) durch eine Linse*

- *Mittelpunktstrahlen* verlaufen durch den Mittelpunkt der Linse, ohne abgelenkt zu werden (Abbildung 10.13).

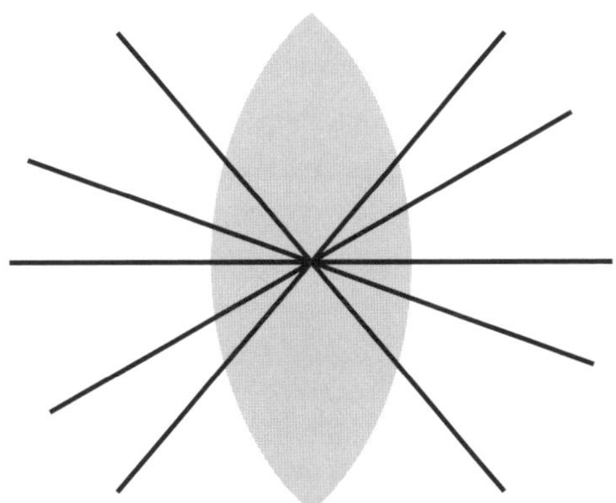

*Abbildung 10.13: Mittelpunktstrahlen durchqueren eine Linse ohne Ablenkung*

## Abbildung durch Sammellinsen

Mit Hilfe dieser drei Hauptstrahlen kann man die Natur, Größe und Richtung des bei der Abbildung durch eine Linse erzeugten Bildes ziemlich einfach graphisch ermitteln, wie in den folgenden Abschnitten gezeigt wird. Dabei muss man allerdings, wie schon beim Hohlspiegel, drei Fälle unterscheiden:

- Der Gegenstand befindet sich außerhalb der doppelten Brennweite der Linse: $g > 2f$.
- Der Gegenstand befindet sich zwischen der einfachen und der doppelten Brennweite: $f < g < 2f$.
- Der Gegenstand befindet sich innerhalb der einfachen Brennweite der Linse: $g < f$.

### Fall 1: $g > 2f$

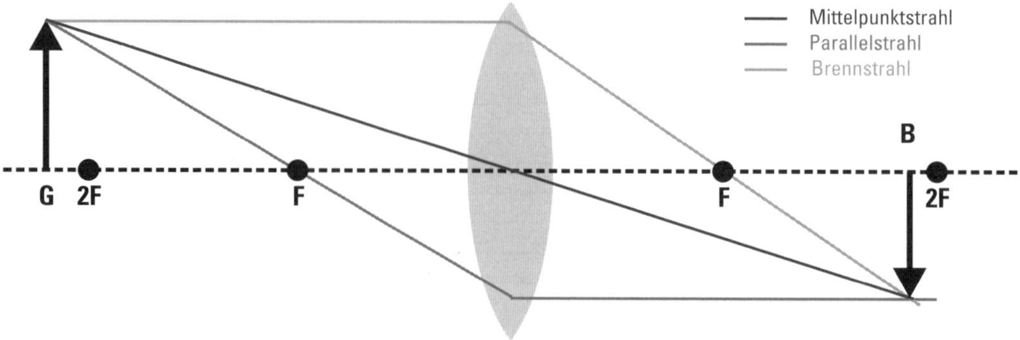


*Abbildung 10.14: Abbildung durch eine Linse. Fall 1: $g > 2f$*

Dieser Fall ist in Abbildung 10.14 dargestellt. Das Diagramm zeigt den Verlauf der drei Hauptstrahlen und die Änderung ihrer Richtungen in der Linse entsprechend den oben aufgestellten Regeln. Aus dieser Abbildung lassen sich drei Schlussfolgerungen ziehen:

- ✔ Das Bild ist reell. Alle drei Hauptstrahlen laufen in einem Punkt zusammen, der die Spitze des Pfeils darstellt.
- ✔ Das Bild ist seitenverkehrt. Die Spitze des Pfeils zeigt nach unten.
- ✔ Das Bild ist verkleinert, wie ein Vergleich der Pfeile G und B zeigt.

### Fall 2: $f < g < 2f$

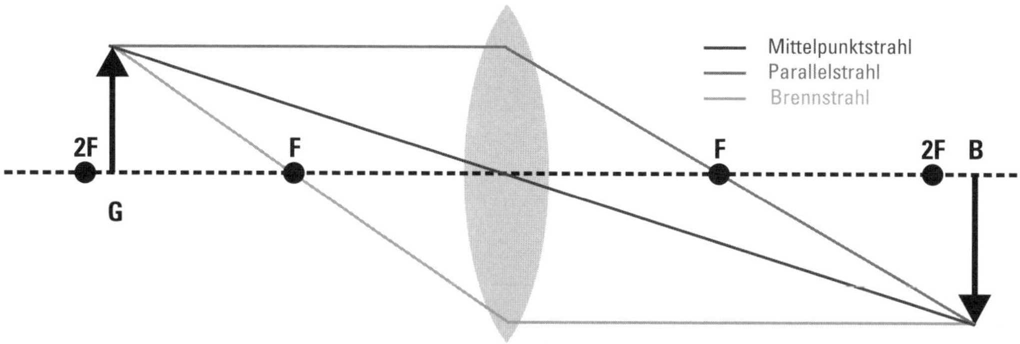


*Abbildung 10.15: Abbildung durch eine Linse. Fall 2: $f < g < 2f$*

Dieser Fall ist in Abbildung 10.15 dargestellt. Die Konstruktion mit Hilfe der Hauptstrahlen erfolgt nach der gleichen Vorgehensweise wie im vorangegangenen Fall. Die Ergebnisse sind im Prinzip die gleichen wie beim entsprechenden Fall beim Hohlspiegel:

- ✔ Das Bild befindet sich außerhalb der doppelten Brennweite der Linse.
- ✔ Das Bild ist seitenverkehrt.

✔ Das Bild ist vergrößert.

✔ Das Bild ist reell.

### Fall 3: $g < f$

Abbildung 10.16 zeigt den letzten möglichen Fall, bei dem sich der Gegenstand innerhalb der einfachen Brennweite der Linse befindet. Parallelstrahl und Mittelpunktstrahl scheinen von einem Punkt außerhalb der doppelten Brennweite der Linse auszugehen, wobei sie divergieren. Der Brennstrahl lässt sich nicht einzeichnen. Damit ergeben sich – ähnlich wie beim entsprechenden Fall für den Hohlspiegel – folgende Bildeigenschaften:

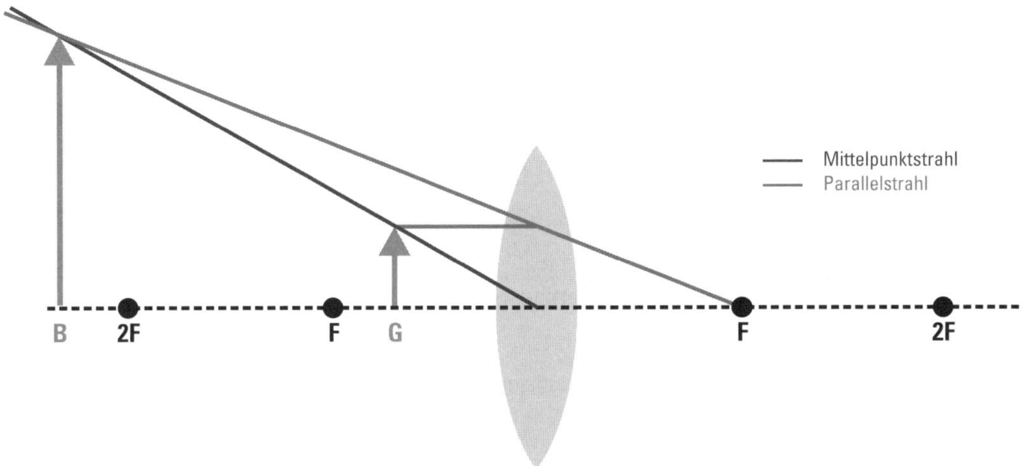


*Abbildung 10.16: Abbildung durch eine Linse. Fall 3: g < f*

✔ Bild und Gegenstand befinden sich auf der gleichen Seite der Linse.

✔ Das Bild ist natürlich virtuell.

✔ Das Bild ist aufrecht.

✔ Das Bild ist vergrößert.

## Zerstreuungslinsen

Die Abbildung mit Zerstreuungslinsen hat große Ähnlichkeiten zur Abbildung mit Hilfe von konvexen Spiegeln, die in Kapitel 9 beschrieben wurde. Wie in diesem Fall, kann man mit Zerstreuungslinsen nur virtuelle Bilder erzeugen. Dennoch sind Zerstreuungslinsen von großer Bedeutung, wie weiter unten im Zusammenhang mit der Beschreibung des menschlichen Auges deutlich werden wird.

Der Durchgang von Strahlen durch konkave Zerstreuungslinsen unterscheidet sich deutlich von dem bei konvexen Sammellinsen. Abbildung 10.17 zeigt den Durchgang von Parallelstrahlen durch eine solche Zerstreuungslinse. Im Falle einer Sammellinse würden die Strahlen in Richtung der optischen Achse gebrochen und dort im Brennpunkt zusammenlaufen.

Bei einer Zerstreuungslinse ist das Gegenteil der Fall: Die Strahlen werden von der optischen Achse weggebrochen. Die Brechung erfolgt dabei so, dass man, wenn man sich auf der rechten Seite der Linse befindet, den Eindruck hat, alle Strahlen würden von einem Punkt (dem Brennpunkt) auf der linken Seite der Linse stammen. Dieses Bild ist demnach virtuell.

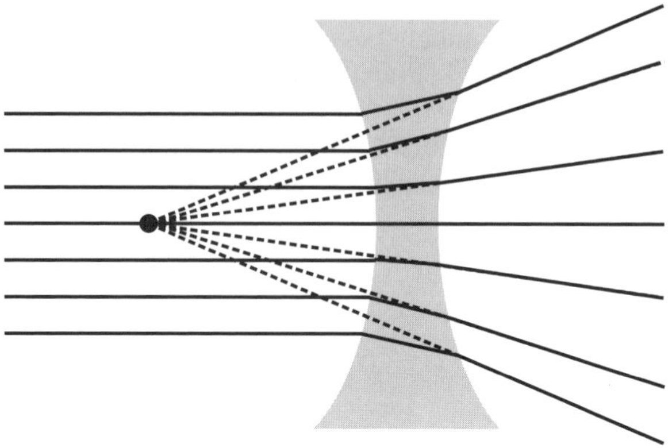

*Abbildung 10.17: Durchgang von Parallelstrahlen durch eine Zerstreuungslinse*

Zerstreuungslinsen erzeugen ausnahmslos virtuelle Bilder.

Für Zerstreuungslinse lautet die Linsengleichung (in Analogie zum konvexen Spiegel):

$$\frac{1}{g}+\frac{1}{b}=-\frac{1}{f}$$

## Linsenfehler

Die Abbildung durch Linsen ist keineswegs perfekt. Die oben eingeführte Linsengleichung gilt nur für dünne Linsen. Aber selbst bei dünnen Linsen treten mehrere Abbildungsfehler auf, die durch die zugrundeliegende Physik begründet sind. Die wichtigsten dieser sogenannten *Linsenfehler* sind die folgenden:

- ✔ *Öffnungsfehler* oder *sphärische Aberration*
- ✔ *Farbfehler* oder *chromatische Aberration*
- ✔ *Bildwölbungsfehler*

Diese drei Linsenfehler werden im Folgenden kurz erläutert.

### Sphärische Aberration

Der sogenannte Öffnungsfehler oder sphärische Aberration tritt auf, wenn bei der Abbildung mittels einer Linse große Winkel eine Rolle spielen. Dann werden Strahlen fern von der optischen Achse stärker gebrochen als Strahlen, die die Linse nahe der optischen Achse durchqueren. Als Ergebnis dieser sphärischen Aberration erhält man keinen definierten

Brennpunkt, sondern, wie Abbildung 10.18 zeigt, einen Bereich B′ → B, in dem die Strahlen einigermaßen konzentriert sind.

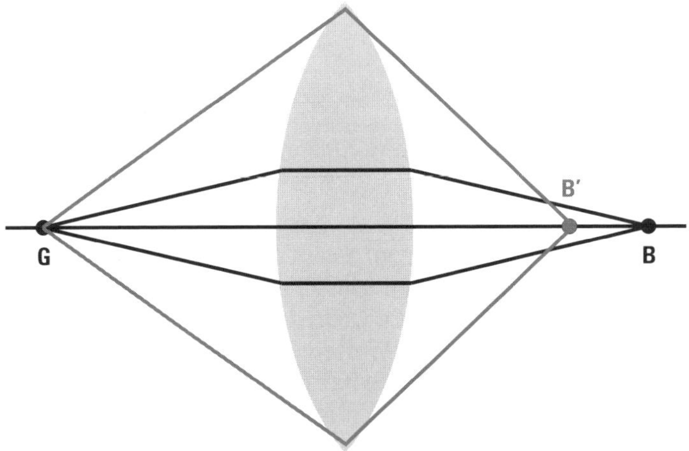


*Abbildung 10.18: Sphärische Aberration*

## Chromatische Aberration

Zu Beginn dieses Kapitels wurde dargestellt, dass der Brechungsindex eines Materials von der Wellenlänge des Lichts abhängt. Dieser Effekt wird *Dispersion* genannt. Der Brechungsindex ist umso größer, je kürzer die Wellenlänge des Lichts ist. Deshalb wird blaues Licht stärker gebrochen als rotes Licht (Abbildung 10.19). Dies bedingt auch, dass die Brennweite einer Linse von der Wellenlänge abhängt. Sie ist umso kürzer, je kleiner die Wellenlänge ist. Dies ist in Abbildung 10.19 dargestellt.

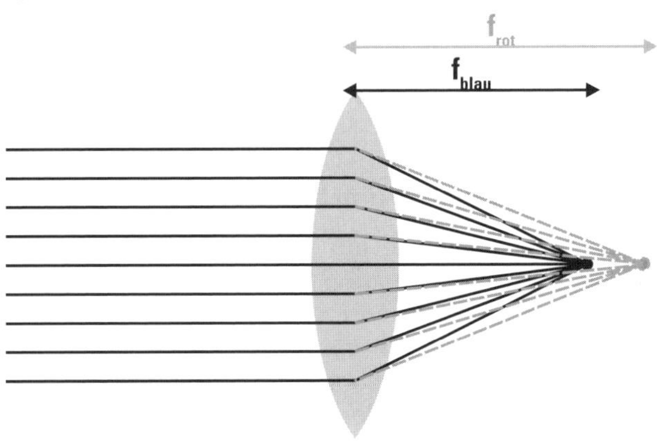


*Abbildung 10.19: Chromatische Aberration*

Dieser Effekt wird Farbfehler oder chromatische Aberration genannt.

Für den Brennpunkt gilt als Funktion des Brechungsindex:

$$\frac{1}{f_n} = (n-1) \cdot \left( \frac{1}{r_1} + \frac{1}{r_2} \right)$$

$$f_n = \frac{1}{n-1} \cdot \frac{r_1 + r_2}{r_1 r_2}$$

Das bedeutet, dass für rotes Licht die Brennweite einer Linse größer ist als für blaues Licht.

### Bildwölbungsfehler

Der sogenannte Bildwölbungsfehler tritt auf, wenn der abzubildende Gegenstand sehr groß ist. Ganz allgemein gilt, dass sich das Bild umso näher an der Linse befindet, je weiter der Gegenstand von ihr entfernt ist. Für große Gegenstände ist die Spitze weiter von der Linse entfernt als der Fußpunkt. Mit anderen Worten: Die Gegenstandsweite ist für die Spitze größer als für den Fußpunkt. Das Bild der Spitze ist also näher an der Linse als das des Fußpunkts. Infolgedessen erscheint das Bild gekrümmt bzw. gewölbt (Abbildung 10.20). Dieser Effekt wird als Bildwölbungsfehler bezeichnet.

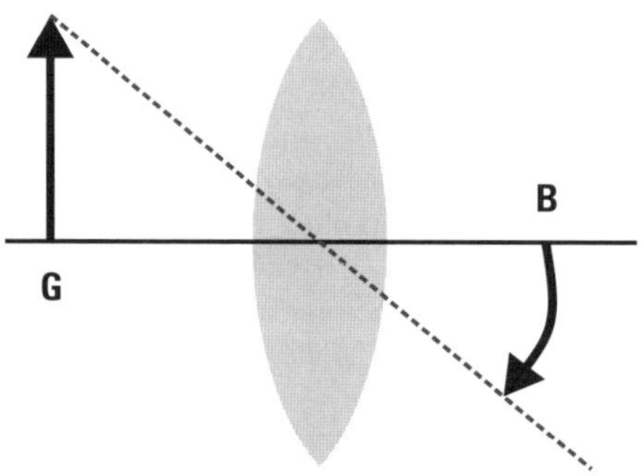


*Abbildung 10.20: Bildwölbungsfehler*

## Schwächen ausbügeln: Linsenkombinationen

Linsenfehler lassen sich im Allgemeinen durch Kombinationen von Linsen (weitgehend) beseitigen. Allerdings muss diese Kombination für jede Anwendung optimiert werden. Auch Linsenkombinationen kann man eine Brennweite zuordnen. Der einfachste Fall einer solchen Kombination ist in Abbildung 10.21 dargestellt: Zwei Sammellinsen befindet sich direkt hintereinander. Brennstrahlen der ersten Linse werden dort in Parallelstrahlen umgewandelt, in der zweiten Linse jedoch wieder in Brennstrahlen zurückverwandelt. Das Bild befindet sich also im Brennpunkt von Linse 2. Insgesamt gilt die Beziehung:

$$\frac{1}{f_{\text{Kombi}}} = \frac{1}{f_1} + \frac{1}{f_2}$$

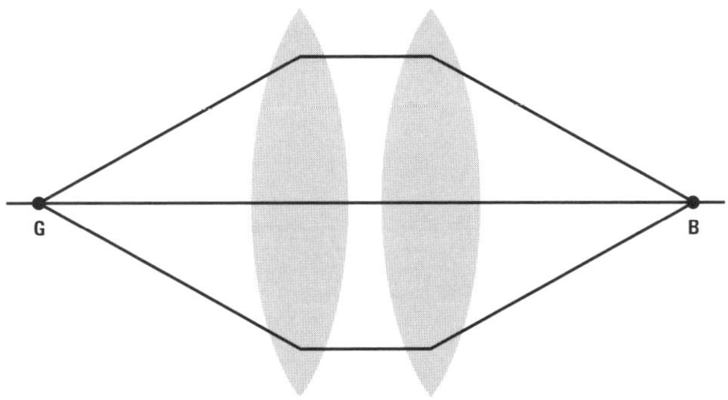


Abbildung 10.21: Eine Kombination aus zwei Sammellinsen

## Vergrößern oder Verkleinern: Optische Instrumente

Linsen spielen, wie auch Hohlspiegel, eine wichtige Rolle in optischen Instrumenten, die dazu benutzt werden, Bilder von Gegenständen zu erzeugen, sie zu vergrößern oder zu verkleinern. Zu ihnen gehören Lupen, Mikroskope, Fernrohre, Sehrohre und Teleskope. Aber an dieser Stelle sollte man nicht vergessen, dass der Mensch zwei Augen besitzt, die ebenfalls als optische Instrumente betrachtet werden können, da jedes Auge eine Sammellinse beinhaltet. Deshalb wird in diesem Abschnitt über optische Instrumente zunächst das menschliche Auge betrachtet (mit den Augen eines Optikers).

### Im Prinzip nur eine Sammellinse: Das Auge

Das wichtigste optische Instrument überhaupt ist natürlich das menschliche *Auge*. Daher sollen im Folgenden kurz seine wichtigsten Bestandteile und seine Wirkungsweise dargestellt werden.

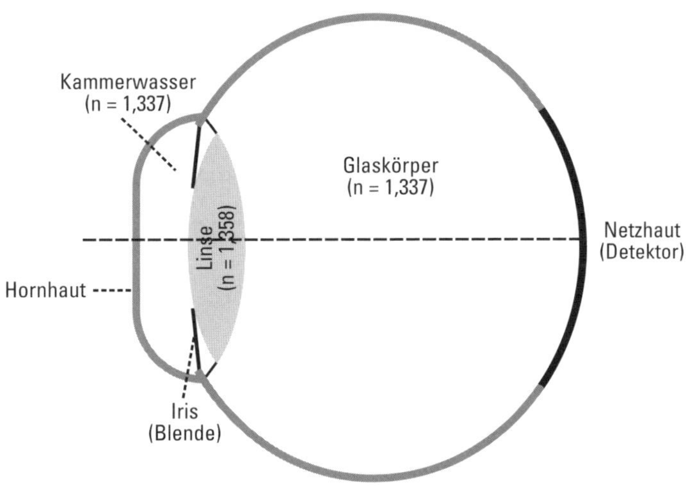


Abbildung 10.22: Das menschliche Auge

Der Abbildung kann man entnehmen, dass das menschliche Auge aus sechs wesentlichen Elementen besteht, von denen drei besonders wichtig für die Abbildung durch das Auge sind:

- ✔ Die *Hornhaut*
- ✔ Das *Kammerwasser*
- ✔ Die *Iris*. Sie wirkt wie eine Blende, die die Lichtmenge reguliert, die das Auge erreicht
- ✔ Die *Augenlinse*, die eine Sammellinse darstellt
- ✔ Der *Glaskörper*
- ✔ Die *Netzhaut* (*Retina*), die als Detektor dient

Brechung tritt in diesem System an vier Stellen auf:

- ✔ An der Grenze Luft/Hornhaut
- ✔ An der Grenze Hornhaut/Kammerwasser
- ✔ An der Grenze Kammerwasser/Linse
- ✔ An der Grenze Linse/Glaskörper

Dieser Darstellung können Sie entnehmen, dass das brechende System des Auges keineswegs einfach ist. Allerdings sollen an dieser Stelle keine weiteren Einzelheiten diskutiert werden. Als Gesamtergebnis ergibt sich:

Das brechende System des Auges erzeugt ein reelles, verkehrtes, verkleinertes Bild auf der Netzhaut.

Die Konsequenzen dieser Art der Abbildung (insbesondere der Tatsache, dass das Bild seitenverkehrt ist), werden weiter unten in diesem Abschnitt erörtert. Zunächst müssen an dieser Stelle noch zwei neue Begriffe eingeführt werden:

- ✔ Als *deutliche Sehweite* bezeichnet man den Abstand von 25 cm. Dies ist eine Übereinkunft; es hat nichts mit der Qualität bestimmter Augen zu tun.
- ✔ Als *Nahpunkt* bezeichnet man den Abstand von 10 cm. Dies ist in etwa die Grenze der Akkommodationsfähigkeit (Anpassungsfähigkeit) des menschlichen Auges.

Betrachten Sie nun noch einmal die Linsengleichung. Sie lautet:

$$\frac{1}{g}+\frac{1}{b}=\frac{1}{f}$$

Beim Auge ist die Bildweite fest; sie wird durch die Position der Netzhaut bestimmt. Also ist eine scharfe Abbildung zunächst einmal nur für eine Gegenstandsweite möglich. Andererseits muss das menschliche Auge in der Lage sein, sowohl weit entfernte als auch sehr nahe Gegenstände scharf zu sehen. Dazu hat es im Prinzip zwei Möglichkeiten:

- ✔ Es muss seine Bildweite variieren
- ✔ Es muss die Brennweite der Augenlinse variieren

Die Länge des Auges von der Linse bis zur Netzhaut beträgt etwa 1,7 cm. Die Brennweite der Linse ist ebenfalls 1,7 cm. Setzt man dies in die Linsengleichung ein, so ergibt sich:

$$\frac{1}{g} + \frac{1}{1{,}7\ \text{cm}} = \frac{1}{1{,}7\ \text{cm}} \quad \Rightarrow \quad g = \infty$$

Unter diesen Umständen werden also Gegenstände im Unendlichen scharf auf der Netzhaut fokussiert. Wenn sich der Gegenstand jedoch im *Nahpunkt* befindet, lauter die Linsengleichung bei gleicher Brechkraft:

$$\frac{1}{10\ \text{cm}} + \frac{1}{b} = \frac{1}{1{,}7\ \text{cm}} \quad \Rightarrow \quad b = 2{,}05\ \text{cm}$$

Um einen Gegenstand im Nahpunkt scharf abzubilden, müsste das Auge 3,5 mm länger werden. Dies ist aufgrund des Aufbaus des Auges nicht möglich. Der Abstand zwischen Augenlinse und Netzhaut ist konstant; er beträgt etwa 17 mm. Daher muss sich die Brechkraft der Augenlinse, also ihre Brennweite ändern, um auch nahe Gegenstände scharf abbilden zu können. Aus der Gleichung

$$\frac{1}{10\ \text{cm}} + \frac{1}{1{,}7\ \text{cm}} = \frac{1}{f}$$

ergibt sich, dass die Brennweite 1,45 cm betragen muss. Rechnet man dies aus, so folgt, dass die Augenlinse etwa 0,5 mm dicker werden muss, um den Gegenstand im Nahpunkt scharf wahrzunehmen. Genau dies ist im menschlichen Auge realisiert.

Die Brennweite der Augenlinse, also ihre Brechkraft, kann durch Muskelanspannung variiert werden. Dies erfolgt im Wesentlichen durch eine Änderung der Dicke der Linse.

## Das Bildverarbeitungsprogramm

Wenn Sie gerne photographieren und dabei eine Digitalkamera benutzen, verwenden Sie wahrscheinlich einen Computer und Bildverarbeitungsprogramme zur Aufbereitung der Bilder. Was aber ist mit den Augen? Auch deren Bilder brauchen eine Aufbereitung.

- ✔ Wenn Sie dieses Kapitel aufmerksam verfolgt haben, wissen Sie, dass die Sammellinsen der Augen reelle Bilder auf der Netzhaut erzeugen. Derartige reelle Bilder sind aber seitenverkehrt, wie die Darstellung in diesem Kapitel gezeigt hat.
- ✔ Sie haben zwei Augen, von denen jedes ein etwas anderes Gesichtsfeld hat. Sie können dies überprüfen, indem Sie nacheinander eines der beiden Augen schließen und dann wieder beide Augen öffnen. Das Gesichtsfeld ist in allen drei Fällen anders; zudem können Sie nur dann 3D-Effekte wirklich wahrnehmen, wenn Sie beide Augen offen haben.

Im Prinzip haben Sie großes Glück. Die Bildverarbeitung der von Ihren Augen wahrgenommenen Bilder wird von dem besten Computer durchgeführt, den es überhaupt gibt: dem *menschlichen Gehirn*. Dass Gehirn sorgt dafür, dass Sie das eigentlich seitenverkehrte Bild richtig wahrnehmen. Es sorgt auch dafür, dass die von den beiden Augen wahrgenommenen Bilder zu einem einzigen kombiniert werden und dabei auch 3D-Effekte eingearbeitet werden.

Das abbildende System des Auges ist nicht besonders gut. Auf der anderen Seite ist das menschliche Gehirn extrem gut. Alle im vorangegangenen Abschnitt vorgestellten Fehler treten auch beim Auge auf (aus welchem Grund sollte auch das Auge die Gesetze der Physik missachten?). Der Bildwölbungsfehler wird weitgehend durch die Wölbung der Netzhaut ausgeglichen. Alle anderen Linsenfehler werden weitgehend durch die Bildverarbeitung im Gehirn korrigiert. Das kombinierte System »Auge + Gehirn« arbeitet im Allgemeinen sehr gut.

Aber es gibt auch Ausnahmen, bei denen das Gehirn nicht mehr helfend eingreifen kann. Dies betrifft vor allem die Kurzsichtigkeit und die Weitsichtigkeit:

- ✔ Bei der *Kurzsichtigkeit* ist die Brechkraft des Auges zu groß, die Brennweite $f$ also zu klein. Damit ist einerseits der Nahpunkt kleiner als normal, andererseits ist es nicht möglich, Bilder aus großer Entfernung zu fokussieren. Hier entsteht das reelle Bild des Gegenstands vor der Netzhaut. Um dies auszugleichen, braucht man eine Brille mit negativer Brechkraft, also eine Zerstreuungslinse.
- ✔ Im Gegensatz dazu ist bei der *Weitsichtigkeit* die Brechkraft der Augenlinse zu klein, das reelle Bild entsteht hinter der Netzhaut. Aus diesem Grund muss in diesem Fall Ihre Brille eine Sammellinse mit positiver Brechkraft sein.

## Das Auflösungsvermögen ist begrenzt

Die Wahrnehmung des Lichts auf der Netzhaut des Auges erfolgt durch Sehzellen, den sogenannten *Stäbchen* und *Zäpfchen*. Ihr Abstand auf der Netzhaut beträgt etwa 3 µm. Damit man zwei Gegenstände getrennt voneinander wahrnehmen kann, sollte zwischen zwei beleuchteten Zellen eine unbeleuchtet bleiben. Aus Abbildung 10.23 lässt sich die folgende Beziehung ableiten:

$$\varphi = 2\frac{\varphi}{2} = 2\tan\left(\frac{\varphi}{2}\right) = 2\frac{3\ \mu\text{m}}{1{,}7\ \text{cm}}$$

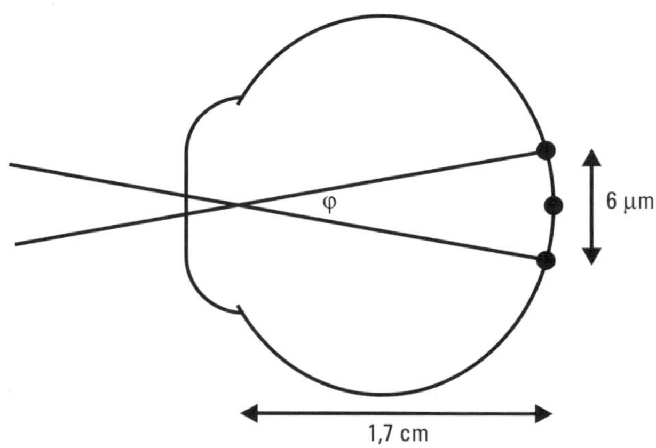


*Abbildung 10.23: Zur Abbildung im menschlichen Auge*

Rechnet man dies aus, so ergibt sich, dass das normale menschliche Auge in einem Meter Entfernung einen Abstand von 0,35 mm noch unterscheiden kann.

## Einfach, aber praktisch: Die Lupe

Wenn man sich mit Linsen, Linsensystemen und optischen Instrumenten befasst, ist der sogenannte *Abbildungsmaßstab* $\beta$ eine wichtige Größe. Er ist definiert als das Verhältnis von Bildgröße und Gegenstandsgröße:

$$\beta = \frac{B}{G} = \frac{b}{g}$$

$\beta$ hängt also nicht vom Betrachter ab. Auf der anderen Seite hängt die Größe, unter der ein Gegenstand einem Betrachter erscheint, vom Abstand zwischen Auge und Gegenstand ab. Dies ist der sogenannte *Sehwinkel* $\varepsilon$ (Abbildung 10.24). Dieser Sehwinkel spielt eine entscheidende Rolle bei der Definition der Vergrößerung:

Als *Vergrößerung* $v$ eines optischen Instruments bezeichnet man das Verhältnis des vom Instrument gelieferten Sehwinkels zum Sehwinkel ohne Instrument in 25 cm Abstand:

$$v = \frac{\varepsilon}{\varepsilon_0} = \frac{\text{Sehwinkel mit Instrument}}{\text{Sehwinkel ohne Instrument in 25 cm Abstand}}$$

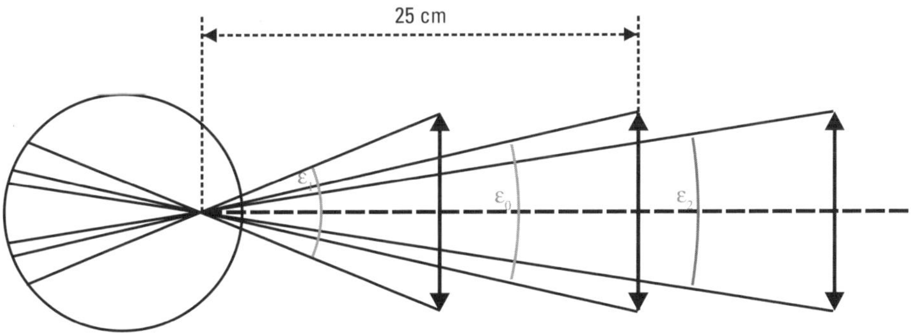


*Abbildung 10.24: Zur Definition der Vergrößerung*

Die Vergrößerung kann dabei sowohl größer als auch kleiner als eins sein. Betrachten Sie noch einmal Abbildung 10.24. Der Winkel $\varepsilon_1$ auf der linken Seite ist größer als $\varepsilon_0$. Also ist in diesem Fall die Vergrößerung $v > 1$. $\varepsilon_2$ (auf der rechten Seite) ist dagegen kleiner als $\varepsilon_0$; also ist $v < 1$.

Eines der einfachsten optischen Instrumente ist die Lupe, die Sie natürlich kennen. Eine *Lupe* ist im Prinzip nichts anderes als eine Sammellinse mit kurzer Brennweite, also großer Brechkraft. Lupen dienen dazu, kleine Gegenstände zu vergrößern, die sich direkt vor dem Auge befinden.

Die obere Skizze in Abbildung 10.25 zeigt die Situation ohne Lupe. Ein Gegenstand der Größe $y$ befindet sich im Abstand $s_0$ (d. h. der deutlichen Sehweite). Das Auge nimmt ihn mit dem Öffnungswinkel oder Sehwinkel $\varepsilon_0$ wahr. Dabei gilt:

$$\varepsilon_0 \approx \tan \varepsilon_0 = \frac{y}{s_0}$$

Um eine Lupe richtig zu verwenden, muss man sie so halten, dass sich der Gegenstand innerhalb ihrer einfachen Brennweite befindet. Dies ist in der unteren Skizze in Abbildung 10.25 dargestellt. Aus der obigen Diskussion ergibt sich, dass man in diesem Fall ein vergrößertes, aufrechtes (dies ist wichtig für die Wahrnehmung), allerdings virtuelles Bild erhält. Letzteres ist allerdings nicht von Nachteil, da man den Gegenstand nur betrachten will. Aus Abbildung 10.25 geht hervor, dass die Größe des Bildes y′ und damit auch der Öffnungswinkel $\varepsilon$ wesentlich größer sind als ohne Lupe. Die Lupe erfüllt also ihren Zweck.

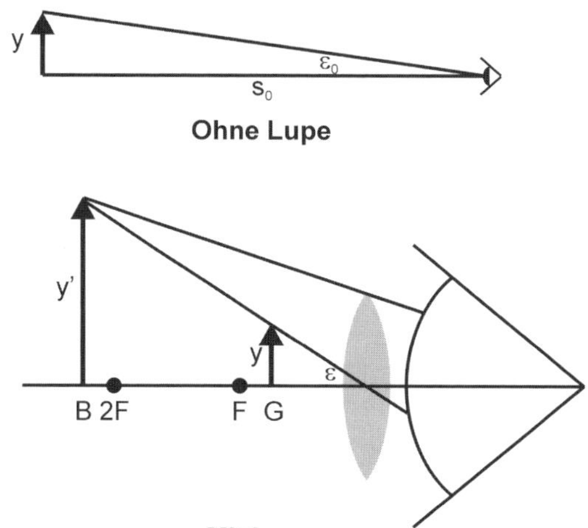


*Abbildung 10.25: Die Abbildung mittels einer Lupe*

Aus der Abbildung lässt sich die folgende Beziehung für den Sehwinkel mit Lupe ablesen:

$$\varepsilon \approx \tan \varepsilon = \frac{Y'}{g} = \frac{Y}{b}$$

Für die Vergrößerung v ergibt sich daher:

$$v = \frac{\varepsilon}{\varepsilon_0} = \frac{s_0}{Y} \cdot \frac{Y}{g}$$

Dabei wurden die gerade hergeleiteten Beziehungen für $\varepsilon$ und $\varepsilon_0$ eingesetzt. In dieser Gleichung kann man $1/g$ mit Hilfe der Linsengleichung ersetzen:

$$v = \frac{s_0}{g} = s_0\left(\frac{1}{f} - \frac{1}{b}\right)$$

Wenn der Gegenstand genau im Brennpunkt der Lupe liegt, befindet sich das virtuelle Bild im Unendlichen. Man erhält also für die Vergrößerung einer Lupe den Ausdruck:

$$\begin{aligned} v &= s_0\left(\frac{1}{f}-\frac{1}{b}\right) \\ &= s_0\left(\frac{1}{f}-\frac{1}{\infty}\right)=\frac{s_0}{f} \end{aligned}$$

Da die deutliche Sehweite $s_0$ 25 cm beträgt, ergibt sich für eine Lupe mit einer Brennweite von 5 cm:

$$v=\frac{s_0}{f}=\frac{25\text{ cm}}{5\text{ cm}}=5$$

## Kleine Dinge ganz groß: Das Mikroskop

Ein Mikroskop besteht, wie Abbildung 10.26 zeigt, aus zwei Sammellinsen, die allerdings jeweils ganz unterschiedliche Aufgaben erfüllen.

- ✔ Das *Objektiv* ist eine Sammellinse, die sich direkt über dem abzubildenden Gegenstand (Objekt) befindet.
- ✔ Das *Okular* ist eine Sammellinse, durch die man mit dem Auge in das Mikroskop schaut.

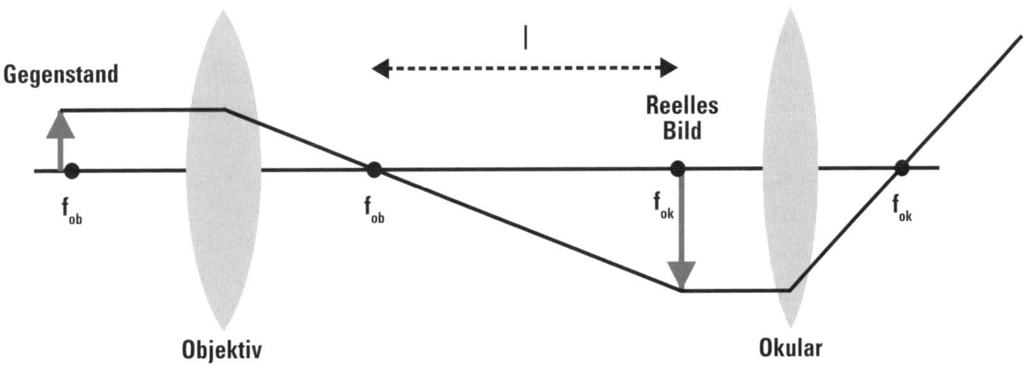


*Abbildung 10.26: Abbildung durch ein Mikroskop*

Abbildung 10.16 zeigt, dass sich das abzubildende Objekt bei einem Mikroskop knapp außerhalb der Brennweite des Objektivs befindet. Dieses erzeugt also ein reelles, seitenverkehrtes, vergrößertes Bild auf seiner anderen Seite. Dieses Bild befindet sich innerhalb der Brennweite des Okulars, das infolgedessen als Lupe wirkt. Es erzeugt ein virtuelles, vergrößertes Bild.

Das Bild, das man durch das Okular eines Mikroskops sieht, ist also virtuell. Auf einem Schirm, den man über das Okular hält, würde man nichts sehen. Zum Nachweis des Bildes ist eine weitere Sammellinse erforderlich: Entweder die Linse Ihres Auges oder die Linse einer Kamera, die Sie auf das Okular aufsetzen, um das Bild zu fotografieren.

Für die Vergrößerung eines Mikroskops gilt die folgende Beziehung:

$$v = \frac{l \cdot s_0}{f_{\text{ob}} \cdot f_{\text{ok}}}$$

Dabei ist $l$ die sogenannte *Tubuslänge*, der geometrische Abstand zwischen den Brennpunkten von Objektiv und Okular (Abbildung 10.26).

Für ein Standardmikroskop findet man beispielsweise die folgenden Werte: $f_{\text{ob}} = 2{,}5$ mm, $f_{\text{ok}} = 25$ mm und $l = 160$ mm. Damit ergibt sich die folgende Vergrößerung:

$$v = \frac{160\,\text{mm}}{2{,}5\,\text{mm}} \cdot \frac{250\,\text{mm}}{25\,\text{mm}} = 640$$

Bei den meisten Mikroskopen werden diese Größen folgendermaßen auf den Linsen angegeben:

- Objektiv: $l/f_{\text{ob}}$ (in diesem Fall 160/2,5 = ×64)
- Okular: $s_0/f_{\text{ok}}$ (in diesem Fall 250/25 = ×10)

## Es gibt Grenzen: Das Auflösungsvermögen

»Tolle Erfindung, diese Mikroskope!« werden Sie sagen. »Lasst uns ein Mikroskop bauen, mit dem man einzelne Atome sehen kann.« Dies wäre natürlich toll, aber die Physik hat leider etwas dagegen. Dafür sind zwei Gründe ausschlaggebend, von denen der zweite mit sichtbarem Licht nicht zu lösen ist:

- Die Lichtmenge: Das von einem Punkt ausgehende Licht verteilt sich beim obigen Beispiel auf die 640 × 640 = 410.000-fache Fläche. Je größer die Vergrößerung ist, desto schwächer wird das Signal.
- Das Auflösungsvermögen: Der zweiter Grund, der die Abbildung eines Atoms mit sichtbarem Licht von vornherein ausschließt, ist die Tatsache, dass Atome wesentlich kleiner sind als die Wellenlängen des sichtbaren Lichts. Im Rahmen der rein geometrischen Strahlenoptik spricht nichts gegen die Abbildung von Atomen. Genau an dieser Stelle kommt aber, wie oben angekündigt, die Wellennatur des Lichts wieder ins Spiel.

Erinnern Sie sich zurück an Kapitel 8, in dem es um die Wellennatur des Lichts ging. Dort wurde unter anderem gezeigt, dass Licht an einem eindimensionalen Spalt gebeugt wird, dass man also beim Durchtritt von Licht durch einen solchen Spalt Beugungsmaxima und -minima beobachtet. Der Spalt wird also nicht in einem Punkt abgebildet, vielmehr ergibt sich eine Intensitätsverteilung. Wenn man diesen Versuch wiederholt und dabei statt eines eindimensionalen Spalts eine zweidimensionale *Blende* verwendet, wird man ebenfalls Beugungseffekte beobachten. Linsen können im Prinzip auch als Blenden betrachtet werden.

Bei der Abbildung mit Linsen führen Beugungseffekte dazu, dass ein Punkt nicht als dimensionsloser Punkt abgebildet wird, sondern ein sogenanntes *Beugungsscheibchen* entsteht. Damit zwei Punkte voneinander unterschieden werden können, muss der Abstand ihrer Beugungsmaxima $\Delta x$ größer sein als der Abstand $m$ zwischen dem Maximum und dem ersten Beugungsminimum für jeden der beiden Punkte.

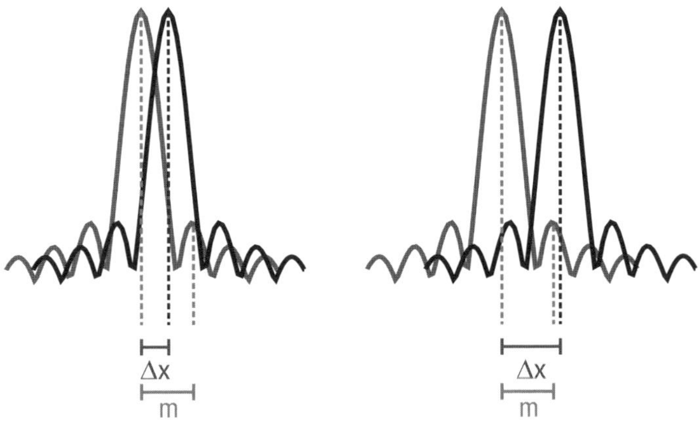


*Abbildung 10.27: Begrenzung der Auflösung durch Beugungseffekte*

Dies ist in Abbildung 10.27 dargestellt. Im linken Fall ist $\Delta x < m$, die beiden Punkte können also nicht unterschieden werden. Im rechten Fall ist dagegen $\Delta x > m$, die beiden Punkte können also unterschieden werden.

In Kapitel 7 wurde für die Lage des ersten Minimums bei der Beugung am Spalt hergeleitet:

$$\sin \Delta\varphi = \frac{\lambda}{d} \approx \Delta\varphi$$

Dabei ist $d$ die Breite des Spalts. Im zweidimensionalen Fall, also bei einer Blende, muss man diese Gleichung leicht modifizieren:

$$\Delta\varphi = \frac{1{,}22\,\lambda}{d}$$

Auf der anderen Seite kann man aus Abbildung 10.28 die folgende Beziehung entnehmen:

$$\Delta\varphi \approx \sin \Delta\varphi = \frac{\Delta x'}{b} = \frac{\Delta x}{g} \approx \frac{\Delta x}{f}$$

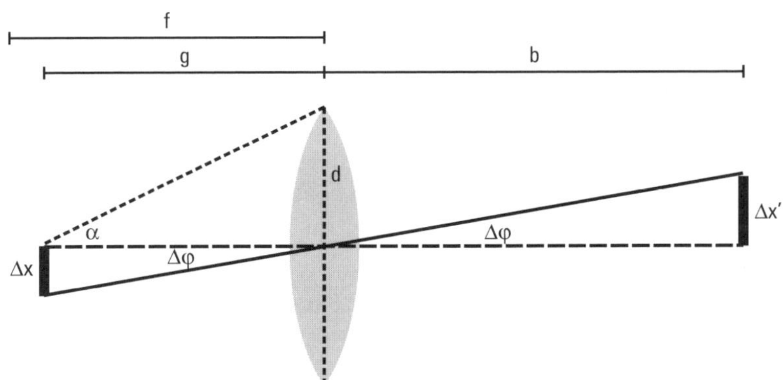


*Abbildung 10.28: Zur Berechnung des Auflösungsvermögens*

Daraus ergibt sich der folgende Ausdruck:

$$\Delta x = \Delta\varphi \cdot f = 1{,}22\, f\,\frac{\lambda}{d}$$

Weiterhin ergibt sich aus Abbildung 10.28:

$$\sin\alpha = \frac{d}{2f}$$

Setzt man dies ein, so erhält man:

$$\frac{d}{f} = 2\sin d\alpha = 1{,}22\,\frac{\lambda}{\Delta x}$$

$$\Delta x = 1{,}22\,\frac{\lambda}{2\sin\alpha}$$

Die Größe $\Delta x$ ist der Kehrwert des sogenannten Auflösungsvermögens.

Das Auflösungsvermögen eines Mikroskops ist definiert als

$$A = \frac{1}{\Delta x} = \frac{2\sin\alpha}{1{,}22\,\lambda}$$

Das Auflösungsvermögen ist also umso größer, je kleiner die Wellenlänge des benutzten Lichts und je größer der Winkel $\alpha$ ist. $\alpha$ ist der *Öffnungswinkel* oder *Akzeptanzwinkel* des Objektivs. Man kann das Auflösungsvermögen eines Mikroskops erhöhen, indem man die Proben nicht an Luft untersucht, sondern sogenannte *Immersionsöle* mit einem hohen Brechungsindex $n$ benutzt. Dann ändert sich das Auflösungsvermögen wie folgt:

$$A = \frac{1}{\Delta x} = \frac{2n\sin\alpha}{1{,}22\,\lambda}$$

Der Ausdruck $2n\sin\alpha$ wird als *numerische Apertur* des Objektivs bezeichnet.

Betrachten Sie folgendes Beispiel: Ein Mikroskop mit $2\alpha = 100°$ verwendet grünes Licht mit einer Wellenlänge von 550 nm. Für Messungen an Luft ergibt sich:

$$\Delta x = \frac{1{,}22\,\lambda}{2\sin\alpha} = 438\ \text{nm}$$

Verwendet man ein Immersionsöl mit einem Brechungsindex von 1,5, so ergibt sich:

$$\Delta x = \frac{1{,}22\,\lambda}{2n\sin\alpha} = 290\ \text{nm}$$

Unter diesen Umständen kann man also noch Gegenstände in einem Abstand von 290 nm unterscheiden.

Es macht also keinen Sinn, die Vergrößerung eines Mikroskops unendlich groß zu wählen. Das Auflösungsvermögen des Mikroskops bestimmt die Abstände, die man noch auflösen kann.

**Aufgabe 10.1**

Wie groß ist der Winkel der Totalreflexion beim Übergang von Glas zu Luft? Wie groß ist er beim Übergang Glas zu Wasser?

**Aufgabe 10.2**

Abbildung 10.29 zeigt einen Lichtstrahl, der unter einem Winkel $\alpha = 40°$ auf eine Glasscheibe von 1 cm Dicke trifft ($n_2 = 1{,}46$). Wie groß ist die Parallelverschiebung $p$ des Lichtstrahls?

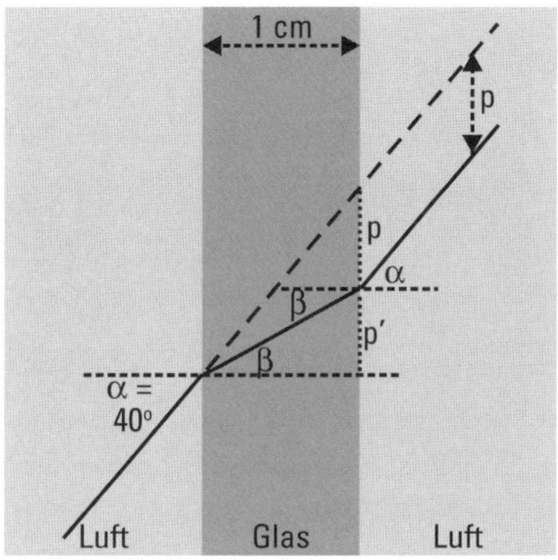


*Abbildung 10.29: Licht durchquert eine Glasscheibe*

**Aufgabe 10.3**

Eine Sammellinse hat eine Brennweite von 10 cm. Wie groß muss die Gegenstandsweite $g$ mindestens sein, damit man ein reelles Bild erhält?

**Aufgabe 10.4**

Wie weit darf dieser Gegenstand höchstens von der Linse entfernt sein, damit das reelle Bild vergrößert ist?

**Aufgabe 10.5**

Die Gegenstandsweite eines Objekts vor einer Sammellinse beträgt 40 cm; sein Bild wird 50 cm hinter der Linse beobachtet. Wie groß ist die Brennweite der Linse? Welche Eigenschaften hat das Bild?

**Aufgabe 10.6**

Das Bild eines Gegenstands von 5 cm Größe im Abstand von 10 cm vor einer Linse erscheint 20 cm hinter der Linse. Wie groß ist dieses Bild?

**Aufgabe 10.7**

Welches Objektiv müssen Sie wählen, wenn Sie bei einem Mikroskop eine 400-fache Vergrößerung erhalten wollen und das Okular die Kennzeichnung ×10 trägt?

**Aufgabe 10.8**

Wie groß ist die Brennweite dieses Objektivs, wenn die Tubuslänge 160 mm beträgt?

# Teil V
# Zwei Seiten einer Medaille: Elektrizität und Magnetismus

*Ich glaube, Sie meinen einen »magnetischen Sturm«, meine Liebe.*

## *In diesem Teil ...*

Dieser Teil dieses Buches beschäftigt sich ausschließlich mit der Elektrizität und dem Magnetismus. Beide spielen in der Physik, natürlich auch in der Technik, aber auch im Alltagsleben eine herausragende Rolle. Von den vier Kapiteln dieses Teils beschäftigen sich zwei mit den physikalischen Hintergründen, die beiden anderen behandeln eher physikalisch-technische Aspekte. In Kapitel 11 wird die *Elektrostatik* dargestellt, die Lehre von den ruhenden elektrischen Ladungen. Wenn sich Ladungen bewegen, treten neue Effekte auf, darunter auch der *Magnetismus*. In diesem Fall hängen Elektrizität und Magnetismus eng miteinander zusammen und bedingen sich sogar gegenseitig. Dies wird in Kapitel 13 dargestellt. Die beiden verbleibenden Kapitel sind *Gleichströmen* (Kapitel 12) und *Wechselströmen* (Kapitel 14) gewidmet.

# In Ruhe, aber voller Kraft: Die Elektrostatik

11

## In diesem Kapitel ...

- Alles über Ladungen
- Das Coulomb'sche Gesetz
- Erprobung mit Testladungen: Das elektrische Feld
- Elektrische Arbeit und Energie
- Elektrisches Potential und elektrische Spannung
- Ladungen speichern: Kondensatoren

Dieses erste Kapitel über den Elektromagnetismus beschäftigt sich mit *ruhenden elektrischen Ladungen*. Aus diesem Grund wird das behandelte Thema *Elektrostatik* genannt. Die Elektrostatik beschäftigt sich mit elektrischen Ladungen, ihrem Ursprung und den Effekten, die sie aufeinander und die sie umgebende Welt ausüben. Die Kraft zwischen zwei *Punktladungen* wird durch das sogenannte *Coulombgesetz* beschrieben. Wenn man es aber – und das ist der Normalfall – nicht mit Punktladungen, sondern mit Ansammlungen von Ladungen zu tun hat, kann man deren Effekte äußerst elegant und relativ einfach mit Hilfe des sogenannten *elektrischen Feldes* beschreiben, das in diesem Kapitel definiert und ausführlich erläutert wird. Weitere wichtige Größen zur Beschreibung elektrostatischer Effekte sind die elektrische Verschiebearbeit, die elektrische Energie, das elektrische Potential und die Spannung.

Im gesamten vorliegenden Kapitel wird davon ausgegangen, dass die betrachteten Ladungen in Ruhe sind. Allenfalls wird eine einzelne Ladung über eine kurze Strecke bewegt. Wenn sich viele Ladungen kollektiv bewegen, spricht man von *elektrischem Strom*. Dieser wird in Kapitel 12 behandelt. Bewegte elektrische Ladungen führen aber unweigerlich auch zu magnetischen Effekten, wie in Kapitel 13 dargestellt wird. Bewegte elektrische Ladungen sind also weitaus komplizierter als ruhende Ladungen. Daher werden in diesem Kapitel zur Einführung in das Thema zunächst einmal ruhende elektrische Ladungen behandelt.

## Elektrostatische Phänomene

Der folgende Effekt ist Ihnen sicherlich schon mehr als einmal begegnet: Sie gehen über den Teppich in Ihrem Wohnzimmer und wollen dann eine Tür öffnen. Sobald Sie die Türklinke berühren, trifft Sie ein (relativ kleiner) elektrischer Schlag. Sie stoßen einen kurzen (oder auch längeren) Fluch aus und meinen damit die Türklinke. Dabei ist die arme Klinke gar nicht schuld an diesem Schlag. Schuld an diesem Effekt sind Sie selbst. Beim Gehen über den Teppich haben Sie sich durch Reibungseffekte selbst elektrostatisch *aufgeladen*. Sobald

Sie die Türklinke berühren, fließt diese Ladung auf die Klinke über; diesen Effekt empfinden Sie als elektrischen Schlag.

## Das Zack!-Gefühl: Ladungstrennung durch Reibung

Wenn man zwei nicht leitende Körper (Isolatoren) gegeneinander reibt und anschließend trennt, so werden sie elektrostatisch aufgeladen. Dieser Effekt funktioniert ausschließlich mit Isolatoren, nicht aber mit elektrisch leitenden Materialien.

Ein besonders gut geeignetes Materialpaar für derartige Experimente sind ein Plexiglasstab und ein Katzenfell (An dieser Stelle haben viele Hörer in meinen Vorlesungen heftig protestiert). Anstelle des Katzenfells kann man auch ein Tuch benutzen, das aber bei Weitem nicht so effektvoll ist.

Im Folgenden werden einige Effekte aufgelistet, die man beobachtet, wenn man Experimente mit den auf diese Weise erzeugten *elektrischen Ladungen* durchführt.

- ✔ Reibt man Fell und Stab gegeneinander und berührt dann jeweils einen von zwei eng nebeneinander aufgehängten Tischtennisbällen mit Fell und Stab, so bewegen sich beide aufeinander zu, sie werden also voneinander angezogen (Abbildung 11.1).
- ✔ Berührt man beide Bälle nacheinander mit Fell oder Stab, so weichen sie einander aus; sie werden also voneinander abgestoßen.
- ✔ Wenn man Fell und Stab gegeneinander reibt und dann vorsichtig wieder annähert, kann man manchmal einen Funkenschlag beobachten.

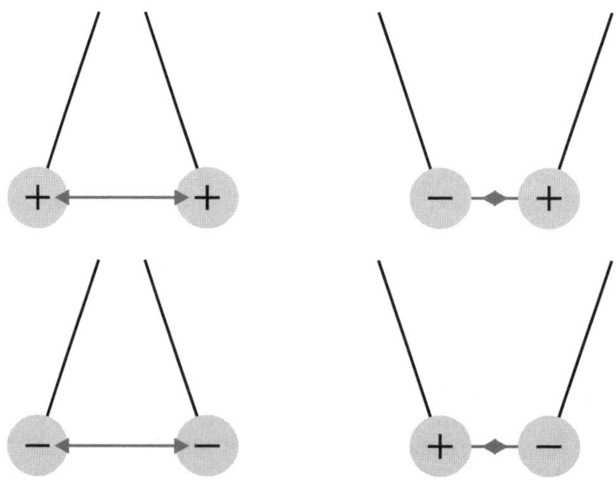


*Abbildung 11.1: Gleichnamige Ladungen stoßen sich ab, entgegengesetzt gelandene Körper ziehen sich an*

Wenn Sie elektrostatische Experimente durchführen wollen, sollten Sie dies im Winter oder zumindest an kühlen Tagen machen. An heißen Tagen mit hoher Luftfeuchtigkeit funktionieren viele Experimente nicht, da die feuchte Luft die Ladungen leitet.

Ursache all dieser Beobachtungen sind *elektrische Ladungen*. Wie bei einigen physikalischen Grundgrößen ist es schwierig oder sogar unmöglich, genau zu definieren, was eine Ladung überhaupt ist. Ladungen beschreibt man am besten durch ihre Auswirkungen, wie es auch in diesem Kapitel erfolgt.

## Ladungen: Anziehend und abstoßend zugleich

Aus den obigen Experimenten kann man folgende Schlussfolgerungen ziehen:

- ✔ Es gibt zwei Arten von Ladungen, eine vom Katzenfell und eine vom Plexiglasstab. Diese beiden Arten von Ladungen nennt man positiv und negativ.
- ✔ Zwischen zwei Ladungen herrschen Kräfte.
- ✔ Gleichnamige Ladungen stoßen sich ab (Abbildung 11.1).
- ✔ Ungleichnamige Ladungen ziehen sich an.

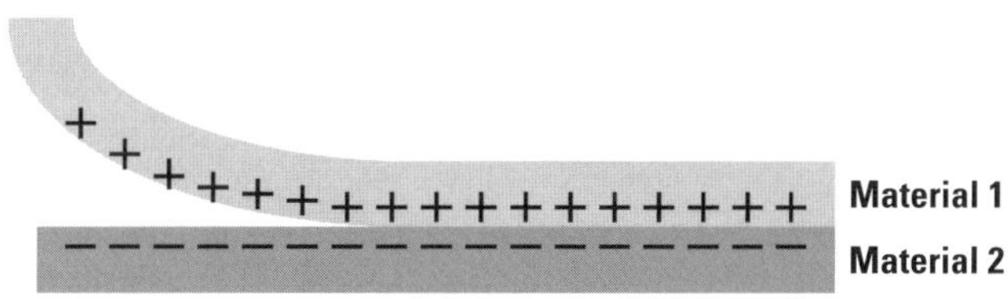


*Abbildung 11.2: Ladungstrennung durch Reibung zweier Materialien gegeneinander*

Allerdings werden Ladungen bei den Reibungsexperimenten nicht erzeugt, sondern lediglich voneinander getrennt (Abbildung 11.2). Jeder Körper enthält eine ungeheuer große Anzahl an Ladungen. Man kann dabei zwei Klassen von Materialien unterscheiden:

- ✔ In Nichtleitern (Isolatoren) können sich die Ladungen nicht frei bewegen.
- ✔ In elektrischen Leitern kann sich zumindest ein Teil der Ladungen frei bewegen.
- ✔ Wenn ein Körper gleich viele positive und negative Ladungen enthält, nennt man ihn *elektrisch neutral*. Andernfalls ist er entweder positiv oder negativ geladen.

Die oben vorgestellten Reibungsexperimente werden mit Isolatoren durchgeführt. Bei diesen Reibungsprozessen sammeln sich einige positive Ladungen bevorzugt auf einem der beiden Materialien an, die negativen auf dem anderen. Dies ist in Abbildung 11.2 dargestellt.

## Unterschiede ziehen sich an: Die Influenz

Es gibt neben der Reibung noch eine zweite Möglichkeit, Ladungen voneinander zu trennen. Diese betrifft leitende Körper, in denen sich Ladungen frei bewegen können. Betrachten Sie dazu Abbildung 11.3. Sie zeigt einen negativ geladenen Plexiglasstab, der an eine leitende Kugel angenähert wird. Als Folge bewegt sich die Kugel auf den Stab zu. Dieser Effekt kann folgendermaßen erklärt werden: Der Stab ist negativ geladen. Bringt man ihn in die Nähe der leitenden Kugel, so trennen sich die dort vorhandenen Ladungen. Negative Ladungen sammeln sich bevorzugt auf ihrer linken Seite, auf der rechten Seite bleiben positive Ladungen zurück, als Folge ziehen sich Kugel und Stab gegenseitig an. Diesen Effekt bezeichnet man als Influenz.

Die Trennung von Ladungen in einem leitenden Körper unter dem Einfluss äußerer Ladungen bezeichnet man als *Influenz*.

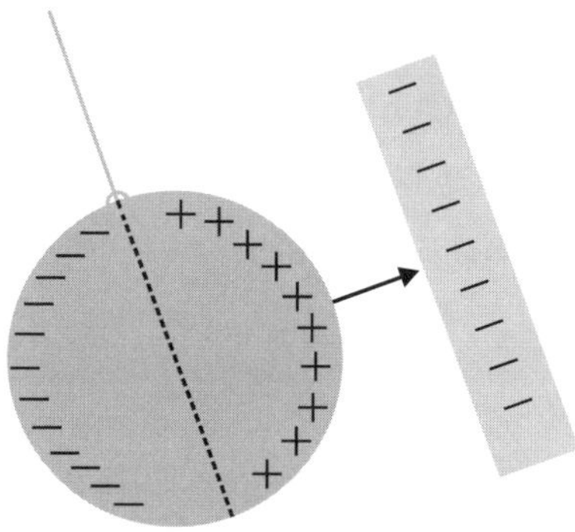

*Abbildung 11.3: Ein geladener Stab trennt Ladungen mit Hilfe der Influenz*

Auf diesem Prinzip der Influenz beruht die Wirkungsweise eines sogenannten *Elektroskops*, mit dem man Ladungen und auch elektrische Spannungen messen kann.

Abbildung 11.4 zeigt ein solches *Elektroskop*. Mit seiner Hilfe kann man elektrische Ladungen nachweisen und, falls das Gerät entsprechend ausgelegt ist, auch quantitativ messen. In diesem Fall spricht man von einem *Elektrometer*. Bringt man eine elektrische Ladung auf die sogenannte Anschlussklemme (oder legt sogar eine elektrische Spannung an), so breitet sich diese Ladung über den gesamten leitenden Körper aus, wie es in der Abbildung gezeigt ist. An dessen unterem Ende befinden sich zwei flügelartige Zeiger, die beweglich sind. Ohne Ladung hängen diese Zeiger aufgrund der Schwerkraft senkrecht nach unten. Wenn der Körper allerdings positiv oder negativ geladen ist, gilt dies auch für die beiden Zeiger. Da sie gleichnamig geladen sind, stoßen sie sich gegenseitig ab, d. h. sie spreizen auseinander, wie es in der Abbildung gezeigt ist. Wenn man eine geeignete Skala hinter den Zeigern anbringt und das Gerät entsprechend eicht, kann man damit Ladungen auch quantitativ messen.

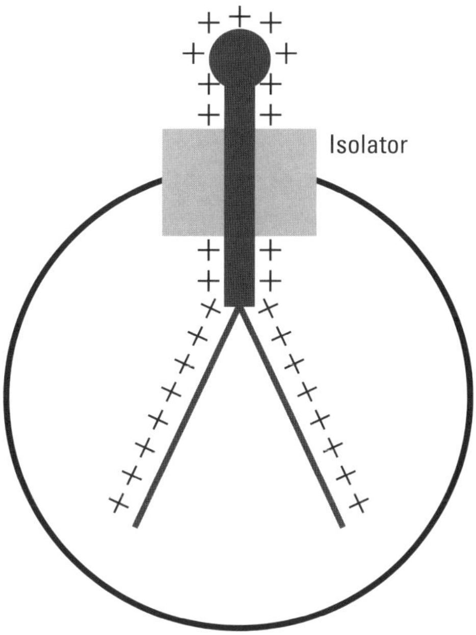


*Abbildung 11.4: Ein Elektroskop*

### Sorgt für Hochspannung: Der Van-de-Graaff-Generator

Der *Bandgenerator* oder *Van-de-Graaff-Generator* ist eine perfektionierte Anordnung zur Erzeugung von sehr hohen elektrischen Spannungen. Er wurde 1929 von dem amerikanischen Physiker Robert van de Graaff entwickelt.

Der prinzipielle Aufbau eines Van-de-Graaff-Generators ist in Abbildung 11.5 dargestellt. Ein Motor bewegt ein endloses, isolierendes Band (etwa ein Gummiband), das von vier drehbaren Walzen $W_1 - W_4$ gelenkt wird. Die Walzen $W_1 - W_3$ bestehen aus einem leitenden Material, das Material der vierten Walze ist hingegen nicht leitend (etwa Plexiglas). $W_4$ ist die sogenannte *Erregerwalze*.

Zwischen dem Band und der Erregerwalze tritt Reibung auf, wobei Ladungen erzeugt werden, die dann anschließend getrennt werden. Dabei sammeln sich die positiven Landungen auf der Walze an, die negativen auf dem Band. Diese werden von der leitenden Walze $W_1$ abgeleitet. Gegenüber von $W_4$ befindet sich der sogenannte *Spitzenkamm*. Die positive Ladung auf $W_4$ sorgt dann dafür, das aufgrund von *Influenzeffekten* vom Spitzenkamm negative Ladungen auf das Band übertragen werden. Diese negative Ladung wird vom Band nach oben transportiert, wo sie von den leitenden Walzen $W_2$ und $W_3$ auf die Hohlkugel gelangen, die sich am oberen Ende des Generators befindet. Wenn ein Van-de-Graaff-Generator entsprechend groß ausgelegt ist, können auf diese Weise Spannungen von einigen Millionen Volt erzeugt werden.

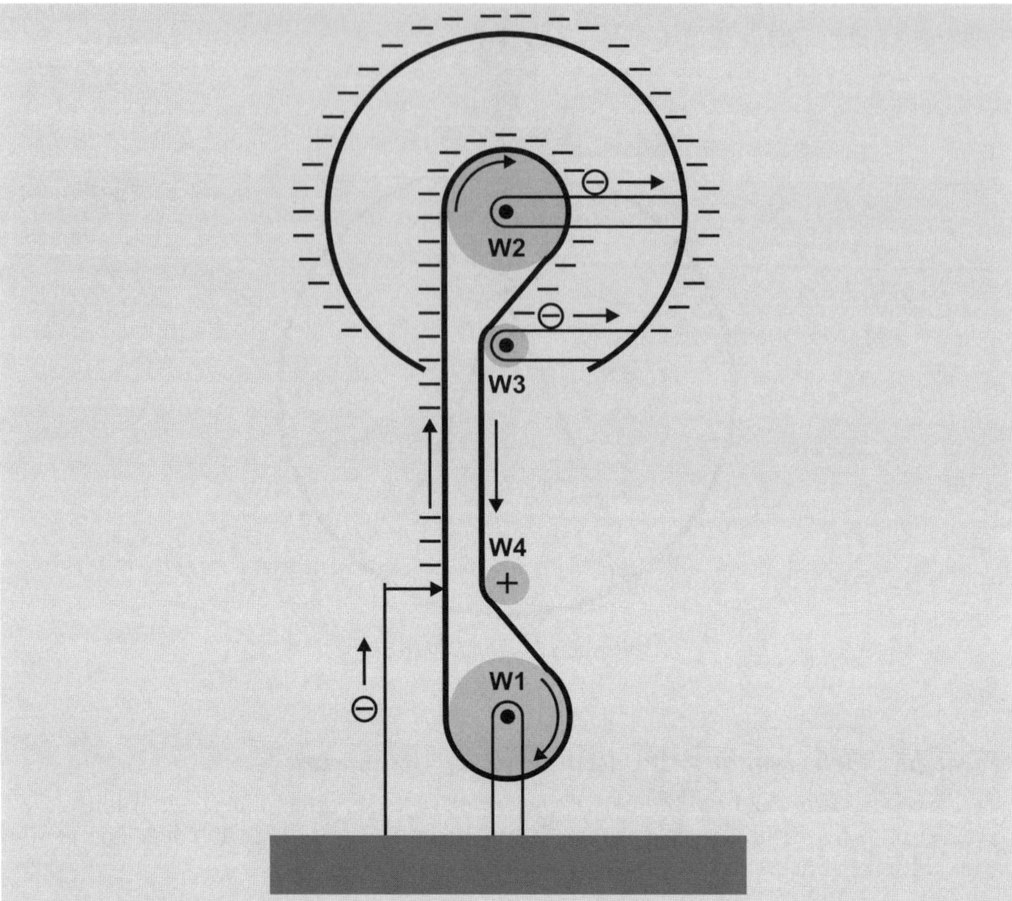


*Abbildung 11.5: Ein Van-de-Graaff-Generator*

Verwechseln Sie den Bandgenerator nicht mit der britischen Band »Van-de-Graaff-Generator«. Der Sänger und Gitarrist Peter Hammill ist ein ehemaliger Physikstudent.

## Alles über Ladungen in Kürze

Die obigen Ergebnisse können zunächst wie folgt zusammengefasst werden:

- ✔ Es gibt zwei Arten von elektrischen Ladungen: positive und negative.
- ✔ Gleichnamige Ladungen stoßen sich ab, entgegengesetzt geladene Körper ziehen sich an.

Dies ist ein Buch über Experimentalphysik. Die im Folgenden aufgelisteten Tatsachen über elektrische Ladungen können allerdings nicht anhand einfacher Experimente erläutert werden. Sie sind dennoch von großer Bedeutung für die Elektrostatik und den Elektromagnetismus insgesamt. Jeder der folgenden Punkte könnte eine Prüfungsfrage sein:

Im Zusammenhang mit elektrischen Ladungen sind noch die folgenden Tatsachen von großer Bedeutung:

- ✔ Die Einheit der elektrischen Ladung ist das *Coulomb* (C). Das Coulomb ist eine abgeleitete Einheit; es gilt die Beziehung:

  $$1\,\text{Coulomb (C)} = 1\,\text{Ampere} \cdot 1\,\text{Sekunde (As)}$$

  Die Hintergründe dieser Beziehung werden in Kapitel 12 im Zusammenhang mit dem elektrischen Strom behandelt.

- ✔ Es gibt eine kleinste elektrische Ladung, die sogenannte *Elementarladung* $q$. Sie beträgt:

  $$q = 1{,}602 \cdot 10^{-19}\ \text{C}$$

Eine Ladung kann niemals kleiner als q sein. Gleichermaßen kann ein Körper nur ganzzahlige Vielfache dieser Elementarladung tragen: $1q$, $2q$, … $nq$, aber niemals $1{,}5q$.

Im Zusammenhang mit der Elementarladung sind noch die folgenden Fakten wichtig:

- ✔ Das einfachste Elementarteilchen, das eine negative Elementarladung trägt, ist das sogenannte Elektron. Seine Ladung wird auch mit e gekennzeichnet. Es gilt also:

  $$Q_{\text{Elektron}} = -q = e$$

- ✔ Das einfachste Elementarteilchen, das eine positive Elementarladung trägt, ist das Positron. Positronen gehören zu den sogenannten Antiteilchen, die in der normalen Materie nicht vorkommen. Es gilt:

  $$Q_{\text{Positron}} = q$$

- ✔ Ionen sind Atome, denen ein oder mehrere Elektronen fehlen oder die ein oder mehrere zusätzliche Elektronen besitzen. Ionen sind also geladene Atome. Im ersten Fall beträgt ihre Ladung nq, im zweiten Fall $ne = -nq$, wobei $n$ die Zahl fehlender oder zusätzlicher Elektronen ist.

## Auf den Abstand kommt es an: Das Coulombgesetz

Im vorangegangenen Abschnitt wurde gezeigt, dass sich gleichnamige Ladungen abstoßen, entgegengesetzt geladene Körper hingegen anziehen (Abbildung 11.1). Zwischen den geladenen Körpern muss also eine Kraft herrschen. Wenn es sich um zwei Punktladungen handelt, spricht man von der sogenannten *Coulombkraft* $F_C$. Wie groß ist diese Kraft? Eigentlich ist es relativ einfach, eine Formel dafür aufzustellen. Wenn Sie ein wenig nachdenken und ich Ihnen ein wenig helfe, sollte das kein Problem sein. Ausgangspunkt ist die Gleichung

$$F_C = ?$$

Vier Schritte sind notwendig, um die endgültige Form der Gleichung zu entwickeln:

1. **Einfluss der Ladungen:** Es ist einleuchtend, dass die Kraft zwischen zwei Ladungen $Q_1$ und $Q_2$ umso größer ist, je größer die beiden beteiligten Ladungen sind. Formelmäßig bedeutet dies:

   $$F_C \propto Q_1 \cdot Q_2$$

   wobei die beiden Ladungen inklusive ihres Vorzeichens berücksichtigt werden müssen.

2. **Einfluss des Abstandes:** Ebenso einleuchtend ist, dass der Abstand der beiden Ladungen voneinander eine Rolle spielen muss. Zwei Ladungen, die sich in einem Labor im Abstand von 10 cm befinden, wirken sicherlich stärker aufeinander als zwei gleich große Ladungen, von denen sich eine in Buxtehude und die andere in Itzehoe befindet. Die Kraft ist umso größer, je geringer der Abstand zwischen beiden Ladungen ist. Mögliche Abhängigkeiten sind also $F_C \propto 1/r$ und $F_C \propto 1/r^2$. An dieser Stelle helfe ich Ihnen weiter. $F$ hängt von $1/r^2$ ab. Damit ergibt sich für die Coulombkraft:

   $$F_C \propto \frac{Q_1 \cdot Q_2}{r^2}$$

3. **Konstante:** Da die Einheiten auf beiden Seiten dieser Gleichung nicht übereinstimmen, fehlt zumindest noch eine Konstante. Diese wird aus Gründen, die im Verlauf dieses Kapitels noch deutlich werden werden, $1/4\pi\varepsilon_0$ genannt. Damit ergibt sich:

   $$F_C = \frac{1}{4\pi\varepsilon_0} \cdot \frac{Q_1 \cdot Q_2}{r^2}$$

4. **Vorzeichen:** Schließlich stellt sich noch die Frage nach dem Vorzeichen der Gleichung. Gleichnamige Ladungen stoßen sich ab, also wird der Abstand größer. Ungleichnamige Ladungen ziehen sich an, also wird $r$ kleiner. Daher muss in der Gleichung für die Coulombkraft ein Pluszeichen stehen.

Herzlichen Glückwunsch. Sie haben gerade das sogenannte *Coulombgesetz* hergeleitet!

Zwischen zwei punkförmigen Ladungen $Q_1$ und $Q_2$ im Abstand r herrscht die *Coulombkraft*

$$F_C = \frac{1}{4\pi\varepsilon_0} \cdot \frac{Q_1 \cdot Q_2}{r^2}$$

Dabei stoßen sich gleichnamige Ladungen ab, entgegengesetzt geladene Körper ziehen sich an. Die in der Gleichung auftauchende Konstante $\varepsilon_0$ wird *Dielektrizitätskonstante* genannt. Ihr Wert beträgt

$$\varepsilon_0 = 8{,}854 \times 10^{-12}\ \frac{\mathrm{C^2 s^2}}{\mathrm{kg\ m^3}} = 8{,}854 \times 10^{-12}\ \frac{\mathrm{Vs}}{\mathrm{Am}}$$

Dabei steht V für Volt und A für Ampere. Das Volt wird weiter unten in diesem Kapitel eingeführt, das Ampere in Kapitel 12.

Die Coulombkraft ist natürlich, wie jede Kraft, ein Vektor, der in der Verbindungslinie der beiden Ladungen liegt. Um dies auszudrücken, kann man die Coulombkraft wie folgt schreiben:

$$\mathbf{F}_C = \frac{1}{4\pi\varepsilon_0} \cdot \frac{Q_1 \cdot Q_2}{r^2} \cdot \frac{\mathbf{r}}{|\mathbf{r}|}$$

Der Ausdruck $\mathbf{r}/|\mathbf{r}|$ ist ein sogenannter *Einheitsvektor*. Er zeigt in die Richtung von $\mathbf{r}$, aber aufgrund der Division durch $|\mathbf{r}|$ besitzt er die Länge 1. $\mathbf{r}/|\mathbf{r}|$ zeigt also nur eine Richtung an.

## Die Symmetrie in der Physik: Coulombgesetz und Gravitationsgesetz

Vielleicht ist Ihnen aufgefallen, dass die mathematische Struktur des Coulombgesetzes stark an die des in Kapitel 5 vorgestellten *Gravitationsgesetztes* erinnert:

$$F_C = \frac{1}{4p\varepsilon_0} \cdot \frac{Q_1 \cdot Q_2}{r^2}$$

$$F_G = -\gamma \cdot \frac{m_1 \cdot m_2}{r^2}$$

Beide Gesetze haben Folgendes gemeinsam: Zwischen zwei Körpern herrscht eine Kraft, im Falle des Gravitationsgesetzes aufgrund der gegenseitigen Anziehung von Massen, im Falles des Coulombgesetzes aufgrund der Anziehung oder Abstoßung elektrischer Ladungen. Für beide Gesetze gilt:

- ✔ Die Kraft hängt gleichmäßig von beiden Verursachern ab, den beteiligten Massen oder Ladungen.
- ✔ Die Kraft hängt invers vom Quadrat des Abstands der beiden Verursacher ab.
- ✔ Die Kraft wirkt entlang der Verbindungslinie der beiden Verursacher.

Der größte Unterschied liegt in der Größenordnung der beiden Konstanten:

$$\gamma = 6{,}67 \times 10^{-11} \frac{\text{Nm}^2}{\text{kg}^2}$$

$$\frac{1}{4\pi\varepsilon_0} = 9{,}0 \times 10^9 \frac{\text{Nm}^2}{\text{C}^2}$$

Elektrische Kräfte sind also sehr viel größer als die Gravitationskraft zwischen zwei Körpern.

## Wirkung auf eine Probeladung: Das Elektrische Feld

Das Coulombgesetz besagt, dass die Kraft zwischen zwei Punktladungen $q_1$ und $q_2$ im Abstand $r$ wie folgt ausgedrückt werden kann:

$$F_C = \frac{1}{4\pi\varepsilon_0} \cdot \frac{Q_1 \cdot Q_2}{r^2}$$

Es gibt viele Fälle, in denen man daran interessiert ist, welche Wirkung eine Ansammlung von $q_1 = Q$ auf eine Probeladung $q_2 = q$ hat, die man in die Nähe der Ladungsansammlung $Q$ bringt. Wenn Probeladung und Ladungsansammlung punktförmig sind, so gilt natürlich das Coulomb'sche Gesetz, das in diesem Fall lautet:

$$F_C = \frac{1}{4\pi\varepsilon_0} \cdot \frac{Q \cdot q}{r^2}$$

Wenn man nur daran interessiert ist, wie der Effekt von $Q$ auf die Probeladung ist, so kann man diese Gleichung durch $q$ dividieren und gelangt damit zu einer neuen, äußerst wichtigen Größe, dem sogenannten elektrischen Feld.

Das *elektrische Feld* einer Punktladung $Q$ ist definiert als

$$E = \frac{F}{q} = \frac{1}{4\pi\varepsilon_0} \cdot \frac{Q}{r^2}$$

Anders ausgedrückt: Eine Probeladung $q$ erfährt in einem elektrischen Feld eine Kraft F:

$$F = q \cdot E$$

Sie mögen vielleicht denken, dass diese Definition irgendwie im Kreise herumführt. Das ist in einer gewissen Weise richtig, solange man es nur mit Punktladungen zu tun hat. Punktladungen sind aber eher die Ausnahme: die Ladung von Elementarteilchen wie Elektronen ist punktförmig, die Ladung von metallisierten Tischtennisbällen in einem gewissen Sinne auch. Aber sowohl in der Natur als auch in der Technik besitzen Ladungsansammlungen zumeist eine andere, oftmals sehr komplexe Form. Aber wenn Sie das elektrische Feld dieser Ladungsansammlung kennen, dann wissen Sie sofort: Wenn man eine Ladung $q$ in dieses Feld bringt, so erfährt es eine Kraft, für die gilt:

$$\mathbf{F} = q \cdot \mathbf{E}$$

Sowohl die Kraft als auch das elektrische Feld sind Vektoren, die in die gleiche Richtung zeigen. Es gilt also für den Fall einer Punktladung:

$$\mathbf{E} = \frac{\mathbf{F}}{q} = \frac{1}{4\pi\varepsilon_0} \cdot \frac{Q}{r^2} \cdot \frac{\mathbf{r}}{|\mathbf{r}|}$$

### Parallel: Das Feld eines Plattenkondensators

Abbildung 11.6 zeigt einen sogenannten Plattenkondensator. Er besteht aus zwei Platten der Größe $A$ und dem Abstand $d$. Eine der beiden Platten ist positiv, die andere negativ geladen.

Beide Platten sind durch ein nicht leitendes Material (im einfachsten Fall Luft) voneinander getrennt.

Bringt man eine Probeladung $q$ in einen Plattenkondensator und sorgt dafür, dass sie sich zwar bewegen kann, um die Richtung der auf sie wirkenden Kräfte anzudeuten, aber die beiden Platten nicht erreichen kann (was dann passiert, wird weiter unten in diesem Kapitel dargestellt), so kann man folgende Beobachtungen machen:

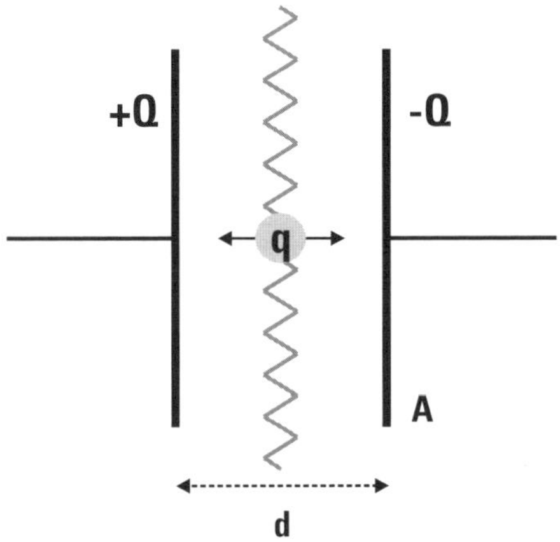


*Abbildung 11.6: Eine Probeladung in einem Plattenkondensator*

- ✔ Wenn der Kondensator geladen ist, wirkt auf die Probeladung eine Kraft.
- ✔ Polt man den Kondensator um, so wechselt die Kraft ihre Richtung.
- ✔ Erhöht man die Ladung auf den Platten, so erhöht sich die Kraft.
- ✔ Dagegen ist die Auslenkung der Probeladung unabhängig davon, an welchem Ort im Kondensator sie sich befindet.

Aus der letzten Beobachtung folgt sofort, dass die Kraft und damit auch das elektrische Feld im Kondensator konstant sein muss.

Das elektrische Feld in einem Plattenkondensator ist *homogen*, also räumlich konstant.

Fasst man alle Beobachtungen zusammen, so ergibt sich, dass das Feld des Plattenkondensators umso größer ist, je größer die Ladung auf den Platten und je geringer der Abstand $d$ ist. Bei gleicher Ladung ist das Feld umso geringer, je größer die Plattengröße $A$ ist. Es gilt also die Beziehung:

$$E_{\text{Kon}} \propto \frac{Q}{A} = \sigma$$

Die Größe $\sigma$ hat die Einheit Ladung/Fläche. Infolgedessen wird sie als *Flächenladungsdichte* bezeichnet. Bei einem Plattenkondensator ist sie proportional zum elektrischen Feld. Die Proportionalitätskonstante ist der Kehrwert der Dielektrizitätskonstanten $\varepsilon_0$. Es gilt also:

$$E = \frac{1}{\varepsilon_0}\sigma \Rightarrow \sigma = \varepsilon_0 E$$

## Auf ihre Dichte kommt es an: Darstellung durch Feldlinien

Im bisherigen Verlauf dieses Kapitels wurden zwei besonders einfache, aber auch besonders wichtige Formen des elektrischen Feldes vorgestellt: das Feld einer Punktladung und das homogene Feld eines Plattenkondensators. Es ist üblich, elektrische Felder graphisch durch sogenannte Feldlinien darzustellen, die die Richtung des Feldes andeuten. Abbildung 11.7 zeigt diese Feldlinien für das Feld einer Punktladung und das homogene Feld eines Plattenkondensators. Im ersten Fall sind die Feldlinien radial, im zweiten verlaufen sie parallel von Platte zu Platte.

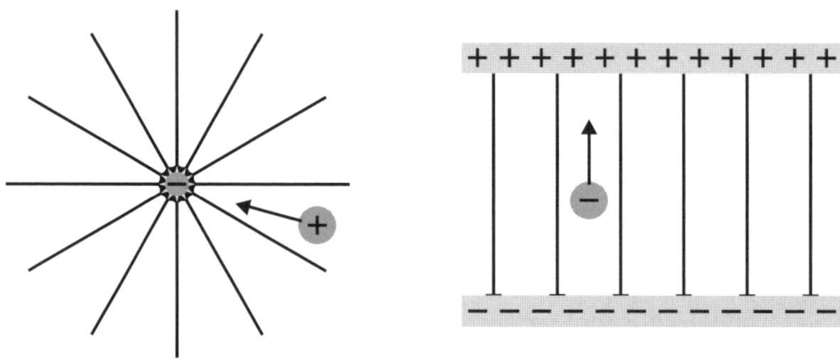

**Radiales Feld** **Homogenes Feld**

*Abbildung 11.7: Das elektrische Feld einer Punktladung (links) und ein homogenes elektrisches Feld (rechts)*

Elektrische Felder werden häufig durch sogenannte *Feldlinien* dargestellt, wie es in Abbildung 11.7 gezeigt ist.

Die Form der Feldlinien der beiden in Abbildung 11.7 dargestellten Fälle wird in den nächsten Abschnitten noch genauer erläutert; zunächst werden noch einige wichtige Informationen über Feldlinien zusammengefasst:

- ✔ Feldlinien symbolisieren die Kraft auf eine Probeladung an jedem Ort.
- ✔ Feldlinien beginnen und enden stets an einer Ladung. Sie verlaufen von plus nach minus.

- ✔ Es gibt prinzipiell unendlich viele Feldlinien (durch jeden Ort geht eine Feldlinie).
- ✔ Die Dichte der Feldlinien symbolisiert die Stärke der Kraftwirkung (symbolisch!).
- ✔ Feldlinien schneiden sich niemals.
- ✔ Feldlinien stehen auf einem elektrischen Leiter immer senkrecht.

## Einfache Überlagerung

Wenn man es mit mehreren elektrischen Feldern zu tun hat, die an einem Ort wirken, so überlagern sie sich, wobei man berücksichtigen muss, dass das elektrische Feld ein Vektor ist.

Zwei oder mehrere elektrische Felder, die an einem Ort wirken, überlagern sich *vektoriell*. Dies wird als Superpositionsprinzip bezeichnet.

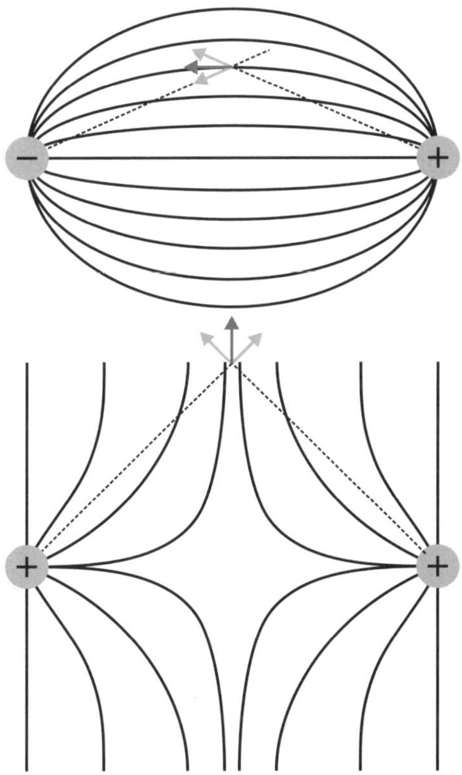


*Abbildung 11.8: Gemeinsame Felder je zweier Punktladungen*

Dies ist in Abbildung 11.8 am Beispiel zweier Punktladungen dargestellt. In der oberen Skizze sind die beiden Ladungen entgegengesetzt, in der unteren gleichnamig. Der Unterschied im Verlauf der Feldlinien in den beiden Fällen ist gewaltig. Der Grund dafür ist, dass Feldlinien stets von positiven zu negativen Ladungen verlaufen.

Zum Schluss dieses Abschnitts sei noch eine interessante Fangfrage gestellt: Stellen Sie sich vor, Sie bringen eine Probeladung $q$ an irgendeinen Punkt der beiden in Abbildung 11.8 dargestellten Felder. Ändert sich das entsprechende Feld durch die Anwesenheit dieser Probeladung? Denken Sie einen Moment darüber nach, bevor Sie die Lösung nachlesen. Die Antwort lautet: Nein, natürlich nicht! Das elektrische Feld ist gerade so definiert, dass es von Probeladungen abstrahiert. Es ist definiert als:

$$E = \frac{F}{q}$$

Die Probeladung hat also nichts mit der Form des elektrischen Feldes einer Ladungsansammlung zu tun, das Feld beschreibt vielmehr die Auswirkung dieser Ladungsansammlung auf die Probeladung.

## Elektrische Energie und Spannung

Im vorangegangenen Abschnitt wurden elektrostatische Kräfte zwischen Ladungen und der Begriff des elektrischen Feldes ausführlich erörtert. Es gibt allerdings noch eine Reihe weiterer wichtiger Größen zur Beschreibung der Effekte, die von ruhenden elektrischen Ladungen hervorgerufen werden. Diese Größen werden in den beiden folgenden Abschnitten eingeführt. Den Anfang bilden die elektrische Verschiebearbeit und die elektrische Energie.

### Arbeit und elektrische Energie

Abbildung 11.9 zeigt ein äußerst aufschlussreiches Experiment. Ein metallisierter Tischtennisball hängt an einem Faden zwischen den beiden Platten eines geladenen Kondensators. Lenkt man den Ball leicht aus, sodass er eine der beiden Platten auch nur leicht berührt, so passiert etwas ganz Erstaunliches: Der Ball beginnt, wie wild zwischen den beiden Platten hin und her zu rasen. Dieser Vorgang dauert eine ganze Zeit an, bis der Ball schließlich langsamer wird und nach geraumer Zeit ganz zum Stillstand kommt.

Dieses zunächst etwas seltsame Verhalten kann ziemlich einfach erklärt werden: Die beiden Platten des Kondensators sind entgegengesetzt geladen, zwischen ihnen herrscht ein elektrisches Feld. Kommt der zunächst neutrale Ball in Kontakt mit der negativen Kondensatorplatte, lädt er sich negativ auf. Dadurch wird er von der negativen Platte abgestoßen und zugleich von der positiven angezogen. Er rast sofort zur positiven Platte und wird dort umgeladen. Danach ist er positiv geladen und wird wieder in Richtung auf die negative Platte beschleunigt, wo er wieder umgeladen wird. Dieser Vorgang wiederholt sich viele Male. Er hört erst dann auf, wenn die Ladungen auf den Kondensatorplatten geringer werden und der Kondensator schließlich völlig entladen ist, wobei diese Entladung einzig und allein durch den rasenden Tischtennisball erfolgt ist.

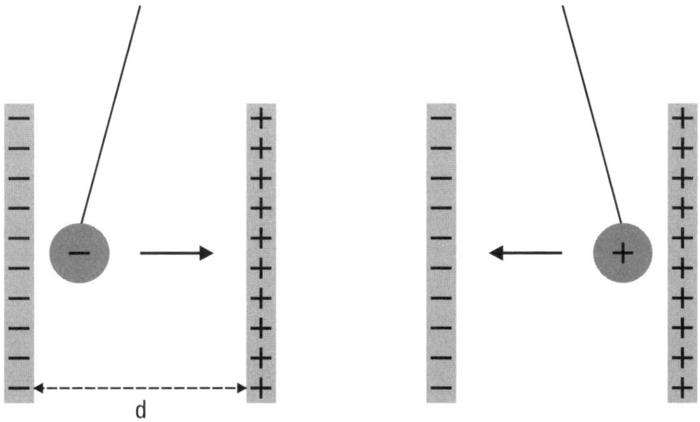


*Abbildung 11.9: Eine metallisierter Tischtennisball in einem Plattenkondensator*

Genauso einfach ist es, einige Schlussfolgerungen aus diesem Versuch zu ziehen. Der Kondensator beschleunigt den Ball fortwährend. Er leistet also *Arbeit* an dem Ball. Also muss der geladene Kondensator *Energie* enthalten. Dies bedeutet aber wiederum, dass man Arbeit leisten muss, um einen Kondensator zu laden.

Um diese Arbeit zu berechnen, stellen Sie sich vor, sie wollten eine Elementarladung $q$ gegen ein bereits herrschendes elektrisches Feld $E$ von einer Platte auf die andere transportieren. Das elektrische Feld in einem Plattenkondensator ist homogen; auf die Ladung wirkt die Kraft:

$$F = q \cdot E$$

Die Arbeit, die dabei verrichtet werden muss, ist gleich Kraft mal Weg oder, wenn d der Abstand der Platten ist:

$$W_1 = F \cdot d = qE_1 \cdot d$$

Der Index 1 soll hier andeuten, dass es sich hier um die erste Ladung handelt, die gegen das Feld von einer Platte auf die andere gebracht wird. Wiederholt man diesen Vorgang mit einer zweiten Ladung, so muss man berücksichtigen, das sich durch den Transport der ersten Ladung das Feld geändert hat. Deshalb ist $E_1 \neq E_2$ und $W_1 \neq W_2$. Für die Arbeit $W_2$ gilt also:

$$W_2 = F \cdot d = qE_2 \cdot d$$

Man könnte jetzt unendlich viele Gleichungen aufstellen, eine für jede einzelne Ladung, die von der ersten Platte zur zweiten transportiert wird. Allerdings würde man angesichts der vielen Unbekannten in diesen Gleichungen nicht viel gewinnen. Diese Situation schreit geradezu nach der Integralrechnung. Verallgemeinert man die beiden letzten Gleichungen, so gilt für die Arbeit, die man aufwenden muss, um eine infinitesimal kleine Ladung $dq$ gegen das Feld auf die andere Platte zu bringen:

$$\mathrm{d}W = d \cdot E(q) \cdot \mathrm{d}q$$

Dabei berücksichtigt der Term $E(q)$, dass das Feld im Kondensator davon abhängt, wie viel Ladung sich bereits auf der Platte befindet. Integriert man diese Gleichung, so erhält man:

$$\int_0^W \mathrm{d}w = \int_0^Q d \cdot E(q) \cdot \mathrm{d}q$$

$W$ ist die Gesamtarbeit, die nötig ist, um die Gesamtladung $Q$ von einer Platte zur anderen zu transportieren. Oben wurde gezeigt, dass das elektrische Feld in einem Plattenkondensator auch folgendermaßen geschrieben werden kann:

$$E = \frac{\sigma}{\varepsilon_0}$$

Die Flächenladungsdichte $\sigma$ ist dabei wie folgt definiert:

$$\sigma = \frac{q}{A}$$

Setzt man dies in die obigen Integralgleichung ein, so erhält man:

$$\int_0^W \mathrm{d}w = \int_0^Q d \cdot E(q) \cdot \mathrm{d}q = \int_0^Q d \cdot \frac{\sigma}{\varepsilon_0} \cdot \mathrm{d}q = \int_0^Q \frac{d}{A} \cdot \frac{q}{\varepsilon_0} \cdot \mathrm{d}q$$

Die Berechnung dieses Integrals ist einfach (Kapitel 2). Es ergibt sich:

$$\begin{aligned} W &= \left[\frac{1}{2}\frac{d}{\varepsilon_0 A} q^2\right]_0^Q \\ &= \frac{1}{2}\frac{d}{\varepsilon_0 A} Q^2 \end{aligned}$$

An dieser Stelle sind gleich zwei Erinnerungssymbole fällig, um das Ergebnis dieser Rechnung zusammenzufassen:

Die Größe

$$C = \frac{\varepsilon_0 A}{d}$$

ist die *Kapazität* des Plattenkondensators. $C$ ist die Fähigkeit eines Kondensators, Ladungen zu speichern. Die Einheit der Kapazität ist $A^2s^4/kgm^2$, sie wird auch als *Farad* bezeichnet (nach dem englischen Naturforscher Michael Faraday).

Jeder Kondensator besitzt eine Kapazität. Die exakte Form der Gleichung für C hängt von der Form des Kondensators ab. Mehr über Kapazitäten finden Sie im folgenden Abschnitt.

Um einen Kondensator aufzuladen, ist Arbeit erforderlich. Diese Arbeit beträgt:

$$W = \frac{1}{2} \cdot \frac{Q^2}{C}$$

Diese Arbeit ist als *elektrische Energie* im Kondensator gespeichert; sie sorgt beispielsweise dafür, das der Tischtennisball wie wild von einer Platte zur anderen rast.

Die letzte Gleichung kann man auch wie folgt schreiben:

$$W = \frac{1}{2} \cdot \frac{Q^2}{C} = \frac{1}{2} \cdot CU^2 = \frac{1}{2} \cdot \frac{\varepsilon_0 A}{d} U^2$$

Setzt man für die Spannung $U = Ed$ ein, so ergibt sich:

$$W = \frac{1}{2} \cdot \frac{\varepsilon_0 A}{d} E^2 d^2 = \frac{1}{2} \cdot \varepsilon_0 Ad \cdot E^2$$
$$= \frac{1}{2} \cdot \varepsilon_0 V \cdot E$$

Damit kann man die *Energiedichte* $\varepsilon$, also die Energie pro Volumen, des elektrischen Feldes auch folgendermaßen schreiben:

$$\varepsilon = \frac{W}{V} = \frac{1}{2} \cdot \varepsilon_0 E^2$$

## Potential und Spannung

Dieses letzte Ergebnis kann man verallgemeinern, sodass es nicht nur für (Platten)kondensatoren, sondern für beliebige elektrische Felder gilt. Betrachten Sie dazu Abbildung 11.10. Sie zeigt eine elektrische Ladung $q$, die von einem Punkt A in einem elektrischen Feld $E$ zum Punkt B transportiert wird.

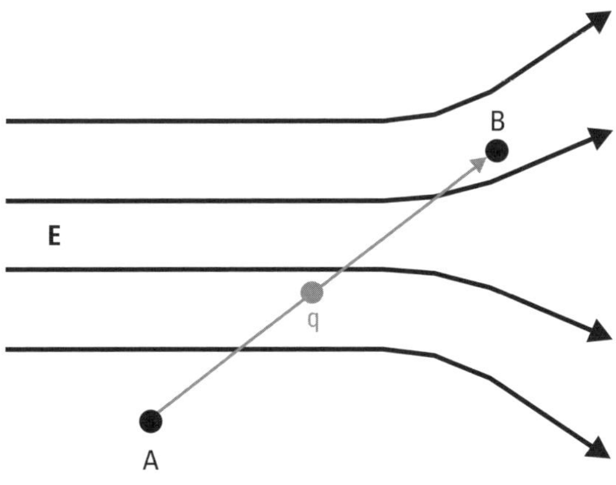


*Abbildung 11.10: Transport einer Ladung in einem beliebigen elektrischen Feld*

Die Arbeit, die notwendig ist, um diese Ladung vom Punkt A zum Punkt B zu transportieren, lässt sich folgendermaßen ausdrücken:

$$W_{el} = \int_{\text{von A}}^{\text{nach B}} q \cdot E(s)\,\mathrm{d}s = q \int_{\text{von A}}^{\text{nach B}} E(s)\,\mathrm{d}s$$
$$= q \cdot \Delta U$$

Dabei ist die Arbeit unabhängig davon, auf welchen Weg die Ladung von A nach B transportiert wird.

Wenn die Ladung von A nach B transportiert und dabei Arbeit verrichtet wurde, besitzt sie natürlich eine entsprechende elektrische potentielle Energie. Diese beträgt:

$$E_{\text{pot,el}} = W_{\text{el}} = q \cdot \Delta U$$

Die Größe $\Delta U$ wird *Potentialdifferenz* oder *elektrische Spannung* genannt.

Die elektrische Spannung verhält sich zur elektrischen *Verschiebearbeit* wie das elektrische Feld zur Kraft. Beide Größen beschreiben nur die Eigenschaften des Feldes selbst, da durch die Probeladung dividiert wurde. Kraft und Arbeit hängen hingegen auch von der Probeladung ab:

$$\mathbf{E} = \frac{\mathbf{F}}{q} \quad \text{und} \quad \Delta U = \frac{W_{\text{el}}}{q}$$

Wie der Name Potentialdifferenz schon sagt, bezieht sich die Spannung stets auf den Unterschied des Potentials zwischen zwei Punkten. Man muss also stets diese beiden Punkte mit angeben. Wenn man eine Batterie mit einer Spannung von 3 V hat, so existiert die Spannung zwischen ihrem Pluspol und ihrem Minuspol.

Um noch einmal allgemeiner zu werden: Die Spannung $\Delta U_{AB}$ zwischen zwei Punkten A und B entspricht der Arbeit, die notwendig ist, um eine Ladung $q$ in einem elektrischen Feld $E$ von A nach B zu transportieren, dividiert durch diese Ladung selbst:

$$\begin{aligned}\Delta U_{\text{AB}} &= \frac{\text{Verschiebearbeit im elektrischen Feld}}{\text{Ladung}} \\ &= \frac{W_{\text{el}}}{q} \\ &= \int_{\text{A}}^{\text{B}} E(s)\,\mathrm{d}s\end{aligned}$$

Wenn das elektrische Feld homogen ist, kann man die Spannung $\Delta U_{AB}$ leicht berechnen, sie ergibt sich zu:

$$\Delta U_{\text{AB}} = E \cdot s$$

An dieser Stelle ist es Zeit, einige wichtige Schreibweisen und Einheiten einzuführen.

Obwohl die Spannung als Potentialdifferenz $\Delta U$ definiert ist, wird sie zumeist nur mit dem Buchstaben $U$ abgekürzt. Man muss allerdings stets im Hinterkopf haben, dass eine elektrische Spannung stets zwischen zwei Punkten existiert oder anliegt.

Die Einheit der Spannung ergibt sich aus der obigen Darstellung wie folgt:

$$[U] = \frac{[W]}{[q]} = \frac{J}{C} = V = \text{Volt}$$

Die Einheit der elektrischen Spannung ist also das Volt, das Sie natürlich aus dem Alltagsleben kennen. Aus der letzten Gleichung $U = E \cdot s$ ergibt sich damit für die Einheit des elektrischen Feldes:

$$[E] = \frac{[U]}{[s]} = \frac{\text{V}}{\text{m}}$$

Denken Sie noch einmal über den Begriff Potentialdifferenz nach. Wenn zwischen zwei Punkten A und B in einem elektrischen Feld eine *Potentialdifferenz* $\Delta U_{AB}$ herrscht, dann muss man jedem einzelnen Punkt in einem elektrische Feld ein *Potential U* zuordnen können. Das Problem ist, dass man einen Punkt braucht, auf den dieses Potential bezogen ist. Potentiale kann man nicht messen, sondern nur Potentialdifferenzen. Üblicherweise wird die *Erdoberfläche* als Bezugspunkt gewählt. Es gibt nur eine Ausnahme: Wenn es sich um das Feld einer Punktladung handelt, dann liegt der Bezugspunkt im Unendlichen.

$$U_r = \int_R^\infty E(s)\,\mathrm{d}s = \int_R^\infty \frac{Q}{4\pi\varepsilon_0} \cdot \frac{1}{r^2}\,\mathrm{d}r = \frac{Q}{4\pi\varepsilon_0} \cdot \frac{1}{R}$$

Man kann also jedem Punkt im Raum ein Potential zuordnen. Flächen im Raum, auf denen das Potential konstant ist, nennt man *Äquipotentialflächen*.

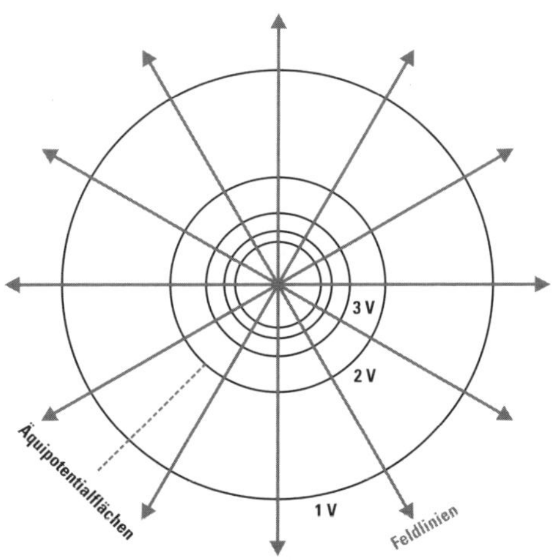


*Abbildung 11.11: Äquipotentialflächen einer Punktladung*

Im Fall von Punktladungen sind die Äquipotentialflächen kugelförmig (siehe Abbildung 11.11), im Fall von Plattenkondensatoren verlaufen sie parallel zu den Flächen. Im Zusammenhang mit Äquipotentialflächen sind folgende Tatsachen von Bedeutung:

- ✔ Äquipotentialflächen stehen immer senkrecht auf den Feldlinien.
- ✔ Auf Äquipotentialflächen können Ladungen verschoben werden, ohne dass Arbeit verrichtet werden muss.
- ✔ Die Oberflächen von elektrischen Leitern in einem elektrischen Feld bilden Äquipotentialflächen.

## Zusammenfassung elektrischer Feldgrößen

| Größe | Beschreibung | Definition | Beispiel Punktladung |
|---|---|---|---|
| Kraft | Zwischen zwei Punktladungen herrscht die Coulombkraft | $F$ | $\frac{1}{4\pi\varepsilon_0}\frac{qQ}{r^2}$ |
| Feld | Kraft auf eine Probeladung | $E = \frac{F}{q}$ | $\frac{1}{4\pi\varepsilon_0}\frac{Q}{r^2}$ |
| Arbeit | Verschiebearbeit einer Ladung im elektrischen Feld | $W_{\text{el}} = \int_A^B q \cdot E(s)\,\mathrm{d}s$ | $\frac{qQ}{4\pi\varepsilon_0}\left(\frac{1}{r_a} - \frac{1}{r_b}\right)$ |
| Energie | Gewonnene potentielle Energie | $E_{\text{pot,el}} = W_{\text{el}}$ | |
| Spannung | Potentialdifferenz: Differenz der potentiellen Energie pro Ladung | $\Delta U = \frac{W}{q} = \int_A^B E(s)\,\mathrm{d}s$ | $\frac{Q}{4\pi\varepsilon_0}\left(\frac{1}{r_a} - \frac{1}{r_b}\right)$ |
| Potential | Potentialdifferenz zum Bezugspunkt $\infty$ | $\Delta U = \frac{W}{q} = \int_A^\infty E(s)\,\mathrm{d}s$ | $\frac{Q}{4\pi\varepsilon_0}\frac{1}{r_a}$ |

*Tabelle 11.1: Zusammenstellung der wichtigsten Größen zur Beschreibung elektrischer Felder*

An dieser Stelle ist es geschafft: Alle Größen, die man zur Beschreibung elektrischer Felder braucht, wurden eingeführt und erläutert. Da diese Begriffe auf den ersten Blick zum Teil etwas abstrakt sind, werden sie in Tabelle 11.1 noch einmal zusammengefasst.

An dieser Stelle sei noch einmal auf den besonderen Witz der beiden Begriffe elektrisches Feld und elektrische Spannung hingewiesen: Die Kraft zwischen zwei Ladungen hängt von den Eigenschaften beider Ladungen ab, der Probeladung $q$ und der Ladung $Q$, für die man sich interessiert. Die elektrische Arbeit, die man leisten muss, um eine Probeladung $q$ in einem Feld $E$ zu bewegen, hängt von *E und q* ab. Dividiert man die Kraft beziehungsweise die Arbeit durch $q$, gelangt man zu den Größen elektrisches Feld und elektrische Spannung. Mit Hilfe dieser Größen kann man die Auswirkung elektrostatischer Felder auf jede wie auch immer geartete Probeladung einfach berechnen.

## Kapazität

In den vorangegangenen Abschnitten tauchte im Zusammenhang mit Kondensatoren bereits der Begriff der Kapazität $C$ auf. Die Kapazität eines Kondensators ist dessen Fähigkeit, Ladung zu speichern. $C$ hängt natürlich vom Aufbau des Kondensators ab; für einen Plattenkondensator gilt:

$$C = \varepsilon_0 \cdot \frac{A}{d}$$

wobei $A$ die Kondensatorfläche und $d$ der Plattenabstand ist. Misst man andererseits die Spannung zwischen den beiden Platten eines Kondensators, so beobachtet man die folgende Beziehung:

Zwischen der Ladung $Q$ und der Spannung $U$ eines Kondensators mit der Kapazität $C$ besteht die Beziehung:

$$C = Q \cdot U$$

### Die Kapazität erhöhen: Die Rolle eines Dielektrikums

Interessant wird es, wenn man zwischen die beiden Platten eines Kondensators einen Isolator bringt, ein sogenanntes *Dielektrikum* (Abbildung 11.12). Das kann beispielsweise eine Glasscheibe sein, aber auch eine nicht leitende Flüssigkeit wie etwa deionisiertes Wasser. Dann beobachtet man, dass die Spannung zwischen den Kondensatorplatten sinkt. Dies bedeutet automatisch, dass die Kapazität $C$ des Kondensators ansteigt. Da die geometrischen Abmessungen des Kondensators, also die Plattenfläche $A$ und der Plattenabstand $d$, gleich geblieben sind, muss man für diesen Fall die Gleichung für die Kapazität eines Plattenkondensators etwas modifizieren:

Wenn sich ein Dielektrikum zwischen den Platten eines Kondensators mit der Fläche $A$ und dem Plattenabstand $d$ befindet, gilt für seine Kapazität:

$$C = \varepsilon_0 \varepsilon_r \cdot \frac{A}{d}$$

Die Größe $\varepsilon_r$ heißt *relative Dielektrizitätskonstante* oder *Permittivität* des Isolators (Dielektrikums). Sie ist eine dimensionslose Konstante.

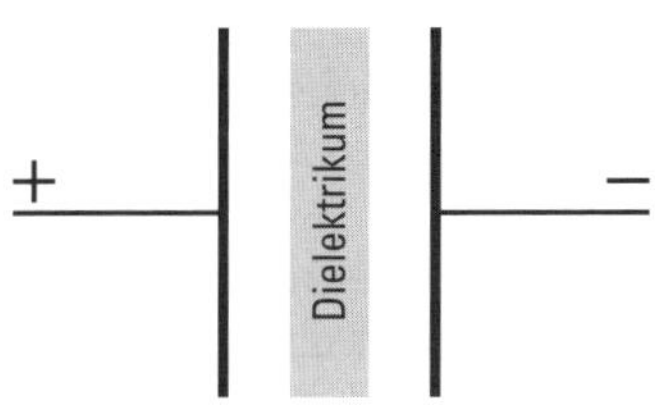


*Abbildung 11.12: Ein Dielektrikum in einem Plattenkondensator*

| Material | Relative Dielektrizitätskonstante |
| --- | --- |
| Luft | 1 |
| Polystyrol | 2,6 |
| Gummi | 2,5–3 |
| Glas | 5–9 |
| Propanol | 18 |
| Benzol | 36 |
| Wasser | 81,6 |

*Tabelle 11.2: Relative Dielektrizitätskonstanten einiger Materialien*

Die relative Dielektrizitätskonstante ist eine Materialeigenschaft. Werte von $\varepsilon_r$ für einige ausgewählte Materialien sind in Tabelle 11.2 zusammengestellt.

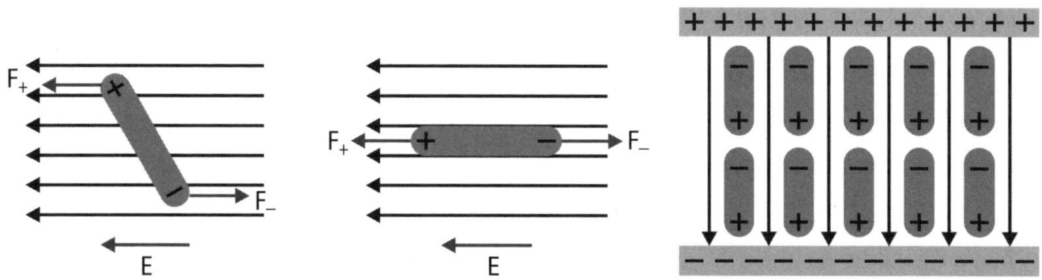


*Abbildung 11.13: Ausrichtung von Dipolen in einem elektrischen Feld*

Zur Erklärung dieser Erhöhung der Kapazität eines Kondensators durch ein Dielektrikum betrachten Sie die rechte Skizze in Abbildung 11.13. Sie zeigt ein elektrisches Feld, in dem sich ein Körper befindet (dabei kann es sich etwa um ein chemisches Molekül handeln), der an einem Ende eine positive, am anderen Ende aber eine negative Ladung trägt. Auf diesen Körper wirken zwei Kräfte: Die Kraft $F_+$ möchte den Körper nach links ziehen, $F_-$ hingegen nach rechts. Da beides gleichzeitig nicht möglich ist, bleibt der Schwerpunkt des Körpers ortsfest, aber der Körper dreht sich um seinen Mittelpunkt, sodass sich die positive Ladung möglichst weit links, die negative aber möglichst weit rechts befindet. Dies ist in der mittleren Skizze der Abbildung dargestellt.

Körper (zum Beispiel Moleküle), die an ihren beiden Enden unterschiedliche Ladungen tragen, bezeichnet man als *elektrische Dipole*. Bringt man einen elektrischen Dipol in ein elektrisches Feld, so versucht er, falls er die Möglichkeit hat, sich im elektrischen Feld auszurichten.

Wassermoleküle stellen beispielsweise elektrische Dipole dar. Ihre Struktur ist in Abbildung 11.14 dargestellt. Die Dielektrizitätskonstante von Wasser ist besonders hoch, weil sich diese Moleküle im Wasser frei bewegen und damit leicht im Feld ausrichten können.

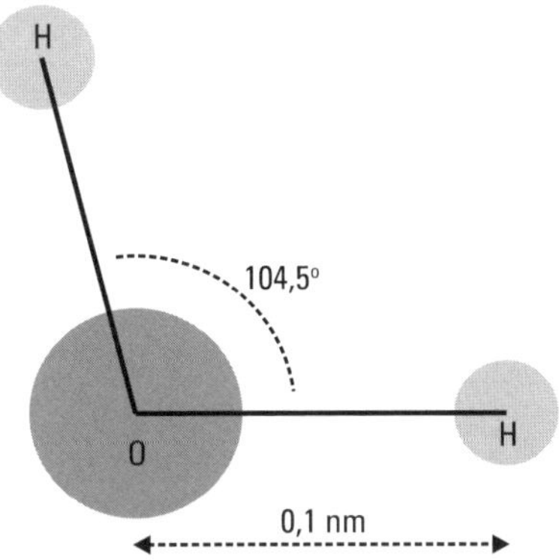


*Abbildung 11.14: Die Struktur eines Wassermoleküls*

Als Resultat der Ausrichtung der Dipole eines Dielektrikums in einem Kondensator (Abbildung 11.13) ist der Kondensator in der Lage, mehr Ladungen zu speichern, seine Kapazität erhöht sich also.

## Reihen- und Parallelschaltung

In realen elektrischen Schaltungen treten häufig mehrere Kondensatoren auf, von denen jeder eine eigene Kapazität $C$ besitzt. Natürlich möchte man wissen, wie groß die Gesamtkapazität einer derartigen Kondensatoranordnung ist. Dies hängt allerdings davon ab, ob diese Kondensatoren hintereinander oder parallel geschaltet sind.

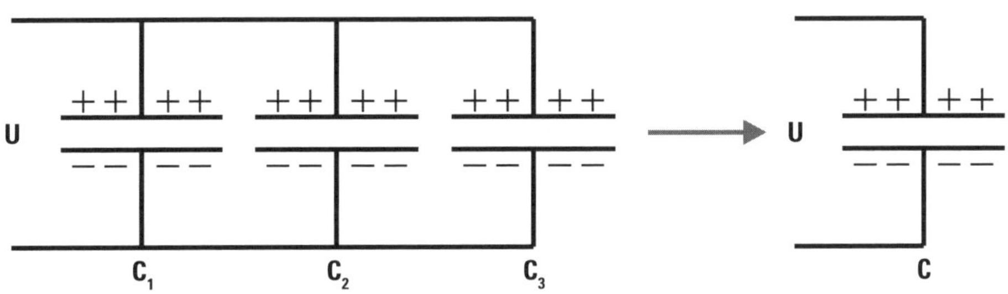


*Abbildung 11.15: Parallelschaltung von Kondensatoren*

Abbildung 11.15 zeigt eine Anordnung von drei parallel geschalteten Kondensatoren $C_1$–$C_3$. Die positiven und die negativen Platten sind jeweils leitend miteinander verbunden. Die Spannung $U$ ist also für alle drei Kondensatoren gleich. Jeder von ihnen kann eine bestimmte Ladung $Q_i$ speichern. Für die Gesamtladung ergibt sich daher:

$$Q_{ges} = Q_1 + Q_2 + Q_3$$

Setzt man nun die Definition der Kapazität ein und berücksichtigt, dass alle drei Kondensatoren die gleiche Spannung besitzen, folgt:

$$\begin{aligned} Q_{\text{ges}} &= C_1 U + C_2 U + C_3 U \\ &= (C_1 + C_2 + C_3)\, U \\ &= C_{\text{ges}} \cdot U \end{aligned}$$

Bei einer *Parallelschaltung* von *n* Kondensatoren ergibt sich die Gesamtkapazität als Summe der Einzelkapazitäten:

$$C_{\text{ges}} = \sum_{\text{i}=1}^{\text{n}} C_{\text{i}}$$

Anschaulich bedeutet dies, dass sich bei einer Parallelschaltung die zur Ladungsspeicherung zur Verfügung stehenden „Fläche" größer ist als die der Einzelkondensatoren.

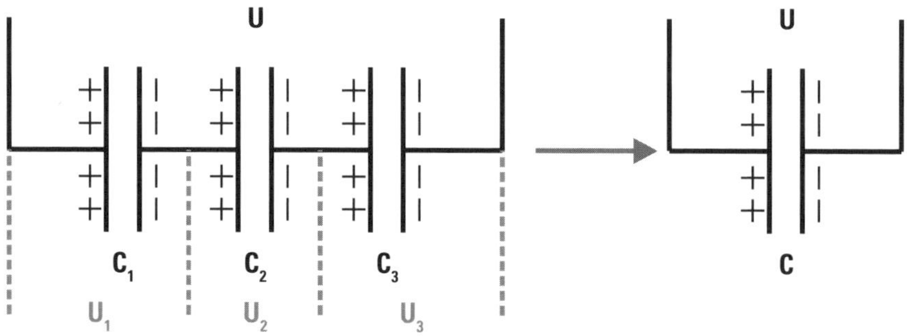


*Abbildung 11.16: Reihenschaltung von Kondensatoren*

Abbildung 11.16 zeigt eine Schaltung von drei Kondensatoren, die hintereinander angeordnet sind, also in Serie oder in Reihe geschaltet sind. Auch an dieser Stelle stellt sich die Frage nach der Gesamtkapazität dieser Anordnung.

Wenn man die Ladung *Q* auf die linke Platte des ersten Kondensators aufbringt, muss eine entsprechende Ladung –*Q* auf der rechten Platte des letzten Kondensators vorhanden sein. Als Folge der oben erläuterten Influenz müssen für jeden der drei Kondensatoren auf den gegenüberliegenden Platten jeweils gleich große, aber entgegengesetzte Ladungen *Q* auftreten. Es gelten also die Beziehungen:

$$U_{\text{i}} = \frac{Q}{C_{\text{i}}} \qquad i = 1, 2, 3$$

Betrachten Sie an dieser Stelle eine Probeladung *q* auf der linken Platte von $C_1$. Wenn man die Arbeit berechnen will, die erforderlich ist, diese Probeladung auf die rechte Platte von $C_3$ zu bringen, so muss man fünf Strecken berücksichtigen, die drei Plattenabstände der Kondensatoren, sowie die beiden leitenden Abschnitte zwischen den Kondensatoren. Da diese

Abschnitte leitend sind, ist hier keine Arbeit erforderlich. Somit wird die Gesamtarbeit über den drei Plattenabständen verrichtet:

$$\begin{aligned} W_{ges} &= W_1 + W_2 + W_3 \\ &= q(U_1 + U_2 + U_3) \end{aligned}$$

Die Spannung U ist definiert als Verschiebearbeit pro Probeladung. Es gilt also:

$$\begin{aligned} U &= \frac{W}{q} = U_1 + U_2 + U_3 \\ &= \frac{Q}{C_1} + \frac{Q}{C_2} + \frac{Q}{C_3} \end{aligned}$$

Setzt man die Beziehung $Q = CU$ in diese Gleichung ein, so erhält man:

$$\frac{1}{C_{ges}} = \frac{Q}{U} = \frac{1}{C_1} + \frac{1}{C_2} + \frac{1}{C_3}$$

Bei einer *Reihenschaltung* von Kondensatoren ist der Kehrwert der Gesamtkapazität gleich der Summe der Kehrwerte der Einzelkondensatoren:

$$\frac{1}{C_{ges}} = \sum_{i=1}^{n} \frac{1}{C_i}$$

**Aufgabe 11.1**

Betrachten Sie zwei Kugeln der Masse 1 kg im Abstand von 10 cm, die jede eine Ladung von 1 C besitzen. Da die Ladungen gleichnamig sind, stoßen die Kugeln sich ab. Auf der anderen Seite ziehen sie sich aufgrund der Gravitationskraft (siehe Kapitel 5) gegenseitig an. Welche der beiden Kräfte überwiegt?

**Aufgabe 11.2**

Zeigen Sie, dass die Einheit der Dielektrizitätskonstante $\varepsilon_0$ im Coulombgesetz wie folgt lautet:

$$[\varepsilon_0] = \frac{\text{As}}{\text{Vm}}$$

**Aufgabe 11.3**

Ein Plattenkondensator besteht aus zwei runden Platten mit einem Radius $r = 10$ cm, die einen Abstand von 1,2 mm aufweisen. Am Kondensator liegt eine Spannung von 200 V an. Wie groß ist die Kapazität des Kondensators? Wie groß ist die gespeicherte Ladung?

### Aufgabe 11.4

Wie viele zusätzliche Elektronen befinden sich auf der negativen Platte dieses Kondensators?

### Aufgabe 11.5

Wie ändern sich Kapazität und gespeicherte Ladung dieses Kondensators, wenn man bei gleicher Spannung ein Dielektrikum mit einer relativen Dielektrizitätskonstante $\varepsilon_r = 3{,}9$ zwischen die Platten einbringt?

### Aufgabe 11.6

Wie groß sind die Feldstärke zwischen den Platten und die gespeicherte Energie (im Fall des luftgefüllten Kondensators)?

### Aufgabe 11.7

Für die Anziehungskraft zwischen den beiden Platten eines Kondensators gilt die Beziehung:

$$F = \frac{1}{2} \cdot EQ_K$$

Wie groß ist diese Kraft im Fall des hier betrachteten Plattenkondensators?

### Aufgabe 11.8

Wie groß ist die Kapazität einer Parallelschaltung dreier Kondensatoren, wenn die Einzelkapazitäten 1 μF, 2 μF und 0,1 μF betragen?

### Aufgabe 11.9

Wie groß ist die Kapazität einer Reihenschaltung dieser drei Kondensatoren?

# Immer in die gleiche Richtung: Gleichstromkreise

12

### In diesem Kapitel ...

- Der elektrische Strom
- Widerstände und das ohmsche Gesetz
- Gleichstromnetze
- Die Kirchhoff'schen Regeln
- Die elektrische Leistung

In Kapitel 11 wurden im Rahmen der *Elektrostatik* nur ruhende elektrische Ladungen betrachtet. Das ändert sich nun; die nächsten drei Kapitel sind bewegten elektrischen Ladungen gewidmet. Das vorliegende Kapitel behandelt elektrische *Gleichstromkreise*. Kapitel 13 zeigt dann, dass Elektrizität und Magnetismus eng miteinander verbunden sind; bewegte Ladungen erzeugen magnetische Felder, während magnetische Felder bewegte Ladungen beeinflussen. Das Thema wird dann in Kapitel 14 mit der Darstellung von *Wechselstromkreisen* abgeschlossen.

## Er kommt aus der Steckdose: Der elektrische Strom

Im Alltag ist die Vorstellung von Elektrizität eng mit dem Begriff »Strom« verbunden, weniger mit der in Kapitel 11 eingeführten Spannung. Ein Beispiel ist das Wort »Stromversorgung.« Allerdings gehören Strom und Spannung eng zusammen. Deshalb beginnt dieses Kapitel zunächst mit einer Definition des elektrischen Stroms, bevor der Zusammenhang zwischen beiden Größen erläutert wird.

### Strom ist Ladung pro Zeit

Wenn sich elektrische Ladungen bewegen, spricht man von einem *elektrischen Strom*. Wenn diese Bewegung gleichförmig in eine Richtung erfolgt, handelt es sich um einen *elektrischen Gleichstrom*.

Der elektrische Strom $I$ ist definiert als Ladung pro Zeit, es gilt also:

$$I = \frac{\mathrm{d}Q}{\mathrm{d}t} \approx \frac{\Delta Q}{\Delta t}$$

Die Einheit des elektrischen Stroms ist das *Ampere* (A). Wenn der Strom gleichmäßig in eine Richtung fließt, spricht man von einem *Gleichstrom*.

Für eine genaue Definition der SI-Grundgröße Ampere wird auf Kapitel 13 verwiesen. An dieser Stelle wird nur darauf hingewiesen, dass die obige Definition des elektrischen Stroms mit der der Ladungseinheit *Coulomb* in Kapitel 11 in Einklang ist:

$$1\,\mathrm{C} = 1\,\mathrm{As}$$

## Strom erfordert Spannung: Spannungsquellen

Um einen elektrischen Strom zu erzeugen, braucht man eine *Potentialdifferenz*, also eine *elektrische Spannung*. Betrachten Sie einen geladenen Plattenkondensator. Zwischen den beiden Platten gibt es eine Potentialdifferenz, also eine Spannung. Verbindet man die beiden Platten mit einem Draht, so entlädt sich der Kondensator. Es fließt ein Strom durch den Draht, allerdings nur solange, bis der Kondensator vollständig entladen ist.

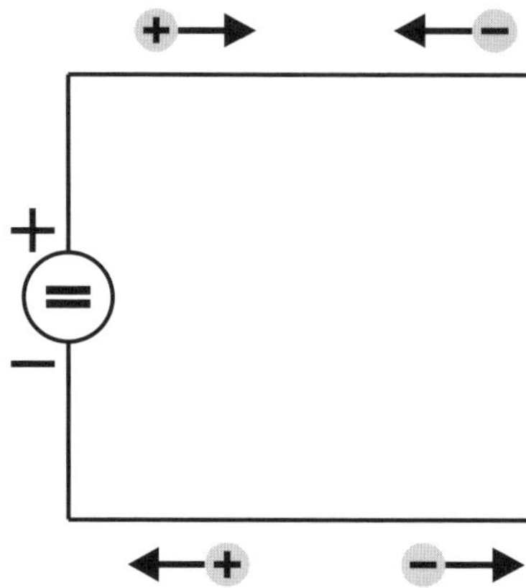

*Abbildung 12.1: Ein Stromkreis mit einer Spannungsquelle*

Für einen kontinuierlichen Stromfluss ist eine sogenannte *Spannungsquelle* erforderlich (Abbildung 12.1). Damit bezeichnet man Geräte, die zwischen zwei Polen eine dauerhafte, konstante Spannung (Potentialdifferenz) zur Verfügung stellen. Beispiele für Spannungsquellen sind Batterien (siehe den Kasten »Batterien und Akkus«), Netzgeräte, aber auch die einfache Steckdose in der Wand (die allerdings Wechselstrom liefert, siehe Kapitel 14).

Dabei muss man Folgendes beachten: In einer Spannungsquelle werden Ladungsträger nicht erzeugt, sondern lediglich auf ein höheres Potential angehoben.

Wenn eine Spannungsquelle die Spannung $U$ liefert, haben die Ladungen am positiven Pol eine potentielle Energie, die um den folgenden Betrag höher ist als am negativen Pol:

$$E_{\mathrm{pot,el}} = q \cdot U$$

Abbildung 12.1 zeigt, dass sich in einem Stromkreis positive Ladungsträger (falls vorhanden, siehe unten) zum negativen Pol der Spannungsquelle bewegen, negative hingegen zum positiven Pol.

### Batterien und Akkus

Viele der Geräte, die Sie in ihrem täglichen Leben benutzen, verwenden *Batterien* als Spannungsquellen. Dazu gehören Taschenlampen, die Fernbedienungen für Fernseher und CD-Player, aber auch Handys und Digitalkameras. Insbesondere für die letzteren Anwendungen gibt es Quellen, die man wieder aufladen kann; in diesem Fall spricht man von *Akkumulatoren*.

Batterien und Akkumulatoren bestehen aus sogenannten elektrischen oder *galvanischen Zellen*, die sowohl elektrochemische *Energiespeicher* als auch Energiewandler darstellen. Bei der Entladung (d. h. bei der Stromentnahme) wird die in chemischer Form gespeicherte Energie durch eine elektrochemische Redoxreaktion in elektrische Energie umgewandelt. Dabei unterscheidet man drei grundsätzlich verschiedene Arten von galvanischen Zellen:

- ✔ *Primärzellen* oder *Batterien* können nicht wieder aufgeladen, also nur einmal verwendet werden.
- ✔ *Sekundärzellen* oder *Akkumulatoren* (Akkus) können wieder aufgeladen werden.
- ✔ Bei *Tertiärzellen* oder *Brennstoffzellen* erfolgt die Speicherung der Energieträger nicht in der Zelle selbst. Sie werden vielmehr von einer externen Quelle kontinuierlich zur Verfügung gestellt. Daher ist im Prinzip ein zeitlich unbegrenzter Betrieb möglich.

## Nur Elektronen können sich bewegen: Der Ladungstransport

Aus der obigen Darstellung geht hervor, dass ein elektrischer Strom fließt, sobald man die beiden Pole einer Spannungsquelle mit einem Draht elektrisch verbindet. Dabei gilt folgende Definition:

Der elektrische Strom fließt vom Pluspol zum Minuspol.

Unabhängig von dieser Definition fließen natürlich positive Ladungen von Plus nach Minus, negative Ladungen dagegen von Minus nach Plus. In normalen elektrischen Leitern, d. h. in Metallen, können sich allerdings nur die negativen Ladungsträger bewegen, also die Elektronen. Die Träger der positiven Ladungen, die sogenannten Ionen, sind dagegen ortsfest (Abbildung 12.2).

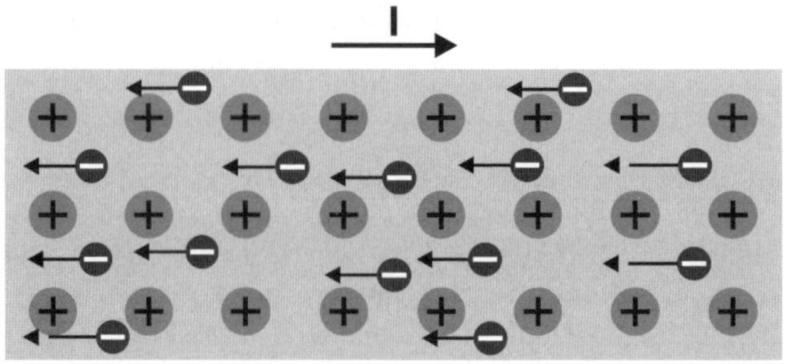


*Abbildung 12.2: Der Ladungstransport in einem Metall*

In normalen metallischen Leitern wird der elektrische Strom von negativ geladenen Elektronen getragen. Sie fließen vom Minuspol zum Pluspol. Trotzdem ist der Stromfluss so definiert, dass er vom Pluspol zum Minuspol erfolgt.

Betrachten Sie noch einmal Abbildung 12.2. Der elektrische Strom wird von Elektronen getragen. Durch welche Größen kann man den Strom beschreiben? $I$ ist definiert als:

$$I = \frac{Q}{t}$$

Ein einzelnes Elektron hat eine Ladung $q_e$. Die Anzahl der Elektronen $m$ in einem Volumenelement eines Leiters beträgt:

$$m = n_e \cdot As$$

Dabei sind $n_e$ die Elektronendichte, $A$ der Querschnitt des Leiters und $s$ die betrachtete Länge. Setzt man diese beiden Gleichungen ineinander ein, ergibt sich:

$$I = \frac{Q}{t} = \frac{mq_e}{t} = \frac{n_e q_e \cdot As}{t}$$

$s/t$ ist aber die Geschwindigkeit $v$ der Elektronen. Damit ergibt sich für diese Geschwindigkeit:

$$I = n_e q_e \cdot Av$$

$$v = \frac{I}{n_e q_e \cdot A}$$

Die Ladung eines Elektrons beträgt $q_e = 1{,}602 \times 10^{-19}$ As. Die Elektronendichte von Kupfer ist $8{,}5 \times 10^{22}$ cm$^{-3}$. Nimmt man einen Strom von 16 A und einen Drahtquerschnitt von 1,5 mm$^2$ an, so folgt für die Geschwindigkeit der Elektronen:

$$v = \frac{16\ \text{A}}{1{,}6 \times 10^{-19}\ \text{As} \cdot 8{,}5 \times 10^{22}\ \text{cm}^{-3} \cdot 0{,}015\ \text{cm}^2} = 0{,}08\ \text{cm/s}$$

Das bedeutet, dass sich die Elektronen relativ langsam bewegen. Das elektrische Feld (d. h. die Spannung) breitet sich mit Lichtgeschwindigkeit aus. Andernfalls würde es $t = l/v$ = 3750 s = 1,04 Stunden dauern, bis bei einer Kabellänge von 3 m das Licht einer Glühbirne angeht.

Es gibt jedoch auch Systeme, in denen sowohl negative als auch positive Ladungsträger beweglich sind und somit zum Stromfluss beitragen. Dazu gehören (ohne dass weitere Einzelheiten diskutiert werden sollen):

- ✔ *Chemische Lösungen (Elektrolyte):* Hier können sowohl negative als auch positive Ionen zum Strom beitragen, da sie beweglich sind.
- ✔ In *Halbleitern* gibt es eine Ladungsträgerart, die den seltsamen Namen »Löcher« führt. Löcher sind positiv geladen und fließen infolgedessen von Plus nach Minus.

# Widerstand leisten: Das ohmsche Gesetz

In einem Stromkreis sind Strom und Spannung nicht unabhängig voneinander. Der Zusammenhang zwischen beiden Größen wird durch das sogenannte Ohmsche Gesetz geregelt, das im folgenden Abschnitt ausführlich erläutert wird.

## Strom und Spannung im Gleichmarsch: Das ohmsche Gesetz

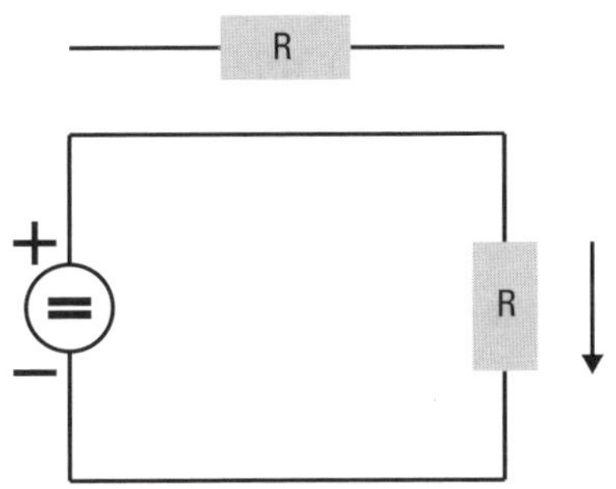


*Abbildung 12.3: Oben: Ein elektrischer Widerstand; unten: ein Schaltkreis mit einer Gleichspannungsquelle und einem elektrischen Widerstand*

Betrachten Sie Abbildung 12.3. Sie zeigt einen Schaltkreis mit einer Gleichspannungsquelle und einem sogenannten *Widerstand*. Dieser Widerstand könnte etwa ein dünner Draht sein, das Heizelement in einem Elektroherd oder aber auch der Wolframdraht in einer Glühbirne (die ja jetzt verboten ist).

Erhöht man langsam die Spannung der Quelle und misst gleichzeitig den Strom, der durch den Kreis fließt, so stellt man fest, dass Spannung und Strom zueinander proportional sind:

$$U \propto I$$

Der Proportionalitätsfaktor wird *elektrischer Widerstand* oder *ohmscher Widerstand* genannt. Es gilt also:

$$U = R \cdot I$$

Dies ist das sogenannte *ohmsche Gesetz*. Die Einheit des elektrischen Widerstands ist das *Ohm* [Ω]:

$$[R] = \text{Ohm} = \Omega = \frac{V}{A}$$

Bei vielen technischen Anwendungen rechnet man lieber mit dem Kehrwert des elektrischen Widerstands, dem sogenannten *Leitwert Y*:

$$Y = \frac{1}{R}$$

Die Einheit des Leitwerts besitzt einen eigenen Namen, das *Siemens* (S). Es gilt also:

$$1\,\text{Siemens} = 1\,\text{S} = \frac{1}{1\,\Omega}$$

## Spannungsabfall

Abbildung 12.4 zeigt einen elektrischen Widerstand, der von einem Strom $I$ durchflossen wird. Wenn dieser Strom $I$ vorgegeben ist, ergibt sich, dass die Potentialdifferenz (d. h. die Spannung) über dem Widerstand

$$U = R \cdot I$$

betragen muss. Das bedeutet mit anderen Worten, dass das Potential des Plus-Endes des Widerstands um $U$ größer sein muss als das am Minuspol. Das kann man auch wie folgt ausdrücken:

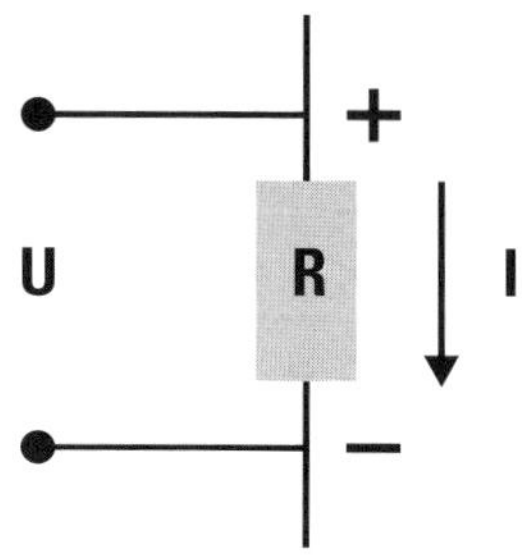


*Abbildung 12.4: Der Spannungsabfall an einem Widerstand.*

Über einem Widerstand $R$, durch den ein Strom $I$ fließt, fällt die Spannung $U$ ab:

$$U = R \cdot I$$

Das Potential verringert sich also um $U$.

## Jeder besitz seinen eigenen Widerstand: Der spezifische Widerstand

Der elektrische Widerstand eines rechteckigen Leiters mit dem Querschnitt $A$ und der Länge $l$ ist durch den folgenden Ausdruck gegeben:

$$R = \rho \cdot \frac{l}{A}$$

Die Größe $\rho$ wird spezifischer Widerstand genannt. Ihre Einheit ist Ωm. Gebräuchlicher ist allerdings die Einheit Ωcm.

Der spezifische Widerstand ist eine Materialeigenschaft. Typische Werte von $\rho$ sind in Tabelle 12.1 zusammengestellt. Dabei fällt auf, dass der spezifische Widerstand über 20 Größenordnungen variieren kann. Die besten Leiter sind Silber und Kupfer. Deshalb werden viele Leitungsdrähte aus Kupfer hergestellt (Silber wäre natürlich viel zu teuer). Zu den besten Isolatoren (also den schlechtesten Leitern) gehören Siliziumdioxid (Quarzglas) und Aluminiumoxid.

| Material | Spezifischer Widerstand [Ωm] |
|---|---|
| Silber | $1{,}6 \times 10^{-8}$ |
| Kupfer | $1{,}7 \times 10^{-8}$ |
| Wolfram | $5{,}3 \times 10^{-8}$ |
| Kohle | $100 \times 10^{-8}$ |
| Destilliertes Wasser | $2 \times 10^{5}$ |
| Glas | $1 \times 10^{12}$ |
| Aluminiumoxid | $1 \times 10^{12}$ |

*Tabelle 12.1: Spezifischer Widerstand einiger ausgewählter Materialien*

Ebenso wie der Leitwert der Kehrwert des elektrischen Widerstands ist, bezeichnet man als *elektrische Leitfähigkeit* eines Materials den Kehrwert seines spezifischen Widerstand:

$$\sigma = \frac{1}{\rho}$$

Die Einheit der Leitfähigkeit ist 1/Ωm oder S/m.

## Gleichstromnetze

Eine Gleichstromnetz ist eine beliebig komplizierte Schaltung aus elektrischen Widerständen und Spannungsquellen, die auch verzweigt sein kann. Gleichstromnetze lassen sich, unabhängig davon, wie kompliziert sie sind, mit vier einfachen Regeln genau beschreiben. Die entscheidenden Fragen dabei lauten: Wo fließen welche Ströme, wo fallen welche Spannungen ab? Diese vier Regeln, mit denen man diese Fragen beantworten kann, lassen sich in zwei Gruppen einteilen:

- ✔ Die Berechnung des Gesamtwiderstandes bei Parallel- oder Reihenschaltungen von Widerständen.
- ✔ Die beiden Kirchhoff'schen Regeln.

Diese vier Regeln werden im Folgenden ausführlich dargestellt.

## Ein Widerstand kommt selten allein: Kombinationen von Widerständen

In vielen Fällen hat man es nicht nur mit einem Widerstand in einem Schaltkreis zu tun, sondern mit mehreren. Denken Sie dabei an Ihre Autobatterie, die verschiedene Geräte bedienen muss, wobei die Liste von der Zündung über die Beleuchtung und die Heizung bis zum Radio reicht und dabei aber bei Weitem nicht vollständig ist. In einem solchen Fall hat man nur eine Spannungsquelle, aber zahlreiche Widerstände. Natürlich möchte man wissen, wie groß der Gesamtwiderstand aller dieser Geräte ist. Dies hängt davon ab, wie diese Widerstände geschaltet sind, wie im Folgenden dargestellt wird.

### Einer nach dem anderen: Die Reihenschaltung von Widerständen

Abbildung 12.5 zeigt drei Widerstände $R_1$–$R_3$, die hintereinander geschaltet sind. Eine derartige Anordnung nennt man *Reihen-* oder *Serienschaltung*. Die Frage ist natürlich, wie groß der Gesamtwiderstand $R_{ges}$ dieser Anordnung ist. Da es keine Verzweigung gibt, muss durch alle drei Widerstände der gleiche Strom $I$ fließen. Damit ergibt sich für die Spannungsabfälle an den drei Widerständen:

$$U_i = I \cdot R_i \qquad i = 1,2,3$$

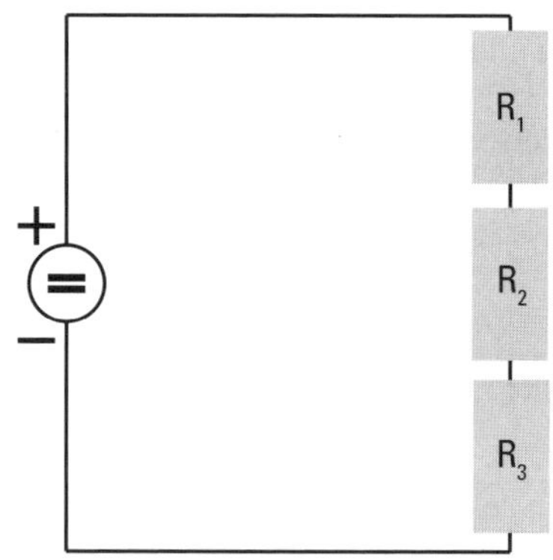


*Abbildung 12.5: Serienschaltung von Widerständen*

Die Summe dieser drei Spannungen ergibt den Gesamtspannungsabfall über dieser Anordnung:

$$\begin{aligned} U_{ges} &= U_1 + U_2 + U_3 \\ &= I \cdot R_1 + I \cdot R_2 + I \cdot R_3 = I \cdot (R_1 + R_2 + R_3) \end{aligned}$$

Für die Gesamtanordnung lautet das ohmsche Gesetz:

$$R_{ges} = \frac{U_{ges}}{I} = \frac{I \cdot (R_1 + R_2 + R_3)}{I} = R_1 + R_2 + R_3$$

Für eine Reihenschaltung von $n$ Widerständen ist der Gesamtwiderstand die Summe der Einzelwiderstände:

$$R_{ges} = \sum R_i$$

## Alle zugleich: Die Parallelschaltung von Widerständen

Die Situation ändert sich vollständig, wenn die drei Widerstände nicht hintereinander, sondern parallel angeordnet sind, wie es in Abbildung 12.6 dargestellt ist. Bei dieser sogenannten *Parallelschaltung* fällt über allen drei Widerständen die gleiche Spannung $U$ ab, es gilt also für jeden Widerstand:

$$I_n = \frac{U}{R_n} \qquad i = 1,2,3$$

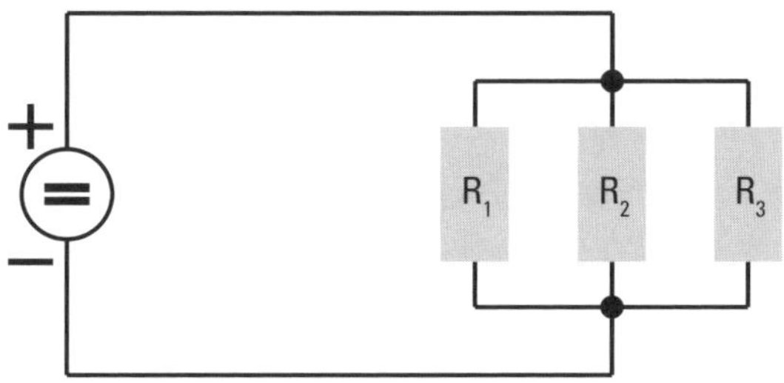


*Abbildung 12.6: Parallelschaltung von Widerständen*

Der Strom verteilt sich also auf die drei Kreise:

$$\begin{aligned} I_{ges} &= I_1 + I_2 + I_3 \\ &= \frac{U}{R_1} + \frac{U}{R_2} + \frac{U}{R_3} = U\left(\frac{1}{R_1} + \frac{1}{R_2} + \frac{1}{R_3}\right) = \frac{U}{R_{ges}} \end{aligned}$$

Bei einer Parallelschaltung von $n$ Widerständen ist der Kehrwert des Gesamtwiderstands gleich der Summe der Kehrwerte der Einzelwiderstände:

$$\frac{1}{R_{ges}} = \sum \frac{1}{R_i}$$

Betrachten Sie als Beispiel die Parallelschaltung zweier Widerstände von $R_1 = 10\ \Omega$ und $R_2 = 20\ \Omega$. Aus der obigen Darstellung ergibt sich für den Gesamtwiderstand:

$$\frac{1}{R_{ges}} = \frac{1}{R_1} + \frac{1}{R_2} = \frac{1}{10\ \Omega} + \frac{1}{20\ \Omega} = \frac{1}{6{,}67\ \Omega} \quad \Rightarrow \quad R_{ges} = 6{,}67\ \Omega$$

Bei einer Parallelschaltung von Widerständen ist der Gesamtwiderstand stets kleiner als der kleinste der Einzelwiderstände.

## Knoten und Maschen: Die Kirchhoff'schen Regeln

Natürlich kann ein Stromkreis neben einer Reihe von Widerständen auch mehrere Spannungsquellen enthalten. Ein Beispiel für einen solchen Schaltkreis ist in Abbildung 12.8 dargestellt. Die Ströme und Spannungen in solchen Stromkreisen lassen sich mit Hilfe der beiden Kirchhoff'schen Regeln berechnen. Diese sind:

- ✔ Die *Kirchhoff'sche Knotenregel*
- ✔ Die *Kirchhoff'sche Maschenregel*

### Es geht nichts verloren: Die Knotenregel

Abbildung 12.7 zeigt einen *Knotenpunkt* in einem elektrischen Schaltkreis, der fünf verschiedene Teile des Kreises miteinander verbindet. Von einigen Teilen fließt ein Strom (d. h. Ladungen) in den Knoten hinein, während die Ströme $I_4$ und $I_5$ vom Knoten fortfließen.

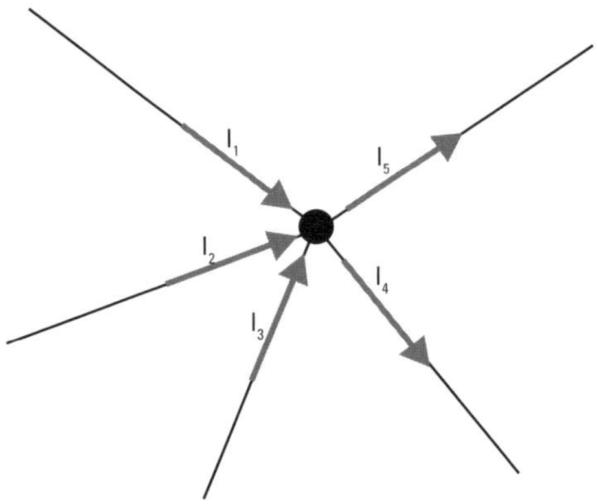


*Abbildung 12.7: Ein Stromkreisknoten mit fünf Einzelströmen*

Ladungen können allerdings nicht verloren gehen. Sie können auch nicht einfach in dem Knoten hängen bleiben. Damit ergibt sich die erste Kirchhoff'sche Regel:

Die erste *Kirchhoff'sche Regel* oder *Knotenregel* besagt, dass in einem Knoten oder Verzweigungspunkt die Summe aller Ströme gleich null ist:

$$\sum_{\text{Knoten}} I_i = 0$$

Dabei werden einfließende Ströme positiv, abfließende Ströme hingegen negativ gerechnet.

Betrachten Sie noch einmal Abbildung 12.7. Wenn $I_1 = 1$ A, $I_2 = 0{,}5$ A und $I_3 = 0{,}7$ A ist, so können Sie Folgendes sagen:

$$I_1 + I_2 + I_3 = I_4 + I_5$$
$$1\,\text{A} + 0{,}5\,\text{A} + 0{,}7\,\text{A} = 2{,}2\,\text{A} = I_4 + I_5$$

Ohne weitere Informationen kann man $I_4$ und $I_5$ nicht bestimmen. Wenn allerdings feststeht, das $I_4 = 1{,}8$ A ist, so folgt sofort:

$$I_5 = 2{,}2\ \mathrm{A} - 1{,}8\ \mathrm{A} = 0{,}4\ \mathrm{A}$$

## Im Kreis herum: Die Maschenregel

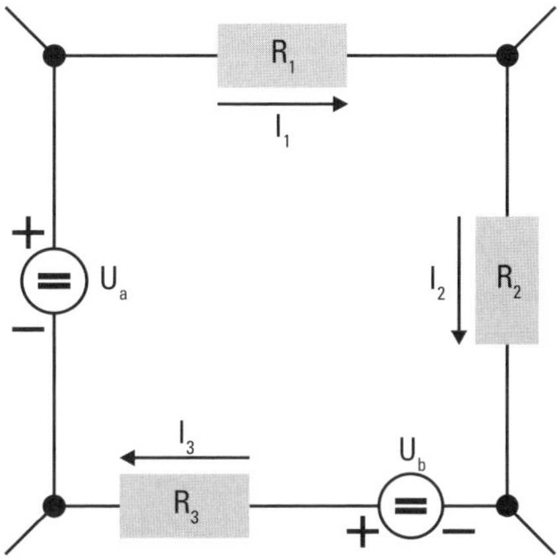


*Abbildung 12.8: Eine Masche in einem Stromkreis*

Abbildung 12.8 zeigt einen Ausschnitt aus einem Stromkreis, der geschlossen ist und eine sogenannte *Masche* bildet. Er enthält drei Widerstände und zwei Spannungsquellen. Dabei muss man Folgendes beachten:

- ✔ In den Spannungsquellen wird das Potential um $U_x$ angehoben ($x$ = a, b).
- ✔ Über den Widerständen fällt das Potential $U_y = R_y I_y$ ab.

Insgesamt müssen sich Spannungsanhebungen und Spannungsabfälle ausgleichen, andernfalls könnte man mit einem einfachen Stromkreis unendliche Energie gewinnen.

Die zweite *Kirchhoff'sche Regel* oder *Maschenregel* lautet daher folgendermaßen: In einer geschlossenen Masche ist die Summe der Spannungen gleich null:

$$\sum_{\text{Masche}} U_\mathrm{i} = 0$$

Dabei werden Spannungsanhebungen positiv, Spannungsabfälle über Widerständen hingegen negativ gerechnet.

Für das in Abbildung 12.8 dargestellte Beispiel gilt also:

$$U_\mathrm{a} + U_\mathrm{b} = R_1 I_1 + R_2 I_2 + R_3 I_3$$

Nehmen Sie an, dass der in Abbildung 12.8 dargestellte Kreis keine Verzweigungsstelle besitzt. Dann muss der Strom in dem Kreis konstant sein (dies folgt aus der ersten Kirchhoff'schen Regel). Wie groß ist dieser Strom, wenn $R_1 = 100\ \Omega$, $R_2 = 200\ \Omega$ und $R_3 = 300\ \Omega$ ist, und die Spannungsquellen $U_a = 5$ V und $U_b = 10$ V liefern? Aus der Maschenregel folgt:

$$\begin{aligned} U_\mathrm{a} + U_\mathrm{b} &= R_1 I + R_2 I + R_3 I \\ &= I(R_1 + R_2 + R_3) \end{aligned}$$

Daraus folgt für den Strom I:

$$I = \frac{U_\mathrm{a} + U_\mathrm{b}}{R_1 + R_2 + R_3} = \frac{15\ \mathrm{V}}{600\ \Omega} = 0{,}025\ \mathrm{A}$$

### Electrophorus Electricus: Der Zitteraal

Der *Zitteraal* ist eine Art der Neuwelt-Messerfische. Er ist kein Aal, obwohl er mit ihm den langen zylindrischen Körper gemeinsam hat. Er kann bis zu 2,80 m lang werden und lebt in den Süßwassergewässern Südamerikas wie etwa den Stromgebieten des Amazonas und des Orinokos.

Der größte Teil des Körpers eines Zitteraals trägt elektrische Organe, die Elektroplax genannt werden und die sehr hohe Spannungen freisetzen können. Diese Organe bestehen aus einer Vielzahl stromerzeugender Elemente. Diese sind genauso wie die Zellen einer Batterie in Reihe geschaltet. Jede einzelne dieser Elektrozyten erzeugt nur eine geringe Spannung, da aber 5000–6000 von ihnen hintereinander geschaltet sind, werden Spannungen von bis zu 500 V und Ströme von mehr als 0,8 A erreicht. Die Leistung beträgt also mehr als 400 W.

Diese elektrischen Organe des Zitteraals dienen zum einen zum Beutefang und zur Selbstverteidigung, aber auch (mit abgeschwächten Stromstößen) zur Partnersuche.

## Glühende Drähte: Die elektrische Leistung

Elektrischer Strom und elektrische Spannung sind unweigerlich mit Energie und Leistung verbunden. Das merken Sie üblicherweise jeden Monat, wenn Sie ihre »Stromrechnung« oder besser Energierechnung bezahlen müssen.

Wenn man einen Strom durch einen dünnen Draht (d. h. einen Widerstand) schickt, erwärmt sich dieser, bis er zu glühen beginnt. Dies ist beispielsweise bei Zigarettenanzündern in Autos, aber vor allem auch bei den Glühfäden von Glühbirnen der Fall. Aus der Darstellung in Kapitel 11 geht hervor, dass eine Ladung $q$ die potentielle elektrische Energie $E_{el}$ verliert, wenn sie eine Potentialdifferenz $U$ durchläuft:

$$E_\mathrm{el} = q \cdot U$$

Diese Energie wird in Wärme umgewandelt, die dann zum Erhitzen des Drahtes und schließlich zu dessen Glühen führt. Setzt man die Definition des Stroms in diese Gleichung ein, so folgt:

$$E_\mathrm{el} = I \cdot t \cdot U$$

In Kapitel 5 wurde dargestellt, dass die Leistung als Energie pro Zeit definiert ist.

Die *elektrische Leistung* $P_{el}$ ist das Produkt aus Strom und Spannung:

$$P_{el} = \frac{E_{el}}{t} = \frac{I \cdot t \cdot U}{t} = I \cdot U$$

Die Einheit der elektrischen Leistung ist das Watt, wie in Kapitel 5 dargelegt wurde. Wenn es um die elektrische Leistung geht, gilt:

$$1\,\mathrm{W} = 1\,\frac{\mathrm{kgm}^2}{\mathrm{s}^3} = 1\,\frac{\mathrm{J}}{\mathrm{s}} = 1\,\mathrm{V} \cdot 1\,\mathrm{A}$$

Daraus lässt sich auch ein Zusammenhang zwischen Volt und Ampere herstellen:

$$1\,\mathrm{V} = \frac{1\,\mathrm{W}}{1\,\mathrm{A}}$$

Wendet man das ohmsche Gesetz auf die Definition der elektrischen Leistung an, so ergeben sich die folgenden Beziehungen:

$$P = I \cdot U = I^2 R = \frac{U^2}{R}$$

Wenn Sie Ihre »Stromabrechnung« studieren, werden Sie feststellen, dass die entscheidende Einheit die Kilowattstunde ist (kWh). Dies ist eine Energieeinheit (Leistung mal Zeit).

**Aufgabe 12.1**

Ein Elektron hat eine Ladung von $1{,}602 \times 10^{-19}$ C. Wie viele Elektronen müssen pro Sekunde fließen, um einen Strom von 1 Ampere zu erzeugen?

**Aufgabe 12.2**

Wie lang muss ein Kupferdraht von 1 $\mathrm{mm}^2$ Querschnitt sein, damit sein Widerstand 1 Ω beträgt?

**Aufgabe 12.3**

Wie groß ist die elektrische Leitfähigkeit von Kupfer?

**Aufgabe 12.4**

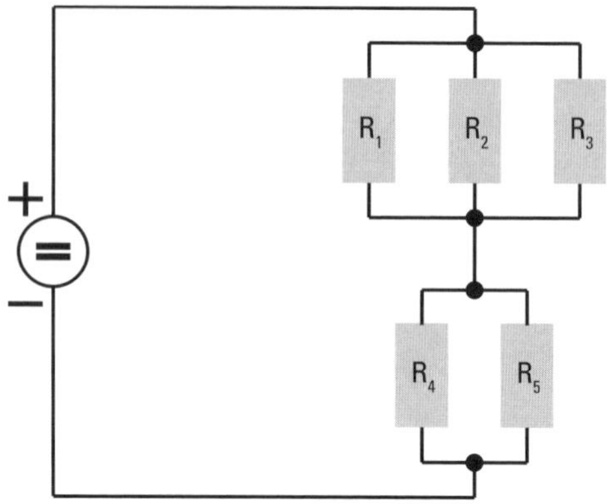


*Abbildung 12.9: Eine Kombination von Widerständen*

Abbildung 12.8 zeigt eine Kombination aus fünf Einzelwiderständen. Wie groß ist der Gesamtwiderstand, wenn die Einzelwiderstände folgende Werte besitzen: $R_1 = 10\ \Omega$, $R_2 = 12\ \Omega$, $R_3 = 18\ \Omega$, $R_4 = 22\ \Omega$ und $R_5 = 10\ \Omega$?

**Aufgabe 12.5**

Berechnen Sie mit Hilfe der Kirchhoff'schen Regeln die drei Ströme $I_1$, $I_2$ und $I_3$ in dem in Abbildung 12.10 dargestellten Stromkreis.

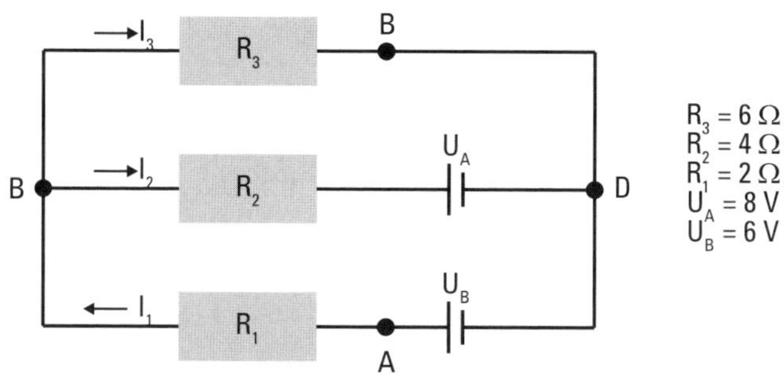


*Abbildung 12.10: Ein Stromkreis aus drei Widerständen und zwei Spannungsquellen*

**Aufgabe 12.6**

Ein elektrisches Gerät benötigt bei einer Spannung von 10 V einen Strom von 0,25 A. Wie groß ist die Leistung dieses Geräts? Wie groß ist der Energieverbrauch in einer Woche, wenn es ununterbrochen in Betrieb ist?

# Magnetismus

13

### In diesem Kapitel ...

- Magnetische Phänomene
- Permanentmagnete und Elektromagnete
- Bewegte Ladungen in magnetischen und elektrischen Feldern
- Induktion und Selbstinduktion
- Zusammenhang zwischen elektrischen und magnetischen Feldern

In den beiden vorangegangenen Kapiteln wurden elektrische Felder diskutiert. Die *Elektrostatik* in Kapitel 11 beschäftigte sich mit den Kräften zwischen *ruhenden* elektrischen Ladungen und den Phänomenen, die sie hervorrufen. Das Thema von Kapitel 12 waren Gleichströme, also gleichförmig bewegte elektrische Ladungen. Das Thema dieses Kapitels ist der Magnetismus. Sie kennen natürlich *Permanentmagnete*. Ihr Kühlschrank schließt mit Hilfe von Permanentmagneten. Vielleicht benutzen Sie Permanentmagnete, um Nachrichten an die Kühlschranktür zu heften. Wenn Sie einen Kompass besitzen, nutzen Sie einen Permanentmagneten, um Richtungen zu bestimmen.

Aber der Magnetismus ist nicht auf Permanentmagnete beschränkt, er ist vielmehr auf eine spannende, leider aber auch komplexe Weise mit elektrischen Feldern und elektrischen Ladungen verknüpft. Dies ist das Thema dieses Kapitels.

## Magnetische Phänomene

Sie kennen *Permanentmagnete* und haben wahrscheinlich schon häufiger mit ihnen gespielt. Wahrscheinlich wissen Sie auch, dass es *Elektromagnete* gibt. Beide bewirken die gleichen Effekte, wie im Folgenden gezeigt wird. In diesem Kapitel wird aber auch gezeigt, dass beide auf den gleichen Ursachen beruhen.

### Sie wirken immer: Permanentmagnete

*Permanentmagnete* oder *Dauermagnete* sind jederzeit magnetisch. Sie üben auf andere Permanentmagnete, aber auch auf sogenannte *ferromagnetische* Materialien eine Kraft aus. Eisen gehört zu diesen ferromagnetischen Materialien (latein. Ferrum = Eisen). Daher kann man mit Permanentmagneten Eisennägel aufsammeln. Hier folgen noch einige wichtige Tatsachen über Permanentmagnete:

- ✔ Jeder Permanentmagnet besitzt zwei Pole, einen *Nordpol* und einen *Südpol*.
- ✔ Gleichnamige Pole stoßen sich ab.
- ✔ Ungleichnamige Pole ziehen sich an (Abbildung 13.1a).

- Es gibt keine *magnetischen Monopole*. Sägt man einen Permanentmagneten in der Mitte durch, so erhält man zwei kleinere Permanentmagnete (Abbildung 13.1 b), von denen jeder wieder einen Nord- und einen Südpol besitzt.

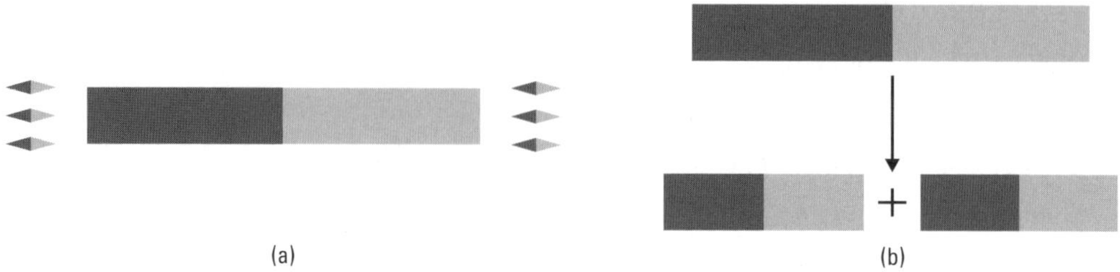


*Abbildung 13.1: Zur Wirkung von Permanentmagneten*

Die Nadel eines Kompasses zeigt nach Norden zum *magnetischen Nordpo*l der Erde. Dieser befindet sich in der Nähe des geographischen Nordpols, stimmt aber nicht genau mit diesem überein. Aus diesem Grund wird dieses Ende der Kompassnadel als Nordpol bezeichnet. Das bedeutet aber, dass der »magnetische Nordpol« der Erde eigentlich ein magnetischer Südpol ist, denn er zieht den Nordpol der Kompassnadel an.

## Auch magnetisch: Stromdurchflossene Leiter

Abbildung 13.2 zeigt den sogenannten *Oersted-Versuch*. Auf einer Platte ist eine Anordnung kleiner drehbarer Magnete oder Kompassnadeln angebracht, die aber zu schwach sind, um sich gegenseitig zu beeinflussen. Im Normalfall sind diese Nadeln völlig ungeordnet (linke Skizze in der Abbildung). Senkrecht zur Platte verläuft in ihrer Mitte ein Draht. Schickt man einen elektrischen Strom durch diesen Draht, so richten sich die kleinen Kompasse aus, wie in der rechten Skizze der Abbildung gezeigt ist. Dabei scheinen die aneinander gereihten Nord- und Südpole konzentrische Kreise um den Draht zu formen. Schaltet man den Strom aus, so bleibt diese Ordnung zunächst erhalten, aber man kann durch Schütteln der Platte wieder zum ungeordneten Ausgangszustand gelangen.

*Abbildung 13.2: Der Oersted-Versuch*

Die gleiche Beobachtung macht man, wenn man winzige Eisenfeilspäne auf eine Glasplatte streut, durch deren Mitte wiederum senkrecht ein Draht verläuft. Schaltet man den Strom ein, so richten sich die Späne in konzentrischen Kreisen um den Draht an.

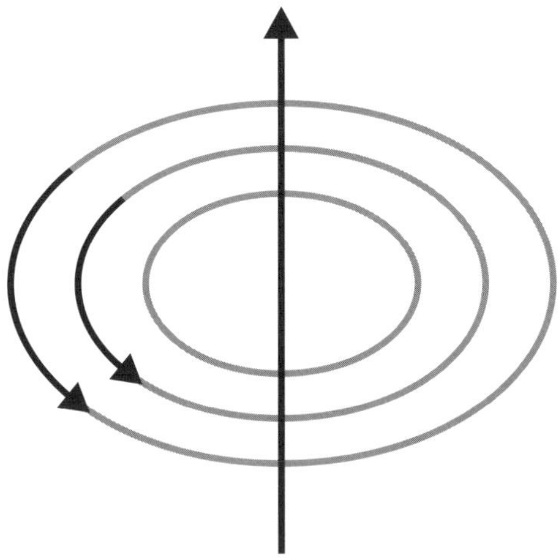

*Abbildung 13.3: Das magnetische Feld um einen stromdurchflossenen geraden Leiter*

Ganz offensichtlich bewirkt der Strom im Draht zwei Effekte:

- ✔ Er erzeugt ein magnetisches Feld, das in konzentrischen Kreisen um der Draht verläuft (Abbildung 13.3).
- ✔ Das magnetische Feld bewirkt eine Kraft auf die kleinen Kompasse bzw. Eisenfeilspäne.

Dieses magnetische Feld kann nicht durch die in dem Draht vorhandenen Ladungen verursacht werden, denn diese sind immer vorhanden. Das magnetische Feld entsteht erst, wenn diese Ladungen sich bewegen, wenn also ein elektrischer Strom fließt.

Bewegte elektrische Ladungen erzeugen ein *magnetisches Feld.*

Erinnern Sie sich zurück an die Einführung des *elektrischen Feldes* in Kapitel 11. Dort wurde das Feld definiert als:

$$\text{Elektrisches Feld} = \frac{\text{Kraft}}{\text{Probeladung}}$$

Kann man in ähnlicher Weise ein magnetisches Feld definieren als:

$$\text{Magnetisches Feld} = \frac{\text{Kraft}}{\text{Probekörper}}\ ?$$

In dem oben beschriebene Oerstedt-Versuch waren diese Probekörper die kleinen Kompasse. Allerdings kann man mit »kleiner Kompass« schlecht rechnen. Um an dieser Stelle weiterzukommen, müssen Sie sich noch ein weiteres Experiment vorstellen, das in Abbildung 13.4 dargestellt ist.

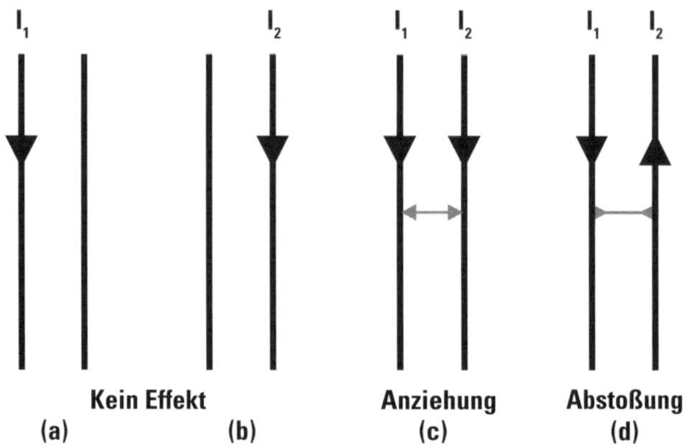


*Abbildung 13.4: Kräfte zwischen stromdurchflossenen Leitern*

Zwei lange Drähte hängen nebeneinander. Schickt man durch einen von beiden einen starken Strom, passiert nichts (Skizzen (a) und (b)). Fließt aber in beiden Drähten ein starker Strom, so beobachtet man deutlich, dass sich – je nach Stromrichtung – die beiden Drähte anziehen oder abstoßen.

Bevor das Ergebnis dieses Experiments im nächsten Abschnitt weiter diskutiert wird, soll an dieser Stelle eine noch offene Frage geklärt werden.

## Einschub: Die Definition des Amperes

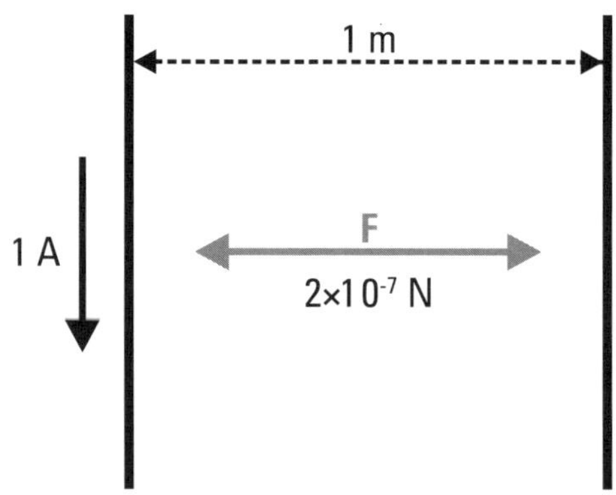


*Abbildung 13.5: Zur Definition des Amperes*

In Kapitel 12 wurde die elektrische Stromstärke *I* eingeführt und das *Ampere* (A) als Einheit der Stromstärke vorgestellt. Eine genaue Definition des Amperes wurde allerdings nicht gegeben, sondern auf einen späteren Zeitpunkt verschoben. Dieser Zeitpunkt ist jetzt gekommen. Die Definition bezieht sich auf das in Abbildung 13.4 vorgestellte Experiment, das heißt, auf die mechanischen Kräfte zwischen zwei stromdurchflossenen Leitern. Das Ampere ist dem SI-System zufolge wie folgt definiert (siehe Abbildung 13.5):

*Ein Ampere* ist die Stärke eines zeitlich unveränderlichen elektrischen Stroms, der durch zwei im Vakuum im Abstand von 1 m parallel angeordneten geradlinigen unendlich langen, kreisförmigen Leitern von vernachlässigbarem Querschnitt fließend, zwischen diesen Leitern pro Meter Länge elektrodynamisch die Kraft von $2 \times 10^{-7}$ N hervorruft.

Diese Definition klingt zunächst reichlich kompliziert, ist es aber nicht wirklich. Es ist natürlich notwendig, die Bedingungen zur Messung des Amperes so genau wie möglich festzulegen; schließlich handelt es sich beim Ampere um eine der Grundeinheiten des SI-Systems (Kapitel 3).

## Ursache sind immer bewegte Ladungen: Magnetische Felder

Nach diesem Einschub soll die Diskussion des in Abbildung 13.4 dargestellten Experiments fortgeführt werden. Aus der obigen Darstellung geht hervor, dass auch in den Fällen (a) und (b) durch den Strom ein Magnetfeld um die Drähte 1 bzw. 2 erzeugt wird. Allerdings gibt es in dem jeweils anderen Draht nichts, was auf dieses Magnetfeld reagiert. Erst wenn sich auch in dem anderen Draht Ladungen bewegen, tritt eine Reaktion auf: Die Drähte ziehen sich an (c) oder stoßen sich ab (d). Es sind also wiederum bewegte Ladungen erforderlich, um die Auswirkungen des magnetischen Feldes zu spüren.

Diese Beobachtungen legen nahe, dass bewegte Ladungen einerseits ein Magnetfeld erzeugen, dass sie aber auch auf Magnetfelder reagieren. Dies wird im nächsten Abschnitt dazu benutzt, magnetische Felder zu definieren.

### Magnetfeldgröße #1: Die magnetische Induktion

Eine bewegte Ladung lässt sich mathematisch als $q\mathbf{v}$ darstellen. Benutzt man diese Größe $q\mathbf{v}$ als »magnetischen Probekörper«, so erhält man:

$$\text{Magnetisches Feld} = \frac{\text{Kraft}}{\text{Probekörper}} = \frac{F}{qv}$$

Die so definierte Größe wird *magnetische Induktion B* genannt:

$$B = \frac{F}{q\mathbf{v}}$$

Die Einheit der magnetischen Induktion ist das *Tesla*:

$$[B] = \frac{\text{N}}{\text{As} \cdot \text{m/s}} = \frac{\text{N}}{\text{Am}} = \text{T} = \text{Tesla}$$

Die magnetische Induktion B bewirkt also eine Kraft auf bewegte Ladungen:

$$B = \frac{F}{qv} \quad \Rightarrow \quad F = qvB$$

In einem magnetischen Feld $B$ erfährt eine *bewegte* elektrische Ladung $q$ die sogenannte *Lorentzkraft*

$$\mathbf{F}_\mathrm{L} = q\mathbf{v} \times \mathbf{B}$$

Beachten Sie, dass es sich dabei um ein Vektorprodukt (Kreuzprodukt) handelt (Kapitel 2). Daher gilt die in Kapitel 2 vorgestellte *Rechte-Hand-Regel*.

## Magnetfeldgröße #2: Die Magnetfeldstärke

Im vorangegangenen Abschnitt wurde gezeigt, dass die magnetische Induktion $B$ eine Kraft auf bewegte Ladungen ausübt. An dieser Stelle ergibt sich die Frage nach der Ursache des magnetischen Feldes bzw. der magnetischen Induktion. Aus der obigen Darstellung geht hervor, dass auch hier bewegte Ladungen verantwortlich sind.

Wenn sich Ladungen in einem Leiter (etwa einem Draht) bewegen, also in dem Draht ein Strom fließt, dann erzeugen sie im äußeren Bereich des Drahtes eine magnetischen Induktion. Mit einigen grundsätzlichen Überlegungen lassen sich einige wichtige Beziehungen für $B$ herleiten:

- $B$ verläuft in konzentrischen Kreisen um den Draht, wie in Abbildung 13.3 dargestellt ist.
- $B$ wird umso größer sein, je größer der Strom in dem Draht ist:

  $$B \propto I$$

- $B$ wird mit zunehmendem Abstand vom Draht kleiner werden:

  $$B \propto \frac{I}{r}$$

Um den kreisförmigen Charakter des $B$-Feldes zu betonen, kann man dies auch wie folgt schreiben:

$$B \propto \frac{I}{2\pi r}$$

Die Größe auf der rechten Seite dieser Gleichung wird auch als *Magnetfeldstärke* $H$ bezeichnet. Es gilt also

$$B \propto \frac{I}{2\pi r} = H$$

Der Proportionalitätsfaktor zwischen $B$ und $H$ wird als *magnetische Feldkonstante* $\mu_0$ bezeichnet.

Es gibt zwei Größen zur Beschreibung von Magnetfeldern: Die magnetische *Induktion B* und die *Magnetfeldstärke H*. Zwischen beiden besteht im Vakuum oder an Luft die Beziehung:

$$B = \mu_0 H$$

$\mu_0$ ist die magnetische Feldkonstante:

$$\mu_0 = 4\pi \cdot 10^{-7}\ \frac{\text{Tm}}{\text{A}} = 4\pi \cdot 10^{-7}\ \frac{\text{Vs}}{\text{Am}}$$

Die Einheit der magnetischen Feldstärke ist, der obigen Definition entsprechend:

$$[H] = \frac{\text{A}}{\text{m}}$$

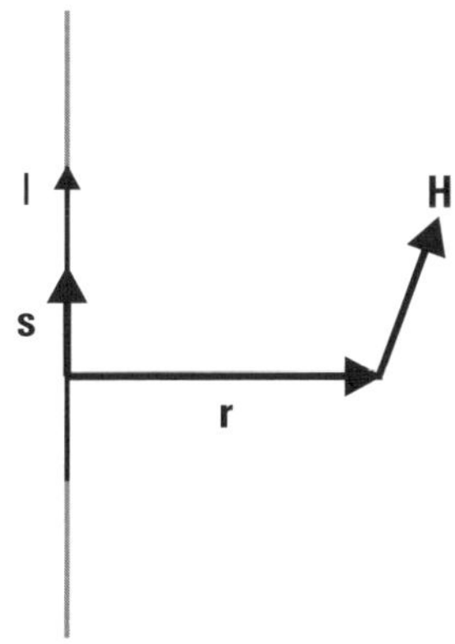


*Abbildung 13.6: Die Richtung der magnetischen Feldstärke*

Wie die magnetische Induktion, so ist auch die magnetische Feldstärke ein Vektor. $H$ ist senkrecht sowohl zum Strom als auch zum Radius $r$ des Kreises, den das Magnetfeld bildet (Abbildung 13.6). Mathematisch kann man dies folgendermaßen ausdrücken:

$$H = \frac{I}{2\pi r} \frac{\mathbf{r} \times \mathbf{s}}{|\mathbf{r}||\mathbf{s}|}$$

An dieser Stelle werden Sie als aufmerksamer und kritischer Leser natürlich fragen: »Hier wurden mit der magnetischen Induktion und der Magnetfeldstärke zwei Größen zur Beschreibung von Magnetfeldern eingeführt, die sich nur um einen Faktor $\mu_0$ unterscheiden. Ist das nicht ein wenig übertrieben?« Die Antwort lautet: Beide Größen sind notwendig. Solange es um magnetische Felder in der Luft oder im Vakuum handelt, gibt es keinen Unterschied zwischen beiden. Sobald man es aber mit magnetischen Materialien zu tun hat, gibt es große Unterschiede zwischen beiden Größen.

In Kapitel 11 wurde gezeigt, dass in einem elektrostatischen Feld die Energiedichte

$$E_{\text{es}} = \frac{1}{2} \cdot \varepsilon_0 E^2$$

gespeichert ist.

In gleicher Weise ist in einem magnetischen Feld ebenfalls Energie gespeichert. Ihre Dichte beträgt:

$$E_{\mathrm{m}} = \frac{1}{2} \cdot \mu_0 H^2 = \frac{1}{2} \cdot \frac{B^2}{\mu_0}$$

## Elektromagnetismus pur: Spulen

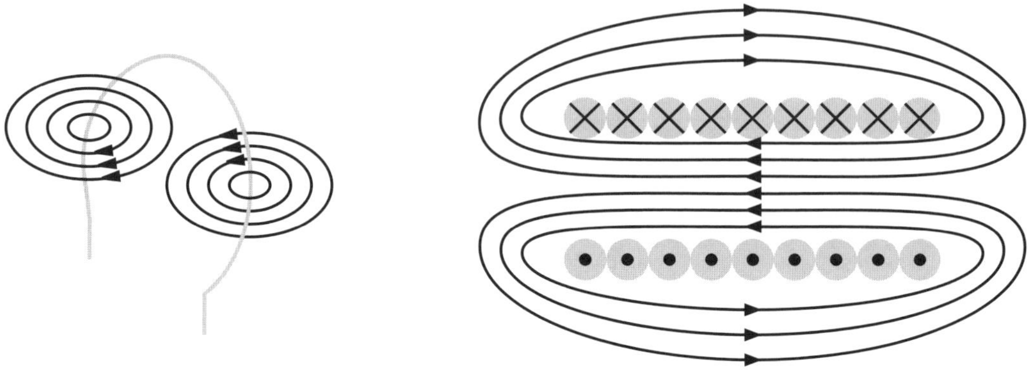

*Abbildung 13.7: Magnetfeld eines Drahtrings und einer langen Spule*

Das Magnetfeld eines stromdurchflossenen geraden Drahts besteht aus konzentrischen Kreisen um den Draht, wie Abbildung 13.3 zeigt. Was passiert, wenn man diesen Draht zu einem Drahtring biegt, wie es in der linken Skizze in Abbildung 13.7 dargestellt ist? Für jeden einzelnen Punkt des Drahtrings gilt weiterhin, dass das Magnetfeld konzentrisch um diesen Punkt verläuft, wie es für zwei Punkte in der Skizze gezeigt ist. Bereits aus dieser Skizze kann man ersehen, dass im Inneren des Rings beide Magnetfelder in die gleiche Richtung zeigen. Daran ändert sich nichts, wenn man weitere Punkte hinzunimmt. Das Magnetfeld im Inneren des Rings setzt sich aus den Beiträgen aller Punkte zusammen; es beträgt:

$$H = \frac{I}{d}$$

wobei $d$ der Durchmesser des Rings ist.

Stellen Sie sich nun vor, dass Sie nicht nur einen solchen Drahtring haben, sondern eine sehr große Anzahl an Ringen, die dicht an dicht angeordnet sind und elektrisch miteinander verbunden sind, sodass der gleiche Strom durch jeden von ihnen fließen kann. Ein solche Anordnung nennt man eine *Spule* (Abbildung 13.7 rechts).

Im Inneren einer langen geraden Spule ist das Magnetfeld *homogen*. Es verläuft in axialer Richtung.

Die Größe dieses homogenen Magnetfeldes kann man sich relativ einfach überlegen: Das Magnetfeld wird umso größer sein, je größer der Strom ist, der durch eine Spule fließt. Das heißt:

$$H \propto I$$

Auf der anderen Seite wird das Magnetfeld auch umso größer sein, je größer die Anzahl $n$ der Windungen der Spule ist:

$$H \propto nI$$

Schließlich spielt sicher auch die Dichte der Windungen eine Rolle. Das Magnetfeld wird umso größer sein, je dichter die Windungen aufeinander folgen, das heißt, je kürzer die Spule ist. Mit der Spulenlänge $\ell$ ergibt sich schließlich für das homogene Magnetfeld in einer langen, geraden Spule:

$$H = \frac{nI}{\ell} \quad \Rightarrow \quad B = \mu_0 \frac{nI}{\ell}$$

Wenn Sie mit Ihrer rechten Hand eine Spule so umfassen, dass Ihre Finger in die Richtung zeigen, in die der Strom durch die Windungen fließt, dann zeigt der abgespreizte Daumen in die Richtung des Nordpols der Spule.

## Alle Materialien sind magnetisch

Das im Folgenden vorgestellte Experiment gehört zu den wirklichen Augenöffnern in der Physik. Stellen Sie sich vor, Sie haben eine Spule mit $n = 1000$ Windungen und einer Länge von 10 cm. Durch die Spule fließt ein Strom von 0,1 A. Sie messen das magnetische Feld und erhalten:

$$B = \mu_0 \cdot \frac{nI}{\ell} = 2\pi \cdot 10^{-7}\,\frac{\text{Vs}}{\text{Am}} \cdot \frac{1000 \cdot 0{,}1\,\text{A}}{0{,}1\,\text{m}} = 6{,}3 \cdot 10^{-4}\,\text{T}$$

Dann schieben Sie einen Eisenstab in die Spule (einen sogenannten *Eisenkern*) und messen erneut die magnetische Induktion. Dabei stellen Sie fest, dass $B$ um etwa einen Faktor 1000 zugenommen hat, und sind zunächst einmal perplex. Wenn man den Wert von $B$, den man mit Eisenkern beobachtet, als $B_{\text{Fe}}$ bezeichnet, so kann man dieses Ergebnis folgendermaßen schreiben:

$$B_{\text{Fe}} \gg B_0$$
$$B_{\text{Fe}} = \mu_r B_0$$

Setzt man die Beziehung zwischen $B$ und $H$ ein, so folgt:

$$B_{\text{Fe}} = \mu_r \mu_0 H$$

Diese neue Größe $\mu_r$ nennt man *Permeabilitätszahl*. Für die meisten Materialien ist $\mu_r \approx 1$, aber es gibt bestimmte Materialien, für die $\mu_r$ sehr groß ist (Tabelle 13.1). Dies sind die sogenannten *ferromagnetischen* oder magnetisierbaren Materialien. Dabei besteht eine gewisse Analogie zu der in Kapitel 11 beschriebenen Einführung von Dielektrika in Kondensatoren, die polarisierbar sind und so zu einer Erhöhung der elektrischen Feldkonstante führen. Im hier betrachteten Fall geht es um Materialien, die magnetisiert, also *magnetisch polarisiert* werden können.

Der Eisenkern in der Spule bewirkt also eine zusätzliche Induktion $\Delta B$. Dies lässt sich mathematisch folgendermaßen ausdrücken:

$$\begin{aligned}\Delta B &= B_{\mathrm{Fe}} - B_0 = B_{\mathrm{Fe}} - \mu_0 H \\ &= \mu_{\mathrm{r}} \mu_0 H - \mu_0 H \\ &= (\mu_{\mathrm{r}} - 1)\mu_0 H \\ &= \chi \mu_0 H\end{aligned}$$

Die Größe $\chi = \mu_{\mathrm{r}} - 1$ wird *magnetische Suszeptibilität* genannt. Die Größe *Magnetisierung* ist definiert als:

$$M = \frac{\Delta B}{\mu_0}$$

Je nach Größe der Permeabilitätszahl $\mu_{\mathrm{r}}$ unterscheidet man drei Klassen von Materialien:

*$\mu_{\mathrm{r}} \leq 1$: Diamagnetische Materialien.* Der Magnetismus dieser Materialien beruht auf der Induktion von Wirbelströmen im atomaren Maßstab. Die *Induktion* wird weiter unten in diesem Kapitel näher erläutert. Dort finden Sie auch die *Lenz'sche Regel*, die besagt, dass induzierte Ströme und Spannungen stets ihrer Ursache entgegenwirken. Aus diesem Grund ist $\mu_{\mathrm{r}}$ kleiner als eins. Diamagnetismus tritt bei allen Materialien auf, aber dieser Effekt kann von Para- und Ferromagnetismus überdeckt werden.

*$\mu_{\mathrm{r}} \geq 1$: Paramagnetische Materialien.* In diesen Materialien sind magnetische Dipole vorhanden, die sich in einem magnetischen Feld ausrichten. Dies ist in Analogie zu den in Kapitel 11 diskutierten elektrischen Dipolen in einem elektrischen Feld.

*$\mu_{\mathrm{r}} \gg 1$: Ferromagnetische Materialien.* In diesen Materialien sind die magnetischen Dipole bereits in gewissen Bereichen (den sogenannten Domänen) geordnet. Sobald sie ein magnetischen Feld erfahren, ordnen sich diese Bereiche entsprechend an (Abbildung 13.8). Entfernt man das äußere Feld, so bleibt diese Ordnung zunächst erhalten. Daher bleiben Eisennägel auch magnetisch, wenn man das Feld entfernt.

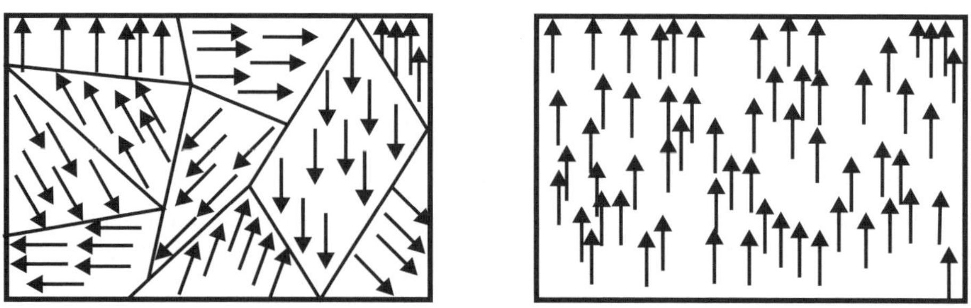

*Abbildung 13.8: Domänen in einem ferromagnetischen Material*

| Klasse | Material | Magnetische Suszeptibilität |
|---|---|---|
| Diamagnete | Wasser | $\mu_r - 1 = -9 \times 10^{-6}$ |
| | Gold | $\mu_r - 1 = -29 \times 10^{-6}$ |
| Paramagnete | Luft | $\mu_r - 1 = 0{,}4 \times 10^{-6}$ |
| | Aluminium | $\mu_r - 1 = 20 \times 10^{-6}$ |
| Ferromagnete | Eisen | $\mu_r - 1 \leq 5000$ |
| | Nickel | $\mu_r - 1 \leq 1000$ |
| | Kobalt | $\mu_r - 1 \leq 200$ |
| | Spezielle Ferrite | $\mu_r - 1 \leq 200.000$ |

*Tabelle 13.1: Permeabilitätszahlen für eine Reihe von Materialien*

In Tabelle 13.1 sind Werte für verschiedene Materialien der drei Klassen zusammengestellt.

Es gibt nur drei ferromagnetische Elemente: Eisen, Kobalt und Nickel. Zusätzlich gibt es aber viele Legierungen mit zum Teil extrem großen Permeabilitätszahlen.

## Bewegte Ladungen in elektrischen und magnetischen Feldern

Im folgenden Abschnitt wird die oben gestellte Frage nach der Auswirkung von bewegten Ladungen auf magnetische Felder einfach umgedreht. Sie lautet jetzt: Wie bewegen sich Ladungen in magnetischen Feldern? Zuvor soll aber noch kurz wiederholt werden, wie sich bewegte Ladungen in elektrischen Feldern bewegen.

### Immer gerade aus: Bewegte Ladungen im elektrischen Feld

In Kapitel 11 wurde gezeigt, dass eine Arbeit erforderlich ist, um eine Ladung in einem elektrischen Feld eines Kondensators gegen das Feld von einer Platte zur anderen zu transportieren. An dieser Stelle wird der entgegengesetzte Fall betrachtet: Ein Elektron mit der Ladung $-q$ befindet sich in einem Kondensator mit dem homogenen Feld $E = U/d$, wobei $U$ die Spannung und $d$ der Plattenabstand ist (Abbildung 13.9). Es erfährt eine Kraft $F$, mit der es auf die positive Platte zu beschleunigt wird:

$$F = qE = q \cdot \frac{U}{d}$$

Die Arbeit ist definiert als Kraft mal Weg:

$$W = F \cdot d = q \cdot \frac{U}{d} \cdot d = q \cdot U$$

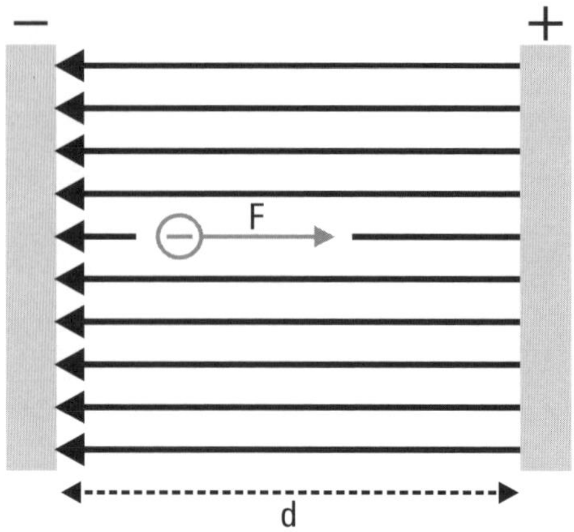


*Abbildung 13.9: Beschleunigung einer ruhenden Ladung in einem Plattenkondensator*

Allerdings muss hier keine Arbeit verrichtet werden, vielmehr wird das Elektron beschleunigt und gewinnt dabei kinetische Energie. Es muss also gelten:

$$E_{\text{kin}} = \frac{1}{2}mv^2 = q \cdot U = E_{\text{pot,el}}$$

Löst man dies nach der Geschwindigkeit $v$ auf, so erhält man

$$v = \sqrt{\frac{2qU}{m}}$$

Wenn eine elektrische Ladung einem elektrische Feld ausgesetzt ist und dabei die Spannung $U$ durchläuft, so besitzt sie anschließend die Geschwindigkeit

$$v = \sqrt{\frac{2qU}{m}}$$

Die obige Darstellung gilt unabhängig davon, ob die Ladung wie in Abbildung 13.9 in Ruhe war oder ob sie sich wie in Abbildung 13.10 mit einer Anfangsgeschwindigkeit $v_0$ bewegt. Das Elektron wird in jedem Fall in Richtung der positiven Platte beschleunigt. Wenn es eine Bewegung parallel zu den beiden Platten ausführt, bevor das Feld eingeschaltet wird, dann überlagern sich beide Bewegungen nach dem in Kapitel 4 eingeführten Superpositionsprinzip; in Analogie zum geraden Wurf ergibt sich eine Parabelbahn.

In einem elektrischen Feld erfährt eine elektrische Ladung eine geradlinige Beschleunigung, unabhängig vom Bewegungszustand der Ladung.

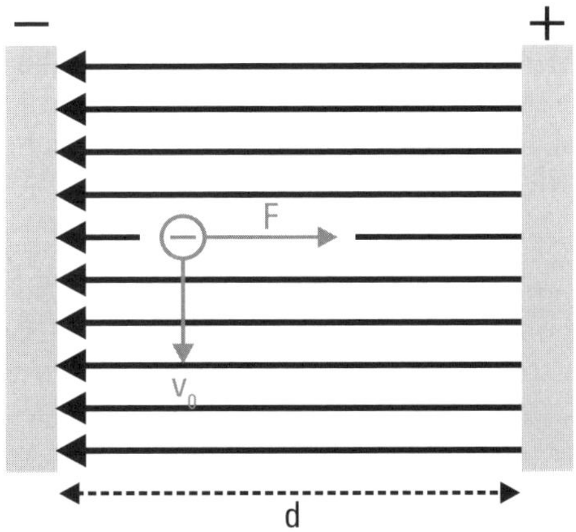


*Abbildung 13.10: Beschleunigung einer bewegten Ladung in einem Plattenkondensator*

Ersetzt man die positive Kondensatorplatte in Abbildung 13.9 durch ein Gitter, so können Elektronen, die im Feld beschleunigt werden, dieses Gitter mit einer gewissen Wahrscheinlichkeit passieren. Auf diese Weise kann man Elektronenstrahlen oder Ionenstrahlen erzeugen, in denen die einzelnen Teilchen alle die gleiche Energie besitzen.

## Im Kreis herum: Bewegte Ladungen im Magnetfeld

Weiter oben wurde dargestellt, dass bewegte Ladungen in einem Magnetfeld die sogenannte Lorentzkraft erfahren:

$$\mathbf{F}_L = q\mathbf{v} \times \mathbf{B}$$

Das Kreuzprodukt besagt, dass die Lorentzkraft immer senkrecht sowohl auf der Geschwindigkeit als auch auf dem Feld steht. Sind auch diese beiden senkrecht zueinander, so kann man die *Rechte-Hand-Regel* folgendermaßen anwenden:

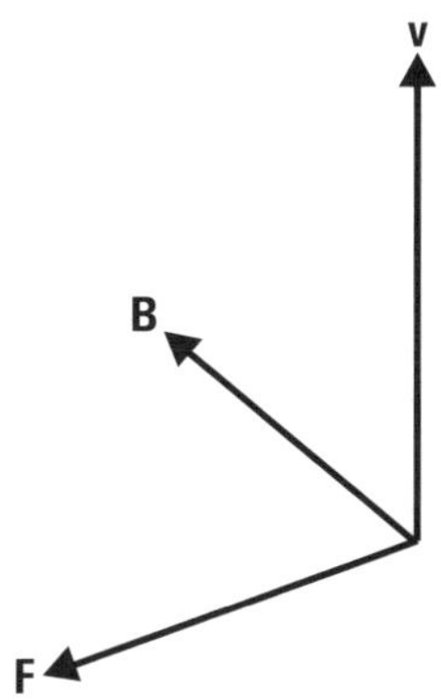


*Abbildung 13.11: Die Lorentzkraft und die Rechte-Hand-Regel*

Wenn Daumen, Zeigefinger und Mittelfinger der rechten Hand rechtwinklig in drei verschiedene Richtungen zeigen, kann man die Richtung der Lorentzkraft folgendermaßen ermitteln: Wenn der Daumen in Richtung der Geschwindigkeit zeigt und der Zeigefinger in Richtung des Magnetfeldes, dann gibt der Mittelfinger die Richtung der Lorentzkraft an.

Werfen Sie an dieser Stelle einen Blick auf Abbildung 13.12. Sie zeigt eine Ladung, die mit der Geschwindigkeit $v$ in ein Magnetfeld eintritt. Das Magnetfeld verläuft von links nach rechts, die Ladung tritt von hinten aus der Papierebene heraus in das Magnetfeld ein. Als Folge davon wird sie – entsprechend der gerade beschriebenen Rechte-Hand-Regel – nach unten abgelenkt. Sie ändert also ihre Richtung. Damit ändert sich aber auch die Richtung der Lorentzkraft. Wenn die Geschwindigkeit nach unten zeigt, wirkt die Lorentzkraft nach hinten, in die Papierebene hinein. Dieser Prozess setzt sich fort und kann wie folgt beschrieben werden:

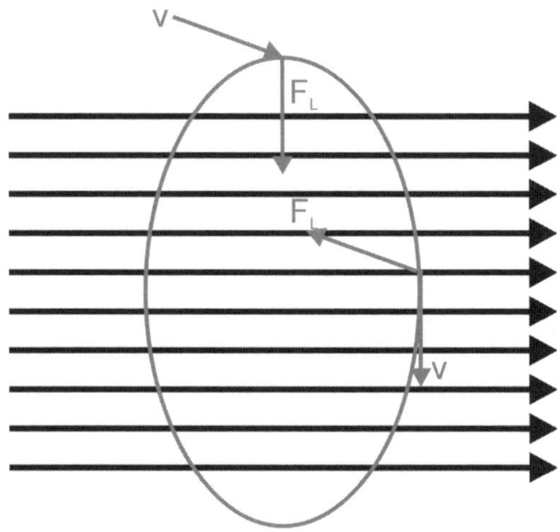


*Abbildung 13.12: Eine bewegte Ladung in einem homogenen Magnetfeld*

In einem homogenen Magnetfeld beschreibt eine bewegte Ladung, die senkrecht in das Feld eintritt, eine Kreisbahn.

Der Radius dieser Kreisbahn kann ziemlich einfach berechnet werden. Auf die Ladung wirken zwei Kräfte, zum einen die Lorentzkraft, die die Ladung auf eine Kreisbahn zwingt, zum andere die *Zentrifugalkraft* (Kapitel 5), die die Ladung nach außen drückt. Beide Kräfte müssen natürlich gleich groß sein. Also gilt:

$$F_{\mathrm{L}} = F_{\mathrm{z}}$$

$$qv \cdot B = m\frac{v^2}{r}$$

Löst man dies nach $q/m$ auf, so erhält man die folgende Beziehung:

$$\frac{q}{m} = \frac{v}{B \cdot r}$$

Kennt man $q$ und $m$, dann kann man den Radius berechnen. Wenn man andererseits den Radius messen kann und zugleich die Geschwindigkeit festlegen kann, so kann man mit Hilfe eines magnetischen Feldes die Masse von geladenen Teilchen bestimmen. Wie dies technisch durchgeführt wird, wird im Kasten »Massenspektrometer« dargestellt.

### Massenspektrometer

In den letzten Jahrzehnten hat sich die *Massenspektrometrie* in ihren verschiedenen Formen zu einer unverzichtbaren experimentellen Technik in der Chemie, aber auch in der Oberflächen- und Festkörperphysik entwickelt, wenn es darum geht, die chemischen Bestandteile (Elemente, Moleküle) einer Substanz zu bestimmen. Bei der Massenspektrometrie wird die Wirkung von elektrischen und magnetischen Feldern auf geladene Teilchen ausgenutzt. Dies erfolgt in vier Schritten:

1. Im ersten Schritt werden die Atome und Moleküle der zu untersuchenden Substanz elektrisch geladen, d. h., sie werden *ionisiert*, wobei die Ladung idealerweise eine Elementarladung beträgt.

2. Im zweiten Schritt werden diese geladenen Teilchen durch eine elektrische Spannung $U_B$ beschleunigt, wodurch sie eine kinetische Energie $E_{kin}$ erhalten. Die dabei erreichte Geschwindigkeit ergibt sich aus dem Energieerhaltungssatz:

   $$E_{pot,el} = E_{kin}$$

   $$q \cdot U_B = \frac{1}{2} m v^2$$

   Löst man nach der Geschwindigkeit $v$ auf, erhält man:

   $$v = \sqrt{\frac{2q \cdot U_B}{m}}$$

3. Anschließend durchqueren diese geladenen Teilchen, die die Geschwindigkeit $v$ besitzen, ein Magnetfeld $B$. Dadurch schwenken Sie in eine Kreisbahn mit dem Radius $r$ ein, der durch folgenden Ausdruck gegeben ist:

   $$r = \frac{m \cdot v}{q \cdot B}$$

   Löst man diese Gleichung nach $m$ auf, so folgt:

   $$m = \frac{rq \cdot B}{v}$$

   Setzt man die oben erhaltene Beziehung für $v$ in diese Gleichung ein, so ergibt sich:

   $$m = \frac{rq \cdot B}{\sqrt{\frac{2q \cdot U_B}{m}}}$$

Quadriert man diesen Ausdruck, so erhält man:

$$m^2 = \frac{r^2q^2 \cdot B^2}{\frac{2q \cdot U_B}{m}}$$

Diese Gleichung kann man folgendermaßen umschreiben:

$$m = \frac{r^2q \cdot B^2}{2 \cdot U_B}$$

Löst man dies nach dem Radius $r$ der Kreisbahn auf, folgt schließlich

$$r = \sqrt{\frac{2U_B m}{qB^2}}$$

Der Radius der geladenen Teilchen hängt also einerseits von der angelegten Spannung $U_B$ und dem Feld $B$ ab, andererseits aber auch von der Masse $m$ der Teilchen.

4. Nun muss man nur noch einen geeigneten Detektor einbauen, mit dessen Hilfe man messen kann, wie groß der Radius $r$ für ein bestimmtes Teilchen ist, und fertig ist das Massenspektrometer.

Die den Schritten 1–3 zugrunde liegenden Prinzipien sind lange bekannt; aber die Entwicklung einzelner Detektoren gelang erst im letzten Drittel der letzten Jahrhunderts. In der Praxis benutzt man übrigens einen festen Radius (d. h. einen Detektor an einem festen Ort) und variiert die Felder entsprechend.

## Hall-Effekt

Die Ablenkung bewegter Ladungen in einem Magnetfeld führt noch zu einem weiteren Effekt, dem sogenannten *Hall-Effekt*, der von dem amerikanischen Physiker Edwin Hall entdeckt wurde und der von großer technischer Bedeutung ist.

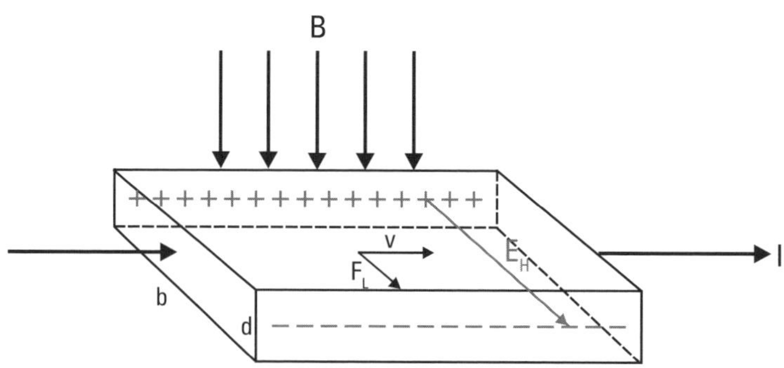


*Abbildung 13.13: Zum Halleffekt*

Abbildung 13.13 zeigt einen kubischen leitenden Körper, durch den ein elektrischer Strom fließt. Auf den Körper wirkt senkrecht zur Stromrichtung ein homogenes Magnetfeld. Dadurch werden die Elektronen, die den Strom bilden, senkrecht nach vorne abgelenkt. Sie sammeln sich also am vorderen Rand des Körpers an, während am hinteren Ende positive Ladungen zurückbleiben. Dadurch entsteht ein elektrostatisches Feld $E_H$, durch das eine elektrostatische Kraft auf die Elektronen wirkt. Die Elektronen erfahren also zwei Kräfte:

✔ Die Lorentzkraft treibt die Elektronen nach vorne.

✔ Die elektrostatische Kraft treibt die Elektronen nach hinten.

Daher stellt sich ein Gleichgewichtszustand ein, sodass beide Kräfte gleich groß sind:

$$F_L = F_{es}$$
$$ev \cdot B = e \cdot E_H$$

Der Index $H$ steht dabei für »Hall«. Wie kann man in dieser Gleichung die Geschwindigkeit $v$ der Elektronen durch bekannte Größen ersetzen? Die Stromdichte $J$, also der pro Flächeneinheit fließende Strom $I/A$, kann folgendermaßen ausgedrückt werden (Abbildung 13.14):

$$J = n_e \cdot e \cdot v$$

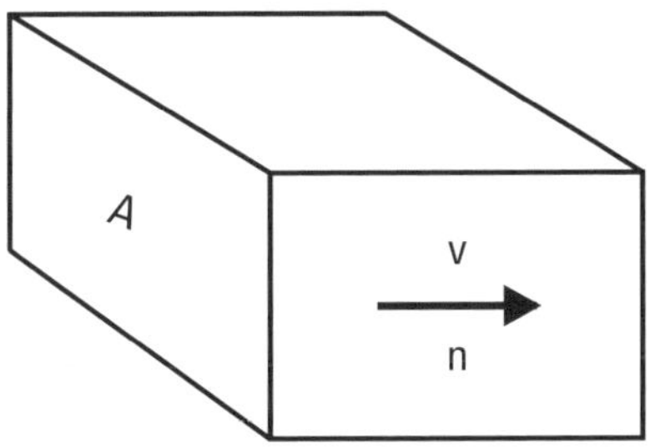


*Abbildung 13.14: Zur Definition der Stromdichte J*

Dabei ist $n_e$ die *Elektronendichte*, also die Anzahl der Elektronen pro Volumeneinheit. Für den Strom $I$ ergibt sich durch Multiplikation mit der Querschnittsfläche $A = db$:

$$I = n_e \cdot e \cdot v \cdot A$$

Löst man dies nach $v$ auf und setzt es dann in die obige Gleichung ein, so ergibt sich:

$$e \cdot \frac{I}{n_e e \cdot A} \cdot B = e \cdot E_H$$

Das Feld $E_H$ lässt sich auch durch die sogenannte Hall-Spannung $U_H = E_H b$ (Abbildung 13.13) ausdrücken (wobei $A = db$ gilt):

$$U_H = \frac{1}{en_e} \cdot \frac{I \cdot B}{d}$$

$U_H$ kann man messen, indem man die Spannung zwischen der Vorderseite und der Rückseite des Körpers abgreift. $I$ lässt sich ebenso leicht messen, die Dicke $d$ ist bekannt. Man kann diesen Hall-Effekt auf zwei verschiedene Weisen ausnutzen:

- Mit der sogenannten *Hallsonde* kann man unbekannte Magnetfelder ausmessen. Dazu braucht man einen Leiter mit einer bekannten Elektronendichte $n_e$.
- Andererseits kann man auch die Elektronendichte von Materialien messen, wenn man das Magnetfeld $B$ vorgibt.

# Induktion

Im vorangegangenen Abschnitt wurde dargestellt, dass bewegte Ladungen (d. h. Ströme) in einem Magnetfeld eine Kraft erfahren, also beschleunigt werden. Im Folgenden wird der umgekehrte Fall betrachtet: Wenn man Ladungen in einem Magnetfeld beschleunigt, entsteht ein elektrischer Strom. Dieser Prozess wird (magnetische) Induktion genannt.

## Wenn sich der Fluss ändert: Die Induktion

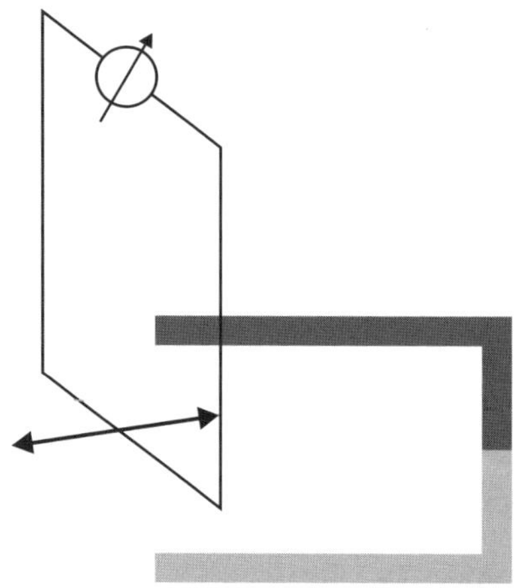

*Abbildung 13.15: Eine Leiterschaukel in einem Magnetfeld*

In Abbildung 13.15 ist ein Hufeisenmagnet dargestellt, zwischen dessen beiden Polen sich der Quersteg einer sogenannten Leiterschaukel befindet. Sie ist so aufgehängt, dass sie im Magnetfeld hin und her schaukeln kann. In der Schleife befindet sich ein Spannungsmessgerät. Lässt man die Schleife hin und her schaukeln, so beobachtet man einen Ausschlag des Messgeräts, der seine Richtung jedes Mal ändert, wenn auch die Schaukel ihre Richtung ändert.

Nehmen Sie an, dass sich die Leiterschaukel in der Abbildung nach rechts bewegt. Alle Elektronen in der Schaukel bewegen sich also nach rechts, wobei ihre Geschwindigkeit durch die Schaukelbewegung gegeben ist. Diese Bewegung ist senkrecht zum Magnetfeld $B$, das von oben nach unten verläuft. Also erfahren die Elektronen eine Kraft nach hinten oder nach vorne, je nach der momentanen Bewegungsrichtung der Schaukel. Durch diese Kraft werden die Elektronen nach hinten oder nach vorne beschleunigt, sodass ein Strom entsteht, der seine Richtung im Takt der Schaukelbewegung ändert. Damit entsteht aber auch eine sich zeitlich ändernde Spannung $U_{ind}$ (bzw. ein elektrisches Feld $E_{ind}$), die mit dem Spannungsmessgerät nachgewiesen werden kann. Für diese Spannung gilt:

$$E_{\text{ind}} = \frac{U_{\text{ind}}}{d} = \frac{F}{q}$$

Die hier wirkende Kraft ist die Lorentzkraft:

$$F_{\text{L}} = qv \cdot B$$

Setzt man dies ein, so erhält man:

$$E_{\text{ind}} = \frac{F_{\text{L}}}{q} = v \cdot B$$

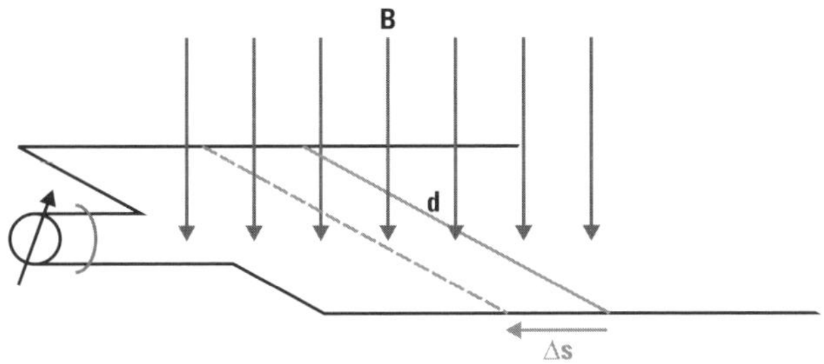


*Abbildung 13.16: Eine Leiterschleife in einem Magnetfeld*

Weiteren Aufschluss über die Induktion erhält man durch die in Abbildung 13.16 dargestellte Leiterschleife. Sie beinhaltet ebenfalls ein Spannungsmessgerät. Eine Seite der Schleife ist als beweglicher Steg ausgelegt. Die Schleife befindet sich in einem Magnetfeld, das von oben nach unten gerichtet ist. Mit dieser Anordnung lassen sich die folgenden Beobachtungen machen:

- ✔ Wenn man den Steg um eine Strecke $\Delta s$ nach rechts oder links bewegt, wird ein Spannungsausschlag beobachtet.
- ✔ Wenn man das Magnetfeld $B$ ändert (entweder vergrößert oder verkleinert wird), wird ein Spannungsstoß beobachtet.

Sowohl bei einer Änderung der Fläche der Leiterschleife als auch bei einer Änderung des magnetischen Feldes wird eine Spannung in der Schleife induziert. Oben wurde gezeigt, dass die in der Leiterschaukel induzierte Spannung wie folgt geschrieben werden kann:

$$U_{\text{ind}} = d \cdot v \cdot B$$

Die Geschwindigkeit der Elektronen im Steg der Leiterschleife in Abbildung 13.16 kann als $\Delta s/\Delta t$ ausgedrückt werden:

$$U_{\text{ind}} = d \cdot \frac{\Delta s}{\Delta t} \cdot B$$

$d\Delta s$ ist die Änderung der Fläche der Leiterschleife bei einer Bewegung des Stegs:

$$U_{\text{ind}} = \frac{\Delta A}{\Delta t} \cdot B$$

Dieses Ergebnis besagt, dass die induzierte Spannung von der *Änderung der Fläche* der Leiterschleife im Magnetfeld abhängt. Die oben vorgestellten Versuchsergebnisse haben gezeigt, dass auch eine Änderung des Magnetfeldes selbst eine Spannung induziert. Insofern kann man in der letzten Gleichung das B-Feld in den Δ-Ausdruck hineinziehen:

$$U_{\text{ind}} = \frac{\Delta(A \cdot B)}{\Delta t} = \frac{\Delta\Phi}{\Delta t}$$

Dies kann man folgendermaßen zusammenfassen:

Die Größe $\Phi = A \cdot B$ wird als *magnetischer Fluss* durch die Leiterschleife bezeichnet.

Die *zeitliche Änderung des magnetischen Flusses* in einer Leiterschleife erzeugt eine Spannung:

$$U_{\text{ind}} = \frac{\mathrm{d}\Phi}{\mathrm{d}t} \approx \frac{\Delta\Phi}{\Delta t}$$

An dieser Stelle stellt sich die Frage nach dem Vorzeichen der induzierten Spannung beziehungsweise der Richtung des induzierten Stroms. Betrachten Sie zur Beantwortung dieser Frage Abbildung 13.17, die die Situation in Abbildung 13.16 in einer Aufsicht zeigt. Dargestellt sind zwei mögliche Fälle (der Steg wird in beiden Fällen von links nach rechts bewegt):

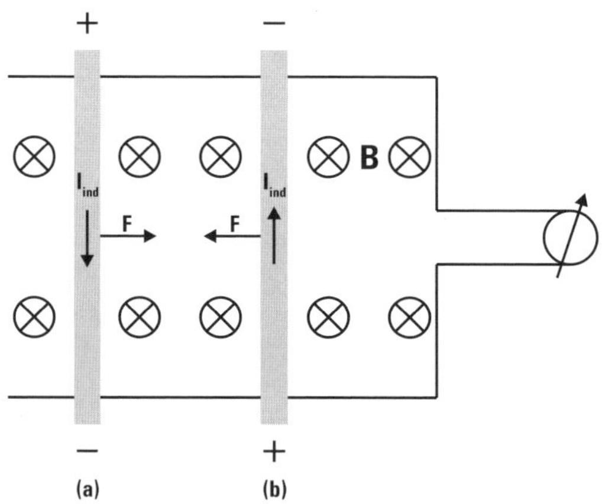


*Abbildung 13.17: Aufsicht auf die Leiterschleife in Abbildung 13.16. Das Magnetfeld zeigt in die Papierebene hinein*

- ✔ Im Fall (a) fließt der Strom von oben nach unten. Dies führt zu einer Lorentzkraft, die nach rechts zeigt. Diese Kraft würde den Steg weiter beschleunigen; infolgedessen würden $U_{ind}$ und auch $I_{ind}$ weiter ansteigen. Dieser Prozess würde sich fortsetzen, der Steg also immer schneller werden. Das bedeutet, dass in diesem Fall unendlich Energie gewonnen werden könnte. Dies ist physikalisch nicht möglich.
- ✔ Die durch den Induktionsstrom erzeugte Lorentzkraft wirkt der Bewegung des Stegs entgegen (b), bremst ihn also. Dieser Effekt wird in der Tat beobachtet.

Die sogenannte *Lenz'sche Regel* besagt, dass der Induktionsstrom so gerichtet ist, dass seine Wirkung, die Lorentzkraft, der Entstehung des Induktionsvorgangs entgegengesetzt ist. Daher muss man eigentlich schreiben:

$$U_{\text{ind}} = -\frac{\mathrm{d}\Phi}{\mathrm{d}t}$$

Für eine Spule mit $n$ Windungen gilt:

$$U_{\text{ind}} = -n\frac{\Delta\Phi}{\Delta t}$$

Der in diesem Abschnitt beschriebene Induktionseffekt ist von allergrößter technischer Bedeutung. Gleich drei Geräte, ohne die unsere heutige Welt nicht mehr funktionieren würde, beruhen auf der elektromagnetischen Induktion:

- ✔ Der elektrische Generator;
- ✔ Der Elektromotor;
- ✔ Der Transformator.

Infolgedessen sollen diese drei Grundanwendungen des Induktionsprinzips im Folgenden zumindest kurz vorgestellt werden.

## Es geht rund: Das Motor-Generator-Prinzip

Motoren und Generatoren beruhen auf dem gleichen Prinzip; bei beiden spielt die Induktion eine entscheidende Rolle.

- ✔ Ein Generator wandelt mechanische Energie in elektrische Energie um.
- ✔ Ein Motor wandelt elektrische Energie in mechanische Energie um.

Zunächst soll der *Generator* betrachtet werden. In den oben beschriebenen Induktionsversuchen wurden nur Spannungsstöße induziert, aber keine dauerhaften Spannungen oder Ströme. Eine Spannung wird induziert, wenn sich der magnetische Fluss in einer Leiterschleife ändert. Wie kann man eine dauerhafte Änderung von $\Phi$ erreichen?

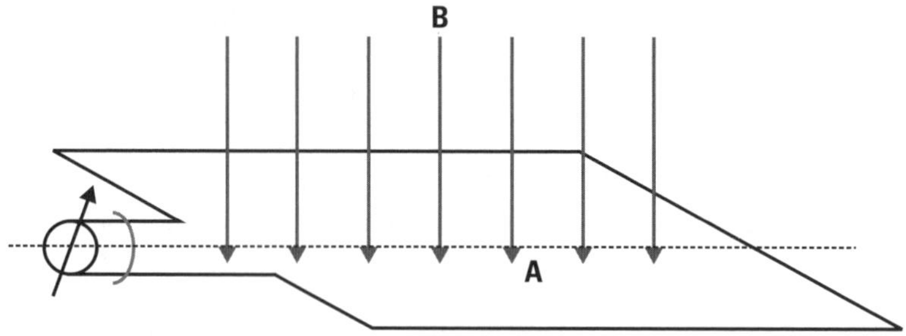


*Abbildung 13.18: Eine Leiterschleife dreht sich in einem Magnetfeld*

Abbildung 13.18 zeigt noch einmal eine Leiterschleife mit der Fläche $A$ in einem Magnetfeld $B$. Dreht man die Schleife um die in der Abbildung dargestellte Achse, so hängt der Anteil der Fläche, der senkrecht zum Magnetfeld steht, vom Drehwinkel $\varphi$ ab. Dies ist in Abbildung 13.19 dargestellt.

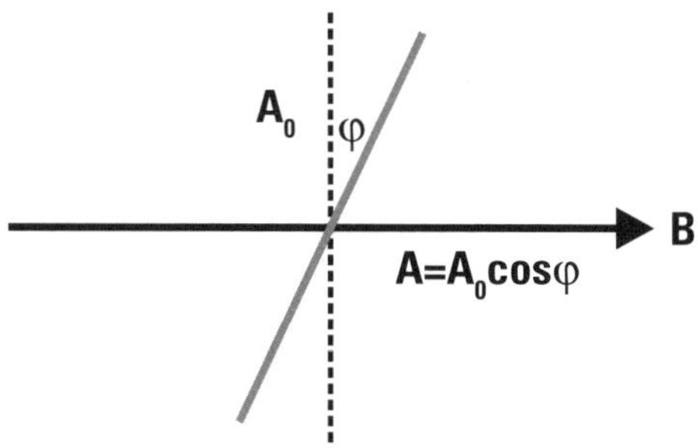


*Abbildung 13.19: Bei der Rotation einer Leiterschleife ändert sich der zum Magnetfeld senkrechte Anteil ständig*

Wenn die Winkelgeschwindigkeit $\omega$ dieses Drehprozesses konstant ist, gilt:

$$U_{\text{ind}} = -\frac{\mathrm{d}\Phi}{\mathrm{d}t} = -\frac{d(B \cdot A_0 \cos(\omega t))}{\mathrm{d}t}$$
$$= \omega B \cdot A_0 \sin(\omega t)$$
$$= U_0 \sin(\omega t)$$

$U_0 \sin(\omega t)$ beschreibt eine Wechselspannung (Kapitel 14). Der Verlauf der Spannung ist in Abbildung 13.20 dargestellt.

Ein Generator ist eine Leiterschleife oder meistens eine Spule, die sich mit konstanter Winkelgeschwindigkeit in einem Magnetfeld dreht. Dabei wird eine Wechselspannung $U_0 \sin(\omega t)$ erzeugt.

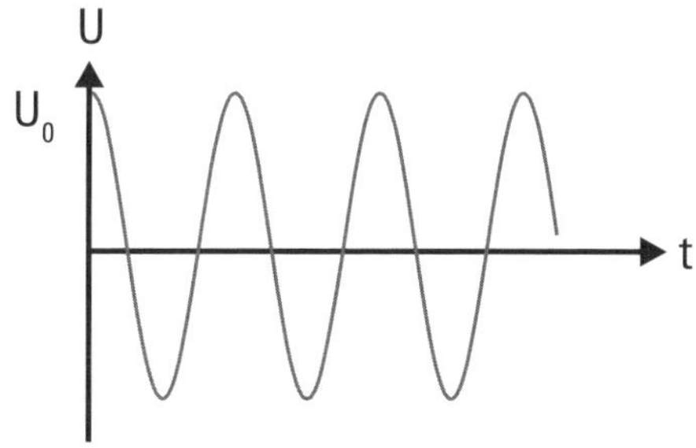


*Abbildung 13.20: Ein Generator erzeugt eine Wechselspannung*

Bei einem *Elektromotor* wird das gerade beschriebene Generator-Prinzip umgekehrt ausgenutzt. Eine Leiterschleife oder besser eine Spule befindet sich in einem Magnetfeld und wird von einem Strom durchflossen. Es gibt eine Vielzahl von verschiedenen Elektromotoren. Zwei von ihnen sind in Abbildung 13.21 dargestellt. In beiden Fällen handelt es sich um sogenannte Stromwendermotoren, die sich dadurch auszeichnen, dass sie einen Stromwender oder Kommutator benutzen. Beiden ist zudem gemeinsam, dass sie aus drei Hauptkomponenten bestehen. Diese sind:

- ✔ Der sogenannte *Stator* erzeugt das Magnetfeld; er ist in beiden Fällen zweipolig; in Abbildung 13.21 (a) wird ein Permanentmagnet verwendet, in Fall (b) ein Elektromagnet (eine Spule).
- ✔ Der sogenannte *Läufer*, der aufgrund der T-förmigen Ausbuchtung auch *Anker* genannt wird.
- ✔ Der *Stromwender* oder *Kommutator*.

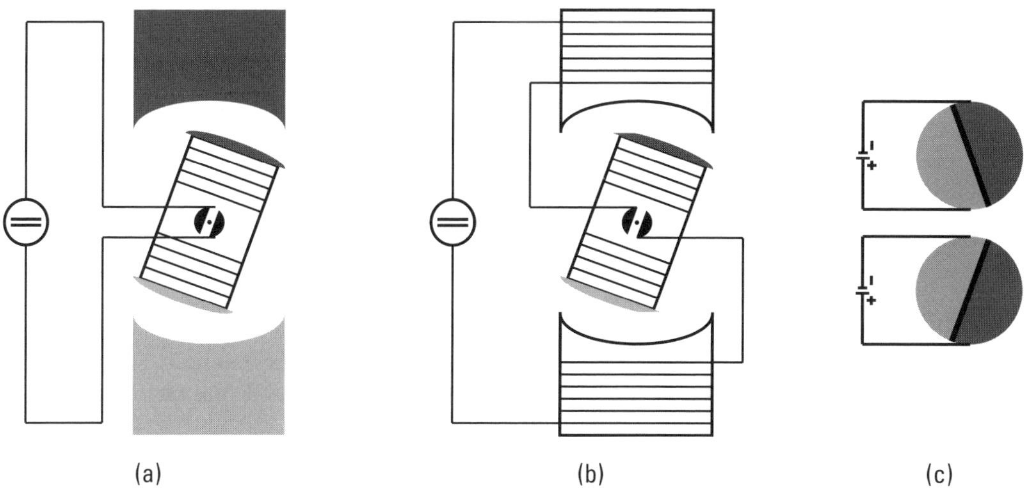


*Abbildung 13.21: Zwei Typen von Elektromotoren (a), (b); Wirkungsweise eines Kommutators (c)*

Betrachten Sie zunächst den in Abbildung 13.21 dargestellten Fall, in dem der Stator aus Permanentmagneten besteht. Schaltet man die Spannung an, so fließt ein Strom durch die Wicklungen des Läufers und erzeugt dort ein Magnetfeld, das mit dem Magnetfeld des Stators wechselwirkt; als Folge beginnt sich der Läufer um seine Achse zu drehen. Um allerdings diese Bewegung aufrechtzuerhalten, müssen die Pole des Läufers nach jeder halben Umdrehung umgepolt werden, was mit Hilfe des Kommutators erreicht wird (Abbildung 13.21 (c)). Dieser Motor kann nur mit Gleichstrom betrieben werden.

Im Gegensatz dazu kann der in Abbildung 13.21 (b) dargestellte Motortyp sowohl mit Gleich- als auch mit Wechselspannung betrieben werden. Der Permanentmagnet ist hier durch einen Elektromagneten ersetzt (die sogenannte *Erregerwicklung*), der hier mit der Ankerwinklung in Reihe geschaltet ist. Diese Art von Elektromotor wird Hauptschlussmotor genannt.

Elektromagnete gibt es in einem sehr großen Leistungsbereich. Dieser reicht vom Spielzeugmotor bis hin zu Motoren von Zügen wie etwa dem ICE. Mit Verbrennungsmotoren kann dieser Leistungsbereich nicht abgedeckt werden.

## Rauf und runter: Transformator

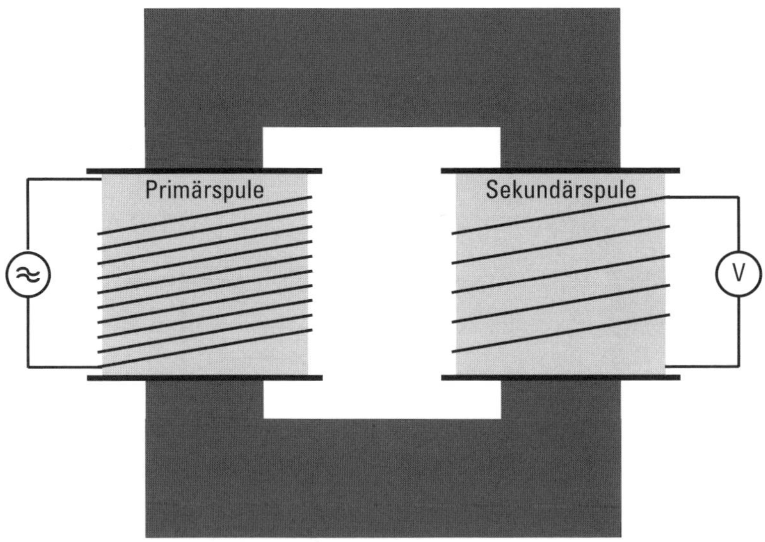


*Abbildung 13.22: Ein Transformator*

Abbildung 13.22 zeigt einen sogenannten *Transformator*. Er besteht aus zwei Spulen mit *unterschiedlicher* Windungszahl, die sich auf einem gemeinsamen geschlossenen Eisenkern befinden. Legt man an die Primärspule eine Wechselspannung $U_p$ (Kapitel 14) an, so ändert sich das Magnetfeld $H_p$ in der Spule ständig. Durch den Eisenkern wird es auf die Sekundärspule übertragen. Dadurch wird in dieser Sekundärspule eine Wechselspannung $U_s$ induziert, die die gleiche Frequenz wie $U_p$ besitzt. Die Magnetfelder in den beiden Spulen hängen von der jeweiligen Windungszahl ab.

Bei einem Transformator mit zwei Spulen mit den Windungszahlen $n_p$ und $n_s$ erzeugt eine Wechselspannung $U_p$ in der Primärspule eine Wechselspannung $U_s$ in der Sekundärspule, für die gilt:

$$\frac{U_s}{U_p} = \frac{n_s}{n_p}$$

Das Verhältnis $n_s/n_p$ wird auch *Übersetzungsverhältnis* genannt.

In einem idealen Transformator, in dem keine Verluste auftreten, gilt die Beziehung:

$$U_p I_p = U_s I_s$$

Mit Hilfe eines Transformator kann man große Ströme bei geringen Spannungen in ein System transformieren, bei dem die Ströme gering, die Spannungen aber hoch sind (und umgekehrt).

In Kapitel 14 wird gezeigt, dass derartige Transformatoren einen wesentlichen Bestandteil unseres gesamten Energieversorgungssystems darstellen.

## Selbstinduktion

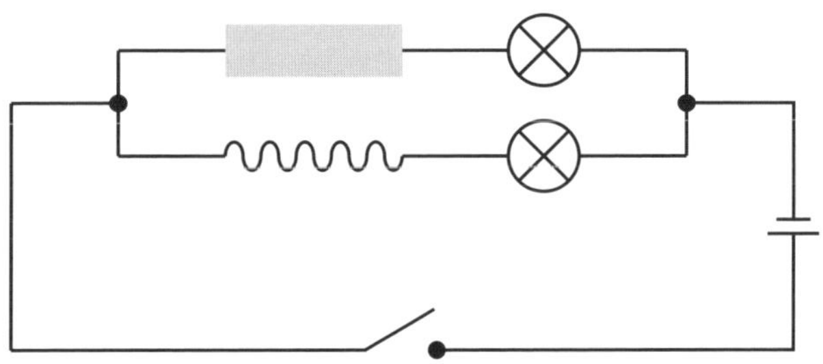

*Abbildung 13.23: Ein Stromkreis mit zwei Glühlampen*

Abbildung 13.23 zeigt einen Stromkreis mit zwei Zweigen. In beiden befindet sich eine Glühlampe, dazu im oberen ein Widerstand, im unteren eine Spule. Schaltet man die Spannungsquelle des Kreises ein, so macht man eine erstaunliche Beobachtung: Das Lämpchen im oberen Zweig leuchtet sofort, das in dem Zweig mit der Spule erst nach einiger Verzögerung, die durchaus im Sekundenbereich liegen kann. Dieser Effekt kann folgendermaßen erklärt werden: Der anwachsende Strom in der Spule erzeugt eine anwachsende Spannung, die auch einen Induktionseffekt bewirkt. Dieser bedingt aufgrund der Lenz'schen Regel, dass das anwachsende Feld vermindert wird. Also steigt die Spannung in dem Zweig mit der Spule nur langsam an, anders als im oberen Zweig.

Dies kann man folgendermaßen zusammenfassen: Die Änderung des magnetischen Feldes in einer Spule erzeugt nicht nur Induktionseffekte in anderen Spulen (wie etwa beim Transformator), sondern auch im eigenen Leiterkreis.

Die Induktionswirkung eines Magnetfeldes im eigenen Leiterkreis wird als *Selbstinduktion* bezeichnet.

Zum Schluss dieses Abschnittes soll noch eine Größe zur Beschreibung von Spulen eingeführt werden, die in der Physik und vor allem in der Elektrotechnik von großer Bedeutung ist. Die induzierte Spannung in einer Spule ist proportional zur Stromänderung:

$$\begin{aligned} U_{\text{ind}} &\propto \frac{\mathrm{d}I}{\mathrm{d}t} \approx \frac{\Delta I}{\Delta t} \\ &= L \cdot \frac{\Delta I}{\Delta t} \end{aligned}$$

Je größer die Stromänderung ist, umso größer ist die induzierte Spannung.

Der Proportionalitätsfaktor $L$ in dieser Gleichung wird als *Induktivität* der Spule bezeichnet. Die Einheit der Induktivität ist dementsprechend:

$$[L] = \frac{\text{Vs}}{\text{A}} = \text{Henry} = \text{H}$$

Im Folgenden wird als Beispiel die Induktivität einer langen Spule berechnet. Oben wurde gezeigt, dass für die Magnetfeldstärke und die magnetische Induktion in einer solchen Spule gilt:

$$H = \frac{n}{\ell} \cdot I$$

$$B = \mu_r \mu_0 \cdot \frac{n}{\ell} \cdot I$$

Auf der anderen Seite gilt für die induzierte Spannung in dieser Spule:

$$U_{\text{ind}} = n \frac{\Delta \Phi}{\Delta t} \quad \text{mit} \quad \Phi = A \cdot B$$

Setzt man diese beiden Gleichungen ineinander ein, so erhält man:

$$\begin{aligned} U_{\text{ind}} &= n^2 \mu_r \mu_0 \cdot \frac{A}{\ell} \cdot \frac{\Delta I}{\Delta t} \\ &= L \cdot \frac{\Delta I}{\Delta t} \end{aligned}$$

Daraus ergibt sich für die Induktivität einer langen Spule:

$$L = n^2 \mu_r \mu_0 \cdot \frac{A}{\ell}$$

## Elektrisches und Magnetisches Feld

Zum Abschluss dieses Kapitels sollen elektrische und magnetische Felder noch einmal vergleichend gegenübergestellt werden.

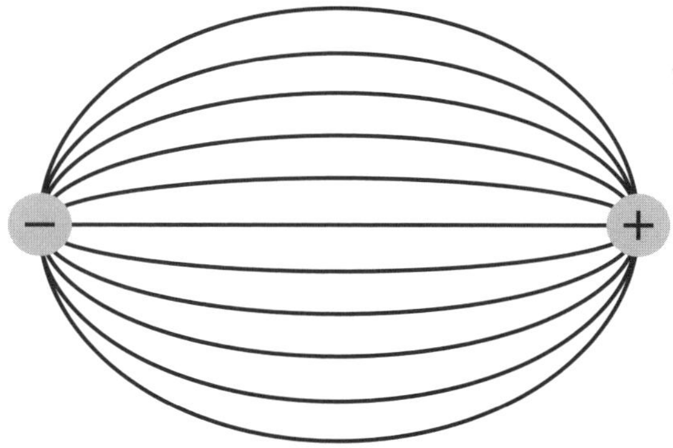


*Abbildung 13.24: Das elektrische Feld zweier Punktladungen*

1. **Elektrostatische Felder:**
   - Elektrostatische Felder werden durch Ladungen erzeugt.
   - Jede Feldlinie beginnt und endet bei einer elektrischen Ladung (Abbildung 13.24).

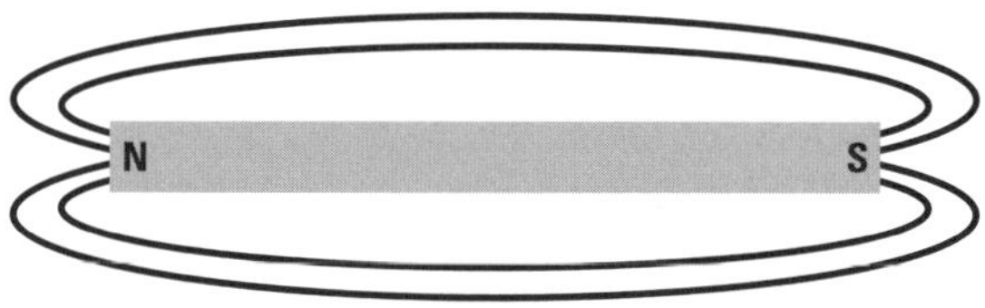


*Abbildung 13.25: Das magnetische Feld eines Stabmagneten*

2. **Magnetostatische Felder (Permanentmagnete):**
   - Die Ursache magnetostatischer Felder sind Wirbelströme auf atomarer Ebene.
   - Die Feldlinien verlaufen stets vom Nordpol zum Südpol.
   - Es gibt keine magnetischen Monopole; Nordpol und Südpol treten immer gemeinsam auf.

3. **Elektromagnetismus**
   - Magnetische Felder werden durch bewegte Ladungen ($q\,v$) erzeugt.
   - Die magnetischen Feldlinien sind immer geschlossen.

Elektrische und magnetische Felder können sich ohne gegenseitige Beeinflussung überlagern. In einem elektrischen Feld erfährt eine elektrische Ladung die Kraft:

$$\mathbf{F}_{\text{es}} = q \cdot \mathbf{E}$$

In einem Magnetfeld erfährt eine bewegte Ladung die Lorentzkraft:

$$\mathbf{F}_{\text{L}} = q \cdot \mathbf{v} \times \mathbf{B}$$

Wenn sowohl ein elektrisches Feld als auch ein Magnetfeld auf eine bewegte Ladung wirkt, dann erfährt diese die kombinierte Kraft

$$\mathbf{F} = q \cdot (\mathbf{E} + \mathbf{v} \times \mathbf{B})$$

Richtig interessant wird die Situation, wenn die Felder zeitlich veränderlich sind.

Eine enge Verbindung zwischen elektrischen und magnetischen Feldern tritt immer dann auf, wenn sich die Felder zeitlich ändern.

Ein Beispiel dafür ist die magnetische Induktion: Ein sich zeitlich änderndes Magnetfeld induziert eine elektrische Wechselpannung.

## Zum Schluss ein Augenöffner: Die Lichtgeschwindigkeit

Im Zusammenhang mit der Darstellung elektrischer Felder spielte die Dielektrizitätskonstante

$$\varepsilon_0 = 8{,}854 \times 10^{-12} \,\frac{\text{Vs}}{\text{Am}}$$

eine große Rolle. Das Gleiche gilt im Fall magnetischer Felder für die magnetische Feldkonstante (Permeabilität)

$$\mu_0 = 4\pi \times 10^{-7} \,\frac{\text{As}}{\text{Vm}}$$

Sie würden wahrscheinlich niemals auf die Idee kommen, einmal den folgenden Ausdruck näher zu betrachten:

$$c = \frac{1}{\sqrt{\varepsilon_0 \cdot \mu_0}}$$

Warum sollten Sie auch. Einer der wichtigsten Physiker der Geschichte, James Clerk Maxwell, hat aber genau dies getan. Dabei stellte er Folgendes fest:

- ✔ Die Einheit von $c$ ist die einer Geschwindigkeit:

$$[c] = \frac{1}{\sqrt{\frac{\text{As}}{\text{Vm}} \cdot \frac{\text{Vs}}{\text{Am}}}} = \frac{1}{\sqrt{\frac{\text{s}^2}{\text{m}^2}}} = \text{m/s}$$

- ✔ Die Größe von $c$ beträgt:

$$c = \frac{1}{\sqrt{8{,}854 \times 10^{-12} \cdot 4\pi \times 10^{-7}}} \,\frac{\text{m}}{\text{s}} = 2{,}998 \times 10^{8}\ \text{m/s}$$

Dies ist genau die Lichtgeschwindigkeit!!! Also muss Licht etwas mit elektrischen und magnetischen Felder zu tun haben. Es ist eine elektromagnetische Welle, wie in Kapitel 8 dargestellt wurde.

**Aufgabe 13.1**

Wie groß ist der Strom in einem Draht, wenn die Magnetfeldstärke in einem Abstand von 10 cm 3,5 A/m beträgt?

**Aufgabe 13.2**

Wie groß ist die magnetische Induktion $B$ in diesem Fall?

**Aufgabe 13.3**

Welche Spannung ist erforderlich, um ein Elektron auf eine Geschwindigkeit von 600 km/s zu beschleunigen, wenn die Ladung eines Elektrons $1{,}602 \times 10^{-19}$ As und seine Masse $9{,}109 \times 10^{-31}$ kg beträgt?

**Aufgabe 13.4**

Wie groß ist der Radius der Kreisbahn eines Elektrons, das mit einer Geschwindigkeit von $1 \times 10^{6}$ m/s in ein Magnetfeld von $10^{-4}$ T eintritt?

**Aufgabe 13.5**

Was passiert, wenn man einen Elektronenstrahl, dessen Ladungen die Geschwindigkeit $v$ besitzen, parallel zu den Feldlinien in ein magnetisches Feld bringt (Abbildung 13.26)?

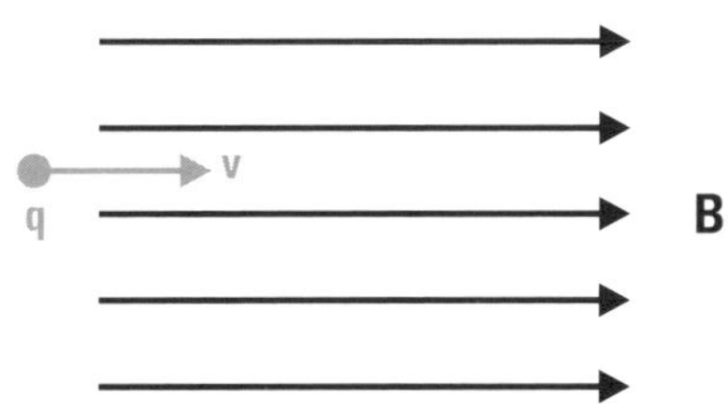


*Abbildung 13.26: Ein Elektronenstrahl tritt in ein Magnetfeld ein*

**Aufgabe 13.6**

Wie groß muss die Windungszahl einer Sekundärspule sein, wenn man eine Spannung von 230 V auf 5 V herunter transformieren will und die Primärspule 1000 Windungen hat?

**Aufgabe 13.7**

Wenn der Sekundärkreis bei diesem Transformator 5 A benötigt, wie groß muss der Strom im Primärkreis sein?

**Aufgabe 13.8**

Berechnen Sie die Induktivität einer Spule von 10 cm Durchmesser und 50 cm Länge, die 150 Windungen besitzt.

**Aufgabe 13.9**

Wie groß ist die Selbstinduktionsspannung dieser Spule, wenn der Strom in ihr in 0,2 Sekunden von 0 auf 4 A ansteigt?

# Wechselstromkreise

14

### In diesem Kapitel ...

- Wechselströme
- Ohmscher, kapazitiver und induktiver Widerstand
- Wirkwiderstand und Blindwiderstand
- Phasenwinkel
- Zeigerdiagramme

In Kapitel 12 wurden Gleichstromkreise behandelt. Bei *Gleichströmen* sind die Stromstärke $I$ und gleichzeitig auch die Spannung $U$ zeitlich konstant. Allerdings beruht die allgemeine Stromversorgung überall auf der Welt nicht auf Gleichströmen, sondern auf *Wechselströmen* (in Deutschland: 230 V mit einer Frequenz von 50 Hz). Die Gründe dafür werden in diesem Kapitel in dem Kasten »Warum Wechselstrom?« erörtert. Bei Wechselströmen ist die angelegte Spannung zeitlich nicht konstant, sondern besitzt einen zumeist sinusförmigen Verlauf, der zwischen einem positiven und einem negativen Maximalwert wechselt. Infolgedessen muss man bei Wechselstromkreisen nicht nur ohmsche Widerstände berücksichtigen, sondern auch die sogenannten *kapazitiven* und *induktiven Widerstände*, die von Kondensatoren und Spulen gebildet werden. Derartige Widerstände können dazu führen, dass Strom und Spannung nicht länger in Phase sind. Diese Widerstände bilden daher nach der genauen Definition von Wechselströmen eines der Hauptthemen dieses Kapitels. Außerdem wird noch dargestellt, wie man Wechselstromkreise mit Hilfe von *Zeigerdiagrammen* einfach und elegant beschreiben kann.

## Stetige Veränderung: Der Wechselstrom

In Kapitel 12 wurden Gleichströme und Gleichstromkreise behandelt. Dabei gelten für Spannung und Strom:

$$U(t) = U_0 \quad \text{und} \quad I(t) = I_0$$

Sowohl Spannung als auch Strom sind zeitlich konstant. Wenn Sie allerdings hingehen und mit Hilfe eines geeigneten Messinstruments (etwa eines sogenannten *Oszilloskops*) die Spannung analysieren, die aus den Steckdosen in Ihrer Wohnung kommt, werden Sie feststellen, dass diese Spannung nicht konstant ist, sondern einen sinusförmigen Verlauf besitzt:

$$U(t) = U_0 \sin(\omega t)$$

Das bedeutet, dass sich die Richtung der Spannung fortwährend ändert, sie kann sowohl positive als auch negative Werte annehmen (Abbildung 14.1). Wenn Sie dann auf geeignete Weise den Strom messen, der aus dieser Steckdose kommt und etwa Ihr Radio betreibt, stellt sich heraus, dass auch der Strom einen sinusförmigen Verlauf besitzt. Allerdings müssen die

Maxima von Spannung und Strom bei einem Wechselstrom nicht unbedingt gleichzeitig auftreten; vielmehr kann eine *Phasenverschiebung* $\varphi$ auftreten:

$$I(t) = I_0 \sin(\omega t + \varphi)$$

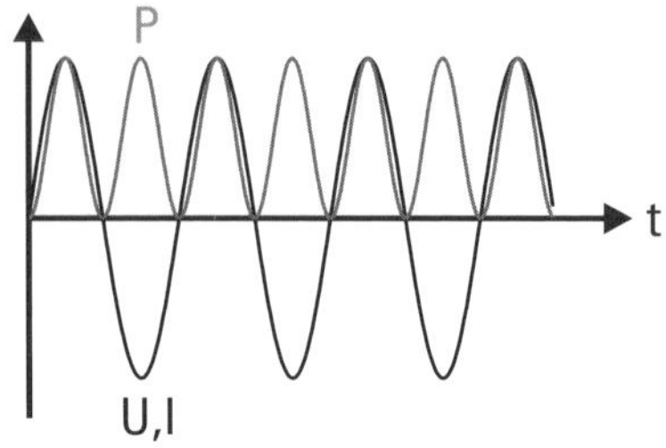


*Abbildung 14.1: Zeitlicher Verlauf von Spannung* U, *Strom* I *und Leistung* P *bei einem Wechselstrom*

## Nur die Effektivwerte zählen: Die Leistung eines Wechselstromkreises

In Kapitel 12 wurde die Leistung eines Gleichstromkreises als Produkt aus Spannung und Strom definiert:

$$P_{\mathrm{el}} = U \cdot I = R \cdot I^2 = \frac{U^2}{R}$$

Für einen Wechselstrom hingegen ergibt sich die Leistung wie folgt (wenn keine Phasenverschiebung vorliegt):

$$P_{\mathrm{el}}(t) = U(t) \cdot I(t) = U_0 \sin(\omega t) \cdot I_0 \sin(\omega t)$$

Dies kann man auch folgendermaßen schreiben:

$$P_{\mathrm{el}}(t) = \frac{U^2(t)}{R} = \frac{U_0^2}{R} \sin^2(\omega t)$$
$$= I^2(t)\, R = I_0^2 R \sin^2(\omega t)$$

An dieser Stelle ist es wieder an der Zeit, Ihre trigonometrische Formelsammlung zu Rate zu ziehen. Dort finden Sie die folgende Beziehung:

$$\sin^2 \alpha = \frac{1}{2}(1 + \sin(2\alpha))$$

Wendet man diese Formel auf die obige Gleichung für die elektrische Leistung eines Wechselstroms an, so ergibt sich:

$$P_{\mathrm{el}}(t) = U_0 \cdot I_0 \sin^2(\omega t) = P_0 \sin^2(\omega t)$$
$$= P_0 \cdot \frac{1}{2}(1 + \sin(2\omega t))$$

Diese Funktion schwingt mit der doppelten Frequenz $2\omega$ um den Mittelwert $P_0/2$. Dies ist ebenfalls in Abbildung 14.1 dargestellt. Wenn also die Frequenz von Strom und Spannung 50 Hz beträgt, ist die Frequenz der Leistung 100 Hz. Im zeitlichen Mittel ist der Sinusterm in der letzten Gleichung gleich null. Für den zeitlichen Mittelwert $\overline{P}_{\text{el}}$ ergibt sich daher:

$$\overline{P}_{\text{el}} = \frac{P_0}{2}$$

Teilt man den Faktor 1/2 gleichmäßig zwischen Strom und Spannung auf, kann man dies auch wie folgt schreiben:

$$\overline{P}_{\text{el}} = \frac{P_0}{2} = \frac{U_0 \cdot I_0}{2} = \frac{U_0}{\sqrt{2}} \cdot \frac{I_0}{\sqrt{2}} = U_{\text{eff}} \cdot I_{\text{eff}}$$

$U_{\text{eff}}$ und $I_{\text{eff}}$ werden als *Effektivspannung* und *Effektivstrom* bezeichnet. Es gelten also die Beziehungen:

$$U_{\text{eff}} = \frac{U_0}{\sqrt{2}} \quad \text{und} \quad I_{\text{eff}} = \frac{I_0}{\sqrt{2}}$$

Für die elektrische Leistung gilt also

$$P_{\text{el}} = U_{\text{eff}} \cdot I_{\text{eff}}$$

Für den ohmschen Widerstand in einem Wechselstromkreis gilt daher die Beziehung:

$$R_{\Omega} = \frac{U_{\text{eff}}}{I_{\text{eff}}}$$

### Warum Wechselstrom?

Die Stromversorgung der Haushalte beruht auf Wechselstrom und nicht auf Gleichstrom (in Deutschland: 230 V, 50 Hz). Der Grund dafür ist die Tatsache, dass für die Verlustleistung einer Leitung mit dem Widerstand $R$ die Beziehung gilt:

$$P_{\text{Verlust}} = R \cdot I^2$$

Bei gleichem Widerstand ist also die Verlustleistung umso größer, je größer der Strom, also je geringer die Spannung ist. Also sollte die Spannung für den Überlandtransport möglichst groß sein. Auf der anderen Seite ist es natürlich auch nicht wünschenswert (und technisch auch nicht zu realisieren), dass in jeder Steckdose in Ihrer Küche 100.000 V anliegen. Man muss also zwischen drei Spannungen unterscheiden:

- ✔ Die *Erzeugungsspannung*, die durch den Typ des Kraftwerks bzw. die Art der Stromerzeugung gegeben ist.
- ✔ Die *Transportspannung*, die im Bereich von 110 kV (für lokale Netze) oder 220 (380) kV (bei Transporten über größere Entfernungen) liegt.
- ✔ Die *Verbrauchsspannung*, die in der Lage sein muss, die üblichen Geräte wie Kühlschränke, Herde, Toaster, Waschmaschinen usw. zu betreiben.

Man muss also in der Lage sein, relativ einfach zwischen verschiedenen Spannungsniveaus zu wechseln. Gleichspannungen bieten diese Möglichkeit nicht, wohl aber Wechselspannungen, bei denen sich Umspannungen mit Hilfe der in Kapitel 13 beschriebenen *Transformatoren* einfach bewerkstelligen lassen.

Befindet sich in Ihrer Nähe ein Kraftwerk? Fahren Sie einmal hin; Sie werden dort unweigerlich große sogenannte Umspannstationen finden, die die vom Kraftwerk gelieferte Spannung auf die Transportspannungen hochtransformieren.

Noch ein letzter Hinweis in diesem Zusammenhang: Wenn Sie zuhause Geräte haben, die mit sehr geringen Spannungen arbeiten, wie etwa Computer, aber auch viele Energiesparlampen, so bestehen die Stecker dieser Geräte vielfach nicht aus zwei einfachen Kontakten wie bei Ihrem Toaster, sondern sind wesentlich kompakter und auch schwerer. Diese Einheit beinhaltet einen Transformator, der die Netzspannung auf die Betriebsspannung des Geräts heruntertransformiert.

# Jede Menge Widerstände

Im folgenden Abschnitt wird sich herausstellen, dass es im Fall von Wechselströmen neben ohmschen Widerständen, die dem in Kapitel 12 vorgestellten ohmschen Gesetz gehorchen, auch noch sogenannte kapazitive und induktive Widerstände gibt, die ein völlig anderes Verhalten zeigen und die von Kondensatoren bzw. Spulen hervorgerufen werden.

## Ohmscher Widerstand

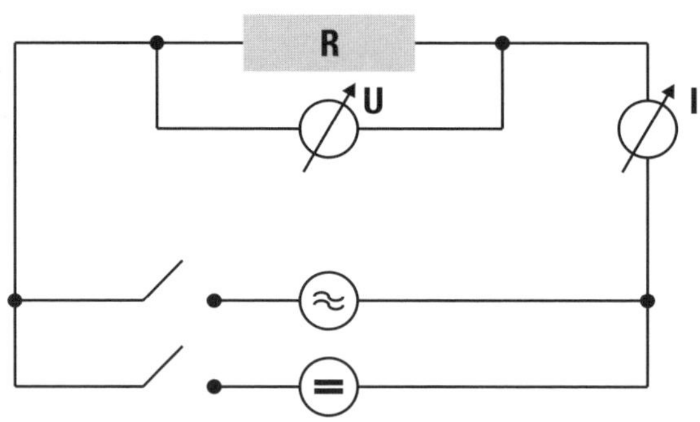


*Abbildung 14.2: Ein Schaltkreis mit einem ohmschen Widerstand*

Abbildung 14.2 zeigt einen einfachen Schaltkreis. Er besteht im Wesentlichen aus einer Spannungsquelle und einem sogenannten *ohmschen Widerstand*. Ohmsch meint hier, das dieser Widerstand dem ohmschen Gesetz folgt. Zur Spannungsversorgung dient entweder eine Gleichspannungs- oder eine Wechselspannungsquelle. Zudem enthält der Schaltkreis noch je ein Gerät zur Spannungs- und zur Strommessung, also ein *Voltmeter* und ein *Amperemeter*. Das Amperemeter ist in Serie mit der Spannungsquelle und dem Widerstand geschaltet; es misst also den gesamten Strom, der durch den Schaltkreis fließt. Das Voltmeter ist so geschaltet, dass es den Spannungsabfall über dem Widerstand misst.

Abbildung 14.3 zeigt den zeitlichen Verlauf von Strom und Spannung, der sich ergibt, wenn man in diesem Schaltkreis zum Zeitpunkt $t = 0$ die Gleichspannungsquelle einschaltet. Strom und Spannung sind sofort auf einem konstanten Wert, der durch die Spannung $U$ der Quelle und das ohmsche Gesetz $I = U/R$ gegeben ist. Solange die Spannungsquelle eingeschaltet bleibt, sind Strom und Spannung konstant.

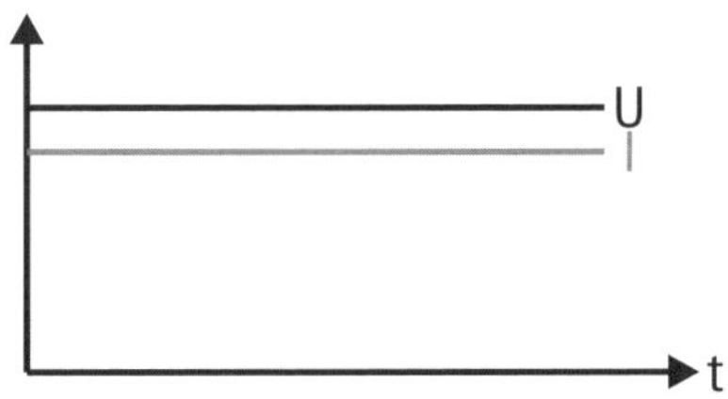


*Abbildung 14.3: Zeitlicher Verlauf von Strom und Spannung beim Einschalten der Gleichspannungsquelle in Abbildung 14.2*

Der zeitlich Vorlauf von Strom und Spannung bei Einschalten der Wechselspannungsquelle ist in Abbildung 14.4 dargestellt. Sowohl Spannung als auch Strom haben einen sinusförmigen Verlauf und sind in Phase.

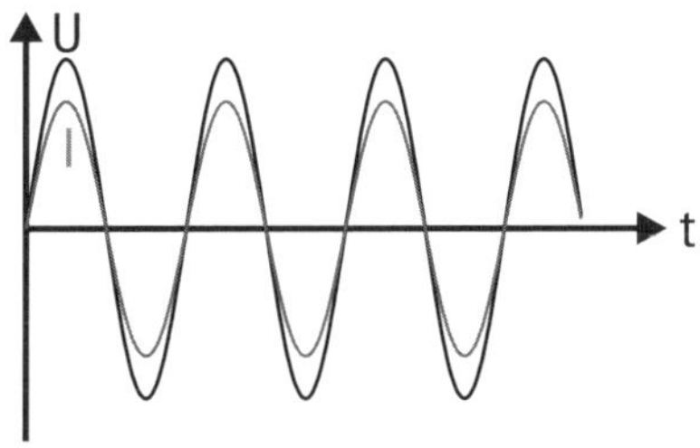


*Abbildung 14.4: Zeitlicher Verlauf von Strom und Spannung bei einem Wechselstromkreis mit einem ohmschen Widerstand*

## Kapazitiver Widerstand

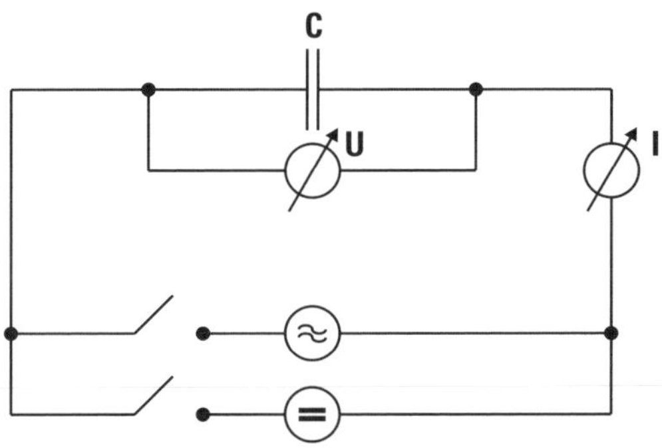


*Abbildung 14.5: Ein Schaltkreis mit einem kapazitiven Widerstand*

In Abbildung 14.5 ist ein Schaltkreis dargestellt, der den gleichen Aufbau besitzt wie der Kreis in Abbildung 14.2, der im vorangegangenen Abschnitt diskutiert wurde. Allerdings wurde der ohmsche Widerstand $R$ durch einen Kondensator mit der Kapazität $C$ ersetzt. In diesem Fall spricht man von einem *kapazitiven Widerstand*.

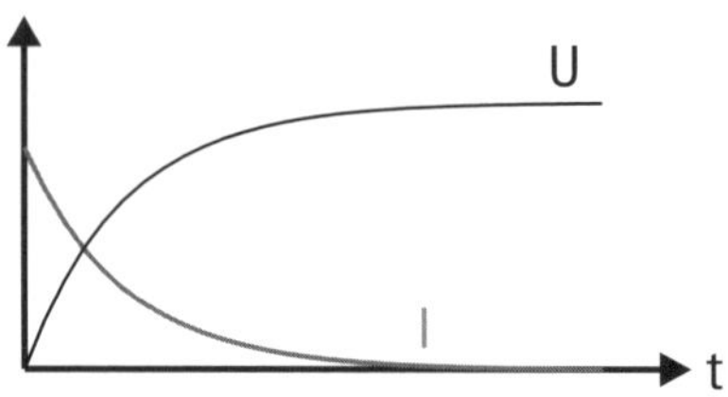


*Abbildung 14.6: Zeitlicher Verlauf von Strom und Spannung beim Einschalten der Gleichspannungsquelle in Abbildung 14.5*

Schaltet man die Gleichstromquelle in diesem Kreis ein und misst Spannung und Strom in der Anfangsphase (Abbildung 14.6), so beobachtet man zeitliche Verläufe von U und I, die zunächst einmal überraschend wirken. Die beiden Platten des Kondensators sind elektrisch nicht miteinander verbunden, sondern durch einen Isolator voneinander getrennt. Ladungsträger können diese Lücke nicht passieren. Also sollte man erwarten, dass überhaupt kein Strom fließt.

Im Gegensatz dazu wird zu Beginn ein starker Stromfluss beobachtet, der dann allerdings rasch abnimmt. Die beiden Platten des Kondensators können Ladungen speichern, wie in Kapitel 11 gezeigt wurde. Zu Beginn des in Abbildung 14.5 gezeigten Versuchs sind die Platten allerdings leer. Schaltet man die Gleichspannungsquelle ein, so beginnen die Platten, sich aufzuladen. Elektronen fließen auf die negative Platte auf und von der positiven ab. Daher misst das Amperemeter einen Strom, der allerdings rasch abfällt, wenn sich die Platten füllen. Ist dieser Vorgang abgeschlossen, sinkt der Strom auf Null.

Im Gegensatz dazu steigt die Spannung nach dem Einschalten langsam an, bis nach einer gewissen Zeit ein konstanter Wert erreicht wird. Auch dieser Vorgang kann mit dem Auffüllen der Platten mit Ladungen erklärt werden. In Kapitel 11 wurde gezeigt, dass für einen Kondensator mit der Kapazität $C$ die folgende Gleichung gilt:

$$Q = CU$$

$$U = \frac{Q}{C}$$

Dabei ist $Q$ die auf dem Kondensator angesammelte Ladung. Die Spannung, die über dem Kondensator abfällt, ist umso größer, je größer die angesammelte Ladung ist. Daher wird der Endwert der Spannung erst erreicht, wenn der Kondensator voll geladen ist (also zum gleichen Zeitpunkt, zu dem der Strom null wird).

Abbildung 14.7 zeigt den zeitlichen Verlauf von Strom und Spannung nach Einschalten der Wechselspannungsquelle. Beide Größen zeigen einen sinusförmigen Verlauf, sind aber diesmal zeitlich gegeneinander verschoben. Der Strom eilt der Spannung voraus!

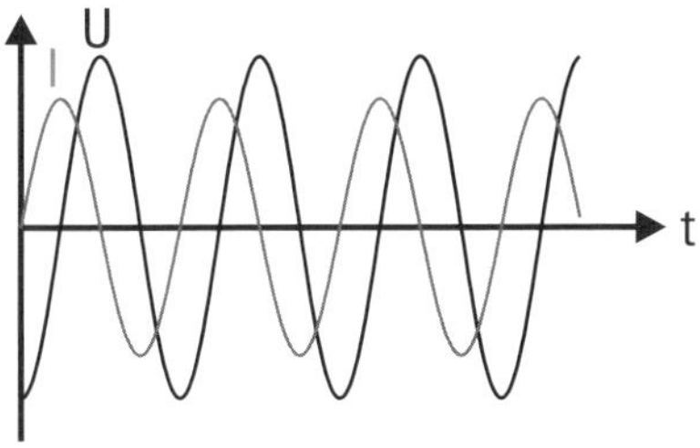


*Abbildung 14.7: Zeitlicher Verlauf von Strom und Spannung bei einem Wechselstromkreis mit einem kapazitiven Widerstand*

Anschaulich bedeutet dies Folgendes: Der Kondensator wird fortwährend geladen und entladen. Der Umladeprozess beginnt, wenn das Spannungsmaximum erreicht wird. Dann ändert der Strom seine Richtung. Er ist also Null, wenn die Spannung maximal ist. In Formeln ausgedrückt bedeutet dies:

In einem Wechselstromkreis mit einem kapazitiven Widerstand gilt für Strom und Spannung:

$$U = U_0 \sin(\omega t)$$
$$I = I_0 \sin(\omega t + \pi/2)$$

Der Strom ist also der Spannung um $\pi/2$ (90°) voraus.

Für die auf dem Kondensator gespeicherte Ladung gilt in diesem Fall der folgende Ausdruck (Kapitel 11):

$$Q = C \cdot U = C \cdot U_0 \sin(\omega t)$$

Der Strom ist hingegen definiert als die Ableitung der Ladung nach der Zeit (Erinnern Sie sich: Die Ableitung des Sinus ist der Kosinus (Kapitel 2)):

$$I = \frac{dQ}{dt} = C\omega \cdot U_0 \cos(\omega t)$$
$$= I_0 \cos(\omega t)$$

Definiert man jetzt die Größe $R_c$ als kapazitiven Widerstand dieses Kondensators, so erhält man:

$$R_C = \frac{U_0}{I_0} = \frac{U_0}{\omega C \cdot U_0} = \frac{1}{\omega C}$$

Der Widerstand dieses Kondensators ist also frequenzabhängig. Er ist umso größer, je geringer die Frequenz ist. Wenn die Frequenz $\omega = 0$ ist, ist der Widerstand unendlich groß. Dies bedeutet, dass Gleichströme Kondensatoren nicht passieren können, in Übereinstimmung mit allem, was bislang über Kondensatoren gesagt wurde.

Für Wechselströme stellt ein Kondensator mit der Kapazität $C$ einen Widerstand dar, dessen Größe durch den folgenden Ausdruck gegeben ist:

$$R_c = \frac{1}{\omega C}$$

## Induktiver Widerstand

Abbildung 14.8 zeigt den in diesem Abschnitt diskutierten Schaltkreis ein drittes Mal. In diesem Fall wird der Widerstand von einer Spule mit der Induktivität L gebildet (Kapitel 13). Hierbei spricht man von einem *induktiven Widerstand*.

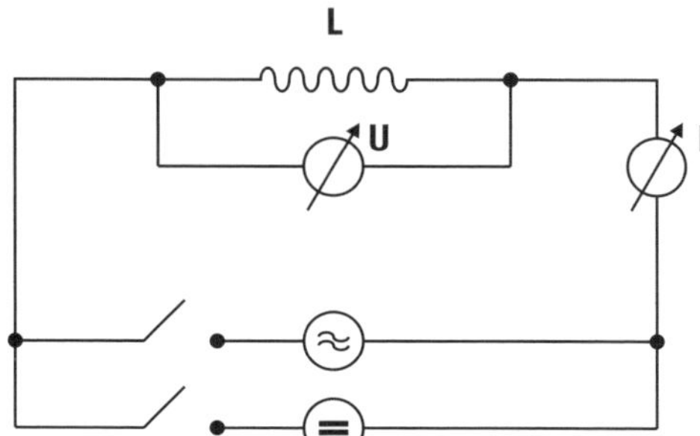


*Abbildung 14.8: Ein Schaltkreis mit einem induktiven Widerstand*

Abbildung 14.9 zeigt wiederum den Verlauf von Strom und Spannung beim Einschalten der Gleichstromquelle: Die Spannung hat zunächst einen hohen Wert, der dann auf einen konstanten Endwert zurückgeht. Der Strom steigt hingegen langsam an. Der Grund für dieses Verhalten ist die in Kapitel 13 dargestellte *Selbstinduktion* der Spule. Der *Lenz'schen Regel* zufolge wird jede Stromänderung durch eine entgegengesetzte Selbstinduktion verzögert.

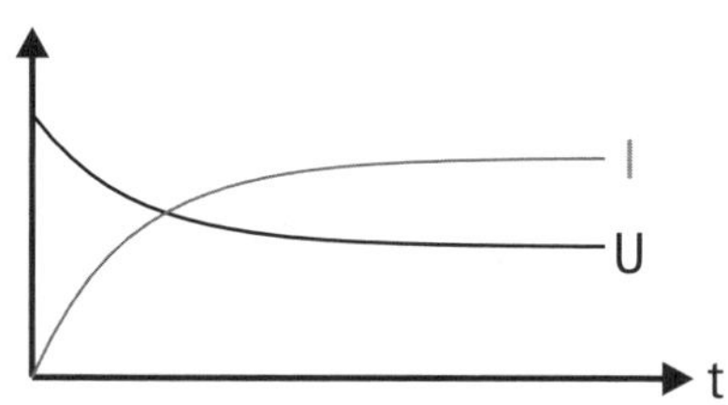


*Abbildung 14.9: Zeitlicher Verlauf von Strom und Spannung beim Einschalten der Gleichspannungsquelle in Abbildung 14.8*

Das gleiche Phänomen wird beobachtet, wenn man die Wechselstromquelle an den Stromkreis anschließt. Spannung und Strom sind wiederum sinusförmig, aber diesmal eilt der Strom der Spannung nach:

$$U = U_0 \sin(\omega t)$$

$$I = I_0 \sin(\omega t - \pi/2)$$

Anschaulich bedeutet dies Folgendes: Der Strom ist hinter der Spannung zurück, da die Stromänderung in Bezug auf die Spannung durch die Selbstinduktion verzögert wird.

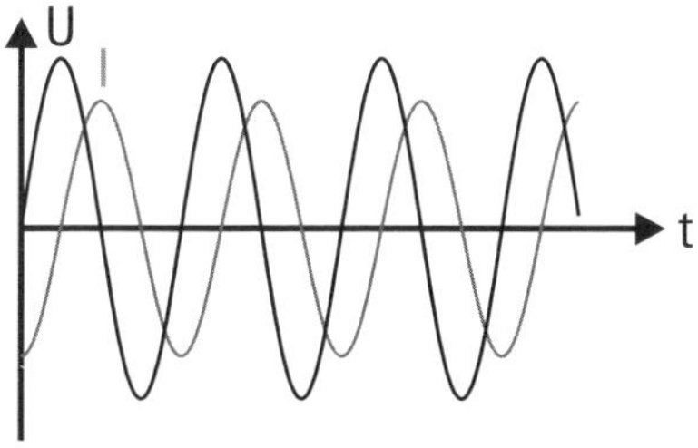


*Abbildung 14.10: Zeitlicher Verlauf von Strom und Spannung bei einem Wechselstromkreis mit einem induktiven Widerstand*

Wie im oben dargestellten Fall des Kondensators, lässt sich auch der Spule ein Wechselstromwiderstand $R_L$ zuordnen, der sogenannte *induktive Widerstand.* Für den Strom gilt die folgende Beziehung:

$$I = I_0 \sin(\omega t)$$

Die in der Spule induzierte Spannung ist proportional zur Ableitung des Stroms nach der Zeit:

$$\begin{aligned} U_{\text{ind}} &= -L\frac{\mathrm{d}I}{\mathrm{d}t} = -\omega L \cdot I_0 \cos(\omega t) \\ &= U_0 \cos(\omega t) \end{aligned}$$

Fasst man dies zusammen, so ergibt sich für den induktiven Widerstand der Spule:

$$R_L = \frac{U_0}{I_0} = \frac{\omega L \cdot I_0}{I_0} = \omega L$$

Auch der induktive Widerstand ist also frequenzabhängig. Allerdings ist er – im Gegensatz zum kapazitiven Widerstand – um so größer, je größer die Frequenz ist. Für $\omega = 0$, also im Gleichstromfall, wird die Spule nicht als solche erkannt. Sie trägt hier also nur zum ohmschen Gesamtwiderstand des Stromkreises bei. Ihren induktiven Charakter entwickelt sie erst bei höheren Frequenzen.

Für Wechselströme stellt eine Spule mit der Induktivität $L$ einen Widerstand dar, dessen Größe durch den folgenden Ausdruck gegeben ist:

$$R_c = \omega L$$

## Den Widerstand vereinigen

Abbildung 14.11 zeigt einen Wechselstromkreis, in dem ein Widerstand $R$, ein Kondensator $C$ und eine Spule $L$ hintereinandergeschaltet sind. Eine etwas längliche Rechnung ergibt, dass zwischen der Spannung $U_0$ und dem Strom $I_0$ die folgende Beziehung gilt:

$$U_0 = I_0 \cdot \sqrt{R^2 + \left(\omega L - \frac{1}{\omega C}\right)^2}$$

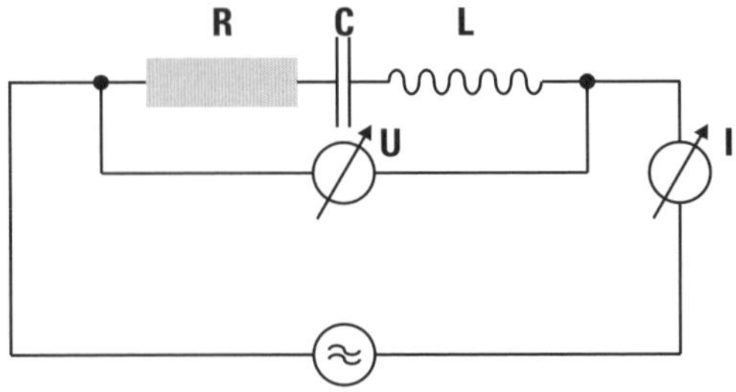


*Abbildung 14.11: Ein Wechselstromkreis mit einer Reihenschaltung von Widerstand, Kondensator und Spule*

Die Wurzel in dieser Gleichung ist so etwas wie der »Gesamtwiderstand« dieser Schaltung, der als *Scheinwiderstand* oder *Impedanz Z* bezeichnet wird.

Der *Scheinwiderstand* oder die *Impedanz Z* ist in diesem Fall folgendermaßen definiert:

$$Z = \frac{U_0}{I_0} = \frac{U_{\text{eff}}}{I_{\text{eff}}} = \sqrt{R^2 + \left( \omega L - \frac{1}{\omega C} \right)^2}$$

Den Widerstand R bezeichnet man in diesem Fall als *Wirkwiderstand*. Der Widerstand

$$X = \omega L - \frac{1}{\omega C}$$

heißt *Blindwiderstand*.

Die Gründe für diese Namensgebung werden im nächsten Abschnitt im Zusammenhang mit der Diskussion der Leistung deutlich werden.

Für diese drei Widerstände und ihre Kehrwerte gibt es in der Sprache der Elektrotechnik noch jeweils etwas seltsam klingende Spezialnamen, die in Tabelle 14.1 zusammengestellt sind.

| Name | Bezeichnung | Name | Bezeichnung |
|---|---|---|---|
| Impedanz $Z$ | Scheinwiderstand | Admittanz $Y = 1/Z$ | Leitwert |
| Resistanz $R$ | Wirkwiderstand | Konduktanz $G = 1/R$ | Wirkleitwert |
| Reaktanz $X$ | Blindwiderstand | Suszeptanz $B = 1/X$ | Blindleitwert |

*Tabelle 14.1: Elektrotechnische Bezeichnungen für die verschiedenen Widerstände und Leitwerte*

Betrachten Sie noch einmal die obige Definition der Impedanz $Z$. Sie hat die Form des Satzes von Pythagoras. Man kann also ein rechtwinkliges Dreieck konstruieren, deren Hypotenuse die Impedanz ist (Abbildung 14.12), während die Katheten durch den Wirkwiderstand R und den Blindwiderstand $Z$ gebildet werden.

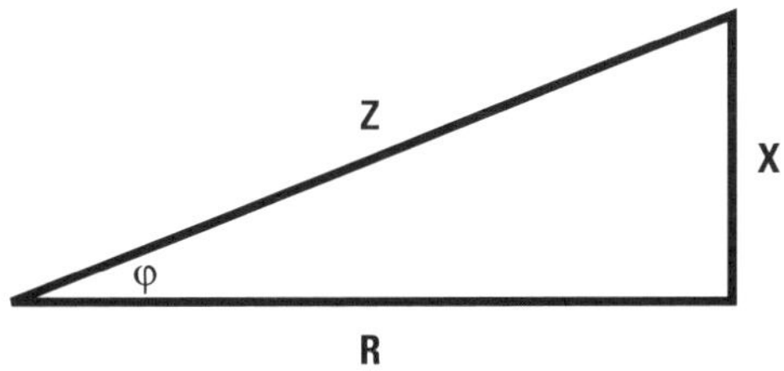


*Abbildung 14.12: Zur Definition des Phasenwinkels*

Der in diesem Dreieck auftauchende *Winkel* $\varphi$ heißt *Phasenwinkel*. Er entspricht der Phasenverschiebung zwischen Spannung und Strom. Für $\varphi$ gilt (Abbildung 14.12):

$$\tan\varphi = \frac{X}{R} = \frac{\omega L - \frac{1}{\omega C}}{R}$$

## Wirkleistung und Blindleistung

Im vorangegangenen Abschnitt wurde gezeigt, dass bei einem rein ohmschen Stromkreis Strom und Spannung in Phase, bei einem rein kapazitiven oder einem rein induktiven Stromkreis hingegen um 90° gegeneinander verschoben sind, wobei der Strom der Spannung im ersten Fall vorauseilt, im zweiten Fall nacheilt. In einem beliebigen Stromkreis, der sowohl ohmsche als auch kapazitive und induktive Widerstände enthält, sind Spannung und Strom gegeneinander um den sogenannten Phasenwinkel $\varphi$ verschoben, der Werte zwischen –90° und +90° annehmen kann. Dies kann man folgendermaßen ausdrücken:

$$U = U_0 \sin(\omega t)$$
$$I = I_0 \sin(\omega t - \varphi)$$

Für die Leistung in einem solchen Stromkreis gilt dann:

$$P = U \cdot I = U_0 \sin(\omega t) \cdot I_0 \sin(\omega t - \varphi)$$

An dieser Stelle lohnt sich wieder ein Blick in Ihre trigonometrische Formelsammlung. Dort finden Sie die folgende Beziehung:

$$\sin\alpha \cdot \sin\beta = \frac{1}{2}[\cos(\alpha - \beta) - \cos(\alpha + \beta)]$$

Wendet man diese Beziehung auf die obige Gleichung an, so erhält man:

$$\begin{aligned} P &= \frac{1}{2} U_0 I_0 \cdot [\cos(\omega t - \omega t + \varphi) - \cos(2\omega t)] \\ &= U_{\text{eff}} I_{\text{eff}} \cdot [\cos\varphi - \cos(2\omega t)] \end{aligned}$$

Der erste Term in der eckigen Klammer ist unabhängig von der Zeit, der zweite schwankt mit der doppelten Frequenz $2\omega$ um den Mittelwert Null. Im zeitlichen Mittel ergibt sich also:

$$P = U_{\text{eff}} I_{\text{eff}} \cdot \cos\varphi$$

Bei einem rein ohmschen Widerstand ist $\varphi = 0$, also $\cos\varphi = 1$. Damit erhält man:

$$P_{\text{ohmsch}} = U_{\text{eff}} I_{\text{eff}}$$

also den gleichen Ausdruck, der oben berechnet wurde. Bei rein kapazitiven oder rein induktiven Widerständen ist $\varphi \pm 90°$, woraus $\cos\varphi = 0$ und damit auch $P = 0$ folgt. In derartigen Stromkreisen wird also keine Leistung verbraucht.

Die Leistung in einem Wechselstromkreis, in dem Spannung und Strom um den Phasenwinkel $\varphi$ gegeneinander verschoben sind, beträgt:

$$P_W = U_{eff} I_{eff} \cdot \cos\varphi$$

Sie wird auch als *Wirkleistung* bezeichnet. Das Produkt

$$P_S = U_{eff} I_{eff}$$

wird *Scheinleistung* genannt. Die Differenz zwischen Scheinleistung und Wirkleistung ist die sogenannte *Blindleistung*:

$$P_B = P_S - P_W$$

In einem rein ohmschen Kreis ist $P_W = P_S$, und die Blindleistung $P_B$ ist null. In rein induktiven oder rein kapazitiven Stromkreisen ist $P_B = P_S$, und die Wirkleistung ist null.

## Zeigerdiagramme

*Zeigerdiagramme* sind ein bequemes, aber auch anschauliches Hilfsmittel zur Darstellung und Berechnung von Wechselstromkreisen, die ohmsche, kapazitive und induktive Widerstände enthalten. Strom und Spannung sind einerseits beide sinusförmig und zueinander proportional, andererseits existiert eine Phasenverschiebung zwischen beiden.

In einem Zeigerdiagramm werden die Beträge und die Phasen zwischen Strömen und Spannungen graphisch dargestellt. Da $I$ und $U$ unterschiedliche Einheiten besitzen, spielt die Länge der Zeiger von Strom und Spannung zunächst keine Rolle. Abbildung 14.13 zeigt Zeigerdiagramme für einen ohmschen, einen kapazitiven und einen induktiven Stromkreis.

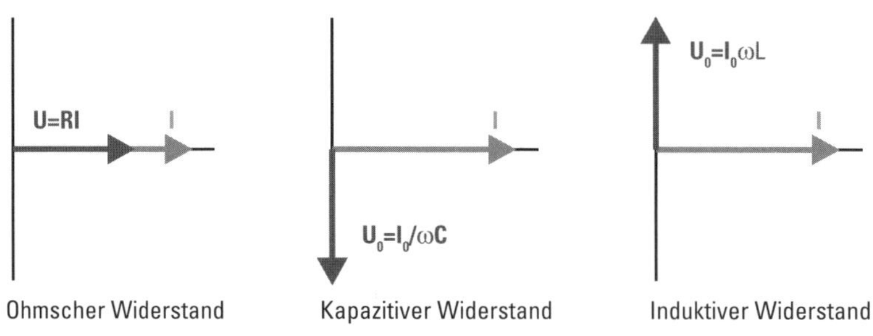


*Abbildung 14.13: Zeigerdiagramme für rein ohmsche, kapazitive bzw. induktive Stromkreise*

Diese Zeiger rotieren mit der Frequenz $f = 2\pi/\omega$ gleichmäßig gegen den Uhrzeigersinn um den Ursprung. Die Projektion der Zeiger auf die x-Achse gibt die Momentanwerte von Strom und Spannung zu jedem Zeitpunkt an, wie es in Abbildung 14.14 dargestellt ist.

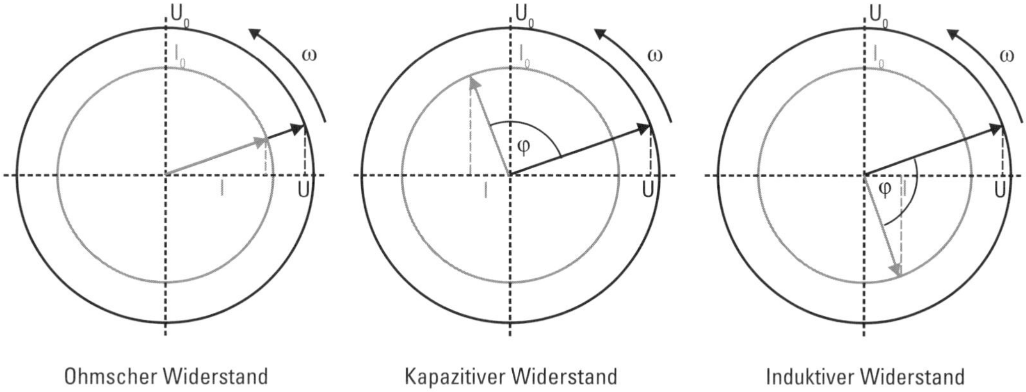


*Abbildung 14.14: Rotierende Zeigerdiagramme für rein ohmsche, kapazitive bzw. induktive Stromkreise*

Wenn man einen Schaltkreis mit nur einem wie auch immer gearteten Widerstand hat, ist die Situation natürlich einfach, und Zeigerdiagramme sind eigentlich nicht notwendig. Aber betrachten Sie noch einmal die Reihenschaltung der drei Widerstände in Abbildung 14.11. Hier kann ein Zeigerdiagramm wirklich weiterhelfen.

Da die drei Elemente in Reihe geschaltet sind, wissen Sie, dass alle drei Elemente vom gleichen Strom durchflossen werden. Daher bietet sich der Strom als Grundlage für die Konstruktion eines Zeigerdiagramms an. (Bei Parallelschaltungen von Widerständen ist die Spannung konstant; daher muss man die Spannung zum Ausgangspunkt machen.) Das Zeigerdiagramm der Schaltung aus Abbildung 14.11 ist in Abbildung 14.15 dargestellt.

*Abbildung 14.15: Zeigerdiagramm der Reihenschaltung in Abbildung 14.11*

Zunächst zeichnet man den Strom als Zeiger nach rechts (a). Dann muss man die drei Spannungen einzeichnen. Dabei geht man wie folgt vor:

- ✔ Beim ohmschen Widerstand sind Strom und Spannung in Phase. Der Spannungszeiger $U = IR$ zeigt also auch nach rechts (b)
- ✔ Für den kapazitiven Widerstand $1/\omega C$ zeigt die Spannung nach unten, der Strom eilt der Spannung voraus (c).

- ✔ Der Spannungszeiger für den induktiven Widerstand zeigt nach oben. Man zeichnet ihn vom Endpunkt des Spannungszeigers für den kapazitiven Widerstand ein (d).

Der Endpunkt dieses Zeigers kennzeichnet den Gesamtspannungszeiger $U$. Ob der Strom der Spannung voraus- oder nacheilt, hängt vom Verhältnis des kapazitiven zum induktiven Widerstand ab. Außerdem legt der Gesamtspannungszeiger den Phasenwinkel $\varphi$ fest.

## Swing, When You Are Winning: Schwingkreise

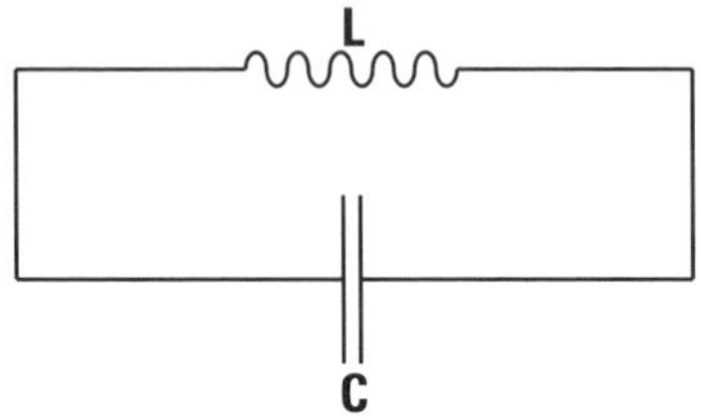


*Abbildung 14.16: Ein Schwingkreis aus einem Kondensator und einer Spule*

Abbildung 14.16 zeigt einen sehr einfachen Schaltkreis, der nur aus zwei Elementen besteht, einem Kondensator mit der Kapazität $C$ und einer Spule mit der Induktivität $L$. »Wie langweilig!« werden Sie sagen, »da passiert ja nichts.« Sie haben natürlich recht. Da passiert wirklich nichts. Es passiert nichts, solange man nicht hingeht und den Kondensator mit Hilfe einer Spannungsquelle auflädt, dann die Spannungsquelle aber wieder entfernt. Dann passiert etwas: Dann geht die Post ab! Dies ist in Abbildung 14.17 dargestellt.

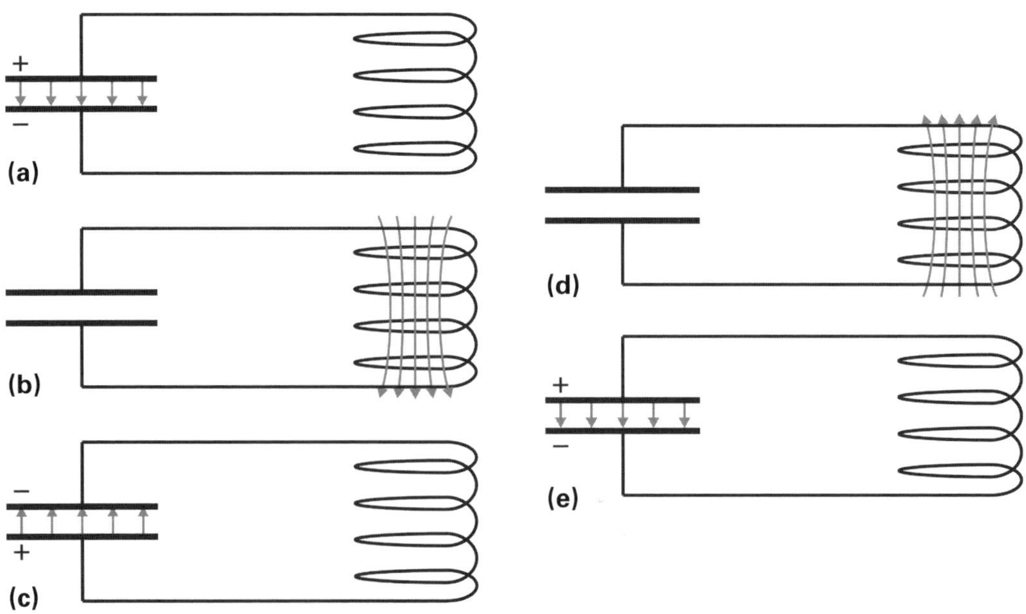


*Abbildung 14.17: Die Vorgänge in einem Schwingkreis*

Durch die Spannungsquelle wird der Kondensator aufgeladen, wie Abbildung 14.17(a) zeigt. Sobald die Spannungsquelle entfernt wird, entlädt sich der Kondensator. Dabei fließt ein Strom durch den Schaltkreis, also auch durch die Spule (Abbildung 14.17(b)) und erzeugt dabei in der Spule ein Magnetfeld. Dabei wird die ursprüngliche elektrische Feldenergie in magnetische Feldenergie umgewandelt. Allerdings ist dieser Zustand nicht stabil, da der Strom weiter fließt. Das Magnetfeld bricht also wieder zusammen; der in Kapitel 13 vorgestellten *Lenz'schen Regel* zufolge bewirkt die *Selbstinduktion* einen Stromfluss in die ursprüngliche Richtung. Dadurch wird der Kondensator solange wieder aufgeladen, bis die gesamte Energie dort als elektrische Feldenergie gespeichert ist. Dabei ist die Ladung des Kondensators jetzt allerdings entgegengesetzt zum ursprünglichen Zustand (Abbildung 14.17(c). Sobald dieser Vorgang abgeschlossen ist, beginnt er von neuem, allerdings in die entgegengesetzte Richtung (Abbildung 14.17(d), (e)). Dabei wechselt die in dem System vorhandene Energie ständig zwischen der elektrischen Feldenergie im Kondensator und der magnetischen Feldenergie in der Spule hin und her.

An dieser Stelle sollten bei Ihnen einige Warnsignale klingeln: »Das erinnert mich an etwas, was ich in diesem Buch schon gelesen habe.« Sie liegen richtig: Bei der Schwingung eines Fadenpendels wechselt die Energie des Systems fortwährend zwischen potentieller und kinetischer Energie, beim Federpendel zwischen Spannungsergie und kinetischer Energie (Kapitel 6). Es handelt sich hier also um eine *Schwingung*.

Ein aus einer Spule mit der Induktivität $L$ und einem Kondensator mit der Kapazität $C$ bestehender Schaltkreis bildet einen Schwingkreis. Dabei wird fortwährend elektrische und magnetische Energie ineinander umgewandelt.

Für die Frequenz und die Schwingungsdauer eines solchen Schaltkreises ergeben sich folgende Beziehungen:

$$f = \frac{1}{2\pi\sqrt{LC}}$$

$$T = 2\pi\sqrt{LC}$$

Wenn Sie den Schaltkreis in Abbildung 14.16 nicht auseinanderbauen, schwingt er unendlich lange fort (wenn keine Verluste auftreten).

**Aufgabe 14.1**

Wie groß ist der kapazitive Widerstand eines Kondensators mit einer Kapazität von 1 μF, wenn die Frequenz a) 0 Hz (d. h. Gleichstrom), b) 50 Hz und c) 1 kHz beträgt?

**Aufgabe 14.2**

Ein Widerstand von 280 Ω und ein Kondensator von 14 μF sind in Reihe geschaltet und werden vom Netz (230 V, 50 Hz) betrieben. Wie groß ist die effektive Strömstärke in dieser Schaltung?

**Aufgabe 14.3**

Wie groß ist die Wirkleistung in diesem Stromkreis?

**Aufgabe 14.4**

Ein Widerstand von 100 Ω, ein Kondensator von 10 μF und eine Spule von 6 H sind in Reihe geschaltet. Die Frequenz ist 50 Hz. Wie groß ist die Impedanz dieses Schaltkreises?

**Aufgabe 14.5**

Sie wühlen in Ihrer Bastelkiste und finden einen Kondensator mit einer Kapazität von 40 μF. Welche Induktivität muss die Spule haben, die Sie benötigen, um einen Schwingkreis mit einer Frequenz von 1 Hz aufzubauen?

# Teil VI
# Manche mögen's heiß: Die Thermodynamik

## *In diesem Teil ...*

Dieser letzte »wissenschaftliche« Teil dieses Buches über die Experimentalphysik beschäftigt sich mit der *Wärmelehre* oder *Thermodynamik*. Dieses Thema ist selbst bei Physikern zumeist unbeliebt, da die meisten Darstellungen sehr mathematisch und formal sind. Ich hoffe aber, dass die beiden folgenden Kapitel dem Stil dieses Buches angepasst und für Sie interessant sind. In Kapitel 15 werden zunächst die Begriffe *Temperatur* und *Wärme* eingeführt. Anschließend werden Wärmephänomene wie die Längenausdehnung, die Wärmespeicherung und der Wärmetransport dargestellt.

Kapitel 16 ist dann ausschließlich den vier *Hauptsätzen der Thermodynamik* gewidmet. Dabei werden verschiedene thermodynamische Prozesse vorgestellt, aber auch thermodynamische Maschinen (wie etwa die Dampfmaschine) und deren Wirkungsgrad angesprochen. Das Hauptthema der vier Hauptsätze ist die mit diesen Prozessen verbundene Energie.

# Wärmephänomene und Wärmetransport

15

### In diesem Kapitel ...

- Definition von Temperatur und Wärme
- Temperaturskalen
- Wärmespeicherung
- Mechanismen des Wärmetransports
- Thermodynamik von Gasen

Sie kennen natürlich den Begriff der *Temperatur* aus dem alltäglichen Leben. Sowohl die Temperatur als auch die *Wärme* werden im alltäglichen Leben vielfach als subjektiv empfunden. Wenn an einem Augusttag 17 °C erreicht werden, sagen Sie: »Brrr, ist das kalt!« Im Winter sagen Sie zu einer Temperatur von 10 °C: »Heute ist es aber warm.«

## Temperatur und Wärme

Andererseits sind sowohl die Temperatur als auch die *Wärmemenge* physikalisch genau definierte Größen, für die eindeutige Messvorschriften existieren. Sie wissen natürlich, dass man Temperaturen mit Hilfe von *Thermometern* messen kann. Die Definitionen von Temperatur und Wärmemenge und die entsprechenden Messvorschriften sind die Themen der ersten Abschnitte dieses Kapitels.

### 36 Grad, und es wird noch heißer: Temperaturmessung

Zur Messung von Temperaturen werden *Thermometer* benutzt. Heutzutage kann man eine ganze Reihe von Effekten ausnutzen, um Thermometer zu realisieren:

- ✔ Die *Längenausdehnung* von Flüssigkeiten
- ✔ Die Änderung der elektrischen Leitfähigkeit von Materialien
- ✔ Die *Wärmestrahlung* von Körpern
- ✔ Die Messung der Thermospannung von *Thermoelementen*

In der Vergangenheit war vor allem die Längenausdehnung von Flüssigkeiten und insbesondere von Quecksilber in einem dünnen Röhrchen (einer Kapillare) der wesentliche Effekt, der zum Bau vor Thermometern ausgenutzt wurde. Die Längenausdehnung von Materialien bei Erwärmung wird im nächsten Abschnitt näher vorgestellt. Quecksilber hat den Vorteil eines relativ großen Ausdehnungskoeffizienten, sodass man die Thermometer einigermaßen klein halten konnte. Außerdem ist es in einem weiten Temperaturbereich flüssig und benetzt die Wände von Glasröhrchen nicht. Abbildung 15.1 zeigt ein solches Quecksilberthermometer.

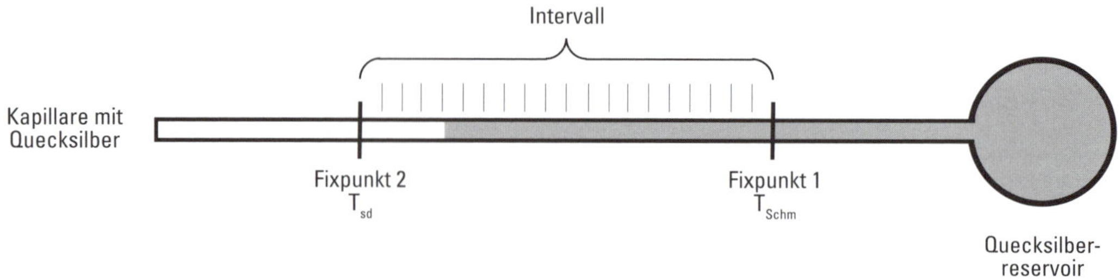


*Abbildung 15.1: Ein Thermometer*

Um eine Temperaturskala zu erstellen, braucht man jetzt zwei Fixpunkte, also zwei Effekte, die immer bei den gleichen Temperaturen auftreten. Eine Möglichkeit ist, den Schmelz- und den Siedepunkt von Wasser auszunutzen, die bei Normaldruck immer die gleiche Temperatur besitzen (siehe unten den Abschnitt über Phasenübergänge). Trifft man diese Wahl, sind nur noch zwei Festlegungen erforderlich:

- ✔ Der Abschnitt zwischen Schmelz- und Siedepunkt von Wasser muss in geeignete Intervalle (*Grade*) eingeteilt werden.
- ✔ Man muss einen Nullpunkt festlegen.

Irgendwie ist es der Menschheit bis heute nicht gelungen, sich bezüglich dieser beiden Festlegungen zu einigen, sodass es mehrere Temperaturskalen gibt, die heute noch verwendet werden.

## Celsius, Kelvin und Fahrenheit: Temperaturskalen

Im Laufe der Jahrhunderte wurden viele Temperaturskalen entwickelt, die alle auf den obigen Prinzipien beruhen. Zum heutigen Zeitpunkt sind noch drei von ihnen von Bedeutung:

- ✔ Die *Celsiusskala*, bei der der Gefrierpunkt von Wasser auf 0 °C, sein Siedepunkt auf 100 °C festgelegt ist. Die Celsiusskala ist in den meisten Ländern die im Alltag gebräuchliche Temperaturskala.
- ✔ Die *Kelvinskala* benutzt die gleichen Abstände wie die Celsiusskala; auch hier beträgt der Abstand zwischen dem Gefrier- und dem Siedepunkt von Wasser 100 K; allerdings ist ihr Nullpunkt nicht der Gefrierpunkt von Wasser, sondern der absolute Nullpunkt der Temperatur, der im folgenden Abschnitt näher vorgestellt wird. Er liegt bei –273,15 °C. Die Kelvinskala wird in der Physik und den meisten Naturwissenschaften benutzt.
- ✔ Die *Fahrenheitskala*: Der Abstand zwischen Gefrier- und Siedepunkt von Wasser ist nicht in 100, sondern in 180 Abschnitte (Grade) unterteilt. Der Nullpunkt der Fahrenheitskala liegt bei –32 °C. Sie wird heute vor allem in den Vereinigten Staaten im Alltag verwendet.

Die *Temperatur* gehört zu den sieben Grundgrößen der Physik. Ihre Einheit ist das *Kelvin* (K).

Beachten Sie: Bei Temperaturangaben in Kelvin wird *kein* Gradzeichen benutzt. Es gilt also:

0 °C = 273,15 K

In Kapitel 17 erfahren Sie mehr über die drei Wissenschafter, nach denen diese drei Temperaturskalen benannt sind: Anders Celsius, Daniel Fahrenheit und William Thomson (Lord Kelvin).

## Umrechnungen

In der Physik (und den anderen Naturwissenschaften) wird – wie gesagt – die Kelvinskala benutzt. In fast allen Formeln, in denen die Temperatur auftaucht, ist dies *zwingend erforderlich*. Eine Ausnahme bilden nur die Gleichungen, in denen Temperaturdifferenzen ΔT auftauchen, denn diese Differenzen sind für die Celsius- und die Kelvinskala gleich.

Für die Umrechnung zwischen beiden Skalen gelten die folgenden Beziehungen:

$$T_{\text{Kelvin}} = 273{,}15 + T_{\text{Celsius}}$$

$$T_{\text{Celsius}} = T_{\text{Kelvin}} - 273{,}15$$

Wenn Sie jemals in den USA Urlaub machen sollten, sollten Sie sich die folgenden Umrechnungen merken:

$$T_{\text{Celsius}} = (T_{\text{Fahrenheit}} - 32) \cdot \frac{5}{9}$$

$$T_{\text{Fahrenheit}} = T_{\text{Celsius}} \cdot 1{,}8 + 32$$

## Tiefer kann man nicht sinken: Der absolute Nullpunkt

Wärme ist immer gleichbedeutend mit der Bewegung von Teilchen in einem Körper. Bei Gasen bewegen sich die einzelnen Atome oder Moleküle umso mehr, je höher die Temperatur ist. In den Molekülen schwingen zudem die einzelnen Atome mit steigender Temperatur immer heftiger gegeneinander. Ähnliches gilt auch in Flüssigkeiten, während in Festkörpern, in denen die Bausteine eigentlich ortsfest sind, diese umso stärker um ihre Ruheposition schwingen, je größer die Temperatur $T$ ist. All diese Bewegungen der nanoskopischen Teilchen verlangsamen sich auf der anderen Seite, je niedriger die Temperatur ist. Die theoretische Physik zeigt, dass es eine Temperatur gibt, bei der *alle* diese Bewegungen zum absoluten Stillstand kommen. Dies ist der *absolute Nullpunkt* der Temperatur. Er liegt bei –273,15 °C oder 0 K, denn genau dieser Punkt definiert den Nullpunkt der Kelvinskala. Es gibt keine Temperatur, die niedriger ist als dieser absolute Nullpunkt.

Beim *absoluten Nullpunkt* von 0 K (–273,15 °C) liegen alle Materialien als Festkörper vor. Alle Atome und Moleküle sind beim absoluten Nullpunkt in Ruhe.

Dies erklärt auch, warum man die Kelvinskala benutzen muss, wenn in Gleichungen absolute Temperaturen angegeben werden müssen.

## Volumen- und Längenausdehnung

Das oben dargestellte Quecksilberthermometer nutzt die Tatsache aus, dass sich die meisten Materialien ausdehnen, wenn sie erwärmt werden. Diese Ausdehnung betrifft sowohl die Länge als auch das Volumen von Körpern, wie im folgenden Abschnitt dargestellt wird.

### Je wärmer, je länger: Die Längenausdehnung

Das oben in Abbildung 15.1 dargestellte Quecksilberthermometer beruht auf der Tatsache, dass sich Körper ausdehnen, wenn man sie erwärmt. Je wärmer ein Material ist, umso stärker bewegen sich seine Atome oder Moleküle. Dafür brauchen sie mehr Platz; infolgedessen dehnt sich der Körper aus.

Abbildung 15.2 zeigt einen Stab, der bei einer Temperatur $T$ die Länge $L$ besitzt. Erwärmt man diesen Stab um $\Delta T$, so dehnt er sich um die Länge $\Delta L$ aus (untere Skizze in Abbildung 15.2).

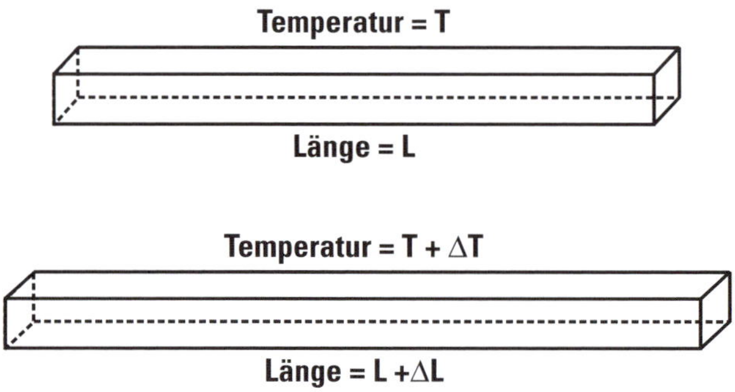


*Abbildung 15.2: Temperaturausdehnung eines Stabes*

Es gelten also die Beziehungen:

$$T_E = T_A + \Delta T \quad \text{und} \quad L_E = L_A + \Delta L$$

Dabei stehen die Indizes $A$ und $E$ für den Anfangs- und den Endzustand. In den meisten Fällen ist die Längenausdehnung $\Delta L$ proportional zur Temperaturdifferenz, sodass man schreiben kann:

$$\Delta L \propto \Delta T$$

Die ursprüngliche Länge des Stabs $L_A$ ist davon unbeeinflusst; man kann sie also in diesen Ausdruck hineinziehen:

$$\frac{\Delta L}{L_A} \propto \Delta T$$

$\Delta L/L$ ist die *relative Längenausdehnung*; sie ist proportional zur Temperaturdifferenz $\Delta T$.

Die Proportionalitätskonstante ist materialabhängig und wird als *linearer Ausdehnungskoeffizient* $\alpha$ bezeichnet:

$$\frac{\Delta L}{L} = \alpha \, \Delta T$$

$\alpha$ besitzt die Einheit 1/K oder 1/°C.

Werte für $\alpha$ für einige wichtige Materialien sind in Tabelle 15.1 zusammengestellt. Man kann der Tabelle entnehmen, dass in vielen Fällen $\alpha$ relativ klein ist. Um ein Gefühl für die Größenordnung dieser Längenausdehnung zu erhalten, nehmen Sie an, dass der Stab in Abbildung 15.2 eine Länge von 1,4 m besitzt und aus Stahl besteht. Wenn man ihn um 30 K erwärmt, so ergibt sich für die Längenausdehnung:

$$\begin{aligned}\Delta L &= L \cdot \alpha \Delta T \\ &= 1{,}4\ \text{m} \cdot 16 \times 10^{-6}\ \text{K}^{-1} \cdot 30\ \text{K} = 0{,}67\ \text{mm}\end{aligned}$$

Das ist nicht besonders viel. Aus Tabelle 15.1 geht hervor, dass $\alpha$ für die meisten Festkörper im Bereich von $10^{-6} - 10^{-5}$ 1/K liegt, für einige Kunststoffe aber durchaus größer ist. Dennoch muss man die Längenausdehnung bei der Auslegung größerer Bauwerke berücksichtigen. Ein Beispiel dafür liefert Aufgabe 15.2.

| Material | Linearer Ausdehnungskoeffizient $\alpha$ [1/°C] | Material | Volumenausdehnungskoeffizient $\beta$ [1/°C] |
|---|---|---|---|
| Stahl | $10-20 \times 10^{-6}$ | Wasser | $0{,}21 \times 10^{-3}$ |
| Kupfer | $16{,}5 \times 10^{-6}$ | Ethanol | $1{,}1 \times 10^{-3}$ |
| Glas | $5-7 \times 10^{-6}$ | Benzin | $1{,}06 \times 10^{-3}$ |
| Diamant | $1{,}3 \times 10^{-6}$ | Quecksilber | $0{,}18 \times 10^{-3}$ |
| Eis | $51 \times 10^{-6}$ | | |
| Teflon | $200 \times 10^{-6}$ | | |
| Ceranplatte | $< 0{,}1 \times 10^{-6}$ | | |

*Tabelle 15.1: Lineare Ausdehnungskoeffizienten $\alpha$ und Volumenausdehnungskoeffizienten $\beta$ einiger Materialen*

## Ausdehnung in drei Dimensionen: Die Volumenausdehnung

Im vorangegangenen Abschnitt wurden stabförmige Körper betrachtet. Allerdings ändert sich bei Erwärmung nicht nur die Länge eines Körpers. Vielmehr sind alle drei Dimensionen betroffen. Bei dem in Abbildung 15.1 dargestellten Quecksilberthermometer wird zwar die Längenausdehnung gemessen, aber die Ausdehnung des Quecksilbers in der Kapillare wird unterstützt durch die Volumenausdehnung des Quecksilbers im Reservoir auf der rechten Seite. Wenn es sich ausdehnen will, bleibt ihm dafür nur die Kapillare.

Ähnlich wie bei der Längenausdehnung kann man auch für den dreidimensionalen Fall einen *Volumenausdehnungskoeffizienten* $\beta$ definieren:

$$\frac{\Delta V}{V_A} = \beta \, \Delta T$$

Die Einheit von $\beta$ ist natürlich wiederum 1/K. Für die meisten Körper ist $\beta \approx 3\alpha$. In Tabelle 15.1 sind einige Werte von $\beta$ für Flüssigkeiten aufgeführt.

### Wasser friert von oben zu

Die obige Darstellung hat gezeigt, dass sich fast alle Materialien ausdehnen, wenn sie erwärmt werden. Dies bedeutet gleichzeitig, dass ihre *Dichte* abnimmt, denn das Volumen nimmt zu, während die Masse gleich bleibt.

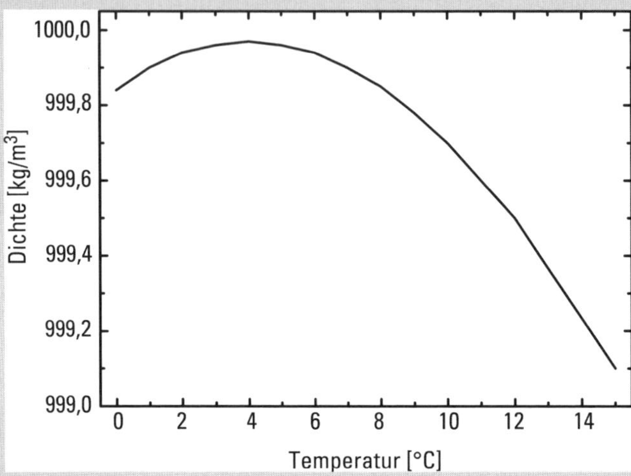


*Abbildung 15.3: Die Dichte von Wasser bei niedrigen Temperaturen*

Es gibt eine wichtige Ausnahme von dieser Regel. Sie betrifft nur ein Material und einen sehr schmalen Temperaturbereich, in dem diese Ausnahme gilt, aber diese Ausnahme ist von großer Bedeutung für das Leben auf der Erde. Die *Dichte von Wasser* nimmt im Temperaturbereich von 0 bis 4 °C zu, sein Volumen nimmt also ab. Dies ist in Abbildung 15.3 dargestellt.

Wasser mit einer Temperatur von 0 °C ist also weniger dicht als Wasser von 4 °C und steigt daher nach oben (in Ihrem Wohnzimmer steigt die warme Luft nach oben). Bei eisig kalten Temperaturen ist also die Oberfläche eines Gewässers stets kälter als der Boden. Aus diesem Grund frieren Gewässer wie Seen, Flüsse und Teiche von oben nach unten zu. Da Eis leichter ist als Wasser, schwimmt es dann auf der Oberfläche. Auf diese Weise werden Wassertiere und Wasserpflanzen durch die darüberliegende Eisschicht geschützt und können so die Frostperiode überleben. Diese seltsame *Dichteanomalie* hat also große Auswirkungen auf das Leben auf der Erde.

## Wärme quantitativ

Wie bereits gesagt, nehmen die meisten Menschen *Wärme* subjektiv wahr: Ob man einen Gegenstand als heiß, warm oder kalt empfindet, hängt von den Umständen ab. Der Begriff der *Wärmemenge* ist hingegen physikalisch genau definiert.

## Objektiv werden: Von der Wärme zur Wärmemenge

Die *Wärmemenge* $Q$ ist die Energie, die von einem Objekt höherer Temperatur zu einem kälteren Objekt fließt (siehe auch den Abschnitt »Wärmeleitung« weiter unten). Da die Wärmemenge eine Form der Energie ist, ist ihre Einheit das *Joule* (J).

Führt man einem Körper eine Wärmemenge $\Delta Q$ zu, so wird sich seine Temperatur um $\Delta T$ erhöhen. Mathematisch lässt sich dies folgendermaßen darstellen:

$$\Delta Q = mc\ \Delta T$$

$m$ ist die Masse des Körpers und $c$ eine Materialkonstante, die *spezifische Wärmekapazität* genannt wird. Sie ist ein Maß dafür, wie viel Wärme in einem bestimmten Material gespeichert werden kann. Einige Werte von $c$ sind in Tabelle 2.2 zusammengestellt. Wichtig ist vor allem der hohe Wert von 4186 J/kgK für Wasser.

| Material | c [(kJ/kgK] | Material | c [(kJ/kgK] |
|---|---|---|---|
| Aluminium | 0,896 | Wasser | 4,186 |
| Eisen | 0,439 | Methanol | 2,47 |
| Silber | 0,234 | Holz | 1,7 |
| Kupfer | 0,381 | Sand | 0,835 |

*Tabelle 15.2: Werte der spezifischen Wärmekapazität für einige Materialien*

Die Einheit der spezifischen Wärmekapazität ist J/kgK. Im Zusammenhang mit der Wärmemenge $Q$ werden im Alltagsleben zwei weitere Einheiten häufig (und auch manchmal falsch) benutzt: Die Kalorie (cal) und die Kilokalorie (kcal). Sie sind folgendermaßen definiert:

- ✔ Eine *Kalorie* ist die Wärmemenge, die 1 g Wasser um 1 K (1 °C) erwärmt. Aus der obigen Darstellung folgt, dass 1 cal = 4,186 J gilt.
- ✔ Die *Kilokalorie* kcal = 1000 cal wird häufig genutzt, um den Energiegehalt von Nahrungsmitteln anzugeben. In der Umgangssprache wird häufig »Kalorie« benutzt, wenn eigentlich »Kilokalorie« gemeint ist.

## Beim Aperitif beobachtet: Phasenübergänge

Die Gleichung $\Delta Q = mc\ \Delta T$ kann man auch folgendermaßen schreiben:

$$\Delta T = \frac{\Delta Q}{mc}$$

Diese Formulierung legt nahe, dass sich die Temperatur eines Körpers ständig erhöht, wenn man ihm fortwährend Wärme zuführt. Davon gibt es allerdings Ausnahmen. Nehmen Sie eine Flüssigkeit (Cola, Whisky, Pastis) und geben dazu Eiswürfel ins Glas. Anschließend trinken Sie ausnahmsweise den Aperitif nicht, sondern beobachten seine Temperatur. Die

Flüssigkeit wird durch das Eis stark abgekühlt, während gleichzeitig das Eis schmilzt. Diese Temperatur wird beibehalten, solange noch Eis im Glas vorhanden ist. Erst wenn das Eis vollständig geschmolzen ist, steigt die Temperatur im Glas an (passen Sie auf, dass Ihr Aperitif nicht zu warm wird!).

Zwei Beobachtungen sind an dieser Stelle von Bedeutung:

- ✔ Das Eis schmilzt. Es ändert also seine *Phase*.
- ✔ Solange der Schmelzvorgang nicht abgeschlossen ist, bleibt die Temperatur des Aperitif-Eis-Gemisches konstant, obwohl von außen Wärme zugeführt wird.

Um dies allgemeiner auszudrücken: Fast alle Substanzen können in drei Formen auftreten, den sogenannten *Aggregatzuständen* fest, flüssig und gasförmig. Die chemische Natur der Substanz bleibt dabei gleich; der Unterschied liegt in der Bewegungsfreiheit der Teilchen, die den Körper bilden. In *Festkörpern* sind sie ortsfest und bewegen sich nur wenig um einen Mittelpunkt, in *Gasen* können sie sich fast völlig frei bewegen. Die Übergänge zwischen den Aggregatzuständen nennt man *Phasenübergänge*. Im Zusammenhang mit den Aggregatzuständen gibt es drei Phasenübergänge:

- ✔ Der Übergang fest $\Rightarrow$ flüssig wird *Schmelzen* genannt, seine Umkehrung heißt *Gefrieren*.
- ✔ Der Übergang flüssig $\Rightarrow$ gasförmig wird *Verdampfen* genannt, seine Umkehrung *Kondensation*.
- ✔ In manchen Fällen geht eine Substanz direkt vom festen in den gasförmigen Zustand über. Diesen Vorgang nennt man *Sublimation*, seine Umkehrung *Deposition*. Ein Beispiel für eine sublimierende Substanz ist Trockeneis. Es wird bei Erwärmung nicht flüssig, sondern geht direkt in gasförmiges $CO_2$ über.

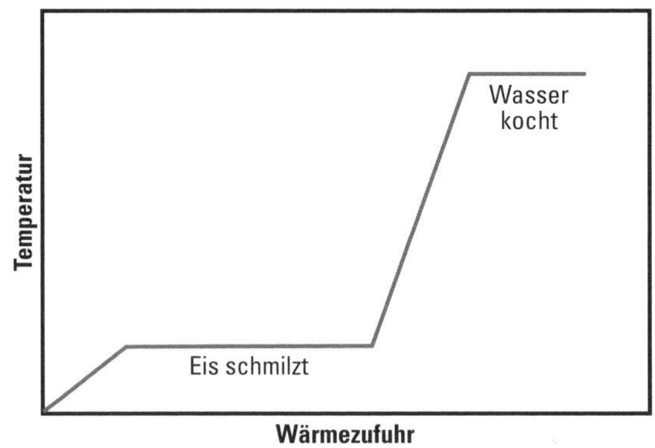


*Abbildung 15.4: Erwärmung von Wasser bei ständiger Wärmezufuhr*

Abbildung 15.4 zeigt die Temperatur einer Wassermenge, der beständig eine Wärmemenge $\Delta Q$ zugeführt wird. Trotz dieser ständigen Wärmezufuhr ändert sich die Temperatur während des Schmelzens und während des Siedevorgangs nicht, in Übereinstimmung mit den Beobachtungen, die Sie mit Ihrem Aperitif gemacht haben. Der Grund dafür ist, dass die zugeführte Wärmemenge notwendig ist, damit der Phasenübergang stattfinden kann. Erst wenn alle Teilchen in die neue Phase übergegangen sind, kann sich die Temperatur weiter erhöhen.

## Sie wirkt im Verborgenen: Die latente Wärme

Werfen Sie noch einmal einen Blick auf Abbildung 15.4: Dem Wasser wird ständig Wärme zugeführt. Dennoch gibt es zwei Bereiche, in denen seine Temperatur konstant ist: Während das Eis schmilzt und während das Wasser verdampft. Die in diesen beiden Perioden zugeführten Wärmemengen werden verbraucht, um die für die beiden Phasenübergänge fest → flüssig und flüssig → gasförmig erforderlichen Umstrukturierungen im atomaren/molekularen Maßstab zu realisieren.

Aber natürlich sind diese Wärmemengen nicht für immer verloren. Sie werden wieder freigesetzt, wenn der Wasserdampf wieder kondensiert oder das Wasser gefriert. Diese Wärmemengen sind also im Wasserdampf oder in der Flüssigkeit enthalten, wenn auch nicht offensichtlich. Aus diesem Grund werden sie *latente Wärmen* genannt. Da man – wie oben dargestellt – durch Wärmezufuhr drei Phasenübergänge erreichen kann, gibt es auch drei verschiedene Arten latenter Wärme:

- ✔ Die latente *Schmelzwärme* $Q_{schm}$ ist die Wärmemenge, die man zuführen muss, um 1 kg eines Festkörpers zu schmelzen.
- ✔ Die latente *Verdampfungswärme* $Q_{sd}$ ist die Wärmemenge, die man zuführen muss, um 1 kg einer Flüssigkeit zu verdampfen.
- ✔ Die latente *Sublimationswärme* $Q_{sub}$ ist die Wärmemenge, die man zuführen muss, um 1 kg eines Festkörpers zu sublimieren, also direkt vom festen Zustand zu verdampfen (wie etwa beim Trockeneis).

Die Einheit dieser latenten Wärmen ist J/kg, da es sich um Energie pro Masse handelt.

Nehmen Sie Wasser als Beispiel: Um 1 kg Wasser (1 l) von 0 auf 100 °C zu erwärmen, ist die folgende Wärmemenge erforderlich:

$$\begin{aligned}\Delta Q &= mc \cdot \Delta T \\ &= 1\,\text{kg} \cdot 4186\,\frac{\text{J}}{\text{kgK}} \cdot 100\,\text{K} = 4{,}186 \times 10^5\ \text{J}\end{aligned}$$

Vergleicht man dies mit der Schmelz- und der Verdampfungswärme, so ergibt sich:

- ✔ Schmelzen von Eis bei 0 °C: $3{,}35 \times 10^5$ J
- ✔ Erhitzen auf 100 °C: $4{,}186 \times 10^5$ J
- ✔ Verdampfen bei 100 °C: $2{,}26 \times 10^6$ J

Es wird also wesentlich mehr Energie benötigt, um 1 kg Wasser zu verdampfen, als es von 0 auf 100 °C zu erhitzen.

## Er braucht seine Zeit: Der Wärmetransport

Stellen Sie sich vor, Sie sind bei einem Fußballspiel im Stadion. In der Halbzeit werden Sie aufgefordert, für die ganze Gruppe Bratwurst zu holen, während einer Mitfans Bier holen will. Wie nicht anders zu erwarten, ist das Gedränge groß. Fünf Minuten nach Wiederanpfiff erreichen Sie Ihre Gruppe, aber die Bratwürste sind leider nahezu kalt; schlimmer noch: Das Bier, das der andere bald nach Ihnen bringt, ist mittlerweile warm.

Dieses Beispiel zeigt, dass Körper Wärme austauschen (dazu gehört auch die Luft). Wärme kann also transportiert werden. Dies ist ein wichtiger Prozess, denn jede Heizung beispielsweise beruht auf Wärmetransport. Infolgedessen werden die Mechanismen des Wärmetransports in den folgenden Abschnitten vorgestellt.

Es gibt insgesamt drei dieser Mechanismen, durch die Wärme zwischen Körpern oder allgemeiner Medien transportiert werden können:

- ✔ Wärmeleitung
- ✔ Konvektion
- ✔ Wärmestrahlung

Diese drei Mechanismen sind die Themen der folgenden drei Abschnitte.

## Vorsicht, heiß! Die Wärmeleitung

Stellen Sie sich vor, Sie stehen in der Küche am Herd und kochen. Ein Freund kommt hinzu, will sich den Topf greifen und probieren. Um ihn zu warnen, rufen Sie: »Vorsicht, heiß! Nimm die Topflappen.« Ihr Freund antwortet: »Danke. Mein Topf zuhause hat Kunststoffgriffe. Die werden nicht heiß«. Aus dieser Situation lassen sich zwei Schlussfolgerungen ziehen:

- ✔ Obwohl nur der Boden des Topfes erwärmt wird, werden auch die Griffe heiß, wenn es sich um Metallgriffe handelt. Wärme wird durch Wärmeleitung transportiert.
- ✔ Das Ausmaß der Wärmeleitung ist ganz offensichtlich materialabhängig. Der Prozess läuft bei Metallgriffen wesentlich schneller ab als bei Kunststoffgriffen.

### Sie hängt vom Material ab: Die Wärmeleitfähigkeit

Auch dieser Vorgang der Wärmeleitung kann natürlich mathematisch beschrieben werden. Es ist sogar relativ einfach, die entsprechende Formel herzuleiten.

Betrachten Sie Abbildung 15.5. Sie zeigt einen Metallstab der Länge $L$ mit dem Querschnitt $A$. Er wird an einem Ende erwärmt. Als Folge ist dieses Ende um $\Delta T$ wärmer als das andere. Daher fließt eine Wärmemenge $Q$ vom heißen zum kalten Ende. Diese Wärmemenge wird umso größer sein, je größer der Temperaturunterschied zwischen beiden Enden ist. Aus dieser Überlegung folgt:

$$Q \propto \Delta T$$

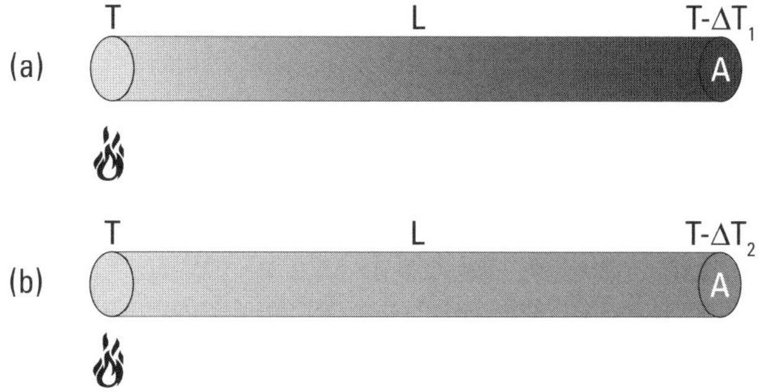


*Abbildung 15.5: Wärmeleitung durch einen runden Stab*

Auf der anderen Seite spielen sicherlich auch die Abmessungen des Stabs eine Rolle. Der Wärmetransport ist umso schwieriger, je länger die Strecke ist, die überwunden werden muss. Er ist allerdings umso leichter, je größer der Querschnitt des Stabs ist. Setzt man dies in die Formel ein, so ergibt sich:

$$Q \propto \frac{A}{L}\Delta T$$

Jetzt muss man noch die Rolle der Zeit betrachten. Es ist klar, dass die geflossene Wärmemenge umso größer ist, je mehr Zeit vergangen ist:

$$Q \propto \frac{A}{L}\Delta T \cdot t$$

Jetzt fehlt nur noch die Proportionalitätskonstante in dieser Gleichung. Bereits zu Anfang dieses Abschnitts wurde dargestellt, dass die Wärmeleitung materialabhängig ist. Es ist also naheliegend, in diesem Fall eine materialabhängige Konstante einzufügen, die $k$ genannt wird:

$$Q = k \cdot \frac{A}{L}\Delta T \cdot t$$

Teilt man diese Gleichung durch $t$, so ergibt sich für den *Wärmestrom* $Q/t$ durch den Stab:

$$\frac{Q}{t} = k \cdot \frac{A}{L}\Delta T$$

Die Einheit des Wärmestroms ist J/s oder W. Es handelt sich also physikalisch gesehen um eine Leistung.

Wenn Sie beim Herleiten dieser Gleichung genau aufgepasst haben, werden Sie bemerkt haben, dass dabei ein wenig gemogelt wurde. Das Problem ist, dass mit fortschreitender Zeit der Temperaturunterschied zwischen beiden Enden des Stabs abnimmt: $\Delta T = \Delta T(t)$. Dies ist in Skizze (b) der Abbildung 15.5 dargestellt. Korrekt müsste man also die beiden letzten Gleichungen wie folgt schreiben:

$$Q = k \cdot \frac{A}{L}\int \Delta T(t) \cdot \mathrm{d}t$$

$$\frac{\mathrm{d}Q}{\mathrm{d}t} = k \cdot \frac{A}{L}\Delta T$$

Solange aber noch kein intensiver Temperaturaustausch stattgefunden hat, kann man auch mit den ursprünglichen Gleichungen arbeiten.

Verbleibt noch, die materialabhängige Konstante $k$ in den obigen Gleichungen zu diskutieren.

Die Konstante wird *Wärmeleitfähigkeit* genannt (Überraschung!). Ihre Einheit ist W/mK oder W/m °C. In Tabelle 15.2 sind Werte für $k$ für einige Materialien zusammengestellt. Man kann der Tabelle entnehmen, dass $k$ über mehrere Größenordnungen variieren kann. Abgesehen von Diamant besitzen Metalle die höchsten Wärmeleitfähigkeiten.

| Material | Wärmleitfähigkeit in W/mK |
|---|---|
| Diamant | 2300 |
| Silber | 420 |
| Kupfer | 390 |
| Messing | 110 |
| Stahl | 14 |
| Glas | 0,8 |
| Glaswolle | 0,03–0,05 |
| Styropor | 0,01 |

*Tabelle 15.3: Wärmeleitfähigkeit verschiedener Materialien*

### Wärme: Bewegung von Teilchen

Die Wärme eines Körpers ist ein Maß dafür, wie sehr sich die einzelnen Teilchen in diesem Körper bewegen. Beim Wärmetransport durch die oben beschriebene Wärmeleitung wird die heftige Bewegung in den heißen Bereichen des Stabs durch Stöße auf die Teilchen in den kühleren Bereichen übertragen, die dadurch mehr und mehr Energie gewinnen, sich also heftiger bewegen und daher wärmer werden.

Der in diesem Abschnitt dargestellte Mechanismus des Wärmetransports durch Wärmeleitung unterscheidet sich von den Mechanismen der Konvektion und des Wärmetransports durch Strahlung, die in den beiden folgenden Abschnitten vorgestellt werden.

## Heiße Luft steigt nach oben: Die Konvektion

Sie wissen natürlich, dass in einem beheizten Raum die vom Heizkörper erwärmte Luft nach oben steigt. Dabei handelt es sich – im Gegensatz zur atomistischen Wärmeleitung – um einen makroskopischen Effekt.

Dieser Effekt wird *Konvektion* genannt. Dabei werden ganze Bereiche einer Flüssigkeit oder eines Gases ausgetauscht, die unterschiedliche Temperaturen besitzen. Der Grund dafür ist die Tatsache, dass die Dichte einer Flüssigkeit oder eines Gases umso geringer ist, je höher die Temperatur ist.

Warme Luft steigt nach oben, weil sie weniger dicht ist. Dies gilt auch für Flüssigkeiten. Eine Ausnahme ist in dem Kasten »Wasser friert von oben zu« dargestellt. Bei der oben beschriebenen Wärmeleitung findet ein *Temperaturausgleich* zwischen verschieden warmen Bereichen eines Körpers statt. Bei der Konvektion werden ganze Bereiche unterschiedlicher Temperatur gegeneinander ausgetauscht.

Sportarten wie das Segel- oder Drachenfliegen beruhen auf der Konvektion. Warme Luft steigt nach oben. Eine aufsteigende Säule warmer Luft nennt man *Thermik*. Segelflieger und Drachenflieger lieben Thermiken.

### Sonnig und warm: Die Wärmestrahlung

Es gibt noch einen dritten, wiederum völlig andersartigen Mechanismus des Wärmetransports: die Strahlung. Sie nehmen diesen Mechanismus an jedem Sonnentag wahr. Sobald Sie aus dem Schatten ins Sonnenlicht treten, spüren Sie die Wärme der Sonnenstrahlen.

Wärme kann auch mittels *elektromagnetischer Strahlung* (Kapitel 8) transportiert werden. Ein warmer oder heißer Körper wie etwa die Sonne strahlt elektromagnetische Wellen ab. Diese können von anderen Körpern absorbiert und in Wärme umgewandelt werden.

Die Sonne ist nicht die einzige Wärmequelle dieser Art. Weitere Beispiele sind Glühbirnen oder auch Infrarot-Heizer. Auch Menschen und Tiere gehören dazu. Aufgrund ihrer Körpertemperatur von 36 °C liegt ihre Strahlung im Infrarotbereich. Mit Infrarotkameras lässt sich diese Strahlung sehr gut beobachten.

## Wenn die heiße Luft vibriert: Die Thermodynamik von Gasen

Die bisherige Darstellung der Effekte von Temperatur und Wärme beschränkte sich auf Festkörper und Flüssigkeiten. Aber auch die Eigenschaften und das Verhalten von Gasen hängen von der Temperatur ab. Gase spielen bei vielen thermodynamischen Prozessen eine wichtige Rolle. Daher wird im Folgenden die Thermodynamik von Gasen dargestellt.

### Eine große Anzahl von Teilchen: Die Avogadrozahl

In *Festkörpern* sind die einzelnen Atome und Teilchen unbeweglich und ortsfest. In *Flüssigkeiten* sind sie zwar beweglich, aber eng von ihren Nachbarn umgeben. Infolgedessen lassen sich Flüssigkeiten kaum komprimieren. In *Gasen* hingegen können sich die Teilchen frei und fast unabhängig voneinander bewegen. Zudem kann man Gase extrem komprimieren. Aus dieser Darstellung ergeben sich gleich zwei Fragestellungen:

- Wie verhalten sich im Mittel die einzelnen Gasteilchen?
- Wie verhält sich das Gas als Ganzes?

Es gibt eine Vielzahl von Fällen, in denen es ausreichend ist, die zweite Frage zu beantworten. Dazu ist es aber erforderlich zu wissen, wie viele Gasteilchen sich in dem Volumen aufhalten, das man gerade betrachtet. Diese Zahl ist extrem groß. Um besser rechnen zu können, haben Physiker und Chemiker ein Maß für die Stoffmenge eingeführt, mit dem man sehr viel einfacher umgehen kann: das Mol.

Ein *Mol* einer Substanz entspricht der *Stoffmenge*, die genauso viele Atome oder Moleküle enthält wie 12,01 g Kohlenstoff. Ein Mol einer Substanz enthält $6{,}022 \times 10^{23}$ Teilchen (Atome oder Moleküle). Das Mol ist eine der sieben Grundgrößen des Einheitensystems (Tabelle 3.2).

Die Zahl $N_A = 6{,}022 \times 10^{23}$/Mol wird *Avogadrokonstante* genannt (in Deutschland heißt sie auch *Loschmidtzahl*).

Um zu ermitteln, wie viel Gramm einer Substanz ein Mol ergeben, muss man in Tabellen (oder im Internet) die Atommasse oder die Molekülmasse dieser Substanz heraussuchen. Diese sind in den Tabellen zumeist in *atomaren Masseneinheiten* (*amu*) angegeben (die Atommasse von Kohlenstoff beträgt 12,01 amu). Um ein Mol zu erhalten, benötigt man die Anzahl von Gramm, die der Atommasse entspricht:

- Die Atommasse von Kohlenstoff beträgt 12,01 amu; ein Mol Kohlenstoff entspricht 12,01 g.
- Die Atommasse von Platin beträgt 195,1 amu; ein Mol Platin entspricht 195,1 g.
- Die Atommasse von Stickstoff beträgt 14 g; ein Mol des Gases Stickstoff ($N_2$) entspricht also 28 g.

Unabhängig vom Material enthält jedes Mol einer Substanz $6{,}022 \times 10^{23}$ Atome oder Moleküle. Für die Gesamtzahl $N$ der Teilchen in $n$ Mol einer Substanz ergibt sich:

$$N = nN_A$$

## Nahezu perfekt: Das ideale Gasgesetz

Im Folgenden wird zunächst das Verhalten eines Gases als Ganzes betrachtet. Das Verhalten der einzelnen Teilchen spielt keine Rolle. Die Forschung im 19. Jahrhundert hat gezeigt, dass der Zustand einer abgeschlossenen Gasmenge (denken Sie etwa an einen heliumgefüllten Luftballon) durch die folgenden vier Größen beschrieben werden kann:

- Den Druck $p$
- Das Volumen $V$
- Die Temperatur $T$
- Die Stoffmenge (Molzahl $n$ oder Teilchenzahl $N$)

Allerdings sind von diesen vier Größen nur drei unabhängig. Kennt man drei, ist die vierte durch das ideale Gasgesetz gegeben. Ausgangspunkt der folgenden Überlegungen ist ein Gas (etwa in einem Luftballon) mit dem Volumen $V$ und der Temperatur $T$. Erhöht man die Temperatur, so steigt der Druck des Gases an:

$$p \propto T$$

Wenn man andererseits bei konstanter Temperatur das Volumen erhöht, nimmt der Druck ab. Damit ergibt sich:

$$p \propto \frac{T}{V}$$

In dieser Gleichung sind bereits drei der vier oben genannte Größen zur Beschreibung eines Gases enthalten. Nur die Stoffmenge fehlt noch. Um sie in diese Gleichung einzubauen, gibt es zwei Möglichkeiten. Man kann entweder die Absolutzahl der im Gas vorhandenen Teilchen $N$ benutzen oder die Anzahl $n$ der Mole. Damit erhält man zwei verschiedene Zustandsgleichungen für ideale Gase, die aber absolut gleichwertig sind und die man leicht ineinander umrechnen kann. Es kommt auf die Situation an, welche von beiden man benutzt.

Zunächst soll die Version mit der Molzahl $n$ betrachtet werden. Man kann sich leicht vorstellen, dass der Druck eines Gases bei konstantem Volumen und konstanter Temperatur umso größer ist, je mehr Mole man in das Volumen packt. Damit ergibt sich:

$$p \propto n\frac{T}{V}$$

Bringt man das Volumen auf die andere Seite und setzt eine Proportionalitätskonstante ein, erhält man schließlich den Ausdruck:

$$pV = nRT$$

Diese Gleichung wird als *ideales Gasgesetz* oder als Zustandsgleichung für ideale Gase bezeichnet. Die Proportionalitätskonstante $R$ wird *universelle Gaskonstante* genannt. Sie beträgt 8,31 J/Kmol.

Dieses Gesetz heißt ideales Gasgesetz, weil bei seiner Herleitung einige vereinfachende Annahmen gemacht wurden. Die wirkliche Beziehung zwischen diesen vier Größen ist etwas komplexer. Aber diese Unterschiede sind nur dann interessant, wenn man auf dem Gebiet der Physik von Gasen arbeitet.

Wie oben gesagt, kann man das ideale Gasgesetz auch mit der Teilchenzahl $N$ anstelle der Molzahl $n$ ausdrücken. Oben wurde gezeigt, dass zwischen beiden Größen die folgende Beziehung gilt:

$$n = \frac{N}{N_A}$$

Dabei ist $N_A$ die Avogadrozahl. Damit kann man das ideale Gasgesetz auch folgendermaßen formulieren:

$$pV = nRT = \frac{N}{N_A}RT = N\frac{R}{N_A}T = NkT$$

Die in dieser Formulierung verwendete Proportionalitätskonstante

$$k = \frac{R}{N_A}$$

ist eine der wichtigsten Konstanten der gesamten Physik. Sie wird *Boltzmannkonstante* genannt und hat den folgenden Wert:

$$k = 1{,}381 \times 10^{-23}\ \mathrm{J/K}$$

Das ideale Gasgesetz lässt sich also in zwei Formulierungen darstellen, einer makroskopischen und einer atomistischen. Beide Formulierungen sind gleichwertig; es hängt von der Situation ab, welche von ihnen man benutzt:

- ✔ $pV = nRT$ makroskopisch
- ✔ $pV = NkT$ atomistisch

## Für alle Gase gleich: Das Molvolumen

Aus dem gerade dargestellten idealen Gasgesetz kann man direkt eine Tatsache ableiten, die zunächst ein wenig verblüfft. Löst man das Gasgesetz nach dem Volumen auf, so erhält man:

$$V = nR\frac{T}{p}$$

Fällt Ihnen auf, dass in dieser Gleichung die Art des Gases überhaupt keine Rolle spielt? Sie gilt demzufolge für alle Gase, also für Luft, Helium oder auch Wasserstoff.

In der Thermodynamik werden viele Daten in Bezug auf die sogenannten *Standardbedingungen* oder *Normalbedingungen* angegeben. Diese lauten:

- ✔ Druck: 101,325 Pa = 1,01325 Bar = 1 atm (Atmosphäre)
- ✔ Temperatur: 273,15 K = 0 °C

Die obige Gleichung besagt, dass das Volumen eines Gases bei konstanter Temperatur und konstantem Druck nur von der Stoffmenge abhängt:

$$V = \mathrm{konst} \cdot n$$

Ein Mol eines leichten einatomigen Gases wie Helium hat also bei gleichen Bedingungen das gleiche Volumen wie ein Mol des komplexen Schwefelhexafluorid ($SF_6$),

Bei Standardbedingungen beträgt das Volumen eines Mols eines Gases 22,4 l. Dieses Volumen wird *Molvolumen* genannt.

## Gasteilchen: Schnell und energetisch

### Gasteilchen besitzen Freiheit

Es gibt in der Natur eine Vielzahl von Gasen. Eines der wichtigsten Unterscheidungsmerkmale ist die Anzahl der Atome pro Molekül. Es gibt:

- Einatomige Gase wie die Edelgase Helium (He), Neon (Ne) oder Argon (Ar)
- Zweiatomige Gase wie Wasserstoff ($H_2$), Sauerstoff ($O_2$) oder Stickstoff ($N_2$)
- Dreiatomige Gase wie Kohlendioxid ($CO_2$) oder Lachgas ($N_2O$)
- Komplexere Gase wie Methan ($CH_4$) oder Schwefelhexafluorid ($SF_6$)

Diese Gase unterscheiden sich in der Anzahl ihrer Bewegungsmöglichkeiten, der sogenannten *Freiheitsgrade*:

- Alle Gase können sich in alle drei Richtungen des Raums bewegen, besitzen also drei *Translationsfreiheitsgrade*.
- Ein einatomiges Gasteilchen kann nicht rotieren (ähnlich wie ein Massenpunkt). Es besitzt also nur die drei Translationsfreiheitgrade.
- Ein zweiatomiges Gas kann dagegen um die beiden in Abbildung 15.6 dargestellten Achsen rotieren; nur eine Rotation um die $x$-Achse (die Längsachse) ist physikalisch bedeutungslos. Zweiatomige Gase besitzen also zusätzlich zwei *Rotationsfreiheitsgrade*.
- Drei- und mehratomige Gasteilchen können um alle drei Raumachsen rotieren (Abbildung 15.6). Sie besitzen also sechs Freiheitsgrade.

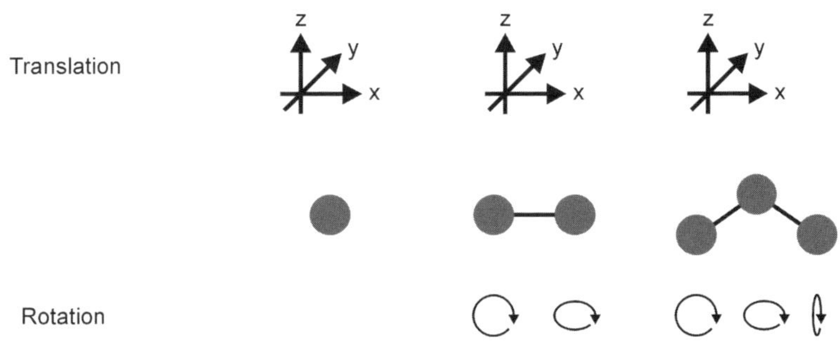


*Abbildung 15.6: Die Rotationsmöglichkeiten von Gasteilchen*

Die Anzahl der Freiheitsgrade von Gasteilchen ist noch einmal in Tabelle 15.4 zusammengefasst.

| Gasart | Einatomig | Zweiatomig | Drei- oder mehratomig |
|---|---|---|---|
| Translationsfreiheitsgrade | 3 | 3 | 3 |
| Rotationsfreiheitsgrade | 0 | 2 | 3 |
| Freiheitsgrade insgesamt | 3 | 5 | 6 |

*Tabelle 15.4: Freiheitsgrade von Gasteilchen*

Die Erfahrung zeigt, dass ein Gasteilchen im Mittel pro Freiheitsgrad die folgende Energie besitzt:

$$E_{\text{mittel}} = \frac{1}{2}kT \text{ pro Freiheitsgrad}$$

$k$ ist dabei die Boltzmannkonstante.

## Gasteilchen sind ganz schön schnell

In Bezug auf Translationsbewegungen hat jedes Gasteilchen drei Freiheitsgrade, je einen in die drei Raumrichtungen. Es besitzt also die mittlere kinetische Energie

$$E_{\text{kin,mittel}} = \frac{3}{2}kT$$

Auf der anderen Seite wurde in Kapitel 4 gezeigt, dass ein Körper der Masse $m$ die folgende kinetische Energie besitzt:

$$E_{\text{kin}} = \frac{1}{2}mv^2$$

Löst man diese Gleichung nach der Geschwindigkeit auf, so erhält man:

$$v = \sqrt{\frac{2E_{\text{kin}}}{m}}$$

Setzt man jetzt die mittlere kinetische Energie eines Gasteilchens ein, so ergibt sich für seine mittlere Geschwindigkeit:

$$v_{\text{mittel}} = \sqrt{\frac{2E_{\text{kin,mittel}}}{m}} = \sqrt{\frac{2\frac{3}{2}kT}{m}} = \sqrt{\frac{3kT}{m}}$$

Luft besteht zu 78 % aus Stickstoffmolekülen ($N_2$). Deren Masse beträt $4{,}65 \times 10^{-26}$ kg. Setzt man dies in die obige Gleichung ein, so ergibt sich:

$$v_{\text{mittel}} = \sqrt{\frac{3 \cdot 1{,}381 \times 10^{-23}\,\text{J/K} \cdot 300\,\text{K}}{4{,}6510^{-26}\,\text{kg}}} = 517\,\text{m/s} \approx 1860\,\text{km/h}$$

Jedes Stickstoffmolekül in der Luft hat also bei einer Temperatur von 300 K eine mittlere Geschwindigkeit von etwa 1860 km/h. Das bedeutet, dass Sie in jeder Sekunde von unzähligen Teilchen getroffen werden, die fast 2000 km/h schnell sind. Glücklicherweise sind diese Teilchen sehr leicht.

## Das Ganze betrachten

Im vorangegangenen Abschnitt wurde die mittlere kinetischen Energie eines einzelnen Gasteilchens betrachtet. Sie beträgt:

$$E_{\text{kin,mittel}} = \frac{3}{2}kT$$

Ausgehend von dieser Gleichung ist es ziemlich einfach, die kinetische Energie eines gesamten Gases zu ermitteln. Man muss nur den obigen Ausdruck mit der Gesamtzahl der Teilchen in dem interessierenden Gasvolumen multiplizieren. Diese beträgt $nN_A$, wobei $n$ die Anzahl der Mole in dem Gas ist:

$$E_{\text{kin,gesamt}} = \frac{3}{2} n N_A kT = \frac{3}{2} nRT$$

Für die letzte Umrechnung wurde die Beziehung $N_A k = R$ ausgenutzt.

Für ein Mol eines Gases (die Gasart spielt wieder keine Rolle) gilt bei einer Temperatur von lauschigen 27 °C:

$$E_{\text{kin,gsamt}} = \frac{3}{2} nRT = \frac{3}{2} \cdot 1\ \text{mol} \cdot 8{,}31\ \text{J/molK} \cdot 300\ \text{K} \approx 4000\ \text{J}$$

**Aufgabe 15.1**

Wasser friert bei 0 °C. Geben sie diese Temperatur in °F und in Kelvin an.

**Aufgabe 15.2**

Beim Bau einer Brücke mit einer Spannweite von 175 m wird ein Material mit einem linearen Ausdehnungskoeffizienten von $14 \times 10^{-6}$ 1/K benutzt. Temperaturdifferenzen von 55 °C muss man in Mitteleuropa durchaus in Betracht ziehen (–20 bis +35 °C). Wie groß ist der zu erwartende Längenunterschied?

**Aufgabe 15.3**

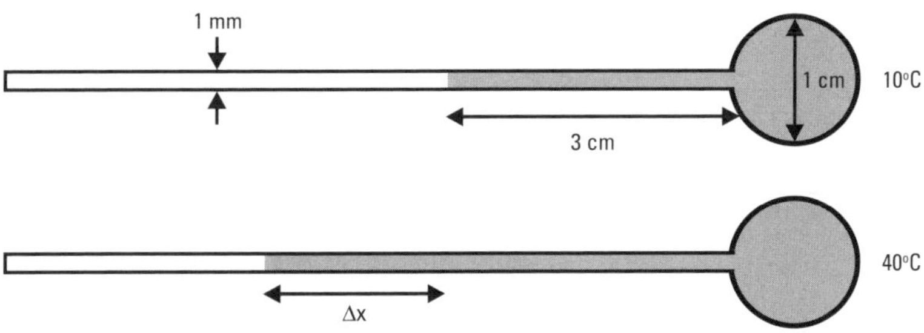


*Abbildung 15.7: Ausdehnung eines Thermometers*

Abbildung 15.7 zeigt ein Quecksilberthermometer. Wie groß ist die Ausdehnung der Quecksilbersäule $\Delta x$, wenn die Temperatur um 30 °C steigt?

**Aufgabe 15.4**

Welche Wärmemenge $\Delta Q$ muss man zufügen, um einen kalten Becher Kaffee (0,3 l, 20 °C) in der Mikrowelle wieder auf angenehme 60 °C zu erwärmen?

### Aufgabe 15.5

Welche Kantenlänge muss ein Eisenwürfel haben, damit eine Wärmemenge von 4186 J zu einer Erwärmung von 10 K führt? Die Dichte von Eisen beträgt 7,87 $g/cm^3$.

### Aufgabe 15.6

| Barium | Eisen | Fluor | Sauerstoff | Schwefel |
|---|---|---|---|---|
| Ba | Fe | F | O | S |
| 137,3 | 55,8 | 19,0 | 16,0 | 32,1 |

*Tabelle 15.5: Atommassen einiger Elemente*

- ✔ Wie viel Gramm Sauerstoff ($O_2$) entsprechen einem Mol?
- ✔ Wie viel Gramm Schwefelhexafluorid ($SF_6$) entsprechen einem Mol?

Für die Atommassen siehe Tabelle 15.5.

### Aufgabe 15.7

Wie viel Mol entsprechen 100 g Eisenoxid ($Fe_2O_3$) und 500 g Bariumoxid (BaO)?

### Aufgabe 15.8

Wie groß ist das Volumen von zwei Mol Helium bei Normalbedingungen? Wie groß ist das Volumen von zwei Mol einer 1:1-Mischung aus Helium und Argon?

### Aufgabe 15.9

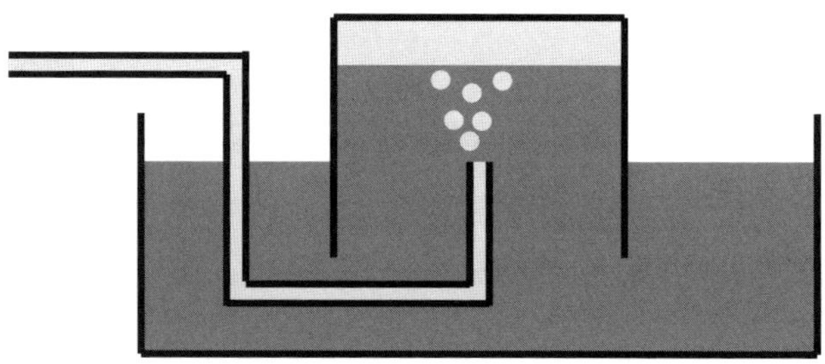

*Abbildung 15.8: Ein Gas wird in ein umgestülptes Wassergefäß eingeleitet*

Drei Mol eines Gases werden in ein umgestülptes Wassergefäß eingeleitet (Abbildung 15.8). Welches Volumen nimmt es ein, wenn der Druck $1{,}013 \times 10^5$ Pa und die Temperatur 20 °C beträgt.

# Thermodynamik auf den Punkt gebracht: Die Hauptsätze der Thermodynamik

16

### In diesem Kapitel ...

- Der nullte Hauptsatz: Das thermische Gleichgewicht
- Der erste Hauptsatz: Die Energie des Weltalls ist konstant
- Der zweite Hauptsatz: Wärmekraftmaschinen
- Der dritte Hauptsatz: Der absolute Nullpunkt

Es gibt vier sogenannte *Hauptsätze*, in denen die gesamte Wärmelehre oder Thermodynamik zusammengefasst werden kann. Sie werden nicht 1.–4. Hauptsatz genannt, sondern 0.–3. Hauptsatz. Dies ist geschichtlich bedingt: Der nullte Hauptsatz wurde zuletzt entwickelt, bildet aber eigentlich die Grundlage der übrigen drei. Diese vier Hauptsätze bilden das Thema dieses Kapitels.

Wenn man in verschiedenen Lehrbüchern nachschaut, findet man für die einzelnen Hauptsätze häufig verschiedene Formulierungen, die aber im Prinzip alle das Gleiche aussagen. Andererseits kann man aus einem Vergleich dieser Formulierungen sehr viel lernen. Daher wird für die meisten der Hauptsätze im Folgenden mehr als eine Formulierung angegeben und dann jeweils dargestellt, warum diese Formulierungen identisch sind.

## Null, aber wichtig: Der nullte Hauptsatz

Der nullte *Hauptsatz der Thermodynamik* trägt seinen etwas seltsamen Namen aufgrund der Tatsache, dass er geschichtlich gesehen als letzter entwickelt wurde, thematisch aber am Anfang der Diskussion steht. Sein Thema ist das *thermische Gleichgewicht*. Zwei seiner Formulierungen lauten:

- ✔ Wenn zwei Objekte jeweils im thermischen Gleichgewicht mit einem dritten sind, so sind sie es auch untereinander.
- ✔ Zwei Objekte sind im thermischen Gleichgewicht, wenn keine Wärme von einem zum anderen fließt (obwohl sie in Kontakt sind).

Die zweite Formulierung definiert das thermische Gleichgewicht, das von großer Bedeutung für die Messung von Temperaturen ist, wie im Folgenden dargestellt werden wird. Üblicherweise findet man den nullten Hauptsatz in der ersten Formulierung; diese ist eine logische Konsequenz der zweiten.

Wenn zwei Körper A und B im thermischen Gleichgewicht sind, sodass keine Wärme zwischen ihnen fließt und dies auch für die Körper A und C gilt, so kann auch zwischen B und C keine Wärme fließen; sie müssen also im Gleichgewicht sein.

Die einfache Messung von Temperaturen mit Hilfe von Thermometern ist nur aufgrund des nullten Hauptsatzes möglich. Erinnern Sie sich zurück an das Beispiel mit dem Aperitif mit Eis in Kapitel 15. Der Pastis (oder der Whisky) und das Eis in Ihrem Glas haben beide die Temperatur von 0 °C und sind im thermischen Gleichgewicht. Wenn man ein Thermometer in das Glas stellt, wird es nach einiger Zeit im thermischen Gleichgewicht mit Eis und Flüssigkeit sein und demzufolge 0 °C anzeigen.

Eine Temperaturmessung beruht auf einem thermischen Gleichgewicht zwischen Thermometer und dem zu messenden Körper.

## Auch Wärme ist Energie: Der erste Hauptsatz

Der erste *Hauptsatz der Thermodynamik* erweitert den in diesem Buch mehrfach diskutierten *Energieerhaltungssatz*, indem er die Wärme mit einbezieht, die eine spezielle Form der Energie darstellt. Der erste Hauptsatz kann unter anderem folgendermaßen ausgedrückt werden:

- ✔ Die *Innere Energie* eines Systems $U_A$ nimmt einen neuen Wert $U_E$ an, wenn das System entweder eine Wärmemenge $\Delta Q$ aufnimmt oder abgibt und/oder wenn es die Arbeit $\Delta W$ an seiner Umgebung verrichtet oder erfährt:

  $$U_E - U_A = \Delta U = \Delta Q - \Delta W$$

- ✔ In einem abgeschlossenen System, in dem sich beliebige mechanische, thermische, elektrische, optische, chemische usw. Vorgänge abspielen, bleibt die Gesamtenergie konstant.
- ✔ Die Gesamtenergie des Weltalls ist konstant.

In der ersten Formulierung wird noch zwischen Wärmemenge auf der einen Seite und den anderen Formen der Energie bzw. Arbeit unterschieden. In dieser Formulierung des ersten Hauptsatzes ist $\Delta W$ negativ, wenn das System Arbeit verrichtet (also Energie abgibt), aber positiv, wenn dem System Energie zugeführt wird. In der zweiten Formulierung wird dann nicht mehr zwischen den verschiedenen Energieformen unterschieden.

Die dritte Formulierung verdient noch einen Kommentar, obwohl sie einleuchtend klingt. Das Universum existiert seit etwa 14 Milliarden Jahren. In dieser Zeit hat es gewaltige Veränderungen erfahren (das Sonnensystem und auch die Erde existieren erst seit 4,6 Milliarden Jahren). Wenn die allgemeine Vorstellung richtig ist, dann entstand das Universum aus einem Urknall und dehnt sich seitdem aus (schauen Sie sich in diesem Zusammenhang einmal die Forschungen an, die 2011 mit dem Nobelpreis für Physik ausgezeichnet wurden). Und dennoch hat sich dem ersten Hauptsatz zufolge in diesem gewaltigen Zeitraum die Gesamtenergie des Universums nicht um 1 J geändert. Erstaunlich!

## Die Namen sind seltsam, die Prozesse wichtig

Aus dem ersten Hauptsatz kann man wichtige Schlussfolgerungen in Bezug auf die Beschreibung thermodynamischer Prozesse ziehen, bei denen Wärme bzw. Wärmetransport eine Rolle spielen. Derartige Prozesse werden durch vier Größen bestimmt: Druck, Temperatur, Volumen und Wärmeinhalt. Man unterscheidet vier verschiedene Arten von Prozessen, bei denen jeweils eine dieser Größen konstant ist, während die übrigen drei variieren können. Jeder dieser vier Prozesstypen hat seine eigenen Gesetze und seinen eigenen, zunächst etwas seltsam klingenden Namen:

- ✔ *Isobare Prozesse:* Der Druck ist konstant.
- ✔ *Isochore Prozesse:* Das Volumen ist konstant.
- ✔ *Isotherme Prozesse:* Die Temperatur ist konstant.
- ✔ *Adiabatische Prozesse:* Die Wärmemenge ist konstant.

Die Vorsilbe *iso* bedeutet »gleich«; das hilft zumindest etwas, diese seltsamen Namen zu verstehen.

In den folgenden vier Abschnitten werden diese vier Prozesstypen näher beleuchtet. Dabei wird stets davon ausgegangen, dass sich die betrachteten Systeme im *thermischen Gleichgewicht* befinden.

### Der Druck bleibt konstant: Isobare Prozesse

Betrachten Sie einen Gasbehälter, dessen oberer Abschluss von einem Kolben gebildet wird, der sich auf und ab bewegen kann und dafür sorgt, dass der Druck des Gases im Behälter konstant bleibt, auch wenn man ihn erwärmt oder abkühlt (Abbildung 16.1). Dadurch erhöht oder erniedrigt sich das Volumen des Gases. Wenn man die Temperatur des Behälters erhöht, so nimmt das Volumen um $\Delta V = A\Delta s$ zu. Dabei wird folgende *Arbeit* verrichtet:

$$
\begin{aligned}
W &= F\Delta s = pA\Delta s \\
&= p\Delta V
\end{aligned}
$$

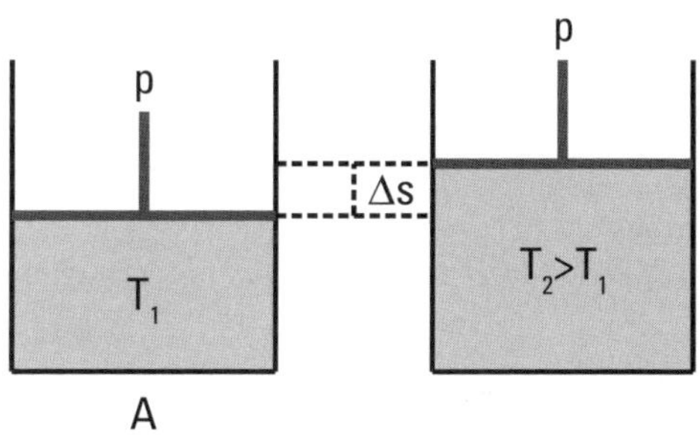


*Abbildung 16.1: Ein isobarer Prozess*

In der ersten Zeile wurde ausgenutzt, dass der Druck als Kraft pro Fläche definiert ist.

Abbildung 16.2 zeigt einen isobaren Prozess in einem Volumen-Druck-Diagramm. Die verrichtete Arbeit entspricht der schattierten Fläche in dem Diagramm. Sie beträgt:

$$W = p\Delta V = p(V_2 - V_1)$$

Da viele Prozesse in der Natur bei konstantem Luftdruck ablaufen, sind isobare Prozesse sehr häufig.

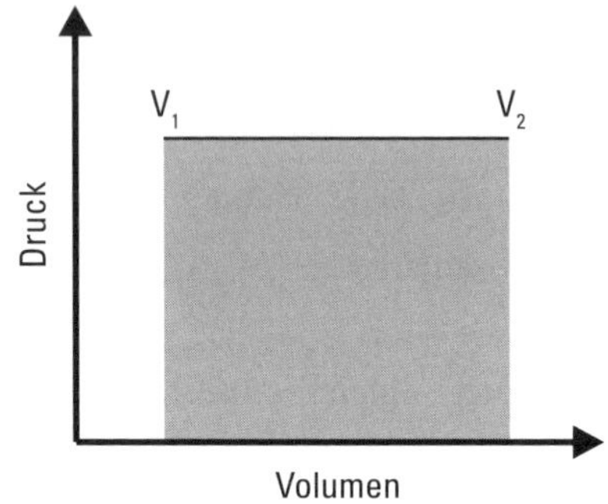


*Abbildung 16.2: Volumen-Druck-Diagramm eines isobaren Prozesses*

## Isochore Prozesse

Wenn das Volumen eines Systems konstant gehalten wird, erhöht sich bei Erwärmung natürlich der Druck des Systems. Ein Spraydose stellt ein solches *isochores System* dar. Da sich bei einem derartigen Prozess das Volumen nicht ändert, also $\Delta V = 0$ ist, wird keine Arbeit verrichtet. Dies ist in Abbildung 16.3 dargestellt.

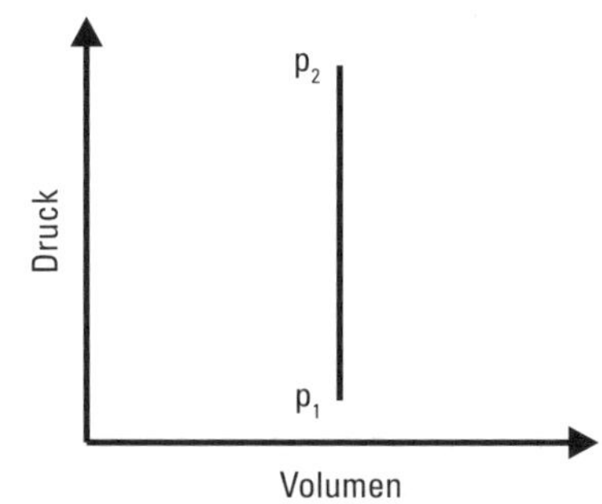


*Abbildung 16.3: Volumen-Druck-Diagramm eines isochoren Prozesses*

Da isochore Prozesse in abgeschlossenen Volumen stattfinden, sind sie relativ selten.

## Isotherme Prozesse

Bei *isothermen Prozessen* ist die Temperatur des Systems konstant. Die anderen Größen wie der Druck und das Volumen können sich hingegen ändern. Aus dem in Kapitel 15 vorgestellten idealen Gasgesetz folgt für die Beziehung zwischen Druck und Volumen:

$$pV = nRT$$

$$p = nRT\frac{1}{V}$$

Das aus dieser Beziehung folgende Volumen-Druck-Diagramm ist in Abbildung 16.4 dargestellt. Bei einem isothermen Prozess wird Arbeit verrichtet (die schattierte Fläche in Abbildung 16.4). Ihre Berechnung ist allerdings mathematisch nicht ganz einfach. Sie ergibt sich zu:

$$W = nRT \cdot \ln\frac{V_2}{V_1}$$

Dabei steht *ln* für den *natürlichen Logarithmus*.

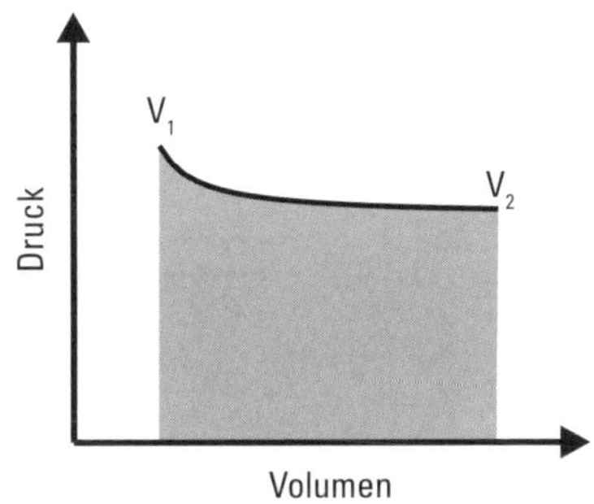


*Abbildung 16.4: Volumen-Druck-Diagramm eines isothermen Prozesses*

Bei einem isothermen Prozess ändert sich definitionsgemäß die Temperatur nicht. Für die Energie eines solchen Systems gilt:

$$U = \frac{3}{2}nRT$$

Da sich die Temperatur nicht ändert, folgt aus dem ersten Hauptsatz:

$$\Delta U = 0 = \Delta Q - W$$

$$\Delta Q = W$$

Isotherme Prozesse spielen sowohl in der Physik als auch im praktischen Leben eine große Rolle.

## Adiabatische Prozesse

Bei *adiabatischen Prozessen* schließlich ist die in einem System enthaltene Wärmemenge konstant. Man stelle sich etwa eine Art Thermobehälter vor, der keinen Wärmeaustausch zulässt, in dem sich aber die Größen Druck, Volumen und Temperatur ändern können.

Da definitionsgemäß $\Delta Q = 0$ ist, folgt aus dem ersten Hauptsatz sofort:

$$\Delta U = -\Delta W$$

Das bedeutet, dass man direkt die innere Energie eines adiabatischen Systems erhöht, wenn man an ihm Arbeit verrichtet, etwa wenn man mit Hilfe eines Kolbens den Druck im Inneren erhöht. In Kapitel 15 wurde dargestellt, dass für die innere Energie eines idealen Gases gilt:

$$U = \frac{3}{2} nRT$$

Damit folgt für die geleistete Arbeit:

$$W = \frac{3}{2} nR(T_2 - T_1)$$

Daraus folgt: Verrichtet man an einem adiabatischen System Arbeit, erhöht sich seine Temperatur. Verrichtet das System selbst Arbeit, so nimmt seine Temperatur ab.

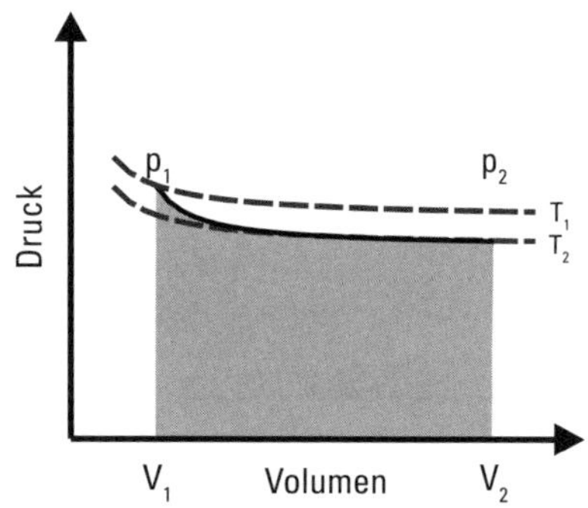


*Abbildung 16.5: Volumen-Druck-Diagramm eines adiabatischen Prozesses*

Das Volumen-Druck-Diagramm eines adiabatischen Prozesses ist in Abbildung 16.5 dargestellt.

## Zurück zur Wärmekapazität

In Kapitel 15 wurde die *spezifische Wärmekapazität* von Materialien eingeführt. $c$ ist eine Materialkonstante, die die Fähigkeit des Materials beschreibt, Wärme zu speichern (ähnlich wie die elektrische Kapazität eines Kondensators angibt, wie viel Ladung der Kondensator speichern kann). Die Definition der spezifischen Wärmekapazität in Kapitel 15 lautete:

$$c = \frac{Q}{m\Delta T}$$

Dabei sind $Q$ die Wärmemenge und $m$ die Masse des Körpers. Wenn es sich bei dem Körper um ein Gas handelt, tritt allerdings eine Komplikation auf. Die Wärmekapazität eines Gases hängt davon ab, ob die Wärme isobar (also bei konstantem Druck) oder isochor (also bei konstantem Volumen) zugeführt wird.

Um die folgende Rechnung zu erleichtern, wird an dieser Stelle die *molare spezifische Wärmekapazität* $C$ eingeführt:

$$nC = mc$$

Dabei ist $n$ die Anzahl der Mole in dem betrachteten Gas. Setzt man dies ein, so erhält man:

$$Q = nC \cdot \Delta T$$

Im Folgenden werden zunächst *isochore* Prozesse betrachtet. Oben wurde gezeigt, dass für isochore Prozesse $W = 0$ gilt, dass also bei derartigen Prozessen keine Arbeit verrichtet wird. Damit kann man den ersten Hauptsatz wie folgt schreiben:

$$Q_\mathrm{v} = \Delta U$$

Dabei steht der Index $v$ für »konstantes Volumen«, also für einen isochoren Prozess. Andererseits gilt:

$$\Delta U = \frac{3}{2} nR\ \Delta T$$

Daher gilt für Prozesse mit konstantem Volumen:

$$Q_v = \frac{3}{2} nR\ \Delta T$$

Auf der anderen Seite wurde oben für die bei isobaren Prozessen geleistete Arbeit die folgende Beziehung hergeleitet:

$$W = p\Delta V$$

Setzt man dies alles ineinander ein, so ergibt sich schließlich (der Index $p$ bedeutet »bei konstantem Druck«):

$$\begin{aligned} Q_\mathrm{p} &= \Delta U + W \\ &= \frac{3}{2} nR\ \Delta T + p\Delta V \\ &= \frac{3}{2} nR\ \Delta T + nR\ \Delta T \\ &= \frac{5}{2} nR\ \Delta T \end{aligned}$$

Damit ergibt sich für das Verhältnis der beiden spezifischen Wärmekapazitäten $C_\mathrm{p}$ (isobar) und $C_\mathrm{v}$ (isochor):

$$\frac{C_\mathrm{v}}{C_\mathrm{p}} = \frac{\frac{3}{2}R}{\frac{5}{2}R} = \frac{3}{5}$$

Das Verhältnis $C_\mathrm{p}/C_\mathrm{v} = 5/3$ wird als *adiabatische Konstante* bezeichnet.

## Der zweite Hauptsatz

Der *zweite Hauptsatz der Thermodynamik* behandelt den *Wärmetransport*. Zwei seiner Formulierungen lauten:

- Wärme fließt immer von einem Objekt höherer Temperatur zum Objekt mit niedrigerer Temperatur.
- Es gibt keine Wärmekraftmaschine, die bei gegebenen mittleren Temperaturen der Wärmezufuhr und Wärmeabfuhr einen höheren Wirkungsgrad hat als ein bei diesen Temperaturen ausgeführter *Carnot-Prozess*.

Die erste Formulierung ist natürlich einleuchtend: So wie Wasser niemals bergauf fließt, so fließt Wärme niemals von einem kälteren zu einem wärmeren Körper. Die Bedeutung der zweiten Formulierung wird unten im Zusammenhang mit der Diskussion von Carnot-Prozessen klar werden.

## Aus Wärme wird Kraft: Wärmekraftmaschinen

Der zweite Hauptsatz der Thermodynamik hat große Bedeutung für die Wirkungsweise sogenannter *Wärmekraftmaschinen*. Abbildung 16.6 zeigt schematisch eine derartige Maschine. Eine Wärmequelle wird dazu benutzt, eine Maschine anzutreiben, die ihrerseits Arbeit verrichtet. Dabei wird allerdings niemals die gesamte Wärme zur Verrichtung der Arbeit ausgenutzt; vielmehr fließt ein Teil ungenutzt in die sogenannte *Wärmesenke* ab.

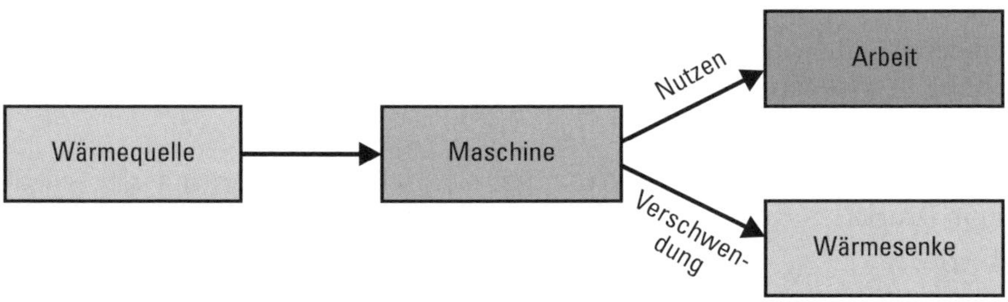


*Abbildung 16.6: Schematische Darstellung einer Wärmekraftmaschine*

Ein wichtiges Beispiel derartiger Wärmekraftmaschinen sind Kraftwerke. Die Verbrennung fossiler Kraftstoffe wie Kohle, Öl oder Gas oder auch nukleare Reaktionen erzeugen Wärme. Diese Wärme dient dazu, Wasser zu verdampfen und so eine Turbine anzutreiben (die eigentliche Maschine), die dann Strom erzeugt (die Arbeit). Ein Teil der Wärme wird aber auch an die großen Kühltürme abgegeben, die bei jedem Kraftwerk zu finden sind und die als Wärmesenken dienen.

Weitere Beispiele für Wärmekraftmaschinen sind Verbrennungsmotoren und auch Dampfmaschinen.

## Hundert Prozent sind nicht möglich: Der Wirkungsgrad

Es gibt keine Maschine, die perfekt arbeitet. Es gibt immer Verluste, die dazu führen, dass ein Teil der zugeführten Energie verloren geht. Zur Beschreibung der Effizienz einer Maschine wird der sogenannte *Wirkungsgrad* benutzt.

Im Folgenden ist $Q_q$ die von der Wärmequelle gelieferte Wärmemenge, $Q_s$ die an die Wärmesenke abgegebene Wärmemenge. Damit kann man den Wirkungsgrad folgendermaßen definieren:

Als *Wirkungsgrad* $\eta$ einer Maschine bezeichnet man das Verhältnis von geleisteter Arbeit zur aufgenommenen Wärmemenge:

$$\text{Wirkungsgrad } \eta = \frac{\text{Arbeit}}{\text{zugeführte Wärme}} = \frac{W}{Q_q}$$

$\eta$ muss natürlich zwischen 0 und 1 liegen. Die Gesamtenergie ist natürlich konstant. Es gilt also:

$$Q_q = W + Q_s$$

Die zugeführte Wärmemenge wird entweder in Arbeit umgewandelt oder fließt zur Wärmesenke ab. Damit lässt sich für den Wirkungsgrad auch schreiben:

$$\text{Wirkungsgrad } \eta = \frac{W}{Q_q} = \frac{Q_q - Q_s}{Q_q} = 1 - \frac{Q_s}{Q_q}$$

## Das Optimum: Carnot-Prozesse

Im vorangegangenen Abschnitt wurde ausgeführt, dass es keine perfekt arbeitenden Maschinen gibt, sodass der Wirkungsgrad einer Wärmekraftmaschine niemals 100 % erreicht. Der französische Ingenieur Sadi Carnot hat bereits zu Beginn des 19. Jahrhunderts nachgewiesen, dass dafür zwei Gründe ausschlaggebend sind. Zunächst einmal unterscheidet Carnot zwei verschiedene Arten von Prozessen: verlustfreie reversible Prozesse und verlustbehaftete irreversible Prozesse:

- ✔ Ein Prozess ist *reversibel*, wenn sich das System nach Ende des Prozesses wieder in seinem Ausgangszustand befindet. Wenn man einen Gummiball fallen lässt, prallt er auf den Boden und springt wieder hoch. Wenn keine Verluste, etwa durch Reibung, auftreten, erreicht er wieder seine Ausgangsposition.
- ✔ Ein Prozess ist *irreversibel*, wenn Verlusteffekte auftreten, die nicht umkehrbar sind. Lassen Sie statt des Gummiballs eine Vase fallen, so wird sie zerschellen. Dieser Prozess ist nicht umkehrbar. In allen realen Maschinen verhindert zum Beispiel Reibung, dass der Ausgangszustand wieder erreicht wird. Auch die Deformation eines Körpers gehört zu den Verlustmechanismen, die einen Prozess irreversibel machen.

Wenn Sie nicht wissen, ob ein Prozess reversibel ist oder nicht, stellen Sie sich einen Film dieses Prozesses vor und lassen ihn in Gedanken rückwärts laufen. Wenn dieser rückwärts laufende Film »real« erscheint, dann ist der Prozess reversibel. Wenn Sie den Gummiball filmen, können Sie nicht unterscheiden, ob der Film vorwärts oder rückwärts läuft. Zeigt der Film aber die Scherben einer Vase, die sich erst zusammenfügen und dann plötzlich als Vase nach oben springen, wissen Sie sofort, dass dieser Film rückwärts läuft.

Ausgehend von diesen Überlegungen konnte Carnot zwei Tatsachen beweisen:

- ✔ Der Wirkungsgrad einer Maschine, die einen irreversiblen Prozess ausführt, ist stets kleiner als der einer Maschine, bei der ein entsprechender reversibler Prozess abläuft.
- ✔ Selbst bei idealen, also reversiblen Prozessen ist der Wirkungsgrad einer Maschine immer kleiner als eins. Bei derartigen Prozessen ist $\eta$ einzig und allein durch die beteiligten Temperaturen bestimmt.

Dabei sind die Temperaturen $T_q$ und $T_s$ der Wärmequelle und der Wärmesenke entscheidend. Das Verhältnis dieser Temperaturen entspricht dem der entsprechenden Wärmemengen $Q_q$ und $Q_s$:

$$\frac{Q_s}{Q_q} = \frac{T_s}{T_q}$$

Setzt man dies in die obige Definition des Wirkungsgrads ein, so ergibt sich:

$$\eta = 1 - \frac{Q_s}{Q_q} = 1 - \frac{T_s}{T_q}$$

Der Wirkungsgrad eines solchen idealen Carnot-Prozesses hängt also nur vom Temperaturunterschied zwischen Wärmesenke und Wärmequelle ab. Der Wirkungsgrad ist umso höher, je größer dieser Temperaturunterschied ist.

Betrachten Sie folgendes Beispiel: Eine Carnot-Maschine mit einer Wärmequelle von 750 K gibt die überschüssige Wärme an eine Senke mit einer Temperatur von 293 K ab. Für den Wirkungsgrad dieser idealen Maschine ergibt sich:

$$\eta = 1 - \frac{T_s}{T_q} = 1 - \frac{293\,\mathrm{K}}{750\,\mathrm{K}} = 0{,}61$$

Dies ist nicht besonders viel, vor allem, wenn man bedenkt, dass es sich hier um eine Carnot-Maschine handelt, also um eine ideale Maschine. Bei realen Maschinen ist der Wirkungsgrad noch geringer.

Wie kann man zumindest bei idealen Maschinen einen Wirkungsgrad von 1 erreichen? Die Vorschrift dazu ist einfach, aber ihre Realisierung ist unmöglich. $\eta$ kann nur dann eins sein, wenn die Temperatur der Wärmesenke 0 K beträgt (wohlgemerkt 0 K, nicht 0 °C!). Nun besagt aber der dritte Hauptsatz, dass genau dies nicht möglich ist.

Abbildung 16.7 zeigt schematisch das Verdampfen einer Flüssigkeit und die anschließende Rekondensation als idealen Carnot-(Kreis)Prozess. Daran beteiligt sind vier Schritte, die in Tabelle 16.1 zusammengefasst sind.

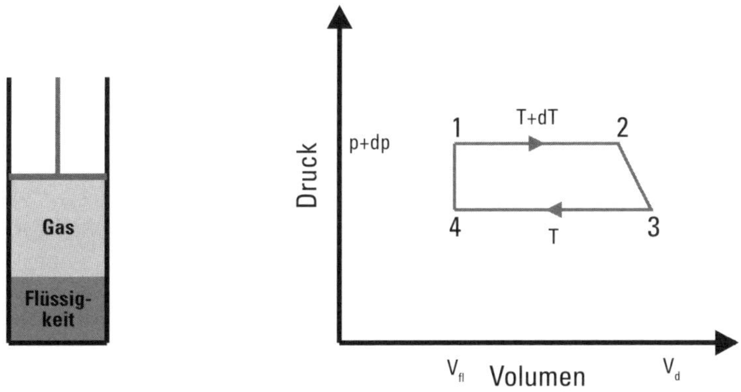


*Abbildung 16.7: Ein Carnot-Kreisprozess*

| | Übergang | Prozess |
|---|---|---|
| 1 → 2 | flüssig → gasförmig | Adiabatische Expansion |
| 2 → 3 | gasförmig → gasförmig | Temperaturabsenkung |
| 3 → 4 | gasförmig → flüssig | Kondensation |
| 4 → 1 | flüssig → flüssig | Temperaturerhöhung |

*Tabelle 16.1: Die Einzelschritte des in Abbildung 16.7 dargestellten Carnot-Prozesses*

Dabei muss man beachten, dass der Phasenübergang fest → flüssig (1 → 2) und seine Umkehrung (3 → 4) nicht über eine Temperaturerhöhung, sondern durch eine Volumenänderung erreicht werden. Wenn in dem in Abbildung 16.7 dargestellten Kreisprozess die Temperaturänderung gering ist, verlaufen die Prozesse 2 → 3 und 4 → 1 isochor. Also wird dabei keine Arbeit verrichtet. Für die beiden übrigen Schritte ist die folgende Arbeit erforderlich (oder wird gewonnen):

$$\Delta W_{3\to 4} = p\Delta V = p(V_{\mathrm{D}} - V_{\mathrm{fl}})$$
$$\Delta W_{1\to 2} = -(p + dp)(V_{\mathrm{D}} - V_{\mathrm{fl}})$$

Damit ergibt sich für die gesamte bei diesem Prozess geleistete Arbeit:

$$\Delta W = dp(V_{\mathrm{D}} - V_{\mathrm{fl}}) = dp \cdot dV$$

Für den Wirkungsgrad ergibt sich damit:

$$\eta = \frac{\Delta W}{Q} = \frac{dp \cdot \Delta V}{Q_{\mathrm{D}}}$$

Dabei ist $Q_D$ die *spezifische Verdampfungswärme*.

### Heute unverzichtbar: Der Kühlschrank

Kühlschränke sind heutzutage unverzichtbar und aus dem alltäglichen Leben nicht mehr fortzudenken. Dabei sind sie eine relativ neue Erfindung (Verbreitung in privaten Haushalten ab ca. 1920–1930). Bei modernen Kühlschränken werden gleich zwei thermodynamische Effekte ausgenutzt:

- ✔ Zum Verdampfen einer Flüssigkeit ist die *Verdampfungswärme* erforderlich, also Energie.
- ✔ Die *Kondensationstemperatur* eines Gases ist umso höher, je höher der Druck des Gases ist.

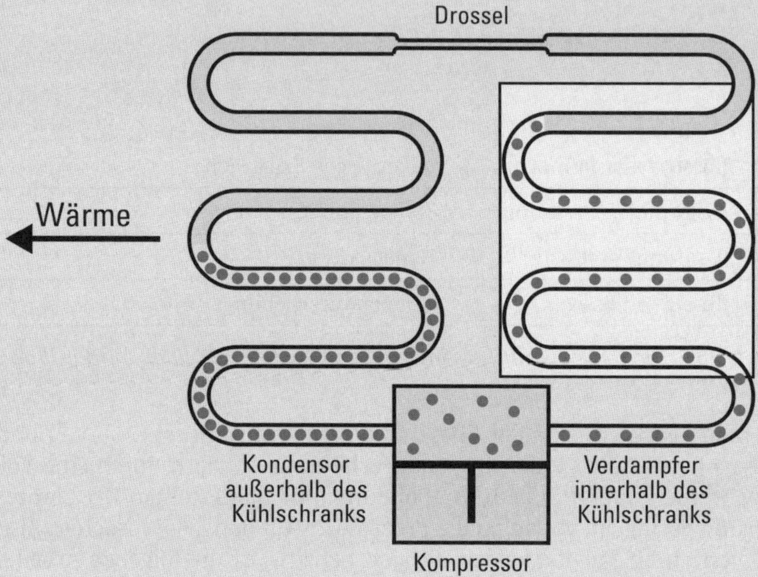


*Abbildung 16.8: Zur Wirkungsweise eines Kühlschranks*

Abbildung 16.8 zeigt schematisch die Innen- und die Außenseite eines sogenannten *Kompressorkühlschranks*. Im Kühlschrank befindet sich ein Rohrsystem mit einem Kühlmittel, das bei Normaldruck bei etwa –30 °C verdampft. Dieses Kühlmittel gelangt bei Normaldruck in den Kühlschrank und verdampft dort, da die Temperatur oberhalb von –30 °C liegt. Dazu ist die Verdampfungswärme erforderlich, die dem Kühlschrank und den darin gelagerten Lebensmitteln (und natürlich auch eventuell vorhandenen Alkoholika) entzogen wird, die sich infolgedessen abkühlen.

Jetzt steht man allerdings vor dem Problem, dass das Kühlmittel als Dampf vorliegt, aber für den weiteren Einsatz wieder verflüssigt werden muss. Dazu müsste die Temperatur außerhalb des Kühlschranks unter –30 °C liegen, was natürlich nicht der Fall ist. Daher wird die Tatsache ausgenutzt, dass die Kondensationstemperatur eines Gases (oder Dampfes) umso höher ist, je höher der Druck des Gases ist. Mittels des in Abbildung 16.8 dargestellten Kompressors wird der Druck des Kühlmitteldampfes auf etwa 8 bar erhöht. Dadurch kondensiert er außerhalb des Kühlschranks bei Zimmertemperatur, wird also wieder flüssig. Dadurch wird die Kondensationswärme frei, die an die Umgebung abgegeben wird.

Im letzten Schritt wird das unter hohem Druck stehende Kühlmittel durch ein Drosselventil wieder auf Normaldruck gebracht und in den Kühlschrank zurückgeleitet, wo der Prozess wieder von vorn beginnt.

## Absolut Null ist nicht möglich: Der dritte Hauptsatz

Der *dritte Hauptsatz der Thermodynamik* kann wie folgt ausgedrückt werden:

- ✔ Mit einer endlichen Anzahl von Prozessschritten kann man den absoluten Nullpunkt der Temperatur (0 K) nicht erreichen.
- ✔ Es ist nicht möglich, ein System bis zum absoluten Nullpunkt abzukühlen.

Beide Formulierungen sind natürlich absolut identisch. Da man nicht unendlich viele Schritte realisieren kann, ist der absolute Nullpunkt unerreichbar.

Die Tieftemperaturphysik versucht, immer neue Minusrekorde in Bezug auf die niedrigste erreichbare Temperatur aufzustellen. Derzeit liegt der Weltrekord für Experimente, den absoluten Nullpunkt zu erreichen, etwa bei einem halben Nanokelvin ($0{,}5 \times 10^{-9}$ K). Das ist schon extrem kalt. Sie denken jetzt sicher, dass das schon ganz schön nah am absoluten Nullpunkt ist, während die Physiker wissen, das das Endziel noch ziemlich weit entfernt ist und zudem nicht erreicht werden kann – so sagt es der dritte Hauptsatz.

**Aufgabe 16.1**

Um wie viel Kelvin nimmt die Temperatur eines Gases zu, wenn an ihm adiabatisch eine Arbeit von 200 J verrichtet wird und die Gasmenge 2 Mol beträgt?

**Aufgabe 16.2**

Die Temperatur der Wärmesenke einer Carnot-Maschine beträgt 300 K. Wie hoch muss die Temperatur der Wärmequelle sein, damit die Maschine einen Wirkungsgrad von 75 % besitzt?

**Aufgabe 16.3**

Begründen Sie, warum man einen Raum nicht kühlen kann, sondern ihn erwärmt, wenn man die Kühlschranktür öffnet.

# Teil VII
# Top-Ten Teil

## In diesem Teil ...

In diesem Teil werden zwei Zehnerlisten vorgestellt. Die erste beinhaltet zehn Physiker, die die klassische Experimentalphysik entscheidend beeinflusst haben. In Kapitel 18 werden darüber hinaus zehn Experimente vorgestellt, die gleichermaßen die Experimentalphysik entscheidend nach vorne gebracht haben. Manche Namen tauchen in beiden Listen auf, manche nur in einer von beiden.

# 17 Mehr als zehn Physiker, die die klassische Physik geprägt haben

### In diesem Kapitel …

- Mehr als zehn Experimentalphysiker, die die klassische Experimentalphysik entscheidend geprägt haben

In diesem Kapitel werden mehr als zehn wichtige Experimentalphysiker vorgestellt, die die klassische Experimentalphysik entscheidend geprägt haben. Dabei werden Sie die Namen Albert Einstein, Max Planck, Niels Bohr usw., die die Physik in der Vergangenheit ebenfalls stark geprägt haben, vergeblich in diesem Kapitel suchen. Der Grund dafür ist einfach: Dieses Buch handelt von der klassischen Experimentalphysik, die die uns umgebende Welt sehr gut beschreibt. Ebenso wenig werden Sie den Namen James Clerk Maxwell finden, da dessen außerordentlich wichtige Arbeiten zum Elektromagnetismus theoretischer Natur waren. In diesem Kapitel werden die wichtigsten Beobachter und Experimentatoren vorgestellt (wobei es viele Physiker gibt, die ebenfalls eine Aufnahme in diese Liste verdient hätten).

Aufmerksame Leserinnen werden an dieser Stelle vielleicht sagen: »Aber das sind ja alles nur Männer. Gibt es denn in der Physik keine bedeutenden Frauen?« In der Tat gibt es bis zum Beginn des 20. Jahrhunderts keine Frauen, die entscheidend zur Entwicklung der klassischen Physik beigetragen haben. Dies änderte sich zu Beginn des 20. Jahrhunderts. *Marie Curie* (1867–1934) war die erste bedeutende Forscherin in Physik und Chemie. Für ihre Arbeiten zur Radioaktivität räumte sie gleich zwei Nobelpreise ab (1903 für Physik, 1911 für Chemie). Da allerdings die Radioaktivität nicht zur klassischen Physik gerechnet wird, konnte sie in diese Liste keine Aufnahme finden. Nach Marie Curie gab es viele bedeutende Physikerinnen. Zu den bekanntesten gehören Irene Joliot-Curie (die Tochter von Marie Curie) und Lise Meitner.

Die Reihenfolge der im Folgenden aufgeführten Wissenschaftler ist im übrigen nicht rein zeitlich, sie folgt vielmehr der thematischen Anordnung in diesem Buch.

## Er wollte die Welt aus den Angeln heben: Archimedes von Syrakus

*Archimedes von Syrakus* (ca. 287–212 v. Chr.) war ein griechischer Mathematiker, Physiker und Ingenieur, der in Sizilien lebte. Er gilt als der bedeutendste Mathematiker und Physiker der Antike.

Zu den physikalischen Leistungen von Archimedes gehören unter anderem:

- ✔ Die Formulierung des Hebelgesetzes (in diesem Zusammenhang sagte Archimedes: »Gib mir einen festen Punkt, und ich hebe dir die Welt aus den Angeln«).

- Die Entdeckung des Auftriebs eines Körpers in Flüssigkeiten oder Gasen (das sogenannte archimedische Prinzip).
- Das Prinzip der kommunizierenden Gefäße.

Darüber hinaus entwickelte Archimedes eine Reihe von mechanischen Geräten und benutzte Hohlspiegel zu Bündelung von Licht.

## Tycho Brahe

*Tycho Brahe* war ein dänischer Astronom. Er lebte von 1546 bis 1601. Zum damaligen Zeitpunkt galten Astronomie und Astrologie noch als eine Wissenschaft, aber Brahes Schwerpunkt lag eindeutig auf der Astronomie, obwohl seine Arbeitgeber, wie etwa der dänische König Friedrich II. oder der österreichische Kaiser Rudolph II., eher an der Astrologie interessiert waren.

Brahe war ein Beobachter, kein Experimentator. Er war als Beobachter allerdings so gut, dass die Daten zu den Bahnen der Planeten, die er ohne Hilfsmittel wie etwa Fernrohr oder Teleskop aufnahm, bis heute noch mit nur geringen Abweichungen als richtig gelten. Um dies zu erreichen, verbesserte er die damals verwendeten Instrumente zur Himmelsbeobachtung beträchtlich.

In seine Wirkenszeit fielen zwei außergewöhnliche Ereignisse:

- Die Supernova von 1572
- Der Komet von 1577

Beide wurden von Brahe beobachtet und richtig gedeutet. Die bedeutendste Leistung Tycho Brahes war die genaue Aufzeichnung der Bahnen der damals bekannten Planeten, die Johannes Kepler dann zur Aufstellung der in Kapitel 5 dargestellten Kepler'schen Gesetz verwendete. In diesem Sinn war also Brahe der Experimentator (Beobachter) und Kepler der Theoretiker, der Brahes Beobachtungen ordnete und in eine Theorie umwandelte. Kepler hat in all seinen Schriften Brahe als Quelle seiner Daten genannt.

## Und sie bewegt sich doch: Galileo Galilei

Galileo Galilei (1564–1642) war ein italienischer Philosoph, Physiker, Mathematiker und Astronom. Er machte mehrere bahnbrechende Entdeckungen in einer Reihe von Naturwissenschaften. Zunächst soll sein Leben kurz umrissen werden:

- Galilei wurde 1564 in Pisa geboren.
- Von 1589–1592 war er Lektor in Pisa.
- Von 1592–1610 war er Professor in Padua.
- Ab 1610 war er Hofmathematiker in Florenz.
- Von 1633 bis 1642 stand Galilei unter Hausarrest.
- Galilei starb 1642 in Arcetri in der Nähe von Florenz.

Der in der Überschrift dieses Abschnitts zitierte angebliche Ausspruch »Und Sie bewegt sich doch!« bezieht sich auf Galileis Auseinandersetzung mit der katholischen Kirche über das kopernikanische Weltbild. An dieser Stelle sollen aber vor allem Galileis wissenschaftliche Entdeckungen und Leistungen dargestellt werden:

- ✔ Galilei folgte einer streng mathematisch-geometrischen Vorgehensweise.
- ✔ Galilei entwickelte die Gesetze für die gleichmäßig beschleunigte Bewegung.
- ✔ Galilei formulierte die sogenannte Galilei-Invarianz, die besagt, dass ein gleichmäßig bewegter Beobachter dieselben physikalischen Gesetze wahrnimmt wie ein ruhender Beobachter.
- ✔ Galilei leistete wesentliche Vorarbeiten zu den beiden ersten Newton'schen Gesetzen (was Newton auch zugab).
- ✔ Galilei war der erste Wissenschaftler, der sich mit der Elastizitätslehre beschäftigte; er gilt heute als ihr Gründer.
- ✔ Schließlich war Galilei auch als Astronom erfolgreich:
  - Galilei zeigte, dass die Mondoberfläche rau ist und dass die Sonne Flecken besitzt.
  - Galilei entdeckte die ersten vier der unzähligen Monde des Jupiters.
  - Galilei zeigte, dass sich die Venus um die Sonne dreht, nicht um die Erde.

## Evangelista Torricelli

*Evangelista Torricelli* (1608–1647) war ein italienischer Physiker und Mathematiker, der 1641 (kurz vor dessen Tod) Galileis Assistent und dann sein Nachfolger als Hofmathematiker in Florenz wurde. Sein Hauptarbeitsgebiet war – neben der Mechanik – die Hydrodynamik und die Vakuumphysik.

- ✔ Torricelli zeigte, dass beim Ausfließen einer Flüssigkeit aus einem Gefäß nur die Höhe der Flüssigkeit eine Rolle spielt, nicht die Flüssigkeit selbst (Lehrsatz von Torricelli).
- ✔ Torricelli verbesserte Galileis Fernrohr.
- ✔ Torricelli entwickelte ein einfaches Mikroskop.
- ✔ Es gelang ihm als einem der ersten, ein Vakuum über längere Zeit aufrecht zu erhalten.

Nach Torricelli ist die Druckeinheit *Torr* benannt, die aber heute nicht mehr zulässig ist (1 Torr = 133 Pa, siehe Kapitel 3).

Vielleicht ist Ihnen aufgefallen, dass die bislang vorgestellten Wissenschaftler nicht nur Experimentalphysiker waren, auch nicht nur Physiker. Sie waren im Allgemeinfall Mathematiker, Physiker, Astronomen und Philosophen. Zu jener Zeit wurde zwischen diesen Wissenschaften noch nicht unterschieden.

## Sie brachten die Optik voran: Ernst Abbe, Carl Zeiss und Otto Schott

Sie mögen vielleicht erstaunt sein, in einer Zehnerliste berühmter Experimentalphysiker in einem Eintrag gleich drei Namen zu finden, aber diese drei Männer gehören einfach zusammen, da sie sich auf geniale Weise gegenseitig ergänzten:

- ✔ *Ernst Abbe* (1840–1905) war ein Physiker, insbesondere ein Optiker.
- ✔ *Otto Schott* (1851–1935) war Chemiker, vor allem aber Glastechniker.
- ✔ *Carl Zeiss* (1816–1888) war Mechaniker, vor allem aber Unternehmer.

Zu dritt schufen sie die Grundlagen der modernen Optik, entwickelten viele optische Instrumente und verhalfen der Firma Carl Zeiss zu Weltruhm.

Ernst Abbe war in diesem Trio der herausragende Optiker, Otto Schott stellte die Linsen her, die die von Abbe entwickelten optischen Instrumente benötigten und die Carl Zeiss schließlich in der gemeinsamen Firma vermarktete. Zu den Leistungen Abbes gehören unter anderem:

- ✔ Eine verfeinerte Theorie der Bildfehler (Kapitel 10)
- ✔ Eine Beschreibung der Abbildung durch ein Mikroskop
- ✔ Eine Beschreibung des Auflösungsvermögens eines Mikroskops
- ✔ Entscheidende Fortschritte in der Mikroskopietechnik

Nach dem Tod von Carl Zeiss sorgte Abbe dafür, dass die gemeinsame Firma in eine Stiftung überführt wurde, die noch heute existierende Carl-Zeiss-Stiftung. Aufgabe dieser Stiftung war einerseits Führung der beiden Stiftungsunternehmen Carl Zeiss und die Jenaer Glaswerke Schott & Genossen. Darüber hinaus standen aber auch die Erfüllung sozialer Aufgaben, die Förderung der Industrie in Jena und Umgebung sowie die Entwicklung der Wissenschaften in diesem Gebiet auf der Aufgabenliste der Stiftung.

Die Teilung Deutschlands nach dem zweiten Weltkrieg bedingte eine Aufteilung in östliche und westliche Unternehmen, die nach der Wiedervereinigung wieder zusammengeführt wurden. Heute ist die Stiftung alleinige Aktionärin der

- ✔ Carl Zeiss AG mit Sitz in Oberkochen (Baden-Württemberg)
- ✔ Schott AG (Schott Glaswerke) in Mainz

## Albert Michelson

*Albert Abraham Michelson* war ein amerikanischer Physiker deutscher Herkunft (geboren 1852 in Strelno in Posen), der 1931 in Pasadena in Kalifornien starb. Sein Thema war die Optik und die Entwicklung optischer Instrumente zur Durchführung der von ihm geplanten Experimente.

Die herausragendsten Leistungen Michelsons lassen sich in drei Punkten zusammenfassen:

- ✔ Die Entwicklung des sogenannten *Michelson-Interferometers* zur extrem genauen Bestimmung von Wegunterschieden oder Brechungsindizes (selbst in meinem Labor steht ein Infrarot-Spektrometer, dessen Kernstück ein Michelson-Interferometer ist).
- ✔ Der sogenannte *Michelson-Morley-Versuch*, in dem nachgewiesen wird, dass sich elektromagnetische Wellen im freien Raum ausbreiten, ohne dass ein Trägermedium notwendig ist. Dieser Michelson-Morley-Versuch wird in Kapitel 18 näher vorgestellt.
- ✔ Messungen der Lichtgeschwindigkeit mit Hilfe des sogenannten Drehspiegelversuchs, wobei das Licht eine Strecke von mehr als 35 km zurücklegte. Er verbesserte seine Methode Zeit seines Lebens; der letzte von ihm veröffentlichte Wert war:

$$c_L = 299.744 \pm 11\,\text{km/s}$$

Der heute aktuelle Wert ist:

$$c_L = 299.792{,}5\,\text{km/s}$$

Albert Michelson erhielt 1907 als erster Amerikaner den Nobelpreis für Physik.

## Alessandro Volta

*Alessandro Volta* (1745–1827) war ein italienischer Physiker. Er erfand die auch heute noch wichtige Batterie und leistete große Beiträge auf dem Gebiet der Elektrizität. Er benutzte zum ersten Mal den Begriff Spannung und postulierte für Kondensatoren die Beziehung

$$Q = C \cdot U$$

Seine wichtigste Erfindung ist die *voltaische Säule*, also die Batterie (siehe Kapitel 12), die auf Vorarbeiten von L. Galvani zurückgeht. Erst die Bereitstellung einer kontinuierlich arbeitenden Spannungsquelle erlaubte die im 19. Jahrhundert erfolgende rasche Entwicklung der Elektrizitätslehre und auch des Magnetismus (zur damaligen Zeit kamen Strom und Spannung noch nicht aus der Steckdose). Die Erfindung der Batterie hatte sogar Auswirkungen auf die Chemie. Die Arbeiten von Volta waren also für die Entwicklung sowohl der Physik als auch der Chemie von grundlegender Bedeutung. Und wie bereits gesagt: Batterien spielen auch heute noch eine große Rolle.

Alessandro Volta lebte lange vor der Zeit, in der Nobelpreise vergeben wurden. Aber seit dem Jahr 1897 trägt ihm zu Ehren die Einheit der elektrischen Spannung den Namen *Volt*.

## André-Marie Ampère

Die Einheit der elektrischen Spannung ist nach Alessandro Volta benannt, die der elektrischen Stromstärke nach *André-Marie Ampère*, einem französischen Physiker und Mathematiker, dessen Lebensdaten (1775–1836) sich in etwa mit denen von Volta decken. Ampère leistete bedeutende Arbeiten zur Entwicklung der Elektrizitätslehre und des Magnetismus. Dazu gehören unter anderem:

- ✔ Ampère zeigte, dass zwei stromdurchflossene Leiter eine Kraft aufeinander ausüben (diese Beobachtung wird heute zur Definition der Einheit der Stromstärke Ampere benutzt (Kapitel 13)).

- Ampère entwickelte ein Gerät zu Messung der Stromstärke, das er Galvanometer nannte (dieser Name ist heute noch gebräuchlich).
- Ampère erkannte, dass bewegte Ladungen die Ursache des Magnetismus darstellen.
- Ampère identifizierte als erster molekulare Wirbelströme als Ursache des Magnetismus.
- Ampère definierte die Begriffe elektrischer Strom und elektrische Spannung, ebenso die Richtung des Stroms (von Plus nach Minus).

Ebenso wie Volta konnte Ampère noch keinen Nobelpreis erhalten, aber ebenso wie Volta wurde er geehrt, indem die Einheit der Stromstärke seinen Namen trägt.

## Guglielmo Marconi

Wenn Sie jemals nach Italien kommen, so werden Sie in jedem noch so kleinen Ort eine »Via G. Marconi« oder eine »Piazza G. Marconi« finden. Sie alle sind nach *Guglielmo Marconi* (1874–1937) benannt, einem italienischen Physiker, Forscher und Unternehmer.

Marconis Lebensarbeit und Lebensleistung liegt in der drahtlosen Telekommunikation. Aufbauend auf den Arbeiten von Heinrich Hertz (Kapitel 18), gelang ihm 1896, elektromagnetische Signale über eine Entfernung von 1,5 km zu senden und zu empfangen. Bereits vier Jahre später konnte er Signale über den Ärmelkanal senden; im Jahr 1904 gelang die erste transatlantische Kommunikation.

Die im Jahr 1897 von Marconi gegründete Firma »Marconi's Wireless Telegraph Company« in London existiert heute noch. 1909 erhielt Marconi zusammen mit Ferdinand Braun den Nobelpreis für Physik.

## Drei Männer, drei Temperaturskalen: Celsius, Fahrenheit und Kelvin

Zum Abschluss dieses Kapitels folgt noch einmal ein Dreierpack. Er besteht aus den drei Männern, nach denen die in Kapitel 15 eingeführten Temperaturskalen benannt sind:

- *Anders Celsius* (1701–1744) war ein schwedischer Astronom, Mathematiker und Physiker.
- *Daniel Gabriel Fahrenheit* (1686–1736) war ein deutscher Physiker.
- *William Thomson* (1824–1907), später *Lord Kelvin*, war ein in Irland geborener englischer Physiker.

Die drei Temperaturskalen, die nach diesen drei Männern benannt wurden, wurden bereits in Kapitel 15 definiert. Hier sollen vor allem die weiteren Arbeiten dieser drei Wissenschaftler vorgestellt werden:

- Anders Celsius gehörte zu den ersten Wissenschaftlern, die die Helligkeit von Sternen messtechnisch zu erfassen suchten.
- Celsius war einer der ersten, der genaue Messbedingungen angab. So notierte er bei jeder Temperaturmessung auch den jeweils herrschenden Luftdruck.

Daniel Fahrenheit wanderte in jungen Jahren in die Niederlande aus. Dort beschäftigte er sich mit dem Bau von Barometern, Höhenmessern und Thermometern. Zu seinen bedeutendsten Erfindungen zählt das Quecksilberthermometer.

William Thomson (Lord Kelvin), nach dem die Kelvin-Skala benannt ist, war eher ein theoretischer als ein experimenteller Physiker, war aber auch im Bereich der Experimentalphysik tätig, wovon die Zahl von mehr als 70 Patenten zeugt. Er entdeckte und erklärte unter anderem den Joule-Thomson-Effekt (Temperaturänderung eines Gases durch Druckminderung) und den Thomson-Effekt (Wärmetransport in einem stromdurchflossenen Leiter).

# Zehn Experimente, die die klassische Physik geprägt haben

18

### In diesem Kapitel …

- Zehn Experimente, die die klassische Physik geprägt haben

Physik beruht in erster Linie auf Beobachtung und Experiment. Der erste Schritt ist die Beobachtung der uns umgebenden Natur. Der zweite Schritt ist das *Experiment*, bei dem der Beobachter nicht nur die Natur beobachtet, sondern eingreift und vorgibt, was er unter welchen Bedingungen beobachten will. Wie bereits in Kapitel 3 dargestellt, betrifft dieser Eingriff in vielen Fällen das Ausschalten möglicher störender Nebeneffekte.

In diesem Kapitel werden zehn Experimente vorgestellt, die entscheidend zur Entwicklung der klassischen Physik beigetragen haben, die die uns umgebende Welt gut, eigentlich sogar sehr gut beschreibt. Die ausgewählten Experimente beschränken sich auf die klassische Physik; sowohl die Quantenmechanik als auch die Relativitätstheorie werden nicht berücksichtigt. Trotzdem ist die folgende Auswahl natürlich subjektiv. Newtons Apfel taucht hier übrigens nicht auf, da – falls die Legende überhaupt stimmt – es sich hier um eine Beobachtung handelt und nicht um ein Experiment.

## Im freien Fall: Galileo Galilei

Bereits in Kapitel 17 wurde Galileo Galilei vorgestellt und dargelegt, dass er eine Vielzahl von Themen erfolgreich in Angriff genommen hat. An dieser Stelle wird eine Serie von Experimenten vorgestellt, die sich mit dem *freien Fall* (Kapitel 5) beschäftigten und die Galilei in den Jahren 1592–1610 an der Universität von Padua durchführte (nicht im schiefen Turm von Pisa, wie die Legende besagt).

*Abbildung 18.1: Ein Körper auf einer Fallrinne*

Der prinzipielle Versuchsaufbau ist einfach; er ist in Abbildung 18.1 dargestellt. Eine Kugel rollt eine Fallrinne (eine schiefe Ebene) hinunter. Die Fallrinne besitzt Markierungen in konstanten Abständen, wie in Abbildung 18.1 gezeigt ist: Galilei maß die Zeit, die vergeht, bis die Kugel die erste, zweite, dritte usw. Markierung erreicht. Jede dieser Messungen führte er nicht nur einmal, sondern mehrfach durch. Damit überschritt Galilei die Grenze zwischen Beobachtung und Experiment:

- Durch die Benutzung der Fallrinne erreichte er eine Verlangsamung des Falls, durch die die Messungen leichter durchgeführt werden konnten.
- Durch Auswahl der von ihm verwendeten Materialien versuchte er Reibungseffekte so weit wie möglich zu vermeiden.
- Mit Hilfe der Markierungen konnte er den Gesamtvorgang in einzelne Teilschritte unterteilen.
- Durch Wiederholung der Messungen konnte er die Messfehler abschätzen.

Das Ergebnis dieser Messungen von Galilei mit der Fallrinne besitzt noch heute seine Gültigkeit (Kapitel 4):

$$s = \frac{1}{2}at^2$$

## Voll unter Druck: Die Magdeburger Halbkugeln

Im Jahr 1654 demonstrierte der Madgeburger Bürgermeister und Naturwissenschaftler Otto von Guericke (1602–1686) den Luftdruck und damit die Existenz der Erdatmosphäre. Dazu benutzte er zwei kupferne Halbkugeln (*Magdeburger Halbkugeln*) von etwa 50 cm Durchmesser, zwischen denen sich eine Dichtung befand, die aus einem Lederstreifen bestand, der mit Wachs und Terpentin getränkt war. Die so entstandene Hohlkugel pumpte er mit Hilfe einer von ihm entwickelten Pumpe aus. Durch den von außen auf die Kugel wirkenden Luftdruck wurden die Kugelhälften so zusammengepresst, dass sie sich nicht mehr trennen ließen. Obwohl – verglichen mit den heutigen technischen Möglichkeiten – das Vakuum in der Kugel nicht besonders gut war, waren 30 Pferde nicht in der Lage, die Halbkugeln zu trennen.

## Die Drehwaage oder der Cavendish-Versuch

In Kapitel 5 wurde dargestellt, dass sich zwei Massen gegenseitig anziehen, wobei für die Kraft zwischen ihnen das *Gravitationsgesetz* gilt:

$$F_G = -\gamma \frac{m_1 m_2}{r^2}$$

Die erste Messung der *Gravitationskonstanten* $\gamma$ wurde 1798 von dem britischen Naturwissenschaftler Henry Cavendish (1731–1810) durchgeführt, der zu diesem Zweck die in Abbildung 18.2 dargestellte sogenannte *Drehwaage* benutzte.

An einem langen dünnen Faden sind zwei über eine horizontale Stange verbundene gleiche Massen $m_1$ aufgehängt. Diese Anordnung nennt man auch *Torsionspendel*. Lenkt man dieses Pendel um einen Winkel aus, so führt es eine harmonische Schwingung aus. Die Ausrichtung des Pendels bzw. der Drehwaage kann man beispielsweise mit Hilfe eines Spiegels und eines darauf gerichteten Lasers bestimmen.

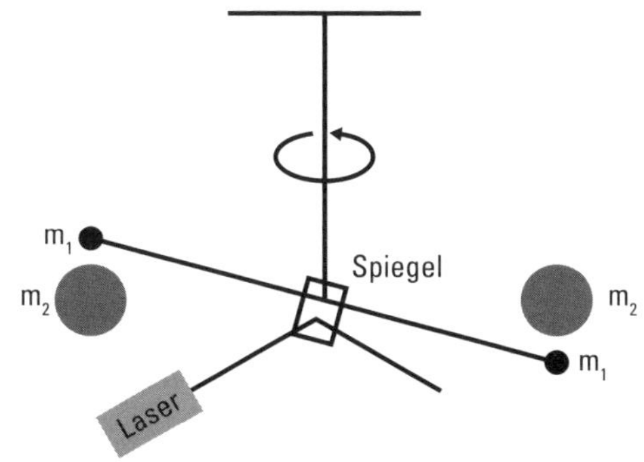


*Abbildung 18.2: Der Cavendish-Versuch zur Bestimmung der Gravitationskonstante*

Um die Gravitationskonstante zu bestimmen, muss das Pendel allerdings in Ruhe sein. Dann bringt man zwei schwere Massen $m_2$ symmetrisch neben den beiden Testmassen an. Aufgrund der Massenanziehung ziehen sich $m_1$ und $m_2$ an, und das Pendel wird aus seiner Gleichgewichtslage ausgelenkt. Aus dieser Auslenkung kann die Gravitationskonstante bestimmt werden. Cavendish fand 1798 einen Wert von:

$$\gamma = 6{,}75 \times 10^{-11} \frac{\mathrm{Nm}^2}{\mathrm{kg}^2}$$

Der heute anerkannte Wert ist:

$$\gamma = 6{,}67 \times 10^{-11} \frac{\mathrm{Nm}^2}{\mathrm{kg}^2}$$

## Die Erde dreht sich: Das Foucault'sche Pendel

Dem französischen Physiker Jean *Foucault* gelang im Jahr 1851 zum ersten Mal der direkte Nachweis, dass sich die Erde dreht. Dazu benutzte er ein Pendel (das »Foucault'sche Pendel«) im Pantheon in Paris, das 67 m lang war und einen Körper von 60 cm Durchmesser und 28 kg Masse trug (der Versuch kann natürlich auch mit kleineren Pendeln durchgeführt werden, aber auf diese Weise ist es natürlich eindrucksvoller).

Wenn das Pendel angestoßen wird, schwingt es hin und her. Allerdings ändert sich mit der Zeit die Schwingungsebene. Da außer der Schwerkraft keine Kräfte auf das Pendel wirken, kann dieser Richtungswechsel nur dadurch erklärt werden, dass nicht das Pendel, sondern der Boden, über dem es schwingt, seine Richtung ändert. Mit anderen Worten: Die Erde dreht sich unter dem Pendel weg. Dies ist in Abbildung 18.3 dargestellt. Die Skizze zeigt ein Fadenpendel am Nordpol der Erde. Da sich die Erde dreht, ändert sich auch die Schwingungsebene des Pendels. Am Nordpol dauert es genau einen Tag, bis die ursprüngliche Schwingungsebene wieder erreicht wird. Am Äquator hingegen behält ein solches Pendel seine Schwingungsebene ohne Änderung bei. Für alle anderen Orte hängt es vom Breitengrad ab, wie schnell die Änderung der Schwingungsebene erfolgt.

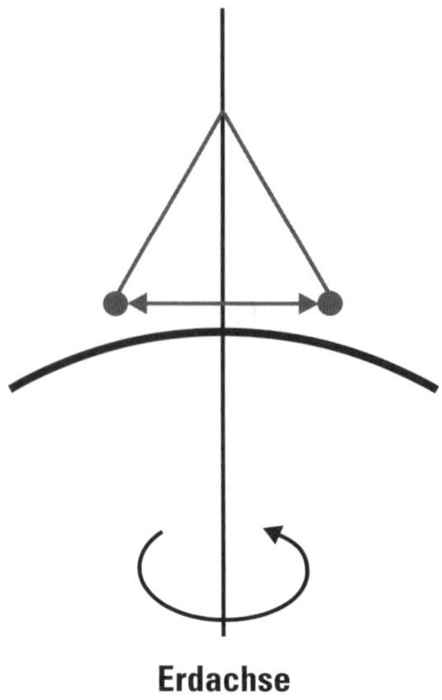


Abbildung 18.3: Zum Foucault'schen Pendel

## Licht ist eine Welle: Der Young'sche Doppelspaltversuch

1802 führte der englische Physiker Thomas Young (1773–1829) zum ersten Mal den sogenannten Doppelspaltversuch durch, mit dem er nachweisen konnte, dass es sich bei Licht um eine Welle handelt. Dieser Versuch ist schematisch in Abbildung 18.4 dargestellt.

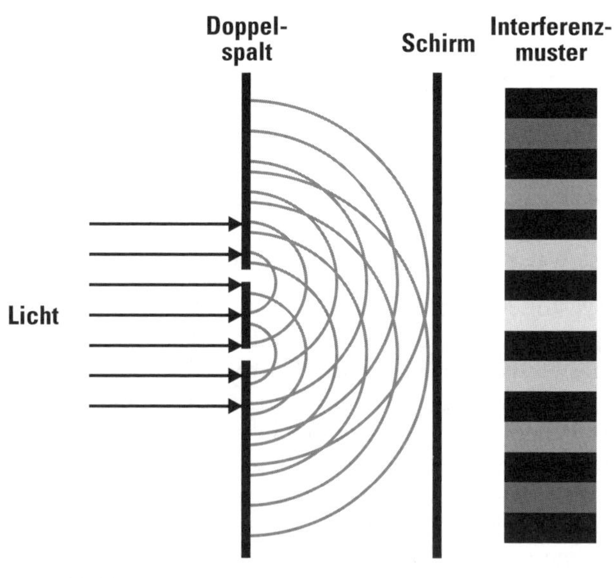


Abbildung 18.4: Der Young'sche Doppelspaltversuch

Ein Lichtstrahl fällt auf eine Wand, die bis auf einen Doppelspalt mit geringem Abstand lichtundurchlässig ist. Auf einem dahinter befindlichen Schirm beobachtet man ein Interferenzmuster, das abwechselnd aus hellen und dunklen Streifen besteht. Dabei nimmt die Helligkeit der hellen Streifen von innen nach außen ab, wie in Abbildung 18.4 dargestellt ist. Ursache dieser Interferenzmuster ist die Tatsache, dass von beiden Spalten nach dem Huygens'schen Prinzip Elementarwellen ausgehen, die miteinander je nach Gangunterschied konstruktiv oder destruktiv interferieren (Kapitel 7).

In Kapitel 7 wurde dargestellt, dass Interferenzeffekte nur bei Wellen auftreten können. Wenn man also – dies ist das Ergebnis des Young'schen Doppelspaltversuchs – mit Licht Interferenzmuster erzeugen kann, dann muss es sich bei Licht um eine Welle handeln.

## Es gibt keinen Äther: Der Michelson-Morley-Versuch

Seit dem oben dargestellten Young'schen Doppelspaltversuch weiß man, dass Licht sich wie eine Welle ausbreitet. Die damals bekannten Wellen (Druckwellen, Schallwellen, Wasserwellen) sind allerdings an ein Ausbreitungsmedium gebunden (Erde, Luft, Wasser). Daher lag die Annahme nahe, dass auch Licht sich in einem Medium ausbreitet, das man *Äther* oder Lichtäther nannte. Von diesem Äther wurde angenommen, dass er sich in absoluter Ruhe befindet und sich alle Körper, also auch die Erde, relativ zu ihm bewegen.

Um die Geschwindigkeit der Erde relativ zum Äther zu bestimmen, entwickelten die beiden amerikanischen Wissenschaftler Albert Michelson (siehe Kapitel 17) und Edward Morley (1838–1923) im Jahr 1887 den in Abbildung 18.5 dargestellten Versuchsaufbau.

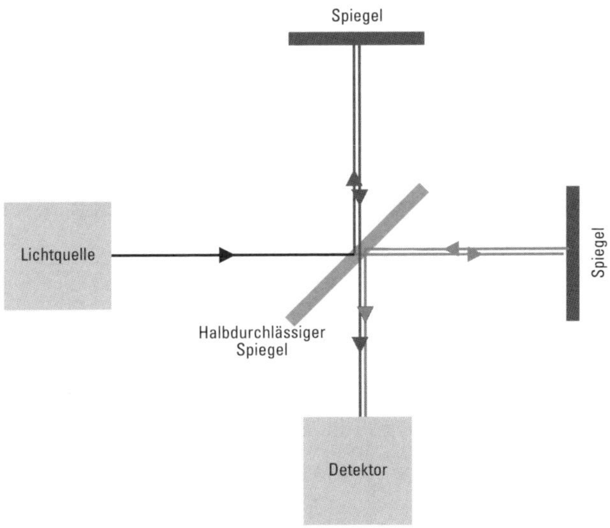


*Abbildung 18.5: Der Michelson-Morley-Versuch*

Die zentrale Komponente ist ein sogenanntes *Michelson-Interferometer*. Licht aus einer Lichtquelle fällt auf einen halbdurchlässigen Spiegel. Ein Teil des Lichts wird durchgelassen, fällt auf einen Spiegel, wird dort reflektiert und gelangt zum halbdurchlässigen Spiegel zurück, von dem aus ein Teil zum Detektor gelangt. Ein zweiter Teilstrahl wird von dem beim ersten Auftreffen reflektierten Licht gebildet; auch dieser Strahl trifft auf einen Spiegel, von dem er reflektiert wird; auf seinem Rückweg wird er beim Auftreffen auf den halbdurchlässigen Spiegel teilweise durchgelassen und trifft ebenfalls auf den Detektor, wo er mit dem ersten Teilstrahl interferiert. Auf diese Weise kann man also Gangunterschiede zwischen den beiden Teilstrahlen ermitteln. Um den Gangunterschied einstellen zu können, ist einer der beiden Spiegel beweglich ausgelegt.

Wenn man nun das Interferometer so ausrichtet, dass der waagerechte Teilstrahl in Richtung der Erdbewegung verläuft, und es so einstellt, dass sich die beiden Strahlen gegenseitig auslöschen, dann sollten sich Unterschiede ergeben, wenn man den Aufbau um 90° dreht. Allerdings wurden bei einer Drehung des in Abbildung 18.5 dargestellten Aufbaus keine Änderungen beobachtet. Das Interferometer befand sich dabei auf einer Steinplatte in einem Quecksilberbad, sodass eine Drehung ohne Erschütterung durchgeführt werden konnte.

Das Ergebnis des Michelson-Morley-Versuchs ist also: Es gibt keinen Äther; Licht und andere elektromagnetische Wellen breiten sich im freien Raum aus.

## Die Bestimmung der Elementarladung: Der Millikan-Versuch

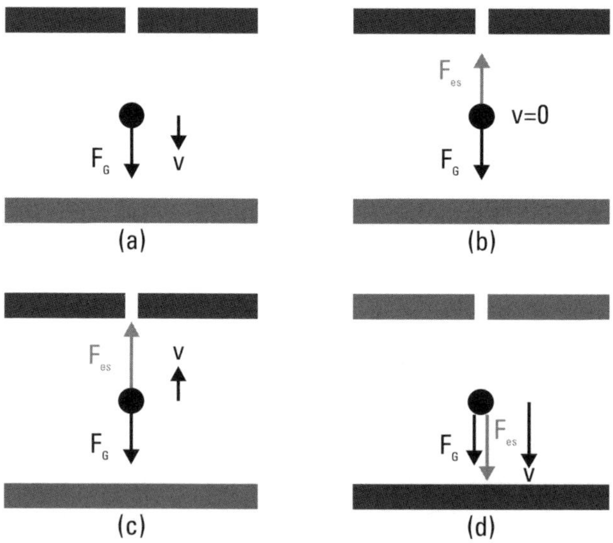


*Abbildung 18.6: Der Millikan-Versuch*

Im Jahr 1909 stellte der amerikanische Physik Robert Millikan (1868–1953) einen Versuchsaufbau vor, mit dessen Hilfe man die Elementarladung, also die kleinste mögliche Ladungseinheit, sehr genau bestimmen kann. Der grundlegende Versuchsaufbau ist in Abbildung 18.6 dargestellt. Er besteht aus einem Kondensator, in dessen oberer Platte ein Zerstäuber angebracht ist, mit dessen Hilfe man geladene Öltröpfchen in den Raum zwischen die Platten einbringen kann. Auf diese Öltröpfchen wirken drei Kräfte: Die Schwerkraft, die sie nach unten beschleunigt, die Reibung und der Auftrieb, die der Schwerkraft entgegenwirken (Kapitel 5). Als Folge sinken die Tröpfchen mit konstanter Geschwindigkeit nach unten (Abbildung 18.6 (a)). Schaltet man den Kondensator an, so wirkt bei entsprechender Polung zusätzlich eine elektrostatische Kraft nach oben. Durch geeignete Wahl der Spannung zwischen den Platten kann man erreichen, dass das Tröpfchen sich nicht mehr bewegt, sondern zwischen den Platten schwebt (b). Wenn man die Spannung des Kondensators erhöht, steigt das Tröpfchen nach oben (c). Polt man den Kondensator um, so sinkt es schnell nach unten.

1917 veröffentlichte Millikan für die Elementarladung einen Wert von:

$$q_e = 1{,}59 \times 10^{-19}\ \text{As}$$

Dies ist sehr nahe an dem heute anerkannten Wert von:

$$q_e = 1{,}602 \times 10^{-19}\ \text{As}$$

1923 erhielt Robert Millikan den Nobelpreis für Physik.

## Elektrizität und Magnetismus gehören zusammen: Der Oersted-Versuch

Mittels des bereits in Kapitel 13 vorgestellten Oersted-Versuchs gelang es dem dänischen Physiker und Chemiker Hans Christian *Ørsted* Anfang des 19. Jarhunderts zum ersten Mal nachzuweisen, dass Elektrizität und Magnetismus eng miteinander verbunden sind.

*Abbildung 18.7: Der Oersted-Versuch*

Mit Hilfe des nach ihm benannten Versuches konnte Ørsted zeigen, dass stromdurchflossene Leiter ein Magnetfeld erzeugen, wie in Abbildung 18.7 dargestellt ist. Dieser Versuch war der erste Schritt in einer Entwicklung, die schließlich zur Vollendung des Elektromagnetismus durch James C. *Maxwell* Ende des 19. Jahrhunderts führte.

## Magnetismus in Elektrizität umwandeln: Faradays Induktionsversuche

Der Oersted-Versuch zeigt eindeutig, dass Elektrizität und Magnetismus eng miteinander verknüpft sind. Der englische Experimentalphysiker *Michael Faraday* (1791–1867) hatte sich »to convert magnetism into electricty« zum Ziel gesetzt, also elektrische Ströme mit Hilfe des Magnetismus zu erzeugen. Faraday war ein herausragender Experimentator, der auf einer Reihe vor Gebieten arbeitete, sich aber vor allem mit der Elektrizitätslehre und dem Magnetismus beschäftigte. Seit 1826 widmete sich Faraday seinem Hauptziel, aber erst 1831 gelangt ihm der Durchbruch.

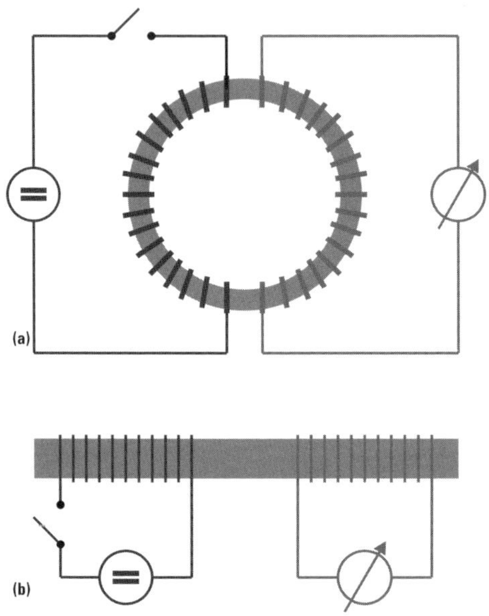


*Abbildung 18.8: Zwei experimentelle Anordnungen Faradays zur Erzeugung von Elektrizität durch sich ändernde Magnetfelder*

Zwei der zahlreichen experimentellen Anordnungen, mit denen es Faraday gelang, elektrische Ströme zu erzeugen, sind in Abbildung 18.8 dargestellt. Beide haben Ähnlichkeiten mit dem in Kapitel 13 vorgestellten Transformator. Immer dann, wenn man in einer der beiden Anordnungen (a) und (b) den Schalter öffnet oder schließt, zeigt das Strommessgerät einen Ausschlag. Wenn man den Schalter öffnet (oder schließt), wird in der linken Spule ein Magnetfeld aufgebaut (oder abgebaut), das sich in die jeweils rechte Spule fortsetzt. Diese Magnetfeld*änderung* bewirkt dort eine Induktionsspannung und damit einen Ausschlag des Messgeräts.

Zu den zahlreichen von Faraday entwickelten experimentellen Anordnungen zur Erzeugung von Strömen und Spannungen durch die Änderung von Magnetfeldern gehört auch eine Abwandlung der in Kapitel 13 vorgestellten Leiterschaukel.

Faraday zu Ehren wird die Einheit der elektrischen Kapazität *Farad* genannt.

# Es gibt elektromagnetische Wellen: Der Hertz'sche Oszillator

Ausgehend von den Ergebnissen Ørsteds, Faradays und vieler weiterer Physiker sagte Maxwell in seiner Theorie des Elektromagnetismus die Existenz elektromagnetischer Wellen voraus. Ein Teil seiner Argumentation wurde in Kapitel 13 dargestellt, in der gezeigt wurde, dass folgende Beziehung gilt:

$$c_L = \sqrt{\frac{1}{\varepsilon_0 \mu_0}}$$

Die Feldkonstanten elektrischer und magnetischer Felder sind also eng mit der Lichtgeschwindigkeit $c_L$ verbunden.

Der deutsche Physiker *Heinrich Hertz* (1857–1894) konnte im Jahr 1887 derartige elektromagnetische Wellen erstmals mit Hilfe des sogenannten *Hertz'schen Oszillators* erzeugen. Die entscheidende Entwicklung von Hertz ist in Abbildung 18.9 dargestellt. Die Skizze auf der linken Seite zeigt einen aus einer Spule und einem Kondensator bestehenden Schwingkreis. Dieser Schwingkreis ist geschlossen. Wie in Kapitel 14 gezeigt wurde, wechselt die in ihm vorhandene Energie zwischen der elektrischen Energie im Kondensator und der magnetischen Energie in der Spule hin und her. Wenn man diesen Schwingkreis öffnet, gelang man zu einem offenen Schwingkreis oder einer Antenne, die in der Lage ist, elektromagnetische Wellen auszustrahlen.

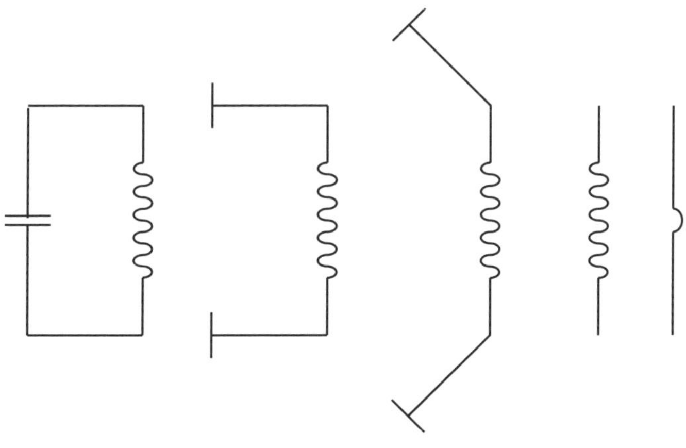

*Abbildung 18.9: Vom geschlossenen Schwingkreis zur Antenne*

Bei einem solchen offenen Schwingkreis können die elektrischen und magnetischen Felder nicht mehr in den Schwingkreis zurückkehren. Vielmehr schnüren sie sich ab und breiten sich als elektromagnetische Welle im Raum aus, wie schematisch in Abbildung 18.10 gezeigt ist (die Abbildung zeigt die elektrischen Feldlinien; die magnetischen Feldlinien verlaufen konzentrisch um den Dipol). Wenn die Frequenz der Schwingung groß genug ist, genügen die geringe Kapazität und Induktivität eines einfachen Drahtes, eine derartige Welle zu erzeugen. In diesem Fall spricht man von einer *Antenne*.

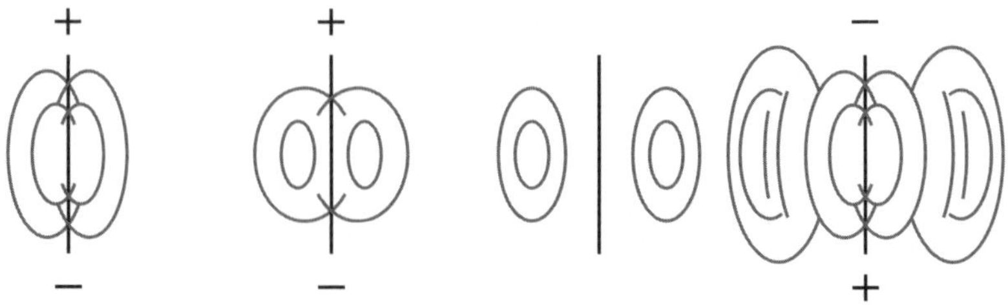

*Abbildung 18.10: Ausbreitung elektromagnetischer Wellen von einem Hertzschen Dipol*

**Aufgabe 18.1**

Wie groß ist die Schwingungsdauer des in diesem Kapitel vorgestellten Foucault'schen Pendels?

# Stichwortverzeichnis

## A



## B

## C



## D



## E

## H



## I



## J



## K

## L



## M

## N



## O



## P

## T



## U



## V

FÜR DUMMIES®

## DER SCHNELLE EINSTIEG IN DIE NATURWISSENSCHAFTEN

Anatomie und Physiologie für Dummies
ISBN 978-3-527-70284-8

Anorganische Chemie für Dummies
ISBN 978-3-527-70502-3

Astronomie für Dummies
ISBN 978-3-527-70370-8

Biochemie für Dummies
ISBN 978-3-527-70508-5

Biologie für Dummies
ISBN 978-3-527-70738-6

Chemie für Dummies
ISBN 978-3-527-70473-6

Epidemiologie für Dummies
ISBN 978-3-527-70725-6

Genetik für Dummies
ISBN 978-3-527-70709-6

Mathematik für Naturwissenschaftler
für Dummies
ISBN 978-3-527-70419-4

Molekularbiologie für Dummies
ISBN 978-3-527-70445-3

Nanotechnologie für Dummies
ISBN 978-3-527-70299-2

Organische Chemie für Dummies
ISBN 978-3-527-70292-3

Physik für Dummies
ISBN 978-3-527-70396-8

Quantenphysik für Dummies
ISBN 978-3-527-70593-1

# Rätseln auf der Spur

*ISBN 978-3-527-70469-9*

Verbrecherjagd mal anders: Was einst die Pistole, ist heute eine Pipette, und die Uniform ist ein weißer Kittel. Wer wissen will, wo welche Körnchen Wahrheit in Serien wie »CSI«, »Crossing Jordan« und Co. stecken, sollte dieses Buch lesen.

*ISBN 978-3-527-70480-4*

Alle, die sich für das Universum, das Leben und den ganzen Rest interessieren, sind hier genau richtig. Naturwissenschaften und Philosophie treffen bei den wohl wahrhaft elementaren Fragen nach dem Ursprung allen Seins aufeinander. Dieses Buch hilft, schnell und verständlich Antworten zu finden.

*ISBN 978-3-527-70824-6*

Was sind die Lehren von Immanuel Kant? Was hat es mit dem Urknall auf sich? Warum ist der Himmel blau? Horst Herrmann und Winfried Göpfert geben Ihnen in diesem Buch Antworten auf diese und viele andere Fragen.